计 算 机 科 学 丛 书

原书第2版

面向计算机科学的数理逻辑

系统建模与推理

[德] 迈克尔·休斯（Michael Huth）
[英] 马克·莱恩（Mark Ryan） 著

何伟 樊磊 译

Logic in Computer Science

Modelling and Reasoning about Systems Second Edition

机械工业出版社
CHINA MACHINE PRESS

图书在版编目（CIP）数据

面向计算机科学的数理逻辑：系统建模与推理：原书第 2 版 /（德）迈克尔·休斯（Michael Huth），（英）马克·莱恩（Mark Ryan）著；何伟，樊磊译. -- 北京：机械工业出版社，2024. 11. --（计算机科学丛书）.

ISBN 978 - 7 - 111 - 77068 - 8

Ⅰ. O141

中国国家版本馆 CIP 数据核字第 2024HD1323 号

机械工业出版社（北京市百万庄大街 22 号　邮政编码 100037）

策划编辑：姚 蕾	责任编辑：姚 蕾
责任校对：高凯月　张慧敏　景 飞	责任印制：任维东

天津嘉恒印务有限公司印刷

2025 年 2 月第 1 版第 1 次印刷

185mm×260mm · 18 印张 · 454 千字

标准书号：ISBN 978 - 7 - 111 - 77068 - 8

定价：99.00 元

电话服务　　　　　　　　　　网络服务

客服电话：010-88361066　　机 工 官 网：www.cmpbook.com

　　　　　010-88379833　　机 工 官 博：weibo. com/cmp1952

　　　　　010-68326294　　金 书 网：www. golden-book. com

封底无防伪标均为盗版　机工教育服务网：www.cmpedu. com

逻辑在计算机科学中的重要作用不言而喻，但传统的逻辑课本主要面向数学方面的读者。即使对应用有所涉及，也多仅谈及早期历史或某个专门方向的例子。正如为本书作序的 Clarke 所说，在近年出版的众多逻辑课本中，本书是一个例外。本书不但概要介绍了经典逻辑，而且介绍了近年来非经典逻辑（程序逻辑、时态逻辑和模态逻辑等）在软件工程形式化方法特别是在模型检测与验证、知识工程、高效算法及实现等方面的现代应用，给人耳目一新的感觉。本书的选材和作为教材的特点在序和前言中已有详述，被世界各国多所名校采纳为教材也充分说明了其价值，此处不需再叙。然而，由于国情及教学体系差别等方面的因素，本书中译本的使用范围可能会有所不同，可能更广泛、更灵活一些。我就自己在学习和翻译过程中的粗浅体会，谈谈本书的一些特点。

本书代表了欧美一些年来十分流行的一种教科书写作风格，行文模仿教师的讲解和与学生的对话，对理论背后的直觉、主要思想及方法做了极其详尽的（有时甚至是不厌其烦的）描述，辅之以丰富的实例和工业规模的系统实现来阐述理论结果和算法。从教学方面看，这种写作风格类似我国在 20 世纪 50 ~ 60 年代翻译出版的某些教材。这种风格一方面方便了各种程度的读者自学，但另一方面的确也有不符合国内教学现状的情况。举例来讲，本书前两章处理经典命题逻辑和谓词逻辑，篇幅约占全书三分之一以上。虽然起点很低（几乎从零开始），但实质内容偏少（相当于我国大学本科离散数学课程所含的逻辑内容）。很多基本结果没有给出证明，直观背景的叙述略显冗长。此外，还有部分材料不太适合国内的教学需要，如本书（包括练习）讲解数学归纳法，却不加解释地使用了诸如等价关系、可计算性或复杂性等概念（尽管是非形式地使用）。虽然前面提到了本书的一些不足，但瑕不掩瑜，本书的优点还是非常突出的。全书的观点、体系、内容甚至习题都是相当现代化的，许多主题都是首次出现在本科生的逻辑教材中。此外，本书还详细介绍了几种较成熟的软件实现，为读者实践书中讲解的内容、了解现代形式化方法的应用情况都极有帮助。本书后面四章基本上是独立的，每章分别介绍一个主题，内容相对比较丰富，但不太系统，多是入门性的介绍和实例，少有形式化的理论和证明。综上所述，译者认为本书比较适合作为本科高年级选修课、毕业论文或其他小型研究项目的参考书或教材，若用于研究生课程则需补充相关的文献。

本书的叙述风格以及涉猎广泛的西方科学、技术和文化背景等给翻译工作带来了巨大困难，我们虽努力保持原书的语言风格，但由于文化背景上的差异以及译者水平的限制，中译本读起来可能会感觉有些"异样"，希望这不致降低本书的学术与使用价值。译者在使用本书过程中积累了一些教学辅助材料，包括与部分章节有关的幻灯片、动画和书中的全部插图（矢量格式），有兴趣的老师可通过电子邮件与译者直接联系（fanlei2002@sina.com）。

鉴于我们的学术和语言水平有限，译文中难免有不妥甚至错误之处，欢迎读者及专家批评指正。

樊 磊

形式化方法的时代终于来临了！规范描述语言、定理证明器以及模型检测器开始在工业中平常地使用。数理逻辑是所有这些技术的基础。直到现在，写给计算机科学家的逻辑教材还没有跟上硬件和软件规范与验证工具开发的脚步。例如，尽管模型检测在时序电路设计和通信协议验证方面获得了成功，但至今为止，我还没有看到任何一本适合本科生和低年级研究生的教材来尝试解释这种方法是如何工作的。因而，这些材料很少被教授给计算机科学家和电子工程师们，而在不久的将来，作为其工作的一部分他们会需要这些知识。相反，在一些形式化方法有可能真正获益的场合，工程师们却在尽量避免使用，或者抱怨形式化工具使用的概念和记号过于复杂而且不自然。这是很遗憾的，因为形式化方法背后的数学是相当简单的，肯定不比每个上微积分课的学生们必须要学习的那些数学分析概念更困难。

由 M. Huth 和 M. Ryan 写的这本书是一部很特别的著作。我第一次仔细阅读这本书时感到很惊讶。除了命题逻辑和谓词逻辑外，本书还对时态逻辑和模型检测进行了透彻的讲解。事实上，本书突出的优点是包含如此之多的材料，如线性与分支时态逻辑、显式状态模型检测、公平性、计算树逻辑(CTL)的基本不动点定理甚至还有二叉判定图和符号模型检测。此外，这些材料是以一种适合本科生和低年级研究生的程度来讲解的。书中提供了大量的问题和例子，以帮助学生掌握所讲授的材料。由于 Huth 和 Ryan 都是程序逻辑和程序验证方面非常活跃的研究者，他们的作品具有相当高的权威性。

总之，这本书的材料是最新的、实用的，而且讲解精彩，是现代计算机科学逻辑教材的一个很好范例。我以最大的热情向读者推荐这本书，并预期这本书将获得巨大成功。

Edmund M. Clarke

卡内基·梅隆大学

计算机科学 FORE Systems 教授

本书的(重新)写作动机

本书第1版的写作主旨之一来自于以下观察:在计算机系统的设计、规范描述和验证中使用的大多数逻辑基本上都是处理一个满足关系

$$M \vDash \phi$$

其中M是某种场景或系统的模型,而ϕ是一个规范,该逻辑的一个公式用来描述在场景M中什么应该是真的。这种结构的核心在于:我们可以经常规范并实现计算$\vDash$的算法。我们为命题逻辑、一阶逻辑、时态逻辑、模态逻辑和程序逻辑发展了这个主题。基于我们所收到的来自五大洲读者的鼓励性反馈,我们很高兴出版本书的第2版,本版遵循了第1版的原始主旨并有所改进。

新增的内容和删除的内容

第1章讨论关于完全命题逻辑的 SAT 求解器(与 Stålmarck 方法[SS90]类似的一种标记算法)的设计、正确性和复杂性。

第2章包含了模型论的基本结论(紧致性定理和 Löwenheim – Skolem 定理),关于传递闭包和存在式及全称式二阶逻辑表达能力的一节,以及关于对象建模语言 Alloy 及其分析器(用于说明及探索未规范化的一阶逻辑模型的性质,这种性质是用带有传递闭包的一阶逻辑语言书写的)使用的一节。Alloy 语言编写的程序是可执行的,使得这个说明及探索过程成为交互的和形式化的。

第3章已经完全重新组织了。这章的开始讨论线性时态逻辑,彻底概述了开放源码程序 NuSMV 模型检测工具的特性,并且包括规划问题的讨论,增加了关于时态逻辑表达能力的材料,以及新的建模实例。

第4章包含更多关于完全正确性证明的材料,以及关于验证程序正确性的合同编程范例的一节。

第5章和第6章也进行了修订,做了很多小的改动和订正。

各章之间的依赖关系和预备知识

本书要求学生了解初等数学的基础知识和朴素集合论概念和记号。第1章的核心材料(除 1.4.3 节到 1.6.2 节以外的所有内容)是其后的所有章节的基础。除此之外,只有第6章依赖于对第3章以及对第2章中静态范围规则的基本理解,尽管如此,即使完全不看第3章,也可以容易地读懂 6.1 节和 6.2 节的内容。各章的大致依赖关系如下图所示:

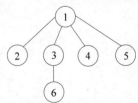

WWW 支持

本书的 Web 支持站点包含：勘误表、所有程序代码的文本文件、辅助技术资料和链接、所有图形、基于多项选择题的交互式指导以及教师获得书中带有 * 号练习题答案的详细办法。本书支持站点的 URL 是 www. cs. bham. ac. uk/research/lics/，也可以访问 www. cambridge. org/052154310x。

　　在本书的写作过程中，许多人直接或间接地帮助过我们。David Schmidt 非常友好地提供了第 4 章的一些练习。Krysia Broda 指出了一些排版错误，她和[BEKV94]的其他作者还允许我们使用该书的一些练习。我们也从[Hod77]和[FHMV95]中借用了一些练习或例子。Susan Eisenbach 为我们提供了第 2 章中用 Alloy 建模的包相关系统（Package Dependency System）的第一种描述。Daniel Jackson 对该节的各种版本做了非常有用的建议。Zena，Matilde Ariola，Josh Hodas，Jan Komorowski，Sergey Kotov，Scott A. Smolka 和 Steve Vickers 与我们就本书进行了通信；感谢他们的评论。Matt Dwyer 和 John Hatcliff 对第 3 章的初稿做了有价值的评价。Kevin Lucas 对第 6 章的内容给出了有深刻见解的建议，并且告知我们本书初稿中的很多排版错误。Achim Jung 阅读了几章并给出了有用的反馈。

　　此外，很多人阅读了一些章节并提供了有用的意见，其中包括 Moti Ben-Ari，Graham Clark，Christian Haack，Anthony Hook，Roberto Segala，Alan Sexton 和 Allen Stoughton。堪萨斯州立大学和伯明翰大学的许多学生给我们反馈了各种各样的信息，这影响了我们对论题的选择和表述方式。我们感谢 Paul Taylor 的画证明框的 LᴬTEX 包。几位匿名审稿人做了关键的建设性评价，这帮助我们在各个方面改进了本书。尽管有这些人的贡献，书中仍然可能会有些错误，对此我们肯定要负全责。

第二版新增

　　本书出版后，很多人指出了误印并做了其他有用的评述，这帮助我们改进了本书，这其中我们要提到 Wolfgang Ahrendt，Yasuhiro Ajiro，Torben Amtoft，Stephan Andrei，Bernhard Beckert，Jonathan Brown，James Caldwell，Ruchira Datta，Amy Felty，Dimitar Guelev，Hirotsugu Kakugawa，Kamran Kashef，Markus Krötzsch，Jagun Kwon，Ranko Lazic，David Makinson，Alexander Miczo，Aart Middeldorp，Robert Morelli，Prakash Panangaden，Aileen Paraguya，Frank Pfenning，Shekhar Pradhan，Koichi Takahashi，Kazunori Ueda，Hiroshi Watanabe，Fuzhi Wang 以及 Reinhard Wilhelm。

目 录

命题逻辑

计算机科学中的逻辑是为了创建一种语言，使人们能够对计算机科学领域中所遇到的情境进行建模，并在这种方式下对情境进行形式化推理。对情境进行推理意味着构造与其相关的论证，人们希望这个过程形式化，使这些论证经得起严格的推敲，或者能够在计算机上实现。

考虑以下的论证。

例 1.1　如果火车晚点，而且车站没有出租车，那么 John 参加会议就会迟到。John 没有迟到，火车的确是晚点了。因此，车站有出租车。

直观地看，这个论证是有效的。由第一句话，我们得知：如果没有出租车，那么 John 就会迟到。第二句话告诉我们他没有迟到，所以，这种情况一定是有出租车。

本书将用很多篇幅考虑具有下述结构的论证：先有若干语句，其后是词"因此"，然后是另一个语句。如果"因此"后面的语句能够由其前面的语句符合逻辑地推导出来，这个论证就是有效的。本章和下一章的主题就是要给"推导出来"这个词以精确的含义。

再考虑一个例子。

例 1.2　如果下雨，Jane 没有带伞，就会被淋湿。而 Jane 没有被淋湿，确实下雨了，因此，Jane 带伞了。

这也是一个有效的论证。进一步考察发现：这个论证与前一个例子的论证实际上有相同的结构！我们所做的不过是将某些语句片段用其他的语句片段来代换：

例 1.1	例 1.2
火车晚点了	天下雨了
车站有出租车	Jane 带伞了
John 参加会议迟到了	Jane 被淋湿了

无须谈论火车还是下雨，每个例子中的论证都可以陈述如下：

$$\text{如果 } p \text{ 且非 } q, \text{那么 } r, \quad \text{非 } r, p, \text{因此}, q。$$

在逻辑表达的过程中，我们并不关心语句真正表示什么意思，仅考虑其逻辑结构。当然，在像上面那样使用推理时，语句的意义会有很大的影响。

1.1　判断语句

为了做严格的论证，我们需要开发一种语言，使用这种语言表达的语句可以反映其逻辑结构。我们从命题逻辑语言开始，它基于命题（proposition）或判断语句（declarative sentence），是那种原则上可以论证其为真或假的语句。下面是判断句的例子：

(1) 3 和 5 的和等于 8。

(2) Jane 对 Jack 的指控反应激烈。

(3) 每个大于 2 的偶自然数是两个素数的和。

(4) 所有火星人都喜欢在比萨饼上放意大利香肠。

(5) Albert Camus était un écrivain français[⊖]。

(6) Die Würde des Menschen ist unantastbar。

这些语句都是判断句，因为它们原则上都可以声明为"真"或"假"。语句(1)可以通过算术基本事实(以及隐含的假定：自然数用十进制的阿拉伯数字表示)加以验证。语句(2)会有些问题。为了给其赋以一个真值，我们要知道 Jane 和 Jack 是何许人，也许还要有一个情境的目击者的可靠描述。例如在原则上，如果我们当时在场景中，感觉到 Jane 的激烈反应，证明事情确实发生了。语句(3)(著名的哥德巴赫猜想)看上去是直接的。显然，关于所有大于 2 的偶自然数是两个素数的和或者是真的，或者是假的。但是，时至今日无人知道语句(3)是否为真。即便它是真的，也不清楚是否能用某些有限的方法来证明。鉴于此，本书仅考虑在"原则上"可以取到某种真值的语句，无论这个真值是否反映了所论及语句表达的实际状态。语句(4)似乎有些无聊，但我们可以说：如果火星人存在而且吃比萨饼，那么所有火星人喜欢在比萨饼上放意大利香肠，或者不喜欢。(如果火星人不存在，为了看出这个语句是判断句，我们必须用第 2 章中介绍的谓词逻辑看到，这个语句是真的。)总之，就本书目的而言，语句(4)也可以判断真假。Et alors, qu'est-ce qu'on pense des phrases(5)et(6)？如果你恰好懂一点法语和德语，语句(5)和语句(6)也是如此。于是，判断语句可以用任何的自然语言或人工语言书写。

本书不考虑非判断语句，比如：

- 请把盐递给我好吗？
- 各就位，预备，跑！
- 祝你财运亨通。

我们主要关心有关计算机系统或程序性能的精确判断句或陈述语句。不仅想规范地说明这类语句，而且想验证已知的程序或系统是否满足当前的规范。于是，我们需要发展一种推理演算，允许我们从已知的可靠假定(比如：经初始化的变量)得出结论：如果所有的假定都是真的，那么结论也应该是真的。可靠假定的含义就是保真值。一个困难得多的问题是：已知计算机程序的一个任意真性质，是否能够找到用这种推理演算书写的论证，以此性质作为其结论？上面的判断句(3)就是在数论的框架内说明了此类问题的关键所在。

我们要设计的逻辑本质上是符号的(symbolic)。我们将把英语书写的所有判断句的一些充分大的子集翻译成符号字串。给出判断句的经过压缩的、但仍然完备的编码，使我们得以重点关注论证的机理。这一点是非常重要的，因为计算机系统或软件的规范就是这些判断句的序列。进而，它展现了对规范自动化处理的可能性，而自动处理是计算机乐于做的事情[⊖]。我们的策略是将一些语句视为原子的(atomic)，或不可分解的(indecomposable)，像语句

"5 是偶数。"

我们为每个原子语句赋予一个不同的符号 p, q, r, $\cdots$，有时也用 p_1, p_2, p_3, $\cdots$，然后可以按照合成的(compositional)方式来编写更复杂的语句。例如，已知原子语句

p："上周我中了奖。"

⊖ (5)、(6)两句分别为法语和德语。作者想说明判断句是由语句结构本身所确定，与所使用的语言无关。为了体现这层含义，此处保留原文不译。——译者注

⊖ 在这项努力中，有一定循环论证(略带苦涩)：在证明一个计算机程序 P 满足已知性质的过程中，可能要设另一个计算机程序 Q 尝试找出 P 满足该性质的证明，但是谁又能保证 Q 满足仅产生出正确证明这一性质？我们似乎陷入了无限循环论证之中。

q：“我买了一张彩票。”

r：“我中了上周的赛马大奖。”

根据下列规则，我们可以组成更复杂的语句：

¬：p 的否定（negation），记作 ¬p，表示“上周我没有中彩”，或者用等价语句“上周我中彩不是真的。”

∨：表示 p 和 r 中至少有一个为真的叙述：“上周我中了彩，或者，上周我中了赛马大奖。”我们将这个判断句记为 $p \lor r$，并称其为 p 和 r 的析取（disjunction）⊖。

∧：$p \land r$ 表示 p 和 r 的相当幸运的合取（conjunction）：“上周我中了彩和赛马大奖。”

→：最后一个规则，但肯定不是最不重要的规则，语句“如果上周我中了彩，那么我买了一张彩票”表达了 p 和 q 之间的一种蕴涵（implication），指出 q 是 p 的一个逻辑结果。我们用 $p \rightarrow q$ 表示这一点⊖，并称 p 是 $p \rightarrow q$ 的假设（assumption），而 q 是其结论（conclusion）。

当然，我们可以重复地使用这些构造命题的规则。例如，可以形成命题

$$p \land q \rightarrow \lnot r \lor q$$

它意味着：“如果 p 且 q，那么非 r 或 q”。读者也许注意到，在阅读这个语句时有一种潜在的含糊性。有人可能争辩说这个语句的结构为“是 p 的情形，而且如果 q，那么……”。一台计算机会要求插入括号，成为

$$(p \land q) \rightarrow ((\lnot r) \lor q)$$

从而消除断言中的含糊性。然而，我们人类会对括号的泛滥感到苦恼，这也是我们对这些逻辑符号采用绑定优先级约定的原因。

约定 1.3　¬比∨和∧有更高的绑定优先级，而∨和∧比→有更高的优先级。蕴涵→是右结合的：形如 $p \rightarrow q \rightarrow r$ 的表达式表示 $p \rightarrow (q \rightarrow r)$。

1.2　自然演绎

如何构造关于命题的推理演算，使得我们能够确立例 1.1 和例 1.2 中推理的有效性？很明显，我们需要有一组规则，其中的每一条都允许我们在特定的前提下得到一个结论。

在自然演绎中，有这样一组证明规则（proof rule）。这些规则允许我们由其他公式推断（infer）出新公式。通过逐次应用这些规则，我们可以由一组前提推断出一个结论。

我们来看这是如何做到的。假定有一组称为前提⊖（premise）的公式 ϕ_1，ϕ_2，ϕ_3，…，

⊖ 此处或（or）的意义不应该与在自然语言经常隐含的“或者……或者……”（either…or）意义相混淆。在本书中，或总意味着至少一个，不应理解为异或，后者表示两个语句中的恰好一个成立。

⊖ “如果……那么……”（if…then）自然语言意义经常隐含地假定假设与结论有某种因果关系（假设使结论成为可能）。然而，蕴涵的逻辑意义是不同的：它叙述了从假设到结论的保真性，而不需要任何因果关系。例如，“如果所有的鸟都会飞，则 Bob Dole 从没有当过美国总统。”是一个真语句，但在企鹅的飞行技巧与有效的总统竞选之间没有已知的因果关系。

⊖ 逻辑中的一个传统是使用希腊字母。小写字母用于表示公式，大写字母用于表示公式集合。此处是一些最常用的希腊字母及其读音：

小写		大写	
ϕ	phi	Φ	Phi
ψ	psi	Ψ	Psi
χ	chi	Γ	Gamma
η	eta	Δ	Delta
α	alpha		
β	beta		
γ	gamma		

ϕ_n，以及另一个称为结论(conclusion)的公式 ψ。通过将证明规则应用于前提，我们希望能得出更多的其他公式，再将更多的证明规则应用于这些公式，最终得到结论。我们将此意图记为

$$\phi_1, \phi_2, \cdots, \phi_n \vdash \psi$$

这个表达式称为矢列(sequent)。如果可以找到它的证明，称此矢列为有效的(valid)。例 1.1 和例 1.2 中的矢列是 $p \wedge \neg q \to r$，$\neg r$，$p \vdash q$。构造这样的证明是一项颇具创造性的练习，有点像编程。为了得到所需的结论，应用哪些规则，以及按照什么次序应用不见得是明显的。此外，应该仔细地选择证明规则，否则可能"证明"出非法的论证模式。例如，我们希望不能证明出矢列 p，$q \vdash p \wedge \neg q$。比如，若用 p 代表"金是金属"，q 代表"银是金属"，知道这两个事实不应该允许推断出"金是金属而银不是金属"。

现在来考察证明规则，总共有 15 个。我们逐一考察每个规则，然后在本节末尾加以总结。

1.2.1   自然演绎规则

合取规则   第一个规则称为合取规则($\wedge$)：合取引入。这个规则在已知分别得到结论 ϕ 和 ψ 的前提下，推导出结论 $\phi \wedge \psi$。将这个规则写为：

$$\frac{\phi \quad \psi}{\phi \wedge \psi} \wedge i$$

横线的上面是该规则的两个前提，横线的下面是结论(这个结论也许还不是整个论证的最终结论，为了得到最终的结论，可能还需要应用更多的规则)。在横线的右方写下了该规则的名称，$\wedge i$ 读作"合取引入"。注意我们(在结论中)引进了 $\wedge$，而此前(在前提中)没有。

对于每个逻辑联结词，都有一个或多个用于引进它的规则，以及一个或多个用于消去它的规则。关于合取消去的规则有两个：

$$\frac{\phi \wedge \psi}{\phi} \wedge e_1 \qquad \frac{\phi \wedge \psi}{\psi} \wedge e_2 \tag{1-1}$$

规则 $\wedge e_1$ 表示：如果有了 $\phi \wedge \psi$ 的证明，通过应用该规则可以得到 ϕ 的一个证明。规则 $\wedge e_2$ 表示相同的事情，但是允许推导出结论 ψ。注意这些规则的相关性：在式(1-1)的第一个规则中，结论 ϕ 必须匹配前提的第一个合取项，而第二个合取项 ψ 的精确特征是不相关的。第二个规则只是调换了次序：结论 ψ 必须匹配前提的第二个合取项 ψ，而 ϕ 可以是任意公式。在应用证明规则之前，明确这种类型的模式匹配是很重要的。

例 1.4   我们使用这些规则证明 $p \wedge q$，$r \vdash q \wedge r$ 是有效的。开始写下前提，然后留下一些空隙，并写上结论：

$$p \wedge q$$
$$r$$

$$q \wedge r$$

构造证明的任务就是应用一系列适当的证明规则，填充前提与结论间的空隙。在本例中，将 $\wedge e_2$ 用于第一个前提，给出 q，然后将 $\wedge i$ 用于这个 q 和第二个前提 r，给出 $q \wedge r$。这样证明就完成了！通常，我们将所有的行标上行号，并写出每一行的理由，于是产生出：

1	$p \wedge q$	前提
2	r	前提
3	q	$\wedge e_2 1$
4	$q \wedge r$	$\wedge i \, 3,2$

现在读者可以尝试自己来证明 $(p \wedge q) \wedge r, s \wedge t \vdash q \wedge s$ 是有效的，以此来检验自己是否理解了上述内容。注意：规则中的 ϕ 和 ψ 不仅可以用原子语句加以实例化（像刚刚给出的例子中的 p 和 q），也可以使用复合语句。于是，由 $(p \wedge q) \wedge r$，通过应用 $\wedge e_1$，将 ϕ 实例化为 $p \wedge q$，而 ψ 实例化为 r，我们可以推导出 $p \wedge q$。

如果我们逐字逐句地应用这些证明规则，那么上述证明实际上是一棵根为 $q \wedge r$、叶为 $p \wedge q$ 和 r 的树，如下所示：

$$\cfrac{\cfrac{p \wedge q}{q} \wedge e_2 \qquad r}{q \wedge r} \wedge i$$

但是，如果把树放平成为一种线性表示，就必须使用指针，如上面的第 3 行和第 4 行。这些指针使我们能够重新创建出实际的证明树。在本书中，我们将采用水平的方式来表示证明，这种方式可以使读者将精力集中在如何找到证明，而不是放在如何将一棵不断增长的树画在一张纸上。

如果一个矢列式是有效的，可以有很多不同的方式来证明。因此，如果你将自己对练习的解与其他人的解做比较，可能会有所不同。然而，任何公认的证明都可以通过以下的过程验证其正确性：从最上面一行开始，验证每个单独的行都是证明规则的有效应用，认识到这一点是非常重要的。

双重否定规则　直观地看，一个公式 ϕ 与其双重否定 $\neg\neg\phi$ 之间没有差别：$\neg\neg\phi$ 所表达的既不比 ϕ 本身多也不比其少。语句"不下雨不是真的"不过是"下雨了"的一种更精心设计的说法。反之，知道"下雨了"，只要愿意，我们可以自由地以这种更复杂的方式来叙述这个事实。于是，我们得到了关于双重否定的消去和引入规则：

$$\frac{\neg\neg\phi}{\phi} \neg\neg e \qquad \frac{\phi}{\neg\neg\phi} \neg\neg i$$

（后面我们还将看到关于单重否定本身的规则。）

例 1.5　下面对矢列 $p, \neg\neg(q \wedge r) \vdash \neg\neg p \wedge r$ 的证明使用了到目前为止讨论的大多数证明规则：

1	p	前提
2	$\neg\neg(q \wedge r)$	前提
3	$\neg\neg p$	$\neg\neg i\ 1$
4	$q \wedge r$	$\neg\neg e\ 2$
5	r	$\wedge e_2\ 4$
6	$\neg\neg p \wedge r$	$\wedge i\ 3,5$

例 1.6　现在我们来证明上文请读者自行证明的矢列 $(p \wedge q) \wedge r, s \wedge t \vdash q \wedge s$。请将自己的解答与下面的证明加以比较。

1	$(p \wedge q) \wedge r$	前提
2	$s \wedge t$	前提
3	$p \wedge q$	$\wedge e_1\ 1$
4	q	$\wedge e_2\ 3$
5	s	$\wedge e_1\ 2$
6	$q \wedge s$	$\wedge i\ 4,5$

蕴涵消去规则　有一个引进规则→和一个消去规则，后者是命题逻辑的最著名的规则之一，经常称为分离规则（拉丁文 modus ponens）。通常，我们用其现代名称"蕴涵消去"来称呼（有时也称为箭头消去）。这个规则表示，已知 ϕ 及 ϕ 蕴涵 ψ，我们可以正确地得到 ψ。在演绎中，将此规则写为：

$$\frac{\phi \quad \phi \to \psi}{\psi} \to e$$

我们通过给出一些判断句 p 和 q 的实例说明这个规则的合理性。假定

p：下过雨了

$p \to q$：如果下过雨了，那么街道是湿的。

因此，q 就是"街道是湿的。"现在，如果我们知道下过雨了，而且知道下过雨街道是湿的，那么我们可以将两条信息结合起来得到"街道确实是湿的"这个结论。因此，$\to e$ 规则的合理性不过是应用常识。再看另一个编程的例子：

p：程序的输入值是一个整数。

$p \to q$：如果程序的输入值是一个整数，那么程序输出一个布尔值。

同样，我们可以将这些信息集合在一起得到结论：如果给程序一个整数输入，它会产生一个布尔值输出。然而，重要的是认识到：p 的出现对于所发生的推断是绝对基本的。例如，程序可能很好地满足 $p \to q$，但它不满足 p（比如说输入了一个姓），那么我们不能推导出 q。

如前面已经看到的，$\to e$ 的形式参数 ϕ 和 ψ 可以用任何语句（包括复合句）来实例化：

1	$\neg p \wedge q$	前提
2	$\neg p \wedge q \to r \vee \neg p$	前提
3	$r \wedge \neg p$	$\to e\ 2,1$

当然，我们可以不计次数地使用任意规则。例如，已知 p，$p \to q$ 和 $p \to (q \to r)$，我们可以推断出 r：

1	$p \to (q \to r)$	前提
2	$p \to q$	前提
3	p	前提
4	$q \to r$	$\to e\ 1,3$
5	q	$\to e\ 2,3$
6	r	$\to e\ 4,5$

在开始讨论蕴涵引入之前，我们先考察一个混合规则，其拉丁名字为 modus tollens（反证规则）。像规则 $\to e$，这个规则消去一个蕴涵。假定有 $p \to q$ 和 $\neg q$，那么若 p 成立，可以应用 $\to e$ 得到 q 成立。于是，我们就会有 q 和 $\neg q$ 成立，这是不可能的。因此，我们可以推断出 p 必须是假的，而这只能表明 $\neg p$ 是真的。我们将此推理总结为反证规则$^{\ominus}$（MT）：

$$\frac{\phi \to \psi \quad \neg \psi}{\neg \phi} MT$$

$\ominus$　后面我们可以从其他规则推导出这个规则，此处引进是因为它已经使我们能做一些相当灵活的证明。当前，你可以将其视为一个更高阶水平的规则，因为它没有提及其所依赖的更低阶的规则。

我们还是看一个在自然语言框架下使用该规则的例子：

"如果亚伯拉罕·林肯是埃塞俄比亚人，那么他是一个非洲人。亚伯拉罕·林肯不是非洲人，因此他不是埃塞俄比亚人。"

例 1.7 在对矢列式 $p \to (q \to r)$，p，$\neg r \vdash \neg q$ 的下列证明中，我们使用目前为止所引进的几个规则：

1	$p \to (q \to r)$	前提
2	p	前提
3	$\neg r$	前提
4	$q \to r$	→e 1, 2
5	$\neg q$	MT 4, 3

例 1.8 将 MT 规则与 $\neg\neg$ e 或 $\neg\neg$ i 结合的两个示例性证明。一个证明矢列式 $\neg p \to q$，$\neg q \vdash p$ 是有效的：

1	$\neg p \to q$	前提
2	$\neg q$	前提
3	$\neg\neg p$	MT 1, 2
4	p	$\neg\neg$ e 3

另一个证明矢列式 $p \to \neg q$，$q \vdash \neg p$ 的有效性：

1	$p \to \neg q$	前提
2	q	前提
3	$\neg\neg q$	$\neg\neg$ i 2
4	$\neg p$	MT 1, 3

注意：在这两个例子中，应用双重否定和 MT 规则的次序是不同的，这个次序是由要证明有效性的特别矢列式的结构所驱动的。

蕴涵引入规则 规则 MT 使我们得以证明矢列 $p \to q$，$\neg q \vdash \neg p$ 的有效性，但矢列 $p \to q \vdash \neg q \to \neg p$ 的有效性看起来也是合理的。从某种意义上讲，这两个矢列说的是同一件事情。尽管如此，到目前为止，我们还没有能够构建不出现在证明前提中的蕴涵的规则。这种规则的机理比已经看到的规则要更复杂，因此要小心进行。假定有 $p \to q$，若临时假定 $\neg q$ 成立，我们可以应用 MT 推断出 $\neg p$。于是，假定 $p \to q$，我们可以证明 $\neg q$ 蕴涵 $\neg p$，而我们将后者符号化地表示为 $\neg q \to \neg p$。总之，我们找到了 $p \to q \vdash \neg q \to \neg p$ 的一个论证：

1	$p \to q$	前提
2	$\neg q$	假设
3	$\neg p$	MT 1, 2
4	$\neg q \to \neg p$	→i 2-3

证明中的矩形框表示临时假定 $\neg q$ 的范围。它所表达的意思是：我们假定 $\neg q$。为了做到这一点，打开矩形框并将 $\neg q$ 置于顶端。然后，如常连续应用其他规则得到 $\neg p$。但这样做时仍然依赖于假定 $\neg q$，故都在矩形框内进行。最后，我们准备好应用 →i，这使我们得到结论 $\neg q \to \neg p$，而此结论不再依赖于假定 $\neg q$。将上述推理与下面的说法做比较："如果你是法国人，那么你是欧洲人。"这句话的真假不依赖于任何人是否为法国人。因此，我们将结论

$\neg q \to \neg p$ 写在矩形框的外边。

如果我们将 $p \to q$ 视为一个程序的类型，上述推理依然有效。例如，p 可能代表该程序期望一个整数值输入 x，而 q 可能代表该程序返回一个布尔值 y 作为输出。现在，$p \to q$ 的有效性相当于一个假设-保证断言：如果输入是整数，那么输出是布尔值。当输入不是整数值的情况下，同一个程序可能计算出一些莫名其妙的东西或干脆就崩溃了，此时这个断言也是真的。现在，使用规则 $\to$i 证明 $p \to q$ 称为类型检测（type checking），在构造带类型编程语言的编译器时，类型检测是一个重要的论题。

于是，我们将规则 $\to$i 形成固定格式如下：

这个规则表示：为证明 $\phi \to \psi$，做临时的假定 ϕ，然后证明 ψ。在证明 ψ 的过程中，可以使用 ϕ，以及任何其他公式，诸如前提和当前已经得到的临时结论等。证明可以包括嵌套矩形框，或者在原有的矩形框关闭后又打开新的矩形框。还有一些规则用来说明在证明中的哪些位置可以使用哪些公式。一般来讲，在一个已知位置的证明中，只有在公式 ϕ 先于该位置出现，而且出现 ϕ 的矩形框都没有关闭的情况下，才可以使用公式 ϕ。

紧跟在关闭的矩形框后面的行必须与使用该矩形框的规则所得到的结论模式相匹配。就蕴涵引入而言，这意味着，如果一个矩形框的第一个公式是 ϕ，最后一个公式为 ψ，那么紧跟在该矩形框后面的行必须是 $\phi \to \psi$。我们还会再遇到涉及证明框的两个证明规则，它们也需要类似的模式匹配。

例 1.9　这是使用 $\to$i 的另一个例子，它证明了矢列 $\neg q \to \neg p \vdash p \to \neg \neg q$ 的有效性：

1	$\neg q \to \neg p$	前提
2	p	假设
3	$\neg \neg p$	$\neg \neg$i 2
4	$\neg \neg q$	MT 1,3
5	$p \to \neg \neg q$	$\to$i 2-4

注意：我们可以将规则 MT 应用于出现在矩形框内或其上的公式：在第 4 行，包含第 1 行或第 3 行的矩形框没有关闭。

现在，考虑证明 $p \vdash p$ 的下列单行论证是很有益的：

1	p	前提

规则 $\to$i（以 $\phi \to \psi$ 为结论）并没有排除 ϕ 和 ψ 重合的可能性，两者都可以实例化为 p。因此，可以将上面的证明扩展为：

1	p	假设
2	$p \to p$	$\to$i 1-1

我们用 $\vdash p \to p$ 表示 $p \to p$ 的证明根本不依赖于任何前提。

定义 1.10　若逻辑公式 ϕ 具有有效的矢列 $\vdash \phi$，则称 ϕ 是定理。

例 1.11　下面是定理的一个例子，其证明使用了到目前为止引进的大多数规则：

1	$q \rightarrow r$	假设
2	$\neg q \rightarrow \neg p$	假设
3	p	假设
4	$\neg \neg p$	$\neg \neg$ i 3
5	$\neg \neg q$	MT 2,4
6	q	$\neg \neg$ e 5
7	r	$\rightarrow$ e 1,6
8	$p \rightarrow r$	$\rightarrow$ i 3-7
9	$(\neg q \rightarrow \neg p) \rightarrow (p \rightarrow r)$	$\rightarrow$ i 2-8
10	$(q \rightarrow r) \rightarrow ((\neg q \rightarrow \neg p) \rightarrow (p \rightarrow r))$	$\rightarrow$ i 1-9

因此，矢列$\vdash (q \rightarrow r) \rightarrow ((\neg q \rightarrow \neg p) \rightarrow (p \rightarrow r))$是有效的，表明$(q \rightarrow r) \rightarrow ((\neg q \rightarrow \neg p) \rightarrow (p \rightarrow r))$是另一个定理。

评注 1.12　事实上，这个例子指出，可以将$\phi_1, \phi_2, \cdots, \phi_n \vdash \psi$的任何证明变换为定理

$$\vdash \phi_1 \rightarrow (\phi_2 \rightarrow (\phi_3 \rightarrow (\cdots \rightarrow (\phi_n \rightarrow \psi) \cdots)))$$

的一个证明：通过规则$\rightarrow$i 依次应用于$\phi_n, \phi_{n-1}, \cdots, \phi_1$，将这$n$行证明加到原有的证明中。

例 1.11 的证明中嵌套的矩形框揭示了一种模式：首先使用消去规则，解构我们所做的假设，然后引入规则构建最终的结论。更困难的证明可以涉及若干个这样的阶段。

我们把这个重要的论题放在以后讨论。我们是怎么处理例 1.11 证明的？一部分用已有的公式结构确定，其他部分要求有创造性。考虑图 1-1 描述的逻辑结构$(q \rightarrow r) \rightarrow ((\neg q \rightarrow \neg p) \rightarrow (p \rightarrow r))$。公式整体是一个蕴涵，因为$\rightarrow$是图 1-1 中树的根。但是构建蕴涵的唯一方法就是利用规则$\rightarrow$i。这样，我们需要阐述假设（第 1 行），证明结论（第 9 行）。如果能够做到这一点，就能得到第 10 行的证明。事实上，正像评注说的，这是得到结论的唯一方法。因此，本质上说，第 1、9 和 10 行完全由公式结构确定。解决问题就是要填充行 1~9。但是，因为第 9 行是一个蕴涵，因此，只有一种方法证明它：假设前提在第 2 行，尝试证明第 8 行的结论；如前，第 9 行用规则$\rightarrow$i 得到。第 8 行的公式$p \rightarrow r$是另一蕴涵。因此，我们必须在行 3 中假设p，希望在第 7 行证明r，于是$\rightarrow$i 产生第 8 行期望的结果。

现在剩下的问题是：怎么使用 1~3 行的 3 个假设证明r。这就是这个证明中的创造性部分。在第 1 行有蕴涵$q \rightarrow r$，并且知道只要有q，如何得到r（使用$\rightarrow$e）。那么，怎么得到q？2、3 行看起来很像 MT 规则模式，从而，在第 5 行得到$\neg \neg q$；后者利用规则$\neg \neg$e 马上得到第 6 行的q。但是，还不能马上匹配 MT 模式，因为要用$\neg \neg q$代替q，但可以在第 4 行通过$\neg \neg$i 很容易得到。

这个讨论说明公式的逻辑结构能告诉我们许多关于一个可能的证明结构，并且一定值得我们花时间利用信息尝试证明矢列。在结束关于蕴涵规则这一节之前，再看几个例子（这里还涉及合取规则）。

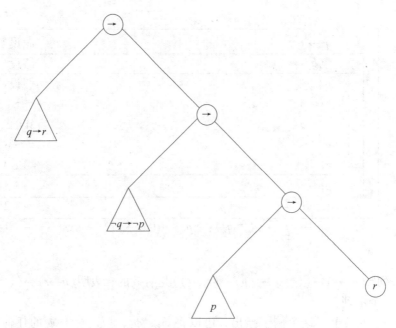

图 1-1   公式 $(q{\rightarrow}r){\rightarrow}((\neg q{\rightarrow}\neg p){\rightarrow}(p{\rightarrow}r))$ 的部分结构，
显示了公式的结构如何确定证明的结构

例 1.13   使用规则 $\wedge$ i，可以证明矢列 $p \wedge q{\rightarrow}r \vdash p{\rightarrow}(q{\rightarrow}r)$ 的有效性：

1	$p \wedge q \rightarrow r$	前提
2	p	假设
3	q	假设
4	$p \wedge q$	$\wedge$ i 2,3
5	r	$\rightarrow$ e 1,4
6	$q \rightarrow r$	$\rightarrow$ i 3-5
7	$p \rightarrow (q \rightarrow r)$	$\rightarrow$ i 2-6

例 1.14   运用消去规则 $\wedge$ e$_1$，$\wedge$ e$_2$，也可以证明上面矢列的"逆"的有效性：

1	$p \rightarrow (q \rightarrow r)$	前提
2	$p \wedge q$	假设
3	p	$\wedge$ e$_1$ 2
4	q	$\wedge$ e$_2$ 2
5	$q \rightarrow r$	$\rightarrow$ e 1,3
6	r	$\rightarrow$ e 5,4
7	$p \wedge q \rightarrow r$	$\rightarrow$ i 2-6

$p \wedge q{\rightarrow}r \vdash p{\rightarrow}(q{\rightarrow}r)$ 和 $p{\rightarrow}(q{\rightarrow}r) \vdash p \wedge q{\rightarrow}r$ 的有效性说明这两个公式是等价的，即可以从一个证明另一个。把这种情况表示为：

$$p \wedge q \rightarrow r \dashv\vdash p \rightarrow (q \rightarrow r)$$

符号 $\vdash$ 的右边只对应一个公式，而符号 $\dashv\vdash$ 对应两个公式。

例 1.15   证明矢列 $p{\rightarrow}q \vdash p \wedge r{\rightarrow}q \wedge r$ 的有效性。该例子使用了合取的引入和消去规则。

1	$p \rightarrow q$	前提
2	$p \wedge r$	假设
3	p	$\wedge e_1 \, 2$
4	r	$\wedge e_2 \, 2$
5	q	$\rightarrow e \, 1,3$
6	$q \wedge r$	$\wedge i \, 5,4$
7	$p \wedge r \rightarrow q \wedge r$	$\rightarrow i \, 2\text{-}6$

析取规则 析取规则本质上不同于合取规则。合取情形是简洁清楚的：要证明 $\phi \wedge \psi$，只需将证明 ϕ 和证明 ψ 结合，再调用 $\wedge i$。对于析取情形，析取运用引入远比消去更容易。因此，我们先介绍规则 $\vee i_1$ 和 $\vee i_2$。从前提 ϕ 推断出"ϕ 或 ψ"成立，因为已知 ϕ 成立。注意这个推断对 ψ 的任意情形都成立。同理，如果知道 ψ，可以推测"ϕ 或 ψ"成立。类似地，推断对 ϕ 的任意情形都成立。这样，我们有证明规则：

$$\frac{\phi}{\phi \vee \psi} \vee i_1 \qquad \frac{\psi}{\phi \vee \psi} \vee i_2$$

如果 p 表示"Agassi 在 1996 年获得一枚金牌"。q 表示"Agassi 在 1996 年赢得了温网比赛"。那么 $p \vee q$ 成立，因为 p 成立，不管 q 是假的事实。自然，构造性的析取依赖于需要分别建立析取 p 或 q 的假设。

现在考虑"或消去"(or-elimination)。怎样在证明中使用公式 $\phi \vee \psi$ 呢？我们的指导原则是把假设分解为基本要素，以便用于推理中的论证，提炼出期望的结论。假设要证明某个命题 χ，已知假设 $\phi \vee \psi$。因为不知道 ϕ 和 ψ 哪一个是真的，必须给出两个单独的证明，再结合成一个论断。

1. 首先，假设 ϕ 是真的，得出 χ 的证明。

2. 其次，假设 ψ 是真的，同样需要给出 χ 的证明。

3. 已知上面两个证明，可以从 $\phi \vee \psi$ 为真推出 χ 为真，因为上面的分析是全面的。

因此，我们把规则 $\vee e$ 写为：

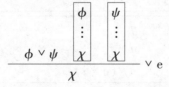

也就是说：如果 $\phi \vee \psi$ 是真的，不管假设 ϕ 还是 ψ，我们都可以得到 χ 的证明，即 χ 是成立的。下面给出 $p \vee q \vdash q \vee p$ 的有效性证明。

1	$p \vee q$	前提
2	p	假设
3	$q \vee p$	$\vee i_2 \, 2$
4	q	假设
5	$q \vee p$	$\vee i_1 \, 4$
6	$q \vee p$	$\vee e \, 1,2\text{-}3,4\text{-}5$

下面是应用∨e规则需要记住的一些要点。

- 首先必须明确两种情形的结论(规则中χ)实际上是同一公式。
- 两种情形的推理由∨e规则结合起来。
- 两种情形都不能使用其他情形中的临时假设,除非那些情形的矩形框已经被证明了。
- 第6行中的规则∨e的理由包含三点:出现在第1行的析取和两种情形的两个矩形框的位置行2～3以及行4～5)。

如果在推理中只使用$\phi \vee \psi$作为假设或前提,那么将丢失某些信息:已知ϕ或ψ,但不知道哪一个成立。这样,我们得到两种可能性ϕ或ψ;这种情况类似于大多数程序语言中的CASE或IF语句的行为。

例1.16 说明上述要点的一个更复杂的例子。证明矢列$q \rightarrow r \vdash p \vee q \rightarrow p \vee r$的有效性。

1	$q \rightarrow r$	前提
2	$p \vee q$	假设
3	p	假设
4	$p \vee r$	$\vee i_1$ 3
5	q	假设
6	r	$\rightarrow e$ 1,5
7	$p \vee r$	$\vee i_2$ 6
8	$p \vee r$	$\vee e$ 2,3-4,5-7
9	$p \vee q \rightarrow p \vee r$	$\rightarrow i$ 2-8

注意4、7、8行中的命题是相同的,因此,∨e的应用是合法的。

下面举几个运用规则∨e,∨i_1,∨i_2的例子。

例1.17 证明矢列$(p \vee q) \vee r \vdash p \vee (q \vee r)$的有效性很长,似乎也很复杂。但这是我们所期望的,因为消去规则把$(p \vee q) \vee r$分解为基本成分p,q和r,再由引入规则建构公式$p \vee (q \vee r)$。

1	$(p \vee q) \vee r$	前提
2	$(p \vee q)$	假设
3	p	假设
4	$p \vee (q \vee r)$	$\vee i_1$ 3
5	q	假设
6	$q \vee r$	$\vee i_1$ 5
7	$p \vee (q \vee r)$	$\vee i_2$ 6
8	$p \vee (q \vee r)$	$\vee e$ 2,3-4,5-7
9	r	假设
10	$q \vee r$	$\vee i_2$ 9
11	$p \vee (q \vee r)$	$\vee i_2$ 10
12	$p \vee (q \vee r)$	$\vee e$ 1,2-8,9-11

例1.18 在布尔代数或电路理论中知道,析取对合取满足分配律。现在可以证明在自然演绎中也是成立的。证明如下:

1	$p \wedge (q \vee r)$	前提
2	p	$\wedge e_1$ 1
3	$q \wedge r$	$\wedge e_2$ 1
4	q	假设
5	$p \wedge q$	$\wedge i$ 2,4
6	$(p \wedge q) \vee (p \wedge r)$	$\vee i_1$ 5
7	r	假设
8	$p \wedge r$	$\wedge i$ 2,7
9	$(p \wedge q) \vee (p \wedge r)$	$\vee i_2$ 8
10	$(p \wedge q) \vee (p \wedge r)$	$\vee e$ 3,4-6,7-9

证明矢列 $p \wedge (q \wedge r) \vdash (p \wedge q) \vee (p \wedge r)$ 的有效性,并试着证明它的"逆" $(p \neg q) \vee (p \wedge r) \vdash p \wedge (q \vee r)$ 的有效性。

最后需要引入的规则是为了使我们能用前面证明中已经出现的公式来结束一个矩形框而需要的。考虑矢列 $\vdash p \rightarrow (q \rightarrow p)$ 的有效性,其证明如下:

1	p	假设
2	q	假设
3	p	复制 1
4	$q \rightarrow p$	$\rightarrow i$ 2-3
5	$p \rightarrow (q \rightarrow p)$	$\rightarrow i$ 1-4

"复制"(copy)规则允许我们重复使用已知的公式。在这个例子中我们需要使用这个规则,因为规则 $\rightarrow i$ 要求在内框中以 p 结束。复制规则允许我们复制前面出现过的公式,除非这些公式依赖于已经关闭的矩形框的临时假设。尽管有些不完美,但是这个附加的规则值得我们在不只一次使用前提或其他任何"可视"公式的自由性上付出一个小的代价。

否定规则   我们已经看到规则 $\neg\neg i$ 和 $\neg\neg e$,但是还没有见过任何只有一个否定的引入和消去规则。这些规则涉及矛盾(contradiction)概念。这样兜圈子是需要的,因为论证是关于推理的,因此要保持真值。这样,不能在给出 ϕ 时,直接推出 $\neg\phi$。

定义 1.19   矛盾是形如 $\phi \wedge \neg\phi$ 或 $\neg\phi \wedge \phi$ 的表达式,其中 ϕ 是任意公式。

这样的矛盾例子可以是 $r \wedge \neg r$,$(p \rightarrow q) \wedge \neg(p \rightarrow q)$,以及 $\neg(r \vee s \rightarrow q) \wedge (r \vee s \rightarrow q)$。矛盾是逻辑中非常重要的概念。就我们关心的真值而言,它们都是等价的,即我们能证明下面公式:

$$\neg(r \vee s \rightarrow q) \wedge (r \vee s \rightarrow q) \dashv\vdash (p \rightarrow q) \wedge \neg(p \rightarrow q) \tag{1-2}$$

的有效性,因为公式两边都是矛盾。在介绍否定规则以后可以证明这个公式。公式 $\bot$ 代表矛盾。

事实上,矛盾不仅能推出矛盾,矛盾还可以推导出任何公式。这一点最初令人困惑;例如,为什么我们要接受论断 $p \wedge \neg p \vdash q$ 呢? 其中,

p:月亮由绿色干酪构成。

q:我喜欢撒有胡椒的比萨。

考虑到我们对比萨的口味与构成月亮的物质没有关系。表面上看,这种接受似乎很可笑。然而,自然演绎有此性质,即矛盾能推导出任何公式,所以,上述论断是有效的。原因是,如果前提是矛盾的,我们不关心前提是什么,那么从这个矛盾前提出发,$\vdash$ 可以得出任何我们

想要的结论。这至少有下列优点：⊢可以与后面正式解释的基于语义直觉的真值表相匹配：如果所有前提计算都是"真"，那么结论也必须计算是"真"。特别地，这不是前提之一（总）是假的情形的一个约束。

事实上，由底-消去(bottom-elimination)证明规则，⊥（矛盾）可以证明论证中的任何编码公式：

$$\frac{\perp}{\phi} \perp e$$

⊥本身表示由非-消去(not-elimination)证明规则编码的一个矛盾：

$$\frac{\phi \quad \neg \phi}{\perp} \neg e$$

例 1.20 应用这些规则证明 $\neg p \vee q \vdash p \rightarrow q$ 是有效的：

1	$\neg p \vee q$				
2	$\neg p$	前提		q	前提
3	p	假设		p	假设
4	$\perp$	$\neg e\ 3,2$		q	复制 2
5	q	$\perp e\ 4$		$p \rightarrow q$	$\rightarrow i\ 3\text{-}4$
6	$p \rightarrow q$	$\rightarrow i\ 3\text{-}5$			
7	$p \rightarrow q$				$\vee e\ 1,2\text{-}6$

注意这个例子中，$\vee e$ 的证明矩形框放在左右两侧，而不是上下。采用哪种方式无关紧要。

为什么要引入否定呢？想像某种事务矛盾状态的假设，即⊥的假设。那么这个假设不能是真的，因此它必须是假的。这种直觉就是证明规则 $\neg i$ 的基础：

$$\frac{\begin{array}{c}\phi \\ \vdots \\ \perp\end{array}}{\neg \phi} \neg i$$

例 1.21 实际运用这些规则，证明矢列 $p \rightarrow q$, $p \rightarrow \neg q \vdash \neg p$ 是有效的：

1	$p \rightarrow q$	前提
2	$p \rightarrow \neg q$	前提
3	p	假设
4	q	$\rightarrow e\ 1,3$
5	$\neg q$	$\rightarrow e\ 2,3$
6	$\perp$	$\neg e\ 4,5$
7	$\neg p$	$\neg i,3\text{-}6$

3~6 行包含了规则 $\neg i$ 的全部信息。下面是第二个例子，使用矛盾公式作为唯一的前提，证明矢列 $p \rightarrow \neg p \vdash \neg p$ 的有效性：

1	$p \rightarrow \neg p$	前提
2	p	假设
3	$\neg p$	$\rightarrow e\ 1,2$
4	$\perp$	$\neg e\ 2,3$
5	$\neg p$	$\neg i,2\text{-}4$

例 1.22　不使用规则 MT，证明矢列 $p \to (q \to r)$，p，$\neg r \vdash \neg q$ 的有效性：

1	$p \to (q \to r)$	前提
2	p	前提
3	$\neg r$	前提
4	q	假设
5	$q \to r$	$\to$ e 1,2
6	r	$\to$ e 5,4
7	$\bot$	$\neg$ e 6,3
8	$\neg q$	$\neg$ i 4-7

例 1.23　最后我们再看编码成矢列 $p \wedge \neg q \to r$，$\neg r$，$p \vdash q$ 的例 1.1 和例 1.2 的论证，其有效性证明为：

1	$p \wedge \neg q \to r$	前提
2	$\neg r$	前提
3	p	前提
4	$\neg q$	假设
5	$p \wedge \neg q$	$\wedge$ i 3,4
6	r	$\to$ e 1,5
7	$\bot$	$\neg$ e 6,2
8	$\neg \neg q$	$\neg$ i 4-7
9	q	$\neg \neg$ e 8

1.2.2　派生规则

在描述反证规则(MT)时，我们提到这个规则不是自然演绎的原始规则，可以从一些其他规则中推导出来。下面是对规则

$$\frac{\phi \to \psi \quad \neg \psi}{\neg \phi} \text{MT}$$

的推导，由规则$\to$e，$\neg$e 以及$\neg$i：

1	$\phi \to \psi$	前提
2	$\neg \psi$	前提
3	ϕ	假设
4	ψ	$\to$ e 1,3
5	$\bot$	$\neg$ e 4,2
6	$\neg \phi$	$\neg$ i 3-5

现在把这一章中用规则 MT 的证明用规则$\to$e，$\neg$e 以及$\neg$i 来替换。但是，用 MT 这个简写符号更方便。

同样，规则

$$\frac{\phi}{\neg \neg \phi} \neg \neg \text{i}$$

也成立。它可以从规则$\neg$i 和$\neg$e 得到，推导如下：

1	ϕ	前提
2	$\neg\phi$	假设
3	$\bot$	$\neg$ e 1, 2
4	$\neg\neg\phi$	$\neg$ i 2-3

我们能写出许多(没有限制)这样的派生规则。然而,没必要把问题变得庞大而不实用,一些完美主义者认为应该把规则约束为最小集合,使规则之间彼此独立。这里不采取这种完美主义的观点。下面要介绍的两个派生规则确实非常有用。可以发现,在自然演绎的习题里经常使用它们,因此,值得给它们取名为派生规则。对第二个规则,从初始证明规则得到它的推导不是很明显。

第一个规则有拉丁名 reductio ad absurdum,含义是"还原到荒谬"(reduction to absurdity),我们简称为反证法(proof by contradiction,PBC)。该规则为:如果由 $\neg\phi$ 能够推出矛盾,那么就可以判断 ϕ 成立:

这个规则看起来与 $\neg$ i 类似,除了否定出现在不同的位置。这是从基本的证明规则出发得到 PBC 的线索。假设我们有一个从 $\neg\phi$ 到 $\bot$ 的证明,由 $\rightarrow$ i,可以把这个证明转化为 $\neg\phi\rightarrow\bot$ 的一个证明,过程如下:

1	$\neg\phi\rightarrow\bot$	已知
2	$\neg\phi$	假设
3	$\bot$	$\rightarrow$ e 1,2
4	$\neg\neg\phi$	$\neg$ i 2-3
5	ϕ	$\neg\neg$ e 4

这说明 PBC 可以由 $\rightarrow$ i, $\neg$ i, $\rightarrow$ e 和 $\neg\neg$ e 推导。

这一节考虑的最后一个派生规则是证明中最有用的规则,由于它的推导非常长并且复杂,因此它的使用往往可以节约时间和努力。其拉丁语名是 tertium non datur,即排中律(law of excluded middle,LEM)。简单地说,就是 $\phi\vee\neg\phi$ 是真的:不管 ϕ 是什么,它一定是真的或者是假的。当 ϕ 是假时,$\neg\phi$ 是真的。没有第三种情况(因此称为排中律):矢列 $\vdash\phi\vee\neg\phi$ 是有效的。它的有效性是隐含的,例如,我们在程序语言中写 if 语句:if B $\{C_1\}$ else $\{C_2\}$ 依赖 $B\vee\neg B$ 为真这个事实(B 和 $\neg B$ 永远不会同时为真)。下面是自然演绎中从基本的证明规则推出排中律的一个证明:

1	$\neg(\phi\vee\neg\phi)$	假设
2	ϕ	假设
3	$\phi\vee\neg\phi$	$\vee$ i$_1$ 2
4	$\bot$	$\neg$ e 3, 1
5	$\neg\phi$	$\neg$ i 2-4
6	$\phi\vee\neg\phi$	$\vee$ i$_2$ 5
7	$\bot$	$\neg$ e 6, 1
8	$\neg\neg(\phi\vee\neg\phi)$	$\neg$ i 1-7
9	$\phi\vee\neg\phi$	$\neg\neg$ e 8

例 1.24　使用 LEM，证明 $p \to q \vdash \neg p \vee q$ 是有效的：

1	$p \to q$	前提
2	$\neg p \vee p$	LEM
3	$\neg p$	假设
4	$\neg p \vee q$	$\vee i_1$ 3
5	p	假设
6	q	$\to e$ 1,5
7	$\neg p \vee q$	$\vee i_2$ 6
8	$\neg p \vee q$	$\vee e$ 2,3-4,5-7

在证明中使用哪种情形的 LEM 有利于证明是很难确定的。你能用 $q \vee \neg p$ 作为 LEM 重做上面例子吗？

1.2.3　自然演绎总结

自然演绎规则总结在图 1-2 中。到目前为止，我们对规则的解释都是判断式的；我们用关于逻辑联结词的认识来表示每一个规则并且判断它。但是，在尝试使用这些规则时，会发现你正在寻找一个更程序化的解释；规则的含义是什么以及如何使用它。例如：

- $\wedge i$ 表示：为了证明 $\phi \wedge \psi$，必须首先分别证明 ϕ 和 ψ 然后运用规则 $\wedge i$。
- $\wedge e_1$ 表示：为了证明 ϕ，尝试证明 $\phi \wedge \psi$，然后运用规则 $\wedge e_1$。这听起来不像一个很好的建议，因为证明 $\phi \wedge \psi$ 可能比单独证明 ϕ 更困难。然而，你会发现 $\phi \wedge \psi$ 已经成立，此时这个规则是有用的。比较例 1.15。
- $\vee i_1$ 表示：为了证明 $\phi \vee \psi$，试着证明 ϕ。一般来说，证明 ϕ 也比证明 $\phi \vee \psi$ 困难，因此，同样只有在证明了 ϕ 时，这个规则才比较有用。例如，我们要证明 $q \vdash p \vee q$，不能简单地使用规则 $\vee i_1$，但是可以使用规则 $\vee i_2$。
- $\vee e$ 有一个非常完美的程序化的解释。它表示：如果已经知道 $\phi \vee \psi$，要证明某个 χ，那么试着依次由 ϕ 和 ψ 证明 χ（当然在那些子证明中，可以使用其他有效前提）。
- 类似地，$\to i$ 表示：如果要证明 $\phi \to \psi$，试着从 ϕ（以及其他有效前提）出发证明 ψ。
- $\neg i$ 表示：为了证明 $\neg \phi$，从 ϕ（以及其他有效前提）出发证明 $\bot$。

自然演绎的基本规则：

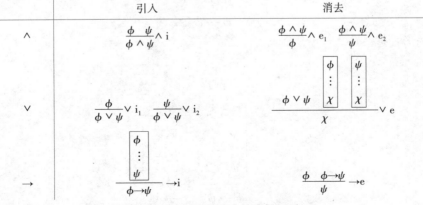

图 1-2　命题逻辑的自然演绎规则

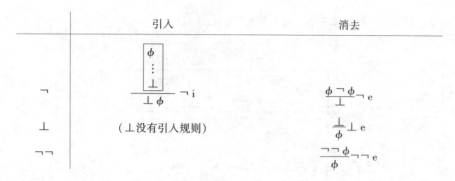

一些有用的派生规则：

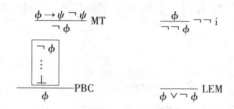

图 1-2　（续）

　　在证明的任何阶段都可以打开矩形框，选择一个证明规则作为假设来引入任何公式。正如我们看到的，自然演绎使用矩形框控制假设的范围。当引入一个假设时，一个矩形框被打开。根据具体的证明规则模式关闭矩形框来释放假设。通过打开矩形框做假设是非常有用的。但是，根据证明规则的模式，一定不要忘记关闭这些矩形框。

　　现在，我们实际上如何构建一个证明？

　　给定一个矢列式，首先把前提写在顶部，结论写在底部。然后试着填充空白部分，同时考虑前提（推出结论）和结论（设法反推到前提）。

　　首先看结论。如果结论是形式 $\phi \rightarrow \psi$，那么应用⊖规则 $\rightarrow$i。即画个矩形框，ϕ 在框的顶部，ψ 在框的底部。因此，原来的证明形式如下：

$$
\vdots \\
前提 \\
\vdots \\
\phi \rightarrow \psi
$$

现在的形式是：

$$
\vdots \\
前提 \\
\vdots
$$

$$
\boxed{\begin{array}{ll} \phi & 假设 \\ \\ \psi & \end{array}}
$$

$$
\phi \rightarrow \psi \qquad \rightarrow \text{i}
$$

⊖　除去情形 $p \rightarrow (q \rightarrow \neg r)$，$p \vdash q \rightarrow \neg r$，此时使用 $\rightarrow$e 可得到一个更简单的证明。

你仍然需要填上 ϕ 和 ψ 之间的空隙。但现在你有一个额外的公式可以使用，从而化简了你要到达的结论。

证明规则 $\neg i$ 与 $\to i$ 是相似的，对你的证明有同样的效果。它提供了一个增加的前提并简化结论。

在证明的任何阶段，几种规则都可以应用。在应用任何规则之前，列出可以应用的规则，并考虑哪个规则可能对证明有利。我们发现 $\neg i$ 与 $\to i$ 是最常使用的，可以改进证明。因此，有可能总是使用它们。没有简单的方法判断何时使用其他规则；通常你必须做出明智的选择。

1.2.4　逻辑等价

定义 1.25　设 ϕ 和 ψ 是命题逻辑的公式。我们说 ϕ 和 ψ 是逻辑等价（provably equivalent）的，当且仅当矢列式 $\phi \vdash \psi$ 和 $\psi \vdash \phi$ 都是有效的；即可以从 ϕ 出发证明 ψ，反之亦然。正如前面看到的，我们用 $\phi \dashv\vdash \psi$ 表示 ϕ 和 ψ 是逻辑等价的。

注意，由评注 1.12 知，前面定义的 $\phi \dashv\vdash \psi$ 就是指矢列式 $\vdash (\phi \to \psi) \wedge (\psi \to \phi)$ 是有效的；它定义了同样的概念。一些逻辑等价公式的例子如下：

$$\neg(p \wedge q) \dashv\vdash \neg q \vee \neg p \qquad\qquad \neg(p \vee q) \dashv\vdash \neg q \wedge \neg p$$
$$p \to q \dashv\vdash \neg q \to \neg p \qquad\qquad p \to q \dashv\vdash \neg p \vee q$$
$$p \wedge q \to p \dashv\vdash r \vee \neg r \qquad\qquad p \wedge q \to r \dashv\vdash p \to (q \to r)$$

读者应该能够用自然演绎逻辑来证明这六个等价式。

1.2.5　侧记：反证法

有时我们不能直接利用已知的假设和推理方法给出证明。的确，总结图 1-2 中的自然演绎系统，我们可以使用间接证明：例如，规则

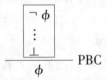

允许我们通过从 $\neg\phi$ 出发推出矛盾来证明 ϕ。尽管"经典逻辑学家"主张其有效性，但另一类所谓的"直觉主义逻辑学家"认为：为了证明 ϕ，必须直接证明，而不能只是证明 $\neg\phi$ 是不可能的。经典逻辑学家与直觉主义逻辑学家在另外两个规则上的观点也不一致：

$$\frac{}{\phi \vee \neg\phi}\ \text{LEM} \qquad\qquad \frac{\neg\neg\phi}{\phi}\ \neg\neg e$$

直觉主义逻辑学家认为，要证明 $\phi \vee \neg\phi$，必须证明 ϕ 或者 $\neg\phi$。如果二者都不能被证明，那么析取的真值就不能确定。直觉主义者拒绝接受 $\neg\neg e$，因为我们已经使用这个规则从直觉主义者所接受的规则来证明 LEM 和 PBC。在习题中，要求你说明为什么直觉主义逻辑学家也拒绝 PBC。

我们看一个涉及实数的证明来说明这种区别。实数是形如 23.547 21 这样的浮点数，其中只有一些是形如 23.138 592 748 500 123 950 734… 这样的无限长的非循环小数。

给一个正实数 a 和一个自然数 b，可以计算 a^b：a 自乘 b 次，因此，$2^2 = 2 \cdot 2 = 4$，$2^3 = 2 \cdot 2 \cdot 2 = 8$ 等。当 b 为实数时，也能定义 a^b 如下。令 $a^0 \stackrel{\text{def}}{=} 1$，对于非零有理数 k/n（此处

$n \neq 0$），令 $a^{\frac{k}{n}} \overset{\text{def}}{=\!=} \sqrt[n]{a^k}$，其中 $\sqrt[n]{x}$ 是满足 $y^n = x$ 的实数 y。由实分析，我们知道任何实数 b 都可以由有理数序列 k_0/n_0，k_1/n_1，$\cdots$ 来逼近。那么，我们定义 a^b 是由数列 $a^{\frac{k_0}{n_0}}$，$a^{\frac{k_1}{n_1}}$，$\cdots$ 所逼近的实数（在微积分中，可以证明这个"极限" a^b 是唯一的，并且独立于逼近序列的选择）。此外，如果一个实数不能写成 k/n 的形式，称为无理数，其中 k 和 n 是整数，且 $n \neq 0$。在习题中，要求你半形式化地给出 $\sqrt{2}$ 是无理数的证明。

现在，我们以数学家使用的非形式化风格给出关于实数的事实证明（可以用第 2 章提出的逻辑，将其形式化为自然演绎的证明）。我们要证明的事实是：

定理 1.26 存在无理数 a 和 b，使得 a^b 是有理数。

证明 选择 b 为 $\sqrt{2}$，通过对各种情形的分析来证明 b^b 是无理数，或者不是。（于是，我们的证明是对 LEM 的实例使用 $\lor$ e。）

(i) 假设 b^b 是有理数。那么这个证明很容易，因为可以选择无理数 a 和 b 都为 $\sqrt{2}$，这时 a^b 就是 b^b，而已经假定 b^b 是有理数。

(ii) 假设 b^b 是无理数。那么稍微改变一下策略，选择 a 是 $\sqrt{2}^{\sqrt{2}}$。很清楚，由情形 (ii) 的假设，a 是无理数。但我们知道 b 是无理数（这在古希腊时期就知道；见习题中的证明要点）。因此，a 和 b 都是无理数，并且运用定律 $(x^y)^z = x^{(y \cdot z)}$，

$$a^b = \left(\sqrt{2}^{\sqrt{2}}\right)^{\sqrt{2}} = \sqrt{2}^{(\sqrt{2} \cdot \sqrt{2})} = (\sqrt{2})^2 = 2$$

是有理数。

因为上面两种情形无遗漏（b^b 或者是无理数，或者不是），故证明了定理。   □

这个证明完全是合理的，而且数学家们一直在使用这样的论证。上面分情形分析的无遗漏性质依赖于 LEM 规则的使用，在证明中我们用到或者 b^b 是有理数，或者不是。这一点还有一些令人困惑的地方。确实我们已经证明了存在无理数 a 和 b，使 a^b 是有理数这个事实，但我们能实际地给出满足这个定理的数对吗？更精确地说，满足上面定理断言的数对 (a, b) 是 $(\sqrt{2}, \sqrt{2})$，还是 $(\sqrt{2}^{\sqrt{2}}, \sqrt{2})$？证明并没有告诉我们它们中的哪一个是正确的选择；只是说它们中至少有一个满足定理。

这样，直觉主义者乐于接受图 1-2 中给出的引入和消去规则，而拒绝接受规则 $\neg\neg$ e 和派生规则。直觉主义逻辑在计算机科学中有一些特殊的应用，比如对编译器或程序代码的阶段执行中用到的类型推断系统进行建模。但在本书中，我们坚持包含所有规则的、完整的所谓经典逻辑。

1.3 作为形式语言的命题逻辑

前一节学习了原子命题以及用原子命题构建更复杂的逻辑公式的方法。引入的方式是非形式的，因为我们的主要目的是理解自然演绎规则的精确机理。但是，应该清楚给出的规则对能构造的任何公式都是有效的，只要它们与相应规则所要求的模式相匹配。例如，在下面的证明中，应用证明规则 $\rightarrow$ e：

1	$p \rightarrow q$	前提
2	p	前提
3	q	$\rightarrow$ e 1,2

如果把 p 用 $p \lor \neg r$ 代替，q 用 $r \rightarrow p$ 代替，证明同样是有效的：

1	$p \vee \neg r \to (r \to p)$	前提
2	$p \vee \neg r$	前提
3	$r \to p$	$\to e\,1,2$

这就是为什么我们用代表一般公式的希腊符号表示这样的规则。然而，现在应该是把"能构造任何公式"用精确符号表示的时候了。因为要介绍各种逻辑在式(1-3)中引入形式化的公式的方便表示。一般，我们需要没有数量限制的原子命题 p, q, r, …，或者 p_1, p_2, p_3, …，请不必为需要无限多个这样的符号而担心。尽管成功地描述一个计算机程序只需要有限多的命题，但有无限多个这样的符号可供选择是很便宜的方式。这可以与实际上存在无限多的自然语言相比较：语法正确的英语句子有无限多个，但无论如何（写一本书、聆听一次演说、听收音机、赴一个晚餐约会），我们都只用到有限多个这样的句子。

命题逻辑中的公式一定是字母表 $\{p, q, r, \cdots\} \cup \{p_1, p_2, p_3, \cdots\} \cup \{\neg, \wedge, \vee, \to, (,)\}$ 上的符号串。仅这种描述还不够，例如，$(\neg)(\,) \vee p\,q \to$ 是上述字母表上的符号串，但是就我们目前所关心的命题逻辑来说，它没有什么意义。因此，必须严格定义我们称之为公式的那些符号串，这样的公式为合式的（well-formed）。

定义 1.27　命题逻辑的合式公式是且仅是那些有限次使用下列构造规则所得到的符号串：

原子：每个命题原子 p, q, r, …和 p_1, p_2, p_3, …是合式公式。

$\neg$：如果 ϕ 是合式公式，那么 $(\neg \phi)$ 也是合式公式。

$\wedge$：如果 ϕ 和 ψ 是合式公式，那么 $\phi \wedge \psi$ 也是合式公式。

$\vee$：如果 ϕ 和 ψ 是合式公式，那么 $\phi \vee \psi$ 也是合式公式。

$\to$：如果 ϕ 和 ψ 是合式公式，那么 $\phi \to \psi$ 也是合式公式。

认识到这个定义是计算机所期待的这一点很关键，而且我们没有使用前一节所约定的绑定优先级。

约定　本节中，我们像一台严格的计算机一样行动，我们称公式是合式当且仅当它们可以由上面的定义得到。

此外，注意上面定义中的条件"只有那些"，排除了用其他方法建立合式公式的可能性。上述定义命题逻辑合式公式的归纳定义经常以定义语法的 Backus Naur 范式（BNF）的形式给出。使用这种形式，上面的定义可以更紧凑地写为：

$$\phi ::= p \mid (\neg \phi) \mid (\phi \wedge \phi) \mid (\phi \vee \phi) \mid (\phi \to \phi) \tag{1-3}$$

其中 p 代表任意原子命题，$::=$ 右边的 ϕ 的每一次出现都表示任何已经构造好的公式。

那么，如何证明一个符号串是一个合式公式呢？例如，对以下形式的 ϕ，回答是什么？

$$(((\neg p) \wedge q) \to (p \wedge (q \vee (\neg r)))) \tag{1-4}$$

式(1-3)的语法满足逆推原理（inversion principle），这个事实使这样的推理大为简化，即逆推过程构建公式：尽管语法规则可以使用五种不同的方法来构造更复杂的公式(1-3)中的五个子句——总是有上面使用的唯一子句。对于上面的公式，最后一个运算是第五个子句的一个应用。ϕ 是一个蕴涵，其假设是 $(\neg p) \wedge q$，结论是 $(p \wedge (q \vee (\neg r)))$。对假设运用逆推原理，该式是 $(\neg p)$ 和 q 的合取。前者因为式(1-3)中的第一个子句 p 是合式，第二个子句说明 $(\neg p)$ 是合式。因为同样的原因，后者是合式。类似地，将逆推原理运用到结论 $(p \wedge (q \vee (\neg r)))$，的确它也是合式。总之，公式(1-4)是合式。

对人类来说，处理括号是很枯燥的事情。我们需要括号的原因是公式确实有一个树状结构，尽管我们喜欢用线性方式表示它们。图 1-3 是合式公式 (1-4)φ 的语法分析树。注意，在这个语法分析树里不需要括号，因为这棵树的路和分支结构在解释 φ 时没有任何含糊。当用一个线性串表示 φ 时，对树的分支结构通过使用括号就可以表示一个合式公式。

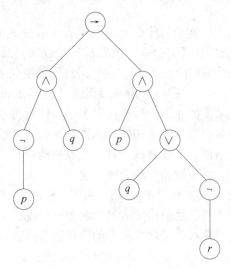

那么，怎样证明符号 ψ 不是合式呢？初看起来，需要一些技巧，因为我们必须确定 ψ 不能由任何构造规则序列得到。让我们看上面的公式 (¬)()∨pq→。这可以很容易地通过观察来确定。符号串 (¬)()∨pq→ 包含 ¬，而 ¬ 不能是一个合式公式的最右边符号（检查所有的规则来证明这个论断）；但我们只有把")"放到某个合式公式的右边才有意义（再次检查所有规则，看这一点是正确的）。这样，(¬)()∨pq→ 不是合式公式。

也许证明一个公式 φ 是否是合式公式的最简单方法就是尝试画出语法分析树。用这个方法可以证明公式 (1-4) 是合式。在图 1-3 中，表示公式语法分析树的根是 →，在树的最顶部是一个蕴涵。

图 1-3   表示一个合式公式的语法分析树

使用蕴涵的语法规则，证明这个根节点的左、右子树是合式。在这里，我们从上到下进行检查，该公式是合式公式。注意，一个合式公式的语法分析树的根或者是原子作为根（此时这是树的全部），或者根是 ¬，∨，∧，或 →。在 ¬ 的情况下，只有一棵从根出来的子树。在 ∨，∧ 或 → 的情况下，一定有两棵子树，每一棵子树必须是合式；这是归纳定义的另一个例子。

用树的形式思考，可以帮助我们理解逻辑中的概念，例如子公式（subformula）的概念。已知上面定义的合式公式 φ，它的子公式是图 1-3 中相应于语法分析树的子树。因此，我们可以列出树的所有叶子 p、q（出现两次）和 r。那么 (¬p) 和 ((¬p)∧q) 在 → 的左子树，而 (¬r)，(q∨(¬r)) 以及 ((p∧ (q∨(¬r)))) 在 → 的右子树。整棵树也是它本身的子树。所以，可以列出 φ 的全部九个子公式为：

$$p$$
$$q$$
$$r$$
$$(\neg p)$$
$$((\neg p) \land q)$$
$$(\neg r)$$
$$(q \lor (\neg r))$$
$$((p \land (q \lor (\neg r))))$$
$$(((\neg p) \land q) \rightarrow (p \land (q \lor (\neg r))))$$

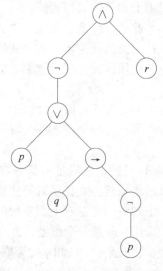

让我们考虑图 1-4 的树，为什么它表示一个合式公式呢？它的所有叶子都是命题原子（p 两次，q 和 r），所有分支节点都是逻辑连接词（¬ 两次，∧，∨ 和 r），并且对于所有情况，子树

图 1-4   已知：一棵树；求：
其作为逻辑公式的
线性表示

的数量也是对的(一个¬节点有一棵子树,其他非叶子节点有两棵子树)。怎样得到这个公式的线性表示呢?如果我们忽略括号,那么,得到的恰好是这棵树的以中序(in-order)表示的合式公式[⊖]。这个合式公式是$((\neg(p \lor (q \to (\neg p)))) \land r)$。

但是图 1-21 并不代表一个合式公式,原因有两个。第一,节点→的左子树的叶子(类似的论证可以应用到叶子¬)不是一个原子命题。这还不是最重要的,如果我们愿意,可以把节点的左、右子树去掉。但是第二个原因是致命的。p 节点不是一个叶子,它有一棵子树,即节点¬。如果把整棵树看成一个逻辑公式,它是没有意义的。因此,这棵树不能表示一个合式公式。

1.4 命题逻辑的语义

1.4.1 逻辑连接词的含义

在本章的第二节,我们发展了证明矢列 $\phi_1, \phi_2, \cdots, \phi_n \vdash \psi$ 有效的一种推理演算,即从前提 $\phi_1, \phi_2, \cdots, \phi_n$ 可以得到结论 ψ。

在本节中,我们给出前提 $\phi_1, \phi_2, \cdots, \phi_n$ 和结论 ψ 之间关系的另一种描述。为了与上面的矢列进行对比,我们定义一个新的关系,记为:

$$\phi_1, \phi_2, \cdots, \phi_n \vDash \psi$$

这种描述基于前提和结论中的原子公式的"真值",以及逻辑连接词如何影响这些真值。一个判断语句如语句(3)"每个大于 2 的偶自然数是两个素数的和"的真值是什么?我们知道,判断语句表示真实世界,也就是我们生活的物质世界,或者更抽象的像计算机模型,或我们的思想和感情的一个事实。这样的事实陈述或者真实[真的(true)],或者不真实[假的(false)]。

如果把判断语句 p 和 q 用逻辑连接词,例如用∧结合起来,那么 $p \land q$ 由三个因素来确定:p 的真值,q 的真值和∧的含义。∧的含义是:当且仅当 p 和 q 都为真则 $p \land q$ 是真的;否则 $p \land q$ 是假的。这样,正像∧所关心的,只需要知道 p 和 q 是否为真,而不必知道 p 和 q 实际上到底在真实世界是什么。其他的逻辑连接词也是一样,这就是为什么我们可以通过公式中的原子命题的真值来计算公式真值的原因。

定义 1.28 1. 真值集合包含 T 和 F 两个元素,其中 T 表示"真",F 表示"假"。

2. 公式 ϕ 的一个赋值或模型(valuation or model)是对 ϕ 中的每个命题原子指派一个真值。

例 1.29 将 T 指派给 q、F 指派给 p 的映射是 $p \lor \neg q$ 的一个赋值。请列出这个公式的其他三个赋值。

可以把∧的含义看成两个变量的函数;每个变量是一个真值,结果又是一个真值。把这个函数汇成一个表,称为合取真值表,见图 1-5。第一列标记为 ϕ,列出所有 ϕ 的所有可能真值。实际上,列出这些真值两次,因为我们必须考虑另一个公式 ψ,因此,ϕ 和 ψ 的真值的所有可能

ϕ	ψ	$\phi \land \psi$
T	T	T
T	F	F
F	T	F
F	F	F

图 1-5 逻辑连接词∧(合取)的真值表

⊖ 将树平放为列表的其他方法还有前序法(preordering)和后序法(postordering)。进一步的细节请参考任何将二叉树作为数据结构论述的课本。

组合数为 $2 \cdot 2 = 4$。注意，前两列 ϕ 和 ψ 的四对真值遍历了所有可能性(TT，TF，FT 和 FF)。第 3 列列出了根据 ϕ 和 ψ 的真值得到的 $\phi \wedge \psi$ 的结果。因此，在第一行，ϕ 和 ψ 取值 T，结果也是 T。在其他行，结果都是 F，因为命题 ϕ 和 ψ 至少有一个取值 F。

在图 1-6 中，可以看到所有命题逻辑连接词的真值表。注意，$\neg$ 把 T 变成 F，反之亦然。如果交换 T 和 F，那么析取是合取的镜像，即当且仅当二者都是 F 析取取 F，否则(= 至少有一个取 T)结果为 T。蕴涵的行为不是那么直观。当检查蕴涵是否保持真值时，考虑 $\rightarrow$ 的含义。显然我们有：当 T$\rightarrow$F 时不保持真值，因为从某种真值推出假的情况。因此，在 $\phi \rightarrow \psi$ 所在列的第二项等于 F。换句话说，T$\rightarrow$T 显然是真的，但对 F$\rightarrow$T，F$\rightarrow$F 的情形结果也是真的，因为第一个位置，即蕴涵的假设是假的，因此没有什么需要保持。

ϕ	ψ	$\phi \wedge \psi$
T	T	T
T	F	F
F	T	F
F	F	F

ϕ	ψ	$\phi \vee \psi$
T	T	T
T	F	T
F	T	T
F	F	F

ϕ	ψ	$\phi \rightarrow \psi$
T	T	T
T	F	F
F	T	T
F	F	T

ϕ	$\neg \phi$
T	F
F	T

$\top$
T

$\bot$
F

图 1-6   目前为止讨论过的所有命题逻辑连接词的真值表

如果你觉得 $\rightarrow$ 的语义(= 含义)有悖常理，那么就我们关心的含义而言，也许把 $\phi \rightarrow \psi$ 看成是公式 $\neg \phi \vee \psi$ 的缩写更恰当；这两个公式在句法上是完全不同的，自然演绎也把它们看成是不同的。但是使用关于 $\neg$ 和 $\vee$ 的真值表，可以看到当且仅当 $\neg \phi \vee \psi$ 是真的 $\phi \rightarrow \psi$ 是真的。这说明 $\phi \rightarrow \psi$ 和 $\neg \phi \vee \psi$ 是语义等价的(semantically equivalent)，更多的讨论在第 1.5 节。

给一个含命题原子 p_1，p_2，$\cdots$，p_n 的公式 ϕ，至少可以从原理上构建真值表。需要注意的是，真值表有 2^n 行，每一行是 p_1，p_2，$\cdots$，p_n 真值的一个可能组合。当 n 是一个很大的数时，这项工作是不可能完成的。我们的目标只是针对不是很大的 n 值，计算这 2^n 行的 ϕ 的真值。例如图 1-3，这里有三个命题原子($n = 3$)，因此要考虑 $2^3 = 8$ 种情况。

现在说明怎样计算具体的例子，将 q 赋值为 F，p 和 r 赋值为 T。那么，$\neg p \wedge q \rightarrow p \wedge (q \vee \neg r)$ 赋值成什么？我们的语义的优美之处在于它是合成的(compositional)。如果知道子公式 $\neg p \wedge q$ 和 $p \wedge (q \vee \neg r)$ 的含义，那么检查真值表中 $\rightarrow$ 的相应行就得到 ϕ 的值，因为 ϕ 是这两个子公式的蕴涵。因此，可以通过对 ϕ 的语法分析树做自底向上的遍历得出计算结果。对原子命题 p、q 和 r 进行赋值，也就是对叶子进行赋值。因为 p 的含义是 T，所以 $\neg p$ 是 F。现在 q 是 F，而 F 和 F 的合取是 F。这样，节点 $\rightarrow$ 的左子树赋值 F。对于 $\rightarrow$ 的右子树，r 代表 T，所以 $\neg r$ 为 F，同时 q 的含义是 F，所以 F 和 F 的析取还是 F。得到结果为 F，再计算它与取值为 T 的 p 的合取。因为 T 和 F 的合取是 F，即 $\rightarrow$ 的右子树的含义是 F。最后，计算 ϕ 的含义，计算 F$\rightarrow$F，得到 T。图 1-7 说明了在给定上面 p、q 和 r 的含义时，真值是如何向上传递到根，从而得到公式 φ 的真值。

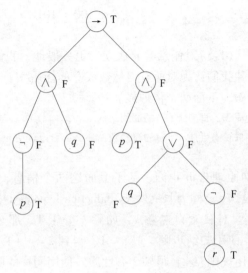

图 1-7　在给定赋值下一个逻辑公式的求值

现在很清楚怎样建立起更复杂公式的真值表。图 1-8 是公式 $(p \to \neg q) \to (q \vee \neg p)$ 的真值表。为了更加精确，前两列列出 p 和 q 的所有可能组合值。随后两列计算 $\neg p$ 和 $\neg q$ 的相应值。使用这四列，计算列 $p \to \neg q$ 和 $q \vee \neg p$。为此，把第一列和第四列作为数据，计算 $p \to \neg q$ 所在的列。例如，在第一行，p 是 T，$\neg q$ 是 F，因此，由 $\to$ 的含义定义，$p \to \neg q$ 的值是 T→F = F。用这种方法，可以填上第五列中其他的空白处。类似地，可以计算第 6 列，这时只需要把第 2、3 列作为输入计算 $\vee$。

p	q	$\neg p$	$\neg q$	$p \to \neg q$	$q \vee \neg p$	$(p \to \neg q) \to (q \vee \neg p)$
T	T	F	F	F	T	T
T	F	F	T	T	F	F
F	T	T	F	T	T	T
F	F	T	T	T	T	T

图 1-8　更复杂逻辑公式真值表的例子

最后把 $\to$ 的真值表应用到第 5 列和第 6 列，得到第 7 列的结果。

1.4.2　数学归纳法

这是德国数学家高斯八岁小学生时候的一个逸事。因为他在课上注意力不集中（你能想象吗？），结果他的老师让他计算从 1 到 100 的自然数之和。故事说他在几秒中就给出了正确答案 5050，惹怒了他的老师。高斯是怎么做的呢？可能他知道对所有的自然数 n，[⊖]

$$1 + 2 + 3 + 4 + \cdots + n = \frac{n(n+1)}{2} \tag{1-5}$$

⊖　有另外一种方法求 $1 + 2 + \cdots + 100$ 之和，即反过来求 $100 + 99 + \cdots + 1$ 之和。将这两个和相加，得到 101 + 101 + $\cdots$ + 101（100 次），得到 10100。因为我们是对该和自身相加，所以除以 2 得到答案 5050。高斯可能使用了这个方法；但我们在本节中探讨的数学归纳法有更强的功能，也可适用于更广泛的情形。

因此，取 $n = 100$，高斯可以很容易地计算：

$$1 + 2 + 3 + 4 + \cdots + 100 = \frac{100 \times 101}{2} = 5050$$

数学归纳法能证明等式(1-5)对任意的 n 成立。更一般地，我们可以证明所有自然数都满足某种性质。假设有某种我们认为对所有自然数成立的性质 M。记 $M(5)$ 为性质对 5 是真的，等等。假设对于性质 M，下面两个情形成立：

基本情况：自然数 1 有性质 M，即有 $M(1)$ 的证明。

归纳步骤：如果 n 是我们假设有性质 $M(n)$ 的自然数，那么，可以证明 $n + 1$ 有性质 $M(n + 1)$；即有一个 $M(n) \to M(n + 1)$ 的证明。

定义 1.30　数学归纳原理告诉我们，基于上面这两个信息，每个自然数 n 都有性质 $M(n)$。归纳步骤中的假设 $M(n)$ 称为归纳假设(induction hypothesis)。

为什么这个原理成立？对任意自然数 k，如果 k 等于 1，那么由基本情况，k 有性质 $M(1)$，因此成立。否则，使用归纳步骤，取 $n = 1$，得到 $2 = 1 + 1$ 有性质 $M(2)$。因为我们知道问题对 1 有性质，运用规则 $\to e$，得到 2 有性质。使用同样的归纳步骤，取 $n = 2$，得到 3 有性质 $M(3)$，重复直到 $n = k$(见图 1-9)。因此，不应该反对关于自然数的数学归纳原理的使用。

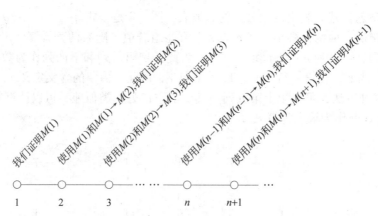

图 1-9　数学归纳法工作原理。只需证明两个事实：$M(1)$，和对形式(和无约束的)参数 n，$M(n) \to M(n + 1)$，就可以得到对每个自然数 k，有 $M(k)$

回到高斯的例子，我们断言：对所有自然数 n，$1 + 2 + 3 + 4 + \cdots + n$ 之和等于 $n \cdot (n + 1)/2$。

定理 1.31　对于所有自然数 n，$1 + 2 + 3 + 4 + \cdots + n$ 之和等于 $n \cdot (n + 1)/2$。

证明　运用数学归纳法。为了表明一个好的证明结构，用 LHS_n 表示表达式 $1 + 2 + 3 + 4 + \cdots + n$，$\text{RHS}_n$ 表示 $n(n + 1)/2$。这样，需要证明：对于所有 $n \geqslant 1$，$\text{LHS}_n = \text{RHS}_n$。

基本情况：若 $n = 1$，则 LHS_1 就是 1(只有一个被加数)，正好等于 $\text{RHS}_1 = 1(1 + 1)/2$。

归纳步骤：假设 $\text{LHS}_n = \text{RHS}_n$。还记得这个假设称为归纳假设；这是非常强的假设。下面需要证明 $\text{LHS}_{n+1} = \text{RHS}_{n+1}$，即更长的和 $1 + 2 + 3 + 4 + \cdots + (n + 1)$ 等于 $(n + 1)((n + 1) + 1)/2$。关键的观察是和 $1 + 2 + 3 + 4 + \cdots + (n + 1)$ 正是两个被加数 $(1 + 2 + 3 + 4 + \cdots + n) + (n + 1)$ 的和，第一项就是归纳假设的和。后者说明，$1 + 2 + 3 + 4 + \cdots + n$ 等于 $n(n + 1)/2$，在推理中用后者代替这一项。这样，计算

$$
\begin{aligned}
\text{LHS}_{n+1} &= 1 + 2 + 3 + 4 + \cdots + (n+1) \\
&= \text{LHS}_n + (n+1) && \text{和式重新分组} \\
&= \text{RHS}_n + (n+1) && \text{由归纳假设} \\
&= \frac{n(n+1)}{2} + (n+1) \\
&= \frac{n(n+1)}{2} + \frac{2(n+1)}{2} && \text{算术} \\
&= \frac{(n+2) \cdot (n+1)}{2} && \text{算术} \\
&= \frac{((n+1)+1) \cdot (n+1)}{2} && \text{算术} \\
&= \text{RHS}_{n+1}
\end{aligned}
$$

因为我们已经成功地证明了基本情况和归纳步骤，由数学归纳法，上面定理中阐述的性质对所有的 n 成立。 □

实际上，这个原理可以有许多变种。例如，可以把初始条件换为 $n=0$，即命题覆盖所有自然数，包括0。有些命题只是对大于某个数，比如说3的自然数成立。这时，初始情况应改为 $n=4$，但归纳步骤不变(习题中有这样例子)。数学归纳法中关于性质 $M(n)$ 的使用是递归定义的典型使用(例如对 $l \geqslant 0$，k^l 的定义)。1.1节的语句(3)指出一个可能为真的性质 $M(n)$，却不能使用数学归纳法。

串值归纳(Course-of-value induction)。数学归纳法的一个变化是关于归纳假设的，即证明 $M(n+1)$ 不只需要 $M(n)$，而且需要合取 $M(1) \wedge M(2) \wedge \cdots \wedge M(n)$。称这种变种的归纳为串值归纳，这种情况根本不需要验证基本情况，所有的工作都可以在归纳步骤完成。

为什么这种情况不需要验证基本情况呢？原因是基本情况已经包含在归纳步骤中了。考虑 $n=3$ 的情形：归纳步骤要求 $M(1) \wedge M(2) \wedge M(3) \rightarrow M(4)$。现在考虑 $n=1$：归纳步骤实例是 $M(1) \rightarrow M(2)$。$n=0$ 的情况呢？此时，$\rightarrow$ 的左边有零个公式，因此，我们必须从一无所有来证明 $M(1)$。归纳步骤要求必须证明 $M(1)$。你会发现对串值归纳法修改图1-9是非常有用的。

已经说过，在串值归纳法中，基本情况没有明确提出，但是在证明归纳情形时这一点还要求给予特别的注意。后面在串值归纳法的两个应用中将精确地看到这一点。

在计算机科学中，经常要处理某种有限结构，例如，数据结构、程序和文件等。我们经常需要证明这个结构的每一个示例。例如，定义1.27的合式公式有这样的性质：在一个特定公式中括号"("的个数等于括号")"的个数。我们可以使用关于自然数域的数学归纳法来证明这一点。为此，需要把合式公式与自然数联系起来。

定义1.32 给定一个合式公式 ϕ，定义它的高度为1加上它的语法分析树中最长路径的长度。

例如，考虑图1-3、图1-4和图1-10中的合式公式。们的高度分别是5、6和5。在图1-3中，最长的路是从 $\rightarrow$ 到 $\wedge$、到 $\vee$、到 $\neg$、再到 r，路的长度为4，因此，高度为 $4+1=5$。注意，原子的高度是 $1+0=1$。因为每一个合式公式都有有限高度，我们可以对合式公式的高度运用数学归纳法来证明命题。这种技巧常称为结构归纳法(structural induction)，这是计算机科学中很重要的推理技术。使用语法分析树的高度这个术语，我们知道，结构归纳法是串值归纳法的一个特例。

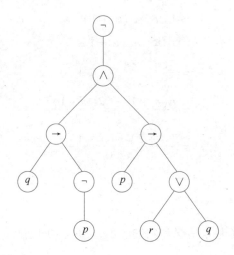

图 1-10   高度为 5 的语法分析树

定理 1.33   对命题逻辑的每个合式公式，左括号的个数等于右括号的个数。

证明   对合式公式 ϕ 的高度使用串值归纳法。令 $M(n)$ 表示"所有高度为 n 的公式的左括号数与右括号数相等"。假设对每个 $k < n$，$M(k)$ 成立，要证明 $M(n)$ 成立。设公式 ϕ 的高度为 n。

基本情况：$n = 1$。即 ϕ 是命题原子。因此，没有左或右括号，0 等于 0。

串值归纳步骤：$n > 1$，对于合式公式 ϕ，ϕ 的语法分析树的根一定是 ¬，→，∨ 或 ∧。假设根是 →，另外三种情况的讨论类似。那么 ϕ 是 $(\phi_1 \to \phi_2)$，其中 ϕ_1 和 ϕ_2 是合式公式（当然，它们分别是根的两棵子树的左、右线性表示）。很清楚，ϕ_1 和 ϕ_2 的高度严格小于 n。使用归纳假设，我们得到 ϕ_1 的左、右括号数相等，同理对 ϕ_2 也成立。但对 $(\phi_1 \to \phi_2)$，我们增加了两个括号"（"和"）"。这样，ϕ 中出现的"（"和"）"个数相同。   □

公式 $(p \to (q \wedge \neg r))$ 说明为什么不能对公式的高度用数学归纳法直接证明上面的结论。这个公式的高度是 4，它的两棵子树的高度分别是 1 和 3。这样，归纳假设对高度为 3 的右子树成立，但对左子树不成立。

1.4.3   命题逻辑的合理性

自然演绎规则可以严格地讨论从前提 ϕ_1，ϕ_2，…，ϕ_n 出发得到结论 ψ 这样的问题。对这种情形，我们说矢列 ϕ_1，ϕ_2，…，$\phi_n \vdash \psi$ 是有效的。

假设有 ϕ_1，ϕ_2，…，$\phi_n \vdash \psi$ 的证明，是否有可能出现一个赋值，尽管所有命题 ϕ_1，ϕ_2，…，ϕ_n 是真的，而 ψ 是假的？非常幸运，这种情况不会出现。这一节将说明其原因。假设在自然演绎分析中，有一个关于矢列 ϕ_1，ϕ_2，…，$\phi_n \vdash \psi$ 是有效的证明。我们需要证明：对于所有命题 ϕ_1，ϕ_2，…，ϕ_n 赋值为 T 的赋值，ψ 的赋值也应该为 T。

定义 1.34   若对使所有命题 ϕ_1，ϕ_2，…，ϕ_n 都赋值为 T 的一切赋值，ψ 也赋值为 T，则说

$$\phi_1, \phi_2, \cdots, \phi_n \vDash \psi$$

成立，称 $\vDash$ 为语义推导关系（semantic entailment relation）。

下面看这个概念的一些例子。

1. $p \wedge q \vDash p$ 成立吗? 我们必须检查 p 和 q 的所有真值赋值,有四种组合。需要确定当 $p \wedge q$ 为 T 时,p 也是真的。而仅当 p 和 q 是真的,$p \wedge q$ 为 T,所以 $p \wedge q \vDash p$ 成立。

2. 关系 $p \vee q \vDash p$ 是什么? 有三种赋值使 $p \vee q$ 为 T,因此,要求这三种情况 p 必须为真。但是,如果将 T 赋值给 q,F 赋值给 p 时,$p \vee q$ 为 T,p 是假的。这样,$p \vee q \vDash p$ 不成立。

3. 如果修改上面的式子为 $\neg q$,$p \vee q \vDash p$,结果如何? 注意,我们只需要关心当 $\neg q$ 和 $p \vee q$ 赋值为 T 的情况。这要求 q 是假,从而,p 一定是真的。因此,$\neg q$,$p \vee q \vDash p$ 成立。

4. 注意,尽管 $\vDash$ 的右边没有出现在左边的原子命题,$p \vDash q \vee \neg q$ 仍成立。

通过上面的讨论,我们认识到合理性论证就是证明:若 ϕ_1,ϕ_2,$\cdots$,$\phi_n \vdash \psi$ 是有效的,则 ϕ_1,ϕ_2,$\cdots$,$\phi_n \vDash \psi$ 成立。

定理 1.35(合理性) 设 ϕ_1,ϕ_2,$\cdots$,ϕ_n 和 ψ 是命题逻辑公式。若 ϕ_1,ϕ_2,$\cdots$,$\phi_n \vdash \psi$ 是有效的,则 ϕ_1,ϕ_2,$\cdots$,$\phi_n \vDash \psi$ 成立。

证明 因为 ϕ_1,ϕ_2,$\cdots$,$\phi_n \vdash \psi$ 是有效的,所以存在一个由前提 ϕ_1,ϕ_2,$\cdots$,ϕ_n 得到 ψ 的证明。现在我们要做一个颇为精巧的工作,即对这个证明的长度使用数学归纳法进行推理。证明的长度就是该证明涉及的行数。因此,必须明确要证明什么。要对自然数 k 使用串值归纳法来证明命题 $M(k)$:

"对证明长度为 k 的所有矢列 ϕ_1,ϕ_2,$\cdots$,$\phi_n \vdash \psi (n \geqslant 0)$ 来说,ϕ_1,ϕ_2,$\cdots$,$\phi_n \vDash \psi$ 成立。"

为此还要做些工作。矢列 $p \wedge q \rightarrow r \vdash p \rightarrow (q \rightarrow r)$ 有如下的证明:

1	$p \wedge q \rightarrow r$	前提
2	p	假设
3	q	假设
4	$p \wedge q$	$\wedge$ i 2,3
5	r	$\rightarrow$ e 1,4
6	$q \rightarrow r$	$\rightarrow$ i 3-5
7	$p \rightarrow (q \rightarrow r)$	$\rightarrow$ i 2-6

但是,如果去掉最后一行或几行,那么,将不再是一个证明,因为最外面的矩形不是封闭的。如果去掉最后一行以及将最外面矩形框的假设改写为前提,将得到一个完全的证明:

1	$p \wedge q \rightarrow r$	前提
2	p	前提
3	q	假设
4	$p \wedge q$	$\wedge$ i 2,3
5	r	$\rightarrow$ e 1,4
6	$q \rightarrow r$	$\rightarrow$ i 3-5

这是矢列 $p \wedge q \rightarrow r$,$p \vdash q \rightarrow r$ 的一个证明。归纳假设保证 $p \wedge q \rightarrow r$,$p \vDash q \rightarrow r$ 成立。但我们也能推出 $p \wedge q \rightarrow r \vDash p \rightarrow (q \rightarrow r)$ 成立,为什么?

让我们继续进行归纳法证明。假设对每个 $k' < k$,有 $M(k')$,我们尝试证明 $M(k)$。

基本情况: 仅有一行的证明。若证明的长度为 $1(k=1)$,则它一定是如下形式的:

1	ϕ	前提

因为所有其他的规则都涉及不止一行。这就是 $n=1$,ϕ_1 和 ψ 都等于 ϕ 的情况,即我们所讨论的矢列是 $\phi \vdash \phi$。当然,因为 ϕ 赋值为 T,故 ϕ 也是 T。于是,如我们所断言的那样,$\phi \vDash \phi$。

串值归纳步骤：假设矢列 ϕ_1，ϕ_2，$\cdots$，$\phi_n \vdash \psi$ 的证明长度是 k，对于小于 k 的所有数，证明的命题成立。证明有下面的结构：

$$
\begin{array}{lll}
1 & \phi_1 & 前提 \\
2 & \phi_2 & 前提 \\
 & \vdots & \\
n & \phi_n & 前提 \\
 & \vdots & \\
k & \psi & 理由
\end{array}
$$

这里有两个情况我们不知道。第一，在圆点之间发生了什么？第二，最后应用的规则是什么？即最后一行的理由是什么？第一个不确定性我们不关心；这说明数学归纳法的强大功能。第二个缺乏的知识需要讨论。一般地，因为我们不知道最后应用了什么规则，因此，需要依次讨论各种规则。

1. 假设最后规则是 $\wedge i$。那么，ψ 应该是 $\psi_1 \wedge \psi_2$ 形式，第 k 行的理由是上面有两行分别是 ψ_1 和 ψ_2，ψ 作为它们的结论。假设这两行是 k_1 和 k_2，因为 k_1 和 k_2 小于 k，所以存在两个长度小于 k 的矢列 ϕ_1，ϕ_2，$\cdots$，$\phi_n \vdash \psi_1$ 和 ϕ_1，ϕ_2，$\cdots$，$\phi_n \vdash \psi_2$ 的证明，它们分别在原来证明的前 k_1 和前 k_2 行。由归纳假设，得到 ϕ_1，ϕ_2，$\cdots$，$\phi_n \vDash \psi_1$ 和 ϕ_1，ϕ_2，$\cdots$，$\phi_n \vDash \psi_2$ 成立。这两个关系也能推出 ϕ_1，ϕ_2，$\cdots$，$\phi_n \vDash \psi_1 \wedge \psi_2$ 成立。为什么？

2. 如果证明 ψ 需要使用规则 $\vee e$，那么一定在某一 k' 行已经证明了、假设或已知把某个公式 $\eta_1 \vee \eta_2$ 作为前提，其中 $k' < k$，第 k 行的理由是 $\vee e$。这样，在证明中有一个矢列 ϕ_1，ϕ_2，$\cdots$，$\phi_n \vdash \eta_1 \vee \eta_2$ 的更短的证明，这个证明是通过把在开的矩形框中第 k' 行的所有假设作为前提得到的。用类似的方法，从 $\vee e$ 的情况分析得到矢列 ϕ_1，ϕ_2，$\cdots$，ϕ_n，$\eta_1 \vdash \psi$ 和 ϕ_1，ϕ_2，$\cdots$，ϕ_n，$\eta_2 \vdash \psi$ 的证明。由归纳假设，得到关系 ϕ_1，ϕ_2，$\cdots$，$\phi_n \vDash \eta_1 \vee \eta_2$，$\phi_1$，$\phi_2$，$\cdots$，$\phi_n$，$\eta_1 \vdash \psi$ 和 ϕ_1，ϕ_2，$\cdots$，ϕ_n，$\eta_2 \vDash \psi$ 成立。这三个关系合起来得到 ϕ_1，ϕ_2，$\cdots$，$\phi_n \vDash \psi$ 也成立。为什么？

3. 现在你可以猜到讨论的其余部分就是依次检查可能的证明规则，最终证明自然演绎规则在语义上与真值表求值一致。我们把细节作为练习。□

命题逻辑的合理性对保证一个给定矢列的证明不存在是非常有用的。要证明 ϕ_1，ϕ_2，$\cdots$，$\phi_n \vdash \psi$ 是有效的，但无论多么努力都没有成功。怎么判断找不到这样的证明呢？即使有这样的证明，可能你也找不到。这相当于找一个赋值，使得 ϕ_i 的赋值为 T，而 ψ 的赋值为 F。那么，根据 $\vDash$ 的定义，没有 ϕ_1，ϕ_2，$\cdots \phi_2 \vDash \psi$。由合理性，说明 ϕ_1，ϕ_2，$\cdots$，$\phi_n \vdash \psi$ 不是有效的。因此，这个矢列没有证明。你可以在习题中练习这个方法。

1.4.4　命题逻辑的完备性

在这一小节，我们要讲解命题逻辑的自然演绎规则是完备的：即只要 ϕ_1，ϕ_2，$\cdots$，$\phi_n \vDash \psi$ 成立，都存在矢列 ϕ_1，ϕ_2，$\cdots$，$\phi_n \vdash \psi$ 的一个自然演绎证明。结合前一小节的合理性结果，我们得到

　　　　当且仅当 $\phi_1, \phi_2, \cdots, \phi_n \vDash \psi$ 成立，$\phi_1, \phi_2, \cdots, \phi_n \vdash \psi$ 是有效的。

这使你可以自由使用你喜欢的方法。往往更容易证明这两种关系中的一种（尽管这两种关系中没有一个更好或更容易证明）。第一个方法需要基于逻辑编程（logic programming）范例的证明搜索（proof search），第二个方法典型地强制计算规模是出现的命题原子个数的指数大小的真值表。这两种方法一般是很难处理的，但对特殊的公式例子用两种方法处理难易程度经常会完全不同。

这一节的其余部分集中讨论如果 ϕ_1，ϕ_2，$\cdots$，$\phi_n \vDash \psi$ 成立，那么 ϕ_1，ϕ_2，$\cdots$，$\phi_n \vdash \psi$ 是有效的。假设 ϕ_1，ϕ_2，$\cdots$，$\phi_n \vDash \psi$ 成立，讨论分三步进行：

步骤 1：证明 $\vDash \phi_1 \rightarrow (\phi_2 \rightarrow (\phi_3 \rightarrow (\cdots (\phi_n \rightarrow \psi) \cdots))))$ 成立。

步骤 2：证明 $\vdash \phi_1 \rightarrow (\phi_2 \rightarrow (\phi_3 \rightarrow (\cdots (\phi_n \rightarrow \psi) \cdots))))$ 是有效的。

步骤 3：最后，证明 $\phi_1, \phi_2, \cdots, \phi_n \vdash \psi$ 是有效的。

第一和第三步是很容易的，真正要做的工作在第二步。

步骤 1：

定义 1.36　一个命题逻辑公式 ϕ 称为重言式（tautology），当且仅当在它的各种赋值情况下的赋值都是 T，即当且仅当 $\vDash \psi$。

假设 $\phi_1, \phi_2, \cdots, \phi_n \vDash \psi$ 成立，我们来证明 $\phi_1 \rightarrow (\phi_2 \rightarrow (\phi_3 \rightarrow (\cdots (\phi_n \rightarrow \psi) \cdots))))$ 确实是一个重言式。因为后一个公式是一个嵌套的蕴涵，所以只有在 $\phi_1, \phi_2, \cdots, \phi_n$ 都赋值为 T，ψ 赋值为 F 时，它才赋值 F，见图 1-11 的语法分析树。但这与 $\phi_1, \phi_2, \cdots, \phi_n \vDash \psi$ 成立矛盾。于是，$\vDash \phi_1 \rightarrow (\phi_2 \rightarrow (\phi_3 \rightarrow (\cdots (\phi_n \rightarrow \psi) \cdots))))$ 成立。

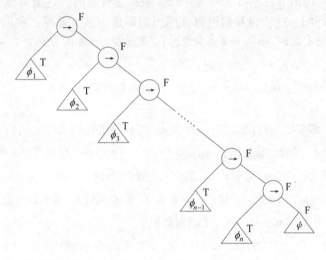

图 1-11　这个语法分析树能赋值为 F 的唯一方式。用三角形表示 $\phi_1, \phi_2, \cdots, \phi_n$ 的语法分析树，我们并不关心它们的内部结构

步骤 2：

定理 1.37　若 $\vDash \eta$ 成立，则 $\vdash \eta$ 是有效的。换言之，若 η 是重言式，则 η 是定理。

这个步骤不容易证明。假设 $\vDash \eta$ 成立。假定 η 有 n 个不同的命题原子 $p_1, p_2, \cdots, p_n$。我们知道，在 η 的 2^n 行的真值表中，η 的值都是 T。（每一行列出 η 的一个赋值。）怎样使用这个信息构造一个关于 η 的一个证明呢？在有些情况下，我们可以通过观察 η 的具体结构很容易得到结论。但这里必须给出构建这样一个证明的统一方法。关键的方法是把 η 的真值表的每一行"编码"成一个矢列。构建这 2^n 个矢列的证明，合成一个 η 的证明。

命题 1.38　设 ϕ 是一个公式，使得 $p_1, p_2, \cdots, p_n$ 是其全部命题原子。设 l 是 ϕ 的真值表中的一个任意行号。对所有 $1 \leq i \leq n$，若 p_i 的第 l 行是 T，则令 $\hat{p}_i$ 等于 p_i，否则令 $\hat{p}_i$ 等于 $\neg p_i$。则我们有：

1. 若 ϕ 的第 l 行是 T，则 $\hat{p}_1, \hat{p}_2, \cdots, \hat{p}_n \vdash \phi$ 是可证的

2. 若 ϕ 的第 l 行是 F，则 $\hat{p}_1, \hat{p}_2, \cdots, \hat{p}_n \vdash \neg \phi$ 是可证的

证明　对公式 ϕ 用结构归纳法进行证明，即对 ϕ 的语法分析树的高度做数学归纳法。

1. 如果 ϕ 是命题原子 p，需要证明 $p \vdash p$ 和 $\neg p \vdash \neg p$。它们是只有一行的证明。

2. 如果 ϕ 的形式是 $\neg \phi_1$，那么还需要考虑两种情况。首先，假设 ϕ 赋值为 T。此时 ϕ_1 赋值为 F。注意 ϕ_1 与 ϕ 有相同的原子命题。对 ϕ_1 运用归纳假设，得到 $\hat{p_1}, \hat{p_2}, \cdots, \hat{p_n} \vdash \neg \phi_1$，而 $\neg \phi_1$ 就是 ϕ，所以命题成立。

其次，如果 ϕ 赋值为 F，那么 ϕ_1 赋值为 T，由归纳，有 $\hat{p_1}, \hat{p_2}, \cdots, \hat{p_n} \vdash \phi_1$。使用规则 $\neg\neg i$，扩展证明 $\hat{p_1}, \hat{p_2}, \cdots, \hat{p_n} \vdash \phi_1$ 为 $\hat{p_1}, \hat{p_2}, \cdots, \hat{p_n} \vdash \neg\neg \phi_1$；而 $\neg\neg \phi_1$ 恰好是 $\neg \phi$，所以命题也是成立的。

其余的情况将考虑两个子公式：ϕ 等于 $\phi_1 \circ \phi_2$，其中 $\circ$ 是 $\rightarrow$、$\wedge$ 或 $\vee$。在所有这些情况中，假设 $q_1, \cdots, q_l$ 是 ϕ_1 的命题原子，$r_1, \cdots, r_k$ 是 ϕ_2 的命题原子。那么一定有 $\{q_1, \cdots, q_l\} \cup \{r_1, \cdots, r_k\} = \{p_1, p_2, \cdots, p_n\}$。因此，只要 $\hat{q_1}, \cdots, \hat{q_l} \vdash \psi_1$ 和 $\hat{r_1}, \cdots, \hat{r_k} \vdash \psi_2$ 是有效的，所以由规则 $\wedge i$ 知，$\hat{p_1}, \hat{p_2}, \cdots, \hat{p_n} \vdash \psi_1 \wedge \psi_2$ 是有效的。这里可以使用归纳假设，并且得到关于合取的证明，这使得我们可以证明当情形是 ϕ 或 $\neg \phi$ 时，我们想要的结论成立。

3. 为了证实，假设 ϕ 是 $\phi_1 \rightarrow \phi_2$。如果 ϕ 赋值为 F，那么我们知道 ϕ_1 赋值为 T，ϕ_2 赋值为 F。由归纳假设，有 $\hat{q_1}, \cdots, \hat{q_l} \vdash \phi_1$ 和 $\hat{r_1}, \cdots, \hat{r_k} \vdash \neg \phi_2$，那么，$\hat{p_1}, \hat{p_2}, \cdots, \hat{p_n} \vdash \phi_1 \wedge \neg \phi_2$。需要证明 $\hat{p_1}, \hat{p_2}, \cdots, \hat{p_n} \vdash \neg (\phi_1 \rightarrow \phi_2)$；但是使用 $\hat{p_1}, \hat{p_2}, \cdots, \hat{p_n} \vdash \phi_1 \wedge \neg \phi_2$，这等于证明矢列 $\phi_1 \wedge \neg \phi_2 \vdash \neg (\phi_1 \rightarrow \phi_2)$，留做练习。

如果 ϕ 赋值为 T，那么有三种情况。第一，如果 ϕ_1 和 ϕ_2 都赋值 F，那么，由归纳假设，$\hat{q_1}, \cdots, \hat{q_l} \vdash \neg \phi_1$ 和 $\hat{r_1}, \cdots, \hat{r_k} \vdash \neg \phi_2$。因此，$\hat{p_1}, \hat{p_2}, \cdots, \hat{p_n} \vdash \neg \phi_1 \wedge \neg \phi_2$。再一次只需要证明矢列 $\neg \phi_1 \wedge \neg \phi_2 \vdash \phi_1 \rightarrow \phi_2$，留做练习。第二，如果 ϕ_1 赋值 F，ϕ_2 赋值 T，由归纳假设，得到 $\hat{p_1}, \hat{p_2}, \cdots, \hat{p_n} \vdash \neg \phi_1 \wedge \phi_2$。必须证明 $\neg \phi_1 \wedge \phi_2 \vdash \phi_1 \rightarrow \phi_2$，留做练习。第三，如果 ϕ_1 和 ϕ_2 都赋值 T，使用归纳假设，得到 $\hat{p_1}, \hat{p_2}, \cdots, \hat{p_n} \vdash \phi_1 \wedge \phi_2$，需要证明 $\phi_1 \wedge \phi_2 \vdash \phi_1 \rightarrow \phi_2$，仍然留做练习。

4. 如果 ϕ 是形式 $\phi_1 \wedge \phi_2$，需要讨论四种情况。第一，如果 ϕ_1 和 ϕ_2 都赋值 T，由归纳假设，得到 $\hat{q_1}, \cdots, \hat{q_l} \vdash \phi_1$ 以及 $\hat{r_1} \cdots \hat{r_k} \vdash \phi_2$，因此推出 $\hat{p_1}, \hat{p_2}, \cdots, \hat{p_n} \vdash \phi_1 \wedge \phi_2$ 成立。第二，如果 ϕ_1 赋值 F，ϕ_2 赋值 T，那么，使用归纳假设以及如上规则 $\wedge i$，得到 $\hat{p_1}, \hat{p_2}, \cdots, \hat{p_n} \vdash \neg \phi_1 \wedge \phi_2$。需要证明 $\neg \phi_1 \wedge \phi_2 \vdash \neg (\phi_1 \wedge \phi_2)$，留做练习。第三，如果 ϕ_1 和 ϕ_2 赋值 F，那么由归纳假设以及规则 $\wedge i$，得到 $\hat{p_1}, \hat{p_2}, \cdots, \hat{p_n} \vdash \neg \phi_1 \wedge \neg \phi_2$。因此，习题中需要证明 $\neg \phi_1 \wedge \neg \phi_2 \vdash \neg (\phi_1 \wedge \phi_2)$。第四，如果 ϕ_1 赋值 T，ϕ_2 赋值 F，由归纳假设，得到 $\hat{p_1}, \hat{p_2}, \cdots, \hat{p_n} \vdash \phi_1 \wedge \neg \phi_2$，需要证明 $\phi_1 \wedge \neg \phi_2 \vdash \neg (\phi_1 \wedge \phi_2)$，留做练习。

5. 最后，如果 ϕ 是析取 $\phi_1 \vee \phi_2$，又有四种情况。第一，如果 ϕ_1 和 ϕ_2 都赋值 F，那么由归纳假设和规则 $\wedge i$，得到 $\hat{p_1}, \hat{p_2}, \cdots, \hat{p_n} \vdash \neg \phi_1 \wedge \neg \phi_2$，需要证明 $\neg \phi_1 \wedge \neg \phi_2 \vdash \neg (\phi_1 \vee \phi_2)$，留做练习。第二，如果 ϕ_1 和 ϕ_2 都赋值 T，那么，使用归纳假设得到 $\hat{p_1}, \hat{p_2}, \cdots, \hat{p_n} \vdash \phi_1 \wedge \phi_2$。需要证明 $\phi_1 \wedge \phi_2 \vdash \phi_1 \vee \phi_2$，留做练习。第三，如果 ϕ_1 赋值 F，ϕ_2 赋值 T，那么由归纳假设，得到 $\hat{p_1}, \hat{p_2}, \cdots, \hat{p_n} \vdash \neg \phi_1 \wedge \phi_2$，需要构建 $\neg \phi_1 \wedge \phi_2 \vdash \phi_1 \vee \phi_2$，留做练习。第四，如果 ϕ_1 赋值 T，ϕ_2 赋值 F，那么由归纳假设的结果，有 $\hat{p_1}, \hat{p_2}, \cdots, \hat{p_n} \vdash \phi_1 \wedge \neg \phi_2$，需要证明 $\phi_1 \wedge \neg \phi_2 \vdash \phi_1 \vee \phi_2$，留做练习。　　　　□

将这个方法应用到公式 $\vDash \phi_1 \rightarrow (\phi_2 \rightarrow (\phi_3 \rightarrow (\cdots (\phi_n \rightarrow \psi) \cdots)))$。因为它是一个重言式，故它的真值表的 2^n 行的每一行都赋值为 T。这样，上面的命题给了 2^n 个关于 $\hat{p_1}, \hat{p_2}, \cdots, \hat{p_n} \vdash \eta$ 的证明，对每一种情况，$\hat{p_i}$ 是 p_i 或 $\neg p_i$。现在需要把所有的证明合成关于 η 的单独证明，而没有任何前提。用重言式 $p \wedge q \rightarrow p$ 为例，来说明怎样处理该问题。

公式 $p \wedge q \rightarrow p$ 有两个命题原子 p 和 q。用上面的观点，可以保证下面四个矢列的每一个都有一个证明：

$$p, \quad q \vdash p \wedge q \rightarrow p$$
$$\neg p, \quad q \vdash p \wedge q \rightarrow p$$
$$p, \quad \neg q \vdash p \wedge q \rightarrow p$$
$$\neg p, \quad \neg q \vdash p \wedge q \rightarrow p$$

最后，通过把上面矢列的四个证明放在一起，证明 $p \wedge q \rightarrow p$。这样，我们取消上面四个矢列左边的前提。这需要对任意的 r，运用排中律 $r \vee \neg r$。对所有的命题原子（这里是 p 和 q），使用 LEM，然后通过使用 $\vee$e，分别假设所有的四种情况。调用上面矢列的四个证明，重复使用规则 $\vee$e，直到取消所有前提。我们把这四个过程用图表结合起来。

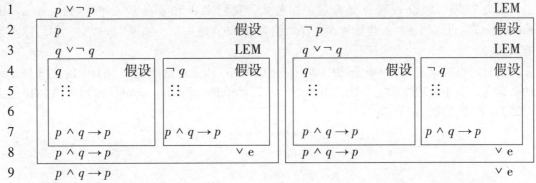

只要能明白这个特殊例子是怎样构建的，就能认识到有 n 个不同原子的任意重言式如何构建。当然，用这么长的篇幅来证明 $p \wedge q \rightarrow p$ 很荒唐。但记住，它给出了构建每一个重言式 η 证明的一个统一方法，不管它有多复杂。

步骤 3：最后，需要找一个 $\phi_1, \phi_2, \cdots, \phi_n \vdash \psi$ 的证明。采用步骤 2 给的证明 $\vdash \phi_1 \rightarrow (\phi_2 \rightarrow (\phi_3 \rightarrow (\cdots (\phi_n \rightarrow \psi) \cdots)))$ 和证明将 $\phi_1, \phi_2, \cdots, \phi_n$ 作为前提。对每一个前提（从 ϕ_1 开始，接着 ϕ_2，等等）应用 n 次 $\rightarrow$e。这样得到结论 ψ，给出矢列 $\phi_1, \phi_2, \cdots, \phi_n \vdash \psi$ 的证明。

推论 1.39（合理性和完备性） 假设 $\phi_1, \phi_2, \cdots, \phi_n, \psi$ 是命题逻辑公式，那么，当且仅当 $\phi_1, \phi_2, \cdots, \phi_n \vdash \psi$ 是有效的，$\phi_1, \phi_2, \cdots, \phi_n \vDash \psi$ 成立。

1.5 范式

上一节证明了命题逻辑证明系统对图 1-6 的公式真值表语义是合理的和完备的。合理性是指，基于真值表语义，无论我们证明什么，它都将是一个真实的事实。在习题里，应用这个结论证明一个矢列没有一个证明：简单地证明 $\phi_1, \phi_2, \cdots, \phi_2$ 不能从语义上推出 ψ；那么合理性意味着矢列 $\phi_1, \phi_2, \cdots, \phi_n \vdash \psi$ 没有证明。完备性具有更强的表述：只要矢列语义上是有效的，那么自然演绎证明中都会有一个句法上的证明。这使得我们可以在证明符号（$\vdash$）和语义推导（$\vDash$）上自由替换。

使用自然演绎确定 $\vdash$ 的示例有效性只是许多可能性的一种。在习题 1.2.6 中要求绘出一个非线性的，树状的矢列的证明概念。通过直接应用定义 1.34 检查 $\vDash$ 的一个示例，只是确定 $\phi_1, \phi_2, \cdots, \phi_n \vDash \psi$ 是否成立的许多方法之一。现在来探讨确定 $\phi_1, \phi_2, \cdots, \phi_n \vDash \psi$ 成立的各种方法，这些方法基于语义上转化这些公式为"等价的"公式，然后在纯粹语义或算法含义上讨论这个问题。这首先需要彻底并清楚等价公式的确切含义。

1.5.1 语义等价、满足性和有效性

我们说公式 ϕ 和 ψ 是等价的，如果它们有同样的"含义"。这种说法是模糊的，需要精确化。例如，$p \to q$ 与 $\neg p \vee q$ 有同样的真值表；对 p 和 q 的 T 和 F 的所有四种组合，二者都得到同样的结果。"真值表一致"不足以说明我们的想法，公式 $p \wedge q \to p$ 与 $r \vee \neg r$ 的关系如何？初看起来，它们没有什么共同点，有不同的原子公式和不同的联结词。并且 $p \wedge q \to p$ 的真值表有四行，而 $r \vee \neg r$ 只有两行。但是，两个公式都是真的。这要求我们通过 ⊨ 定义公式 ϕ 和 ψ 的等价性：如果 ϕ 语义上推出 ψ，并且反之亦然，那么这两个公式就我们所关心的真值表而言是一样的。

定义 1.40 假设 ϕ 和 ψ 是命题逻辑公式。我们说 ϕ 和 ψ 是语义等价的（semantically equivalent）当且仅当 $\phi \vDash \psi$ 与 $\psi \vDash \phi$ 成立。记为 $\phi \equiv \psi$。进一步，如果 $\vDash \phi$ 成立，我们称 ϕ 是有效的。

注意，也可以定义 $\phi \equiv \psi$ 是指 $\vDash (\phi \to \psi) \wedge (\psi \to \phi)$ 成立；这个定义与上面的定义是一致的。确实，由于合理性和完备性，语义等价与逻辑等价（provably equivalent）是一致的（定义 1.25）。等价公式的例子是

$$p \to q \equiv \neg q \to \neg p$$
$$p \to q \equiv \neg p \vee q$$
$$p \wedge q \to p \equiv r \vee \neg r$$
$$p \wedge q \to r \equiv p \to (q \to r)$$

我们知道，如果 $\vDash \eta$ 成立，那么称公式 η 是重言式，因此，重言式实际就是有效公式。下面的引理说明任何重言式的判断过程实际也是矢列有效性的判断过程。

引理 1.41 已知命题逻辑的公式 ϕ_1，ϕ_2，$\cdots$，ϕ_n 和 ψ，当且仅当 $\vDash \phi_1 \to (\phi_2 \to (\phi_3 \to \cdots \to (\phi_n \to \psi)))$ 成立，ϕ_1，ϕ_2，$\cdots$，$\phi_n \vDash \psi$ 成立。

证明 首先假设 $\vDash \phi_1 \to (\phi_2 \to (\phi_3 \to \cdots \to (\phi_n \to \psi)))$ 成立。如果 ϕ_1，ϕ_2，$\cdots$，ϕ_n 在某个赋值下为真，那么 ψ 在同样的赋值下也为真。否则，$\vDash \phi_1 \to (\phi_2 \to (\phi_3 \to \cdots \to (\phi_n \to \psi)))$ 将不成立（与图 1-11 相比）。其次，如果 ϕ_1，ϕ_2，$\cdots$，$\phi_n \vDash \psi$ 成立，由完备性证明的第 1 步知道 $\vDash \phi_1 \to (\phi_2 \to (\phi_3 \to \cdots \to (\phi_n \to \psi)))$ 成立。　　　　□

为此，我们把公式转化为完全不包含 $\to$ 的形式，并且 $\wedge$ 和 $\vee$ 出现在不同的层次中，这样有效性检查很容易。可以通过以下方法实现：

1. 使用等价 $\phi \to \psi \equiv \neg \phi \vee \psi$ 替换公式中出现的所有 $\to$。

2. 通过详细说明一个算法将没有 $\to$ 的公式变成一个范式（normal form）（还是没有 $\to$），这使得有效性的检验很容易。

自然地，我们必须说明哪种公式形式是"规范的"（normal）。并且，有许多这样的概念，这一节里，我们只学习两种重要的形式。

定义 1.42 文字 L 或者是原子 p，或者是原子的否定 $\neg p$。公式 C 如果是若干子句的合取，则是一个合取范式（conjunctive normal form，CNF），而每个子句 D 是文字的析取：

$$
\begin{aligned}
L &::= p \mid \neg p \\
D &::= L \mid L \vee D \\
C &::= D \mid D \wedge C
\end{aligned}
\tag{1-6}
$$

合取范式的示例公式是:

$$(i)(\neg q \vee p \vee r) \wedge (\neg p \vee r) \wedge q \qquad (ii)(p \vee r) \wedge (\neg p \vee r) \wedge (p \vee \neg r)$$

在第一个例子里,有三个类型 D 的子句: $\neg q \vee p \vee r$, $\neg p \vee r$ 和 q, 由式(1-6)中第一条子句规则, 它是只有一个文字的子句。注意, 我们很清楚使用∧和∨的结合律, 即 $\phi \vee (\psi \vee \eta) \equiv (\phi \vee \psi) \vee \eta$ 和 $\phi \wedge (\psi \wedge \eta) \equiv (\phi \wedge \psi) \wedge \eta$, 因为省略了一些括号。公式 $(\neg(q \vee p) \vee r) \wedge (q \vee r)$ 不是 CNF, 因为 $q \vee p$ 不是一个文字。

为什么希望公式 ϕ 是 CNF 形式呢? 其中一个原因是很容易检验它们的有效性, 否则需要检查公式中原子个数的指数次。例如, 考虑上面 CNF 形式的公式: $(\neg q \vee p \vee r) \wedge (\neg p \vee r) \wedge q$。因为, 由∧的语义, 语义推导 $\vDash (\neg q \vee p \vee r) \wedge (\neg p \vee r) \wedge q$ 成立当且仅当所有的三个关系:

$$\vDash \neg q \vee p \vee r \qquad \vDash \neg p \vee r \qquad \vDash q$$

成立。但是因为这些公式是文字的析取或文字, 我们有下面的引理。

引理 1.43 文字的析取 $L_1 \vee L_2 \vee \cdots \vee L_m$ 是有效的当且仅当存在 $1 \leq i, j \leq m$, 使得 L_i 是 $\neg L_j$。

证明 如果 L_i 等于 $\neg L_j$, 那么, 对于所有的赋值, $L_1 \vee L_2 \vee \cdots \vee L_m$ 赋值 T。例如, $p \vee q \vee r \vee \neg q$ 永远不是假的。

为了说明反之也成立, 假设没有文字 L_k 在 $L_1 \vee L_2 \vee \cdots \vee L_m$ 中有一个匹配的否定。那么对于每一个 k, $1 \leq k \leq n$, 如果 L_k 是原子, 那么把 F 指派给 L_k; 如果 L_k 是原子的否定, 把 T 指派给 L_k。例如, 通过指派 F 给 p 和 r, T 指派给 q, 析取 $\neg q \vee p \vee r$ 是假的。 $\square$

因此, 如果 ϕ 是 CNF 的, 有一个非常容易的快速判断 $\vDash \phi$ 有效性的方法; 检查 ϕ 的所有合取 ψ_k, 寻找 ψ_k 中是否有这样的原子, 即它们的否定也在 ψ_k 中。如果所有的析取都能找到这样的匹配, 那么, 我们有 $\vDash \phi$。否则由上面的引理, ϕ 不是有效的。这样, 公式 $(\neg q \vee p \vee r) \wedge (\neg p \vee r) \wedge q$ 不是有效的。注意, 在同样的合取项 ψ_k 中, 匹配的文字必须找到。因为世界上没有免费的午餐, 对一个给定的公式 ϕ, 如果要计算它的具有 CNF 形式的等价公式 ϕ', 其计算代价是非常高的。

在学习怎样计算等价合取范式之前, 介绍与有效性密切相关的另外一个概念。

定义 1.44 已知一个命题逻辑公式 ϕ, 如果有一个赋值使它的赋值为 T, 那么称 ϕ 为可满足的(satisfiable)。

例如, 公式 $p \vee q \rightarrow p$ 是可满足的, 因为假设把 T 指派给 p, 它的赋值为 T。明显地, $p \vee q \rightarrow p$ 不是有效的。这样, 可满足性是一个更弱的概念, 因为由定义, 每一个有效公式是可满足的, 但反之不然。然而, 这两个概念正是彼此的镜像, 而镜子就是否定。

命题 1.45 假设 ϕ 是命题逻辑公式。那么 ϕ 是可满足的当且仅当 $\neg \phi$ 不是有效的。

证明 首先, 假设 ϕ 是可满足的。由定义, 存在一个 ϕ 的赋值, 使得 ϕ 赋值为 T; 即 $\neg \phi$ 对同样的赋值为 F。这样, $\neg \phi$ 不是有效的。

其次, 假设 $\neg \phi$ 不是有效的。那么一定有一个 $\neg \phi$ 的赋值, 使得它的赋值为 F, 这样, ϕ 赋值为 T, 即 ϕ 是可满足的。(注意, ϕ 的赋值恰好是 $\neg \phi$ 的赋值。) $\square$

这个结论是非常有用的, 因为本质上只需要提供关于这两个概念的一个决策程序即可。例如, 我们说有一个判断是否任何的 ϕ 是有效的程序 P。通过询问 P: 是否 $\neg \phi$ 是有效的, 得到一个关于可满足性的决策程序。如果回答是, 那么 ϕ 不是可满足的; 否则 ϕ 是可满足的。同样, 我们可以把关于可满足性的决策程序转化为关于有效性的决策程序。本书我们将遇到这两种程序。

除了写出 ϕ 的完整真值表，没有真正容易的计算 CNF 形式的等价公式的方法。例如，考虑图 1-8 中公式 $(p \to \neg q) \to (q \vee \neg p)$ 的真值表。对每一个 $(p \to \neg q) \to (q \vee \neg p)$ 赋值 F 的行构造一个文字的析取。因为这样的行只有一行，所以只有一个合取项 ψ_1。现在的合取是一个文字的析取，包括文字 $\neg p$ 和 q。注意，文字恰好是真值表中那一行句法的相反：这里 p 是 T，q 是 F。这样，CNF 形式的结果公式是 $\neg p \vee q$，它确实是 CNF 形式的，并且等价于 $(p \to \neg q) \to (q \vee \neg p)$。

为什么对任何公式 ϕ，这种方法都是可行的呢？因为这样构造的公式是假的当且仅当至少有一个合取项 ψ_i 是假的。这表示这样 ψ_i 的所有析取都是 F。使用德摩根律：$\neg \phi_1 \vee \neg \phi_2 \vee \cdots \vee \neg \phi_n \equiv \neg(\phi_1 \wedge \phi_2 \wedge \cdots \wedge \phi_n)$。我们得到那些文字句法否定的析取一定是真的。这样，ϕ 和新构造的公式有同样的真值表。

考虑另一个例子，ϕ 的真值表为：

p	q	r	ϕ
T	T	T	T
T	T	F	F
T	F	T	T
T	F	F	T
F	T	T	F
F	T	F	F
F	F	T	F
F	F	F	T

注意，这个表实际上是 ϕ 的说明；它并没有告诉我们在句法上 ϕ 是什么样子，但它告诉我们它的"行为"是什么。因为真值表有四项赋值为 F，我们构建四个合取项 $\psi_i(1 \leqslant i \leqslant 4)$。从表中得到 ψ_i，列出所有的原子析取，如果原子在该行是真的，则否定该原子：

$$\psi_1 \overset{\text{def}}{=} \neg p \vee \neg q \vee r \quad (\text{第 2 行}) \qquad \psi_2 \overset{\text{def}}{=} p \vee \neg q \vee \neg r (\text{第 5 行})$$

$$\psi_3 \overset{\text{def}}{=} p \vee \neg q \vee r \quad \text{等等} \qquad \psi_4 \overset{\text{def}}{=} p \vee q \vee \neg r$$

因此，CNF 形式的 ϕ 为：

$$(\neg p \vee \neg q \vee r) \wedge (p \vee \neg q \vee \neg r) \wedge (p \vee \neg q \vee r) \wedge (p \vee q \vee \neg r)$$

如果我们不知道一个完全的真值表，但知道 ϕ 的结构，那么，我们能够计算具有 CNF 版本的 ϕ。很清楚，ϕ 的真值表与 CNF 形式的等价公式就我们关心的有效性而言，表达的含义完全相同，尽管 CNF 形式的公式更加简洁明了。

1.5.2 合取范式和有效性

我们能够快速和容易地对合取范式进行有效性检验。因此，需要知道是否任意一个公式都能转化为 CNF 形式的等价公式。现在介绍一个算法。注意，由定义 1.40，一个公式是有效的当且仅当它的等价公式是有效的。我们把判断任何一个公式 ϕ 是有效的问题简化为它的等价公式 $\psi \equiv \phi$ 的计算，其中 ψ 是 CNF 形式的，由引理 1.43，判断 ψ 是否是有效的。

在概述这个程序之前，需要对它的可能性和它的现实约束有一个一般的解释。首先，可能或多或少有计算这样范式的有效方法。但即使有更多的方法可能有许多正确的输出，对 $\psi_1 \equiv \phi$ 和 $\psi_2 \equiv \phi$，一般不能推出 ψ_1 与 ψ_2 相同，即使 ψ_1 与 ψ_2 都是 CNF 形式的。例如，$\phi \stackrel{\text{def}}{=} p$，$\psi_1 \stackrel{\text{def}}{=} p$，和 $\psi_2 \stackrel{\text{def}}{=} p \wedge (p \vee q)$；那么一定有 $\phi \equiv \psi_2$ 成立。由于等价合取范式的不唯一性，ϕ 的最小"成本"（"成本"可以是合取的个数，或 ϕ 的语法分析树的高度等）的 CNF 的计算成为很重要的实际问题，这是第 6 章要讨论的问题。这里，我们给一个确定性（deterministic）算法，即对于一个已知输入 ϕ，总能给出同样输出 CNF。

这个算法称为 CNF，应该满足下面的要求：

（1）对于所有作为输入的命题逻辑公式，CNF 可以终止；

（2）对于每一个输入，CNF 输出一个等价公式；

（3）所有由 CNF 计算的输出都是 CNF 形式的。

如果一个命题逻辑公式作为输入调用 CNF，则（1）保证算法能终止，由（2），对输出 ψ，确保 $\psi \equiv \phi$。这样，（3）保证 ψ 是 ϕ 的等价 CNF。因此，ϕ 是有效的当且仅当 ψ 是有效的。后者的检查相对于 ψ 的长度是容易的。

CNF 应该采取什么策略呢？它必须对所有即无穷多个命题逻辑公式是正确的函数。这说明计算 CNF 程序应该是对公式 ϕ 结构归纳的。例如，如果 ϕ 是形式 $\phi_1 \wedge \phi_2$，可以计算 $\phi_i (i = 1, 2)$ 的合取范式 η_i，因此，$\eta_1 \wedge \eta_2$ 是等价于 ϕ 的合取范式，假如 $\eta_i \equiv \phi_i (i = 1, 2)$。这个策略也说明对 ϕ 使用结构归纳证明 CNF 满足上述的式（1-3）。

给定一个输入公式 ϕ，先做一些预处理（preprocessing）。首先将 ϕ 中的具有形式 $\psi \rightarrow \eta$ 的蕴涵用 $\neg \psi \vee \eta$ 替代。这可以由称为 IMPL_ FREE（蕴涵释放）的程序得到。注意，这个程序必须是递归的，因为 ψ 或 η 也可能是蕴涵。

IMPL_ FREE 的应用可能给出的输出公式是双重否定。更重要的是，否定的范围是非原子公式。例如，公式 $p \wedge \neg (p \wedge q)$ 否定的范围是 $p \wedge q$。问题的本质是能否有效地从 ϕ 的 CNF 计算 $\neg \phi$ 的 CNF。因为似乎没有人知道答案，通过把 $\neg \phi$ 转化为只包含原子否定的等价公式来回避这个问题。只否定原子的公式称为否定范式（negation normal form，NNF）。这样的程序 NNF 的细节后面讲。IMPL_ FREE 过程的主要依据是德摩根律。因此，预处理的第二个阶段，对 IMPL_ FREE 输出调用 NNF，得到一个 NNF 形式的等价公式。

完成了所有预处理之后，我们得到一个公式 ϕ'，它是调用 NNF(IMPL_ FREE(ϕ)) 的结果。注意，因为两个算法都把公式变成等价形式，所以 $\phi' \equiv \phi$。由于 ϕ' 中没有 $\rightarrow$，并且在 ϕ' 中只有原子是否定的，因此程序 CNF 只需要分析三种情况：文字、合取和析取。

- 如果 ϕ 是一个文字，由 CNF 的定义，因此 CNF 输出 ϕ。
- 如果 $\phi = \phi_1 \wedge \phi_2$，对每个 ϕ_i，循环地调用 CNF，分别得到输出 η_i，最后得到输入 ϕ 的作为 CNF 的输出 $\eta_1 \wedge \eta_2$。
- 如果 $\phi = \phi_1 \vee \phi_2$，同样对每个 ϕ_i，循环的调用 CNF，分别得到输出 η_i。但这时不能简单地返回 $\eta_1 \vee \eta_2$，因为这个公式实际上不是 CNF 形式的，除非 η_1 和 η_2 恰好是文字。

因此，怎样完成上面最后情况的程序呢？我们可以使用分配律，把任何合取的析取变成析取的合取。然而，这个结果要求是 CNF 形式的，需要明确，这样得到的析取只包含文字。我们应用一个策略，该策略基于在 $\phi_1 \vee \phi_2$ 中的匹配模式使用分配性。这通过称为 DISTR 的独立算法来完成。这样，对输入对 (η_1, η_2) 调用 DISTR，得到需要的结果。

假设我们已经写了 IMPL_ FREE、NNF 和 DISTR 的代码，现在可以写 CNF 的伪代码：

```
function CNF(φ):
/* 前置条件:φ 是蕴涵释放,并且是 NNF 形式 */
/* 后置条件:CNF(φ)计算 φ 的等价 CNF */
begin function
  case
    φ 是文字:returnφ
    φ 是 φ₁ ∧ φ₂,return CNF(φ₁)∧ CNF(φ₂)
    φ 是 φ₁ ∨ φ₂,return DISTR(CNF(φ₁),CNF(φ₂))
  end case
end function
```

注意，DISTR 的调用是怎样计算 ϕ_1 和 ϕ_2 的合取范式的。例程 DISTR 将 η_1 和 η_2 作为输入参数，并且分析这些输入是否合取。如果两个输入公式没有一个是合取，DISTR 会如何呢？因为对 CNF 形式的输入 η_1 和 η_2 调用 DISTR，只能说明 η_1 和 η_2 是文字，或文字的析取。这样，$\eta_1 \vee \eta_2$ 是 CNF 形式的。

否则，η_1 和 η_2 中至少有一个公式是合取。因为一个合取符合简化问题，如果两个公式都是合取，必须确定要转化哪一个合取项。算法 CNF 是确定性的，因此，假设 η_1 具有形式 $\eta_{11} \wedge \eta_{12}$，那么由分配律，有 $\eta_1 \vee \eta_2 \equiv (\eta_{11} \vee \eta_2) \wedge (\eta_{12} \vee \eta_2)$。因为公式 η_{11}、η_{12} 和 η_2 都是 CNF 形式的，可以再次对公式对(η_{11}，η_2)和(η_{12}，η_2)调用 DISTR，然后简单地形成它们的合取。这是对函数 DISTR 的主要考虑。

当 η_2 是合取时，情形是对称的，循环调用 DISTR 的结构由等价式 $\eta_1 \vee \eta_2 \equiv (\eta_1 \vee \eta_{21}) \wedge (\eta_1 \vee \eta_{22})$ 确定，其中 $\eta_2 = \eta_{21} \wedge \eta_{22}$:

```
function DISTR(η₁,η₂):
/* 前置条件:η₁ 和 η₂ 是 CNF 形式 */
/* 后置条件:DISTR(η₁,η₂),计算 η₁ ∨ η₂ 的 CNF */
begin function
  Case
    η₁ 是 η₁₁ ∧ η₁₂:return DISTR(η₁₁,η₂)∧ DISTR(η₁₂,η₂)
    η₂ 是 η₂₁ ∧ η₂₂:return DISTR(η₁ ∨ η₂₁)∧ DISTR(η₁ ∨ η₂₂)
    否则(=没有合取):return η₁ ∨ η₂
  end case
end function
```

注意三个子句如何讨论了所有可能性。进一步，如果 η_1 和 η_2 都是合取，那么第一和第二种情况同时进行。即译码将从上面子句检查到下面子句。这样，第一个子句将应用 DISTR。

已经详细说明了例程 CNF 和 DISTR，接下来需要写出函数 IMPL_ FREE 和 NNF。特别把函数 IMPL_ FREE 作为练习。函数 NNF 必须转化任何一个蕴涵-释放公式为一个等价的否定范式。NNF 形式的四个公式例子是:

$$p \qquad\qquad \neg p$$
$$\neg p \wedge (p \wedge q) \qquad \neg p \wedge (p \to q)$$

但是我们不能处理最后一类的公式，因为公式中有→。不是 NNF 形式的公式例子是 $\neg\neg p$ 和 $\neg(p \wedge q)$。

另外，通过对输入公式 ϕ 的结构做情况分析递归编写 NNF 程序。上面最后的两个例子暗示这些子句的两个可能结果。为了计算 $\neg\neg \phi$ 的 NNF，只需要计算 ϕ 的 NNF，这是一个合理的策略，因为 ϕ 和 $\neg\neg \phi$ 是语义等价的。如果 ϕ 等于 $\neg(\phi_1 \wedge$

$\phi_2) \equiv \neg \phi_1 \vee \neg \phi_2$，在这种情况，NNF 应该循环的调用自身。对偶地，如果 ϕ 是 $\neg(\phi_1 \vee \phi_2)$，要求使用另一个德摩根律 $\neg(\phi_1 \vee \phi_2) \equiv \neg \phi_1 \wedge \neg \phi_2$。如果 ϕ 是合取或析取，直接把 NNF 应用到子公式。很清楚，所有文字都是 NNF 形式的。NNF 的伪代码为：

```
function NNF(φ):
/* 前置条件:φ 是无蕴涵的 */
/* 后置条件:NNF(φ)计算 φ 的 NNF */
begin function
  case
    φ 是一个文字:φ
    φ 是¬¬φ₁ :return NNF(φ₁)
    φ 是φ₁ ∧ φ₂ :return NNF(φ₁)∧ NNF(φ₂)
    φ 是φ₁ ∧ φ₂ :return NNF(φ₁)∧ NNF(φ₂)
    φ 是¬(φ₁ ∧ φ₂) :return NNF(¬φ₁)∨ NNF(¬φ₂)
    φ 是¬(φ₁ ∨ φ₂) :return NNF(¬φ₁)∧ NNF(¬φ₂)
  end case
end function
```

注意，由于算法的前置条件要求，因此上面列出的情况是无遗漏的。任给一个命题逻辑公式 ϕ，通过调用 CNF(NNF(IMPL_ FREE(ϕ)))，可以把 ϕ 转化为等价的 CNF。在习题里，要求你证明：

- 所有的四个算法当输入与前置条件相同时停止；
- CNF(NNF(IMPL_ FREE(ϕ)))的结果是 CNF 形式的；
- 结果与 ϕ 是语义等价的。

我们将在第 4 章再讨论这个重要的问题，形式地证明程序的正确性。

现在用一些具体的例子说明上面的程序代码。先计算 CNF(NNF(IMPL_ FREE($\neg p \wedge q \to p \wedge (r \to q)$)))。我们说明这个计算的所有细节，将此与上面的代码应该表现的进行比较。首先，计算 IMPL_ FREE(ϕ)：

$$
\begin{aligned}
\text{IMPL\_ FREE}(\phi) &= \neg\, \text{IMPL\_ FREE}(\neg p \wedge q) \vee \text{IMPL\_ FREE}(p \wedge (r \to q)) \\
&= \neg((\text{IMPL\_ FREE}\,\neg p) \wedge (\text{IMPL\_ FREE}\,q)) \vee \text{IMPL\_ FREE}(p \wedge (r \to q)) \\
&= \neg((\neg p) \wedge \text{IMPL\_ FREE}\,q) \vee \text{IMPL\_ FREE}(p \wedge (r \to q)) \\
&= \neg(\neg p \wedge q) \vee \text{IMPL\_ FREE}(p \wedge (r \to q)) \\
&= \neg(\neg p \wedge q) \vee ((\text{IMPL\_ FREE}\,p) \wedge \text{IMPL\_ FREE}(r \to q)) \\
&= \neg(\neg p \wedge q) \vee (p \wedge \text{IMPL\_ FREE}(r \to q)) \\
&= \neg(\neg p \wedge q) \vee (p \wedge (\neg(\text{IMPL\_ FREE}\,r) \vee (\text{IMPL\_ FREE}\,q))) \\
&= \neg(\neg p \wedge q) \vee (p \wedge (\neg r \vee (\text{IMPL\_ FREE}\,q))) \\
&= \neg(\neg p \wedge q) \vee (p \wedge (\neg r \vee q))
\end{aligned}
$$

其次，计算 NNF(IMPL_ FREEϕ)：

$$
\begin{aligned}
\text{NNF}(\text{IMPL\_ FREE}\phi) &= \text{NNF}(\neg(\neg p \wedge q)) \vee \text{NNF}(p \wedge (\neg r \vee q)) \\
&= \text{NNF}(\neg(\neg p) \vee \neg q) \vee \text{NNF}(p \wedge (\neg r \vee q)) \\
&= (\text{NNF}(\neg \neg p)) \vee \text{NNF}(\neg q) \vee \text{NNF}(p \wedge (\neg r \vee q)) \\
&= (p \vee (\text{NNF}(\neg q))) \vee \text{NNF}(p \wedge (\neg r \vee q)) \\
&= (p \vee \neg q) \vee \text{NNF}(p \wedge (\neg r \vee q)) \\
&= (p \vee \neg q) \vee ((\text{NNF}\,p) \wedge (\text{NNF}(\neg r \vee q))) \\
&= (p \vee \neg q) \vee (p \wedge (\text{NNF}(\neg r \vee q)))
\end{aligned}
$$

$$= (p \vee \neg q) \vee (p \wedge ((\mathrm{NNF}(\neg r)) \vee (\mathrm{NNF}\, q)))$$
$$= (p \vee \neg q) \vee (p \wedge (\neg r \vee (\mathrm{NNF}\, q)))$$
$$= (p \vee \neg q) \vee (p \wedge (\neg r \vee q))$$

最后，得到最终结果：

$$\mathrm{CNF}(\mathrm{NNF}(\mathrm{IMPL\_FREE}\phi)) = \mathrm{CNF}((p \vee \neg q) \vee (p \wedge (\neg r \vee q)))$$
$$= \mathrm{DISTR}(\mathrm{CNF}(p \vee \neg q), \mathrm{CNF}(p \wedge (\neg r \vee q)))$$
$$= \mathrm{DISTR}(p \vee \neg q, \mathrm{CNF}(p \wedge (\neg r \vee q)))$$
$$= \mathrm{DISTR}(p \vee \neg q, p \wedge (\neg r \vee q))$$
$$= \mathrm{DISTR}(p \vee \neg q, p) \wedge \mathrm{DISTR}(p \vee \neg q, \neg r \vee q)$$
$$= (p \vee \neg q \vee p) \wedge \mathrm{DISTR}(p \vee \neg q, \neg r \vee q)$$
$$= (p \vee \neg q \vee p) \wedge (p \vee \neg q \vee \neg r \vee q)$$

这样，公式 $(p \vee \neg q \vee p) \wedge (p \vee \neg q \vee \neg r \vee q)$ 是调用 $\mathrm{CNF}(\mathrm{NNF}(\mathrm{IMPL\_FREE}\ \phi))$ 的结果，并且是合取范式，等价于 ϕ。注意，它是可满足的（选择 p 是真的），但不是有效的（选择 p 是假的，q 是真的）。它也等价于更简单的合取范式 $p \vee \neg q$。观察到该算法不能做到最优化，因此，需要一个单独的优化器作用于输出。另外，可以改变函数的代码任其优化，计算开销证明是达不到预期的。

应该认识到在调用 $\mathrm{CNF}(p \vee \neg q)$ 和 $\mathrm{CNF}(p \wedge (\neg r \vee q))$ 时，省略了几个计算步骤。把输入作为结果返回，因为此时的输入已经是合取范式。

作为第二个例子，考虑 $\phi \stackrel{\mathrm{def}}{=} r \to (s \to (t \wedge s \to r))$，计算：

$$\mathrm{IMPL\_FREE}(\phi) = \neg(\mathrm{IMPL\_FREE}\, r) \vee \mathrm{IMPL\_FREE}(s \to (t \wedge s \to r))$$
$$= \neg r \vee \mathrm{IMPL\_FREE}(s \to (t \wedge s \to r))$$
$$= \neg r \vee (\neg(\mathrm{IMPL\_FREE}\, s) \vee \mathrm{IMPL\_FREE}(t \wedge s \to r))$$
$$= \neg r \vee (\neg s \vee \mathrm{IMPL\_FREE}(t \vee s \to r))$$
$$= \neg r \vee (\neg s \vee (\neg(\mathrm{IMPL\_FREE}(t \wedge s)) \vee \mathrm{IMPL\_FREE}\, r))$$
$$= \neg r \vee (\neg s \vee (\neg((\mathrm{IMPL\_FREE}\, t) \wedge (\mathrm{IMPL\_FREE}\, s)) \vee \mathrm{IMPL\_FREE}\, r))$$
$$= \neg r \vee (\neg s \vee (\neg(t \wedge (\mathrm{IMPL\_FREE}\, s)) \vee (\mathrm{IMPL\_FREE}\, r)))$$
$$= \neg r \vee (\neg s \vee (\neg(t \wedge s)) \vee (\mathrm{IMPL\_FREE}\, r))$$
$$= \neg r \vee (\neg s \vee (\neg(t \wedge s)) \vee r)$$

$$\mathrm{NNF}(\mathrm{IMPL\_FREE}\phi) = \mathrm{NNF}(\neg r \vee (\neg s \vee \neg(t \wedge s) \vee r))$$
$$= (\mathrm{NNF}\, \neg r) \vee \mathrm{NNF}(\neg s \vee \neg(t \wedge s) \vee r)$$
$$= \neg r \vee \mathrm{NNF}(\neg s \vee \neg(t \wedge s) \vee r)$$
$$= \neg r \vee (\neg s \vee \mathrm{NNF}(\neg(t \wedge s) \vee r))$$
$$= \neg r \vee (\neg s \vee \mathrm{NNF}(\neg(t \wedge s) \vee r))$$
$$= \neg r \vee (\neg s \vee (\mathrm{NNF}(\neg(t \wedge s)) \vee \mathrm{NNF}\, r))$$
$$= \neg r \vee (\neg s \vee (\mathrm{NNF}(\neg t \vee \neg s)) \vee \mathrm{NNF}\, r)$$
$$= \neg r \vee (\neg s \vee ((\mathrm{NNF}(\neg t) \vee \mathrm{NNF}(\neg s)) \vee \mathrm{NNF}\, r))$$
$$= \neg r \vee (\neg s \vee ((\neg t \vee \mathrm{NNF}(\neg s)) \vee \mathrm{NNF}\, r))$$
$$= \neg r \vee (\neg s \vee ((\neg t \vee \neg s) \vee \mathrm{NNF}\, r))$$
$$= \neg r \vee (\neg s \vee ((\neg t \vee \neg s) \vee r))$$

而后者已经是 CNF 形式的，并且是有效的，因为 r 有一个匹配 $\neg r$。

1.5.3 霍恩子句和可满足性

前面提到将一个命题逻辑公式转化成等价的 CNF 要付出计算代价。后一类公式很容易进行有效性的句法检验，但一般的检验可满足性很困难。幸运的是，实际上有一子类很重要的公式可以更有效地判断它们的可满足性。一个这样的例子是霍恩公式（Horn formula）类；名字霍恩来源于逻辑学家 A. Horn。下面给出定义，并给出检验可满足性的算法。

回忆逻辑常量⊥（"底"）和⊤（"顶"）分别表示不可满足的公式和重言式。

定义 1.46   霍恩公式是命题逻辑公式 ϕ，如果它可以用下列语法作为 H 的实例产生：

$$
\begin{aligned}
P &::= \bot \mid \top \mid p \\
A &::= P \mid P \wedge A \\
C &::= A \rightarrow P \\
H &::= C \mid C \wedge H
\end{aligned}
\tag{1-7}
$$

C 的每一个实例称为霍恩子句。

霍恩公式是霍恩子句的合取。霍恩子句是一个蕴涵，它假设 A 是一个类型为 P 的命题合取，它的结论也是类型 P。霍恩公式的例子是：

$$(p \wedge q \wedge s \rightarrow p) \wedge (q \wedge r \rightarrow p) \wedge (p \wedge s \rightarrow s)$$
$$(p \wedge q \wedge s \rightarrow \bot) \wedge (q \wedge r \rightarrow p) \wedge (\top \rightarrow s)$$
$$(p_2 \wedge p_3 \wedge p_5 \rightarrow p_{13}) \wedge (\top \rightarrow p_5) \wedge (p_5 \wedge p_{11} \rightarrow \bot)$$

不是霍恩公式的例子是：

$$(p \wedge q \wedge s \rightarrow \neg p) \wedge (q \wedge r \rightarrow p) \wedge (p \wedge s \rightarrow s)$$
$$(p \wedge q \wedge s \rightarrow \bot) \wedge (\neg q \wedge r \rightarrow p) \wedge (\top \rightarrow s)$$
$$(p_2 \wedge p_3 \wedge p_5 \rightarrow p_{13} \wedge p_{27}) \wedge (\top \rightarrow p_5) \wedge (p_5 \wedge p_{11} \rightarrow \bot)$$
$$(p_2 \wedge p_3 \wedge p_5 \rightarrow p_{13} \wedge p_{27}) \wedge (\top \rightarrow p_5) \wedge (p_5 \wedge p_{11} \vee \bot)$$

第一个公式不是霍恩公式，因为公式的第一个合取的结论 $\neg p$ 不是类型 P。第二个公式也不是，因为第二个合取蕴涵的前提 $\neg q \wedge r$ 不是原子、⊥或⊤的合取。第三个公式不是霍恩公式，因为第一个合取蕴涵的结论 $p_{13} \wedge p_{27}$ 不是类型 P。第四个公式很显然不是霍恩公式，因为它不是蕴涵的合取。

我们给出判断一个霍恩公式 ϕ 可满足性的算法，它适合 ϕ 中类型 P 的所有情况，具有性质：

1. 如果它出现在 ϕ 中，标记⊤。
2. 如果 ϕ 的合取 $P_1 \wedge P_2 \wedge \cdots \wedge P_{k_i} \rightarrow P'$ 中所有的 $P_j (1 \leqslant j \leqslant k_i)$ 都被标记，那么标记 P'，重复 2。否则（ = 没有合取 $P_1 \wedge P_2 \wedge \cdots \wedge P_{k_i} \rightarrow P'$ 中所有的 P_j 被标记），继续 3。
3. 如果⊥被标记，输出"霍恩公式 ϕ 不是可满足的"，停止。否则，继续 4。
4. 输出"霍恩公式是可满足的"，停止。

在这些指令中，公式的标记由霍恩公式中这些公式的所有其他情况共同分配。例如，由上面的准则，一旦标记了 P_2，那么所有在其他出现的 P_2 也被标记。使用伪代码形式地说明这个算法：

```
function HORN(φ)
/* 前置条件:φ 是霍恩公式 */
/* 后置条件:HORN(φ)判断φ 的可满足性 */
begin function
```

标记所有在 ϕ 中出现的 $\top$；

while ϕ 中合取 $P_1 \wedge P_2 \wedge \dots \wedge P_{k_i} \rightarrow P'$ 的所有 P_j 都被标记而 P' 没有被标记时，**do** 标记 P'

end while

if $\bot$ 被标记 **then return** "不是可满足的"，**else return** "可满足的"

end function

我们需要明确算法对输入的所有霍恩公式 ϕ 停止，它的输出（ = 它的判断）总是正确的。

定理 1.47　算法 HORN 对霍恩公式的可满足性判断是对的，并且在 while 语句中，如果 ϕ 中的原子数是 n，那么循环不超过 $n + 1$ 次。特别地，HORN 总是对正确的输入停止。

证明　首先考虑程序终止问题。注意，while 语句标记的效果是对不是 $\top$ 的未标记的 P 进行标记。因为这种标记应用到 ϕ 中出现的所有 P，因此，while 语句的循环比 ϕ 中的原子最多多一次。

因为能够保证程序终止，还要证明算法 HORN 给出的回答总是正确的。至此，揭示了标记函数的作用。本质上说，标记 P 是指如果公式 ϕ 是可满足的，那么 P 一定是真的。用数学归纳法证明在执行完任意次上面的 while 语句后，

$$\text{"对于 } \phi \text{ 赋值为 T 的所有赋值，所有标记的 } P \text{ 是真的"} \qquad (1\text{-}8)$$

成立。基本情况是零次执行，这表示还没有进入 while 语句，而只是标记了所有出现的 $\top$。因为 $\top$ 对所有的赋值都是真的，所以式 (1-8) 成立。

在归纳步骤，假设执行 k 次 while 循环语句，式 (1-8) 成立，那么需要证明对 $k + 1$ 次循环后的所有标记 P，有同样命题。如果进入第 $k + 1$ 次循环，while 语句的条件一定是真的。这样，存在 ϕ 的合取 $P_1 \wedge P_2 \wedge \dots \wedge P_{k_i} \rightarrow P'$，它的所有 P_j 都是标记的。假设 v 是使 ϕ 为真的任意赋值。由归纳假设，我们知道，对赋值 v，所有的 P_j 是真的，因此，$P_1 \wedge P_2 \wedge \dots \wedge P_{k_i}$ 是真的。从而，对赋值 v，$P_1 \wedge P_2 \wedge \dots \wedge P_{k_i} \rightarrow P'$ 也是真的。因此，对赋值 v，P' 是真的。

由数学归纳法，可以保证不管 while 语句循环多少次，式 (1-8) 都成立。

最后，需要说明上面的 if 语句总能给出正确的回答。首先，如果 $\bot$ 被标记，那么，ϕ 一定有合取 $P_1 \wedge P_2 \wedge \dots \wedge P_{k_i} \rightarrow \bot$，它的所有 P_i 被标记。由式 (1-8)，只要当 ϕ 是真的，ϕ 的合取赋值 $\top \rightarrow F = F$。因为这是不可能的，所以回答 "不是可满足的" 是正确的。其次，如果 $\bot$ 不被标记，那么，直接将 T 赋值给所有的标记原子，F 赋值给所有的未标记原子，由矛盾法证明，ϕ 相对于那个赋值一定是真的。

如果 ϕ 在那个赋值下不是真的，那么它的合取 $P_1 \wedge P_2 \wedge \dots \wedge P_{k_i} \rightarrow P'$ 一定是假的。由蕴涵的语义，这一定表明所有的 P_j 是真的，而 P' 是假的。由赋值的定义，推出所有的 P_j 是标记的，因此，$P_1 \wedge P_2 \wedge \dots \wedge P_{k_i} \rightarrow P'$ 是 ϕ 的一个合取，它在 while 语句中循环过一次，于是，P' 也是标记的。因为 $\bot$ 不是标记的，所以 P' 一定是 $\top$ 或某个原子。对任意一种情况，由式 (1-8)，合取是真的，矛盾。　　　　　□

注意，上面证明中采取的矛盾法不是真正必要的。它使得讨证更加自然。在文学中有很多这样的例子，矛盾法证明比直接的理论证明在心理上更容易接受。

1.6　SAT 求解机

霍恩公式的标记算法是对所有使公式为真的赋值进行标记来作为约束。由式 (1-8)，所有的标记原子对任意这样的赋值必须是真的。通过计算约束，我们可以扩展这个思想到一般的公式 ϕ，比如说，对 ϕ 是真的所有赋值，ϕ 的哪些子式要求某种真值：

"对于φ赋值为T的所有赋值,所有的标记子式赋值为它们的标记值"　　（1-9）

在这种情况下，标记原子推广到标记子式；"真"标记推广到"真"和"假"标记。同时，式(1-9)作为设计一个算法的指南，以及作为证明它的正确性的不变量。

1.6.1 线性求解机

我们将对公式的语法分析树执行这个标记算法，除此以外，我们将把公式翻译为合适的片段

$$\phi ::= p \mid (\neg \phi) \mid (\phi \wedge \phi) \tag{1-10}$$

然后共享语法分析树的共同子式，使树成为一个有向无环图(directed, acyclic graph, DAG)。递归地定义这种转化：

$$T(p) = p \qquad\qquad T(\neg \phi) = \neg T(\phi)$$
$$T(\phi_1 \wedge \phi_2) = T(\phi_1) \wedge T(\phi_2) \qquad T(\phi_1 \vee \phi_2) = \neg(\neg T(\phi_1) \wedge \neg T(\phi_2))$$
$$T(\phi_1 \to \phi_2) = \neg(T(\phi_1) \wedge \neg T(\phi_2))$$

由式(1-3)产生的公式转化为由式(1-10)产生的公式应满足：φ和$T(\phi)$是语义等价的，并且有同样的命题原子。因此，φ是可满足的当且仅当$T(\phi)$是可满足的；并且使φ为真的赋值集合等于使$T(\phi)$为真的赋值集合。后者保证应用到$T(\phi)$的SAT求解判断对原来公式φ是有意义的。习题里要求你证明这些论断。

例1.48　对于形式为$p \wedge \neg(q \vee \neg p)$的公式φ，计算出$T(\phi) = p \wedge \neg\neg(\neg q \wedge \neg\neg p)$，语法分析树和$T(\phi)$的DAG画在图1-12中。

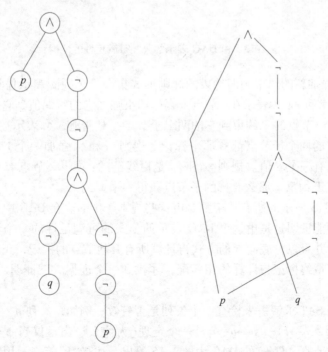

图1-12　例1.48公式的语法分析树(左)和有向无环图(右)。
右边的p节点是共享的

任何使 $p \wedge \neg\neg(\neg q \wedge \neg\neg p)$ 为真的赋值一定把 T 指派给图 1-12 中的 DAG 的最上面的 $\wedge$ 节点。添加标记 T 到 p 节点和最上面的 $\neg$ 节点。用同样的方法，得到图 1-13 的完全约束集合，其中时间戳"1:"等表示应用关于这些约束的直觉推理的次序；这个次序一般不是唯一的。

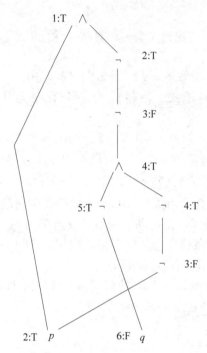

图 1-13　由 DAG 表示的公式可满足性的证据

图 1-14 所示强加新的约束到旧约束的规则形式集合。小圆圈表示任意节点($\neg$，$\wedge$ 或原子)。否定的强制律 $\neg_t$ 和 $\neg_f$ 表示在 $\neg$ 节点上真的约束强加它的对偶值到它的子节点，反之亦然。规则 $\wedge_{te}$ 将一个 $\wedge$ 节点的 T 约束到它的两个子节点；对偶地，$\wedge_{ti}$ 表示在一个 $\wedge$ 节点强加一个 T 标记，如果它的两个子节点都有那个标记。规则 $\wedge_{fl}$ 和 $\wedge_f$ 强加一个 F 约束到 $\wedge$ 节点，如果它的任意子节点有一个 F 值。规则 $\wedge_{fll}$ 和 $\wedge_{frr}$ 是更复杂的：如果 $\wedge$ 节点有一个 F 约束，并且它的一个子节点有 T 约束，那么其他的子节点获得一个 F 约束。

请检查如图 1-13 所示的所有约束都是由这些规则产生的。在 DAG 中每一个节点获得一个标记的事实还不能证明这是由这个 DAG 表示的公式的可满足性的一个证据。后处理阶段对所有原子标记，并且以自底向上的方式再计算所有其他节点的标记，正如 1.4 节对语法分析树所做的。只有最终标记与计算的相匹配，才找到一个证据。试证明对图 1-13 这种情形成立。

我们可以应用 SAT 求解机来检查一个矢列是否有效。例如，矢列 $p \wedge q \rightarrow r \vdash p \rightarrow q \rightarrow r$ 是有效的当且仅当 $(p \wedge q \rightarrow r) \rightarrow p \rightarrow q \rightarrow r$ 是一个定理(为什么?)当且仅当 $\phi = \neg((p \wedge q \rightarrow r) \rightarrow p \rightarrow q \rightarrow r)$ 不是可满足的。$T(\phi)$ 的 DAG 由图 1-15 给出。注释"1"等表示用哪些节点代表哪些子公式。注意，这样的 DAG 可以通过自底向上的方式应用 T 的转化子句到子公式构建，可应用共享相等的子图。

SAT 求解机可参见图 1-16。求解机包括指定的节点要求满足式(1-9)的标记 T 和 F。这样的矛盾约束推出 DAG 是这个图形的所有公式 $T(\phi)$ 不是可满足的。特别地，所有这样的 ϕ 是不可满足的。这个 SAT 求解机的运行时间关于 $T(\phi)$ 的 DAG 大小是线性的。因为这个大小是 ϕ 的长度的线性函数——转化 T 只导致线性破坏——SAT 求解机的运行时间关于公式长度是线性的。这个线性性质的代价是：线性求解机对形如 $\neg(\phi_1 \wedge \phi_2)$ 的所有公式都失效。

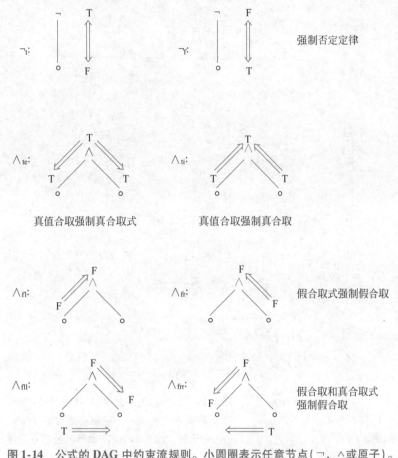

图 1-14　公式的 DAG 中约束流规则。小圆圈表示任意节点（$\neg$，$\wedge$ 或原子）。
注意规则 $\wedge_{\mathrm{fll}}$，$\wedge_{\mathrm{frr}}$ 和 $\wedge_{\mathrm{ti}}$ 要求两个 $\Rightarrow$ 的源约束都出现

1.6.2　三次求解机

在应用线性 SAT 求解机时，看到有两个可能结果：或者发现矛盾约束，即没有由 DAG 表示的公式是可满足的（例如图 1-16）；或者能强加相容约束到所有节点，在这种情况下，所有由这个 DAG 表示的公式都是可满足的，那些约束成为证据（例如图 1-13）。但遗憾的是，还有第三种可能：所有的强加约束彼此都是相容的，但不是所有的节点都被约束。我们已经说明这种情况对形如 $\neg(\phi_1 \wedge \phi_2)$ 的公式会发生。

回忆一下，具有 CNF 形式的公式的有效性检验是很容易的。我们已经指出检验 CNF 的公式的可满足性是很困难的。为了说明这个问题，考虑一个基于 [Pap94] 中例 4.2 的 CNF 公式：

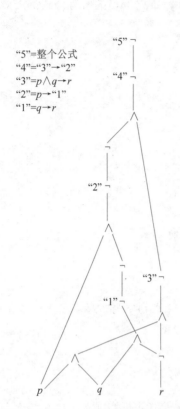

图 1-15   ¬((p ∧ q→r)→p→q→r) 的
DAG。标记"1"等表示哪些节点
代表哪些子公式

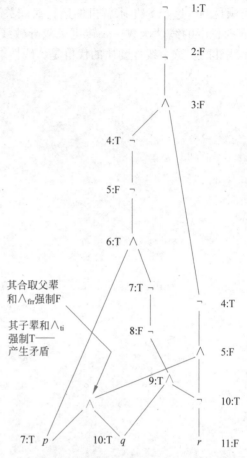

图 1-16   应用到图 1-15 的 DAG 的强制规则，在所示节点
处探测矛盾约束——蕴涵初始约束"1：T"不能实现。
于是，这个 DAG 所表示的公式不是可满足的

$$((p \vee (q \vee r)) \wedge ((p \vee \neg q) \wedge ((q \vee \neg r) \wedge ((r \vee \neg p) \wedge (\neg p \vee (\neg q \vee \neg r))))))$$

$$(1\text{-}11)$$

直观地看，这个公式不是可满足的。式(1-11)的第一和最后子式说明 p、q 和 r 中至少有
一个是假的，有一个是真的。其余的三个合取子式说明 p、q 和 r 都有同样的真值。这个
公式不是可满足的。一个好的 SAT 求解机能发现这一点而不需要任何使用者的干预。不
幸的是，线性 SAT 求解机即不能检查不相容约束也不能计算所有节点的约束。图 1-17 给
出了 $T(\phi)$ 的 DAG 图，其中 ϕ 由式(1-11)给出。并指出 SAT 遇到困难：没有发现不相容
的约束，并且不是所有的节点都得到约束。特别地，没有原子得到一个标记！那么，怎
么改进这种分析呢？我们可以模仿 LEM 的作用来改进 SAT 求解机的精度。对于如图 1-17
带有标记的 DAG，挑选还没有被标记的任何节点 n，然后分别做两个独立的计算来检验节
点 n：

1. 对图 1-17，通过只对 n 增加 T 标记来确定哪些临时标记是被强制的；
2. 对图 1-17，通过只对 n 再一次增加 F 标记来确定哪些临时(temporary)标记是被强制的。

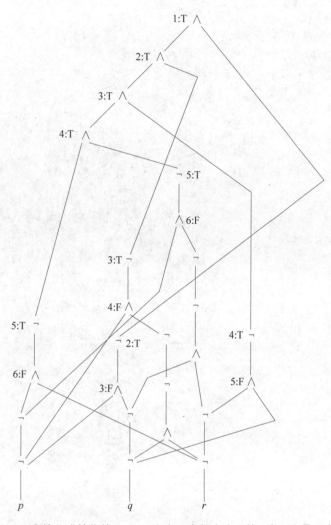

图 1-17　式(1-11)中的公式转化的 DAG，它有一个长度为 4 的∧脊，它是五个子式的合取。
它的线性分析遇到困难：所有的强制约束彼此相容，
但有几个节点，包括所有的原子都是非约束的

如果两种运算都得到矛盾约束，那么算法停止，报告 $T(\phi)$ 是不可满足的。否则，对两种运算都得到同样标记的所有节点接受相同的标记作为永久标记；即用这样共享的标记修正图 1-17 的标记状态。

用同样的方法进一步检验未标记的节点，直到发现矛盾的永久标记，即一个可满足性的完全证据（所有节点都有相容标记），或者用这个方法检验了所有目前尚未标记的节点而没有发现任何共享的标记。只有在后一种情况，我们不知道由 DAG 表示的公式是否可满足的，分析停止。

例 1.49　再看图 1-17，分析遇到了困难。检验一个¬节点，探讨将该节点标记 T 的结果。图 1-18 给出了分析的结果。对偶地，图 1-19 给出了对那个¬节点标记 F 的结果。因为两种运算都给出矛盾，算法终止，因此，式(1-11)给出的公式是不可满足的。

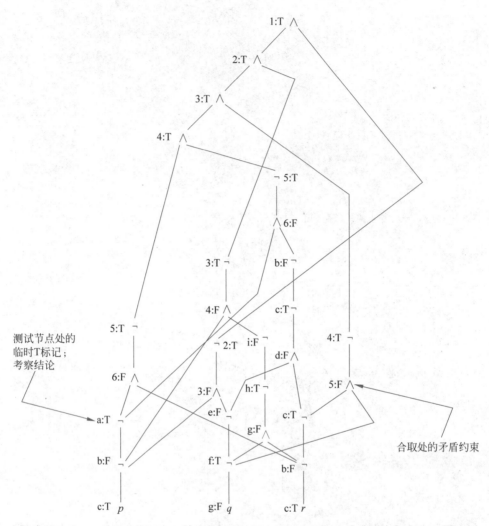

图 1-18 用 T 标记没有被标记的节点，探索由此得到的新的约束。分析说明这个检验标记
导致矛盾约束。使用小写字母"**a :** "等表示临时标记

　　在习题里，要求你证明三次 SAT 求解机的说明是合理的。它的运行时间确实是 DAG 大
小（原来公式的长度）的立方。一个因素由使用在每个检验运算中的线性 SAT 求解机产生。
第二个因素由必须检验每个未标记的节点所引入。因为每个新的永久性标记导致需要再一次
检验所有的未标记节点，这样需要第三个因素。

　　我们有意没有详细说明三次 SAT 求解机，但任何操作或最优化决策需要保证分析的合
理性。如下形式的所有回答：

1. "输入公式不是可满足的"

2. "输入公式在下列赋值下……是可满足的"

必须是正确的。由定义，第三种回答形式"对不起，我不能判断可满足性"是正确的。
我们简要地讨论两个对算法的合理修改，可能导致算法要确定更多的实例。在探讨一个检验
节点上的临时标记的结果后，考虑一个 DAG 的状态。

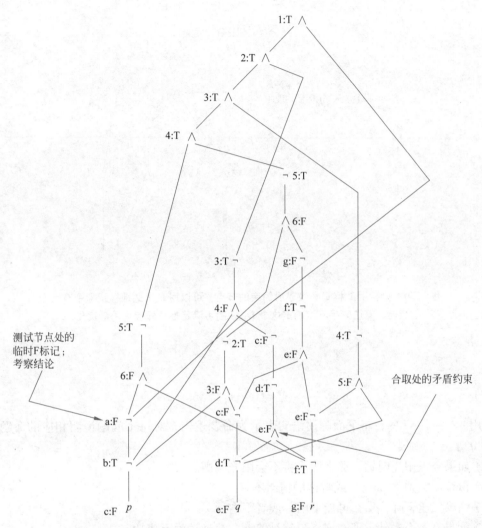

图 1-19　用 F 标记同样的未标记节点，探索由此得到的新的约束。
分析说明这个检验标记也导致矛盾约束

1. 如果状态"永久的加上临时的标记"包含矛盾约束，可以抹去所有的临时标记，用它的检验对偶标记永久地标记检验的节点。即，如果用一个产生矛盾的 v 标记节点 n，那么将得到一个永久标记 $\bar{v}$，其中 $\bar{T} = F$，$\bar{F} = T$；否则

2. 如果状态能用相容约束标记所有的节点，报告这些标记作为可满足性的一个证据，终止算法。

如果这些情况都不能应用，那么可能的话，修改两个检验的共享标记为永久标记。

例 1.50　为了明白这些最优化中的一个可能怎样产生不同，考虑图 1-20 的 DAG。如果我们用 T 检验标记的节点，那么产生矛盾约束。因为任何可满足性证据一定把某个值指派到那个节点，推出它不能是 T。这样，可以永久地指派标记 F 到那个节点。对这个 DAG，这样的一个最优化似乎没有帮助。没有一个未标记节点的检验发现一个共享的标记或一个共享的矛盾。立方 SAT 求解机对这个 DAG 不起作用。

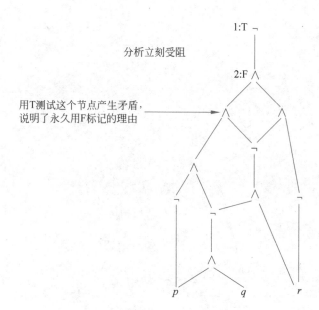

分析立刻受阻

用T测试这个节点产生矛盾，
说明了永久用F标记的理由

图 1-20   检验用 T 标记导致矛盾约束的节点，可以用 F 永久地标记那个节点。
然而，算法似乎不能确定这个 DAG 的可满足性，即使采用最优化

1.7   习题

练习 1.1

1. 使用¬、→、∧和∨，将下面陈述语句表示为命题逻辑，对每个问题说明相应的命题原子 p, q 等。

  *(a) 如果今天阳光明媚，那么明天将不会阳光明媚。

  (b) Robert 嫉妒 Yvonne，或者他的情绪不好。

  (c) 如果气压下降，那么可能下雨，或者下雪。

  *(d) 如果有一个邀请，那么或者最终被答谢，或邀请没有成功。

  (e) 癌症将不能治愈，除非能够找到病因和发现治疗癌症新药。

  (f) 如果利率上升，那么平均价格下降。

  (g) 如果 Smith 安装了中央空调，那么他已经卖了他的车或没有付他的贷款。

  *(h) 今天要么下雨要么阳光明媚，但不会两者都发生。

  *(i) 如果 Dick 昨天遇到了 Jane，他们要么一起喝咖啡，要么到公园里散步。

  (j) 没有鞋，没有衬衣，没有服务。

  (k) 我妹妹要一个黑白花的猫。

2. 下面的命题逻辑公式假设蕴涵约定 1.3 的逻辑联结词绑定优先级性质。试通过重新插入尽可能的括号，说明你完全明白那些约定。例如，对 $p \land q \to r$，因为∧比→有更强的绑定优先级，则将公式改变为 $(p \land q) \to r$。

  *(a) $\neg p \land q \to r$

  (b) $(p \to q) \land \neg (r \lor p \to q)$

  *(c) $(p \to q) \to (r \to s \lor t)$

(d) $p \lor (\neg q \to p \land r)$

*(e) $p \lor q \to \neg p \land r$

(f) $p \lor p \to \neg q$

*(g) 为什么表达式 $p \lor q \land r$ 是有问题的?

练习 1.2

1. 证明下列矢列的有效性:

(a) $(p \land q) \land r, s \land t \vdash q \land s$

(b) $p \land q \vdash q \land p$

*(c) $(p \land q) \land r \vdash p \land (q \land r)$

(d) $p \to (p \to q), p \vdash q$

*(e) $q \to (p \to r), \neg r, q \vdash \neg p$

*(f) $\vdash (p \land q) \to p$

(g) $p \vdash q \to (p \land q)$

*(h) $p \vdash (p \to q) \to q$

*(i) $(p \to r) \land (q \to r) \vdash p \land q \to r$

*(j) $q \to r \vdash (p \to q) \to (p \to r)$

(k) $p \to (q \to r), p \to q \vdash p \to r$

*(l) $p \to q, r \to s \vdash p \lor r \to q \lor s$

(m) $p \lor q \vdash r \to (p \lor q) \land r$

*(n) $(p \lor (q \to p)) \land q \vdash p$

*(o) $p \to q, r \to s \vdash p \land r \to q \land s$

(p) $p \to q \vdash ((p \land q) \to p) \land (p \to (p \land q))$

(q) $\vdash q \to (p \to (p \to (q \to p)))$

*(r) $p \to q \land r \vdash (p \to q) \land (p \to r)$

(s) $(p \to q) \land (p \to r) \vdash p \to q \land r$

(t) $\vdash (p \to q) \to ((r \to s) \to (p \land r \to q \land s))$; 你可以"循环使用"和利用前面习题的证明。

(u) $p \to q \vdash \neg q \to \neg p$

*(v) $p \lor (p \land q) \vdash p$

(w) $r, p \to (r \to q) \vdash p \to (q \land r)$

*(x) $p \to (q \lor r), q \to s, r \to s \vdash p \to s$

*(y) $(p \land q) \lor (p \land r) \vdash p \land (q \lor r)$

2. 对下面的矢列, 证明哪些是有效的, 哪些不是有效的。

*(a) $\neg p \to \neg q \vdash q \to p$

*(b) $\neg p \lor \neg q \vdash \neg (p \land q)$

*(c) $\neg p, p \lor q \vdash q$

*(d) $p \lor q, \neg q \lor r \vdash p \lor r$

*(e) $p \to (q \lor r), \neg q, \neg r \vdash \neg p$ 不使用 MT 规则

*(f) $\neg p \land \neg q \vdash \neg (p \lor q)$

*(g) $p \land \neg p \vdash \neg (r \to q) \land (r \to q)$

(h) $p \rightarrow q$, $s \rightarrow t \vdash p \vee s \rightarrow q \wedge t$

*(i) $\neg(\neg p \vee q) \vdash p$

3. 证明下面矢列的有效性：

(a) $\neg p \rightarrow p \vdash p$

(b) $\neg p \vdash p \rightarrow q$

(c) $p \vee q$, $\neg q \vdash p$

*(d) $\vdash \neg p \rightarrow (p \rightarrow (p \rightarrow q))$

(e) $\neg(p \rightarrow q) \vdash q \rightarrow p$

(f) $p \rightarrow q \vdash \neg p \vee q$

(g) $\vdash \neg p \vee q \rightarrow (p \rightarrow q)$

(h) $p \rightarrow (q \vee r)$, $\neg q$, $\neg r \vdash \neg p$

(i) $(c \wedge n) \rightarrow t$, $h \wedge \neg s$, $h \wedge \neg(s \vee c) \rightarrow p \vdash (n \wedge \neg t) \rightarrow p$

(j) 出现在式(1-2)的两个矢列

(k) $q \vdash (p \wedge q) \vee (\neg p \wedge q)$ 使用 LEM 规则

(l) $\neg(p \wedge q) \vdash \neg p \vee \neg q$

(m) $p \wedge q \rightarrow r \vdash (p \rightarrow r) \vee (q \rightarrow r)$

*(n) $p \wedge q \vdash \neg(\neg p \vee \neg q)$

(o) $\neg(\neg p \vee \neg q) \vdash p \wedge q$

(p) $p \rightarrow q \vdash \neg p \vee q$ 能不使用 LEM 规则吗？

*(q) $\vdash (p \rightarrow q) \vee (q \rightarrow r)$ 使用 LEM 规则

(r) $p \rightarrow q$, $\neg p \rightarrow r$, $\neg q \rightarrow \neg r \vdash q$

(s) $p \rightarrow q$, $r \rightarrow \neg t$, $q \rightarrow r \vdash p \rightarrow \neg t$

(t) $(p \rightarrow q) \rightarrow r$, $s \rightarrow \neg p$, t, $\neg s \wedge t \rightarrow q \vdash r$

(u) $(s \rightarrow p) \vee (t \rightarrow q) \vdash (s \rightarrow q) \vee (t \rightarrow p)$

(v) $(p \wedge q) \rightarrow r$, $r \rightarrow s$, $q \wedge \neg s \vdash \neg p$

4. 解释为什么直觉逻辑学家也反对证明规则 PBC。

5. 证明下面命题逻辑定理：

*(a) $((p \rightarrow q) \rightarrow q) \rightarrow ((q \rightarrow p) \rightarrow p)$

(b) 给定前面的证明，你能对 $((q \rightarrow p) \rightarrow p) \rightarrow ((p \rightarrow q) \rightarrow q)$ 给出一个快速的讨论吗？

(c) $((p \rightarrow q) \wedge (q \rightarrow p)) \rightarrow ((p \vee q) \rightarrow (p \wedge q))$

*(d) $(p \rightarrow q) \rightarrow ((\neg p \rightarrow q) \rightarrow q)$

6. 自然演绎不是命题逻辑中可能有的唯一的形式证明框架。作为缩写，记 Γ 表示任意有限公式矢列 ϕ_1, ϕ_2, $\cdots$, $\phi_n (n \geqslant 0)$。这样，对于一个适当的，也可能是空的 Γ，任意矢列可以写成 $\Gamma \vdash \psi$。在这个题里，我们提出一个不同的证明概念，给出转化有效矢列到有效矢列的规则。例如，如果有一个矢列 Γ, $\phi \vdash \psi$ 的证明，那么应用规则 $\rightarrow$i，得到 $\Gamma \vdash \phi \rightarrow \psi$ 的一个证明。新的方法表示矢列之间的这个推理规则为：

$$\frac{\Gamma, \phi \vdash \psi}{\Gamma \vdash \phi \rightarrow \psi} \rightarrow i$$

规则"假设"写为：

$$\frac{}{\phi \vdash \phi} \quad 假设$$

即前提是空的。称这样的规则为原理。

    （a）用这样的形式表示图 1-2 的其余证明规则。（提示：一些规则可能有不止一个前提。）

    （b）解释为什么在这个新的系统里 $\Gamma \vdash \psi$ 的证明结构为树状结构，其中 $\Gamma \vdash \psi$ 作为根。

    （c）在新的证明系统里，证明 $p \vee (p \wedge q) \vdash p$。

7. 证明 $\sqrt{2}$ 不是有理数。用矛盾法证明：假设 $\sqrt{2}$ 是分数 k/l，k，$l \neq 0$ 是整数。对两边平方，得到 $2 = k^2/l^2$，或者等价地，有 $2\,l^2 = k^2$。可以假设 k 和 l 已经消去了任意 2 的公因数。能说 $2\,l^2$ 有一个不同于 k^2 的因数 2 吗？为什么这是一个矛盾，矛盾在哪里？

8. 有一个对待否定的替换方法。可以从命题逻辑里取消运算符 $\neg$，把 $\phi \rightarrow \bot$ 看成 $\neg \phi$。自然地，这样的逻辑不依赖否定的自然演绎规则。通过用 $\phi \rightarrow \bot$ 代替 $\neg \phi$，能用其余的证明规则模仿规则 $\neg i$，$\neg e$，$\neg \neg e$ 和 $\neg \neg i$ 中的哪些？

9. 引入新的联结词 $\phi \leftrightarrow \psi$ 作为缩写代替 $(\phi \rightarrow \psi) \wedge (\psi \rightarrow \phi)$。对 $\leftrightarrow$ 构建引入和消去规则，如果把 $\phi \leftrightarrow \psi$ 表示为 $(\phi \rightarrow \psi) \wedge (\psi \rightarrow \phi)$，证明它们是导出规则。

练习 1.3

为了容易理解这些习题，假设在通常约定下，绑定优先性质与约定 1.3 一致。

1. 给出下列公式，画出相应的语法分析树：

    （a）p

  *（b）$p \wedge q$

    （c）$p \wedge \neg q \rightarrow \neg p$

  *（d）$p \wedge (\neg q \rightarrow \neg p)$

    （e）$p \rightarrow (\neg q \vee (q \rightarrow p))$

  *（f）$\neg ((\neg q \wedge (p \rightarrow r)) \wedge (r \rightarrow q))$

    （g）$\neg p \vee (p \rightarrow q)$

    （h）$(p \wedge q) \rightarrow (\neg r \vee (q \rightarrow r))$

    （i）$((s \vee (\neg p)) \rightarrow (\neg p))$

    （j）$(s \vee ((\neg p) \rightarrow (\neg p)))$

    （k）$((((s \rightarrow (r \vee l)) \vee ((\neg q) \wedge r)) \rightarrow ((\neg (p \rightarrow s)) \rightarrow r))$

    （l）$(p \rightarrow q) \wedge (\neg r \rightarrow (q \vee (\neg p \wedge r)))$

2. 对下面的每个公式，列出它的所有子式：

  *（a）$p \rightarrow (\neg p \vee (\neg \neg q \rightarrow (p \wedge q)))$

    （b）$(s \rightarrow r \vee l) \vee (\neg q \wedge r) \rightarrow (\neg (p \rightarrow s) \rightarrow r)$

    （c）$(p \rightarrow q) \wedge (\neg r \rightarrow (q \vee (\neg p \wedge r)))$

3. 画出下面命题逻辑公式 ϕ 的语法分析树：

  *（a）一个蕴涵的否定

    （b）两个析取项都是合取的析取

  *（c）合取的合取

4. 对下面每个公式，画出它的语法分析树并列出所有的子式：

  *（a）$\neg (s \rightarrow (\neg (p \rightarrow (q \vee \neg s))))$

    （b）$((p \rightarrow \neg q) \vee (p \wedge r) \rightarrow s) \vee \neg r$

*5. 对于图 1-21 和图 1-22 的语法分析树，给出它们表示的逻辑公式。

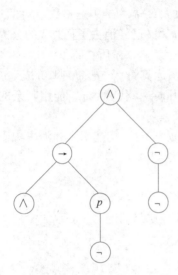

图 1-21　表示非合式公式的树

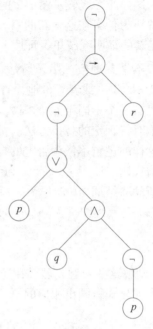

图 1-22　一个否定蕴涵的语法分析树

6. 对于下面的树，给出它们的线性表示，判断它们是否对应于合式公式：
   （a）图 1-10 的树；
   （b）图 1-23 的树。

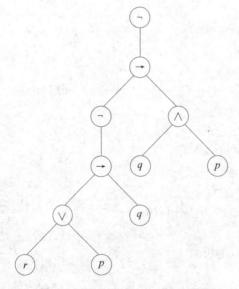

图 1-23　另一个否定蕴涵的语法分析树

*7. 画出下面表示一个非合式公式的语法分析树：
   （a）可以通过添加一棵或几棵子树来得到代表合式公式的树；

(b) 它本质是病态的；即它的任意扩充都不能对应一个合式公式。

8. 通过试画语法分析树来判断下列公式哪些是合式公式：

(a) $p \wedge \neg (p \vee \neg q) \to (r \to s)$

(b) $p \wedge \neg (p \vee q \wedge s) \to (r \to s)$

(c) $p \wedge \neg (p \vee \wedge s) \to (r \to s)$

在上面的病态公式中，有多少可以通过只插入括号的方式来变成合式公式？

练习 1.4

*1. 建立 $\neg p \vee q$ 的真值表，证明它与 $p \to q$ 的真值表一致。（"一致"指真值表中 T 和 F 值对应的列相同。）

2. 计算公式的完全真值表：

*(a) $((p \to q) \to p) \to p$

(b) 用图 1-3 的语法分析树表示的公式。

*(c) $p \vee (\neg (q \wedge (r \to q)))$

(d) $(p \wedge q) \to (p \vee q)$

(e) $((p \to \neg q) \to \neg p) \to q$

(f) $(p \to q) \vee (p \to \neg q)$

(g) $((p \to q) \to p) \to p$

(h) $((p \vee q) \to r) \to ((p \to r) \vee (q \to r))$

(i) $(p \to q) \to (\neg p \to \neg q)$

3. 给定一个赋值和一个公式的语法分析树，计算公式对该赋值的真值（如图 1-7 的自底向上的方式），语法分析树如下：

*(a) 图 1-10 的赋值是 q 和 r 赋值为 T，p 赋值为 F；

(b) 图 1-4，q 赋值为 T，p 和 r 赋值为 F；

(c) 图 1-23，其中 p 是 T，q 是 F，r 是 T；

(d) 图 1-23，其中 p 是 F，q 是 T，r 是 F。

4. 计算公式语法分析树的真值，说明真值表中相应行的值：

*(a) p 赋值为 F，q 赋值为 T，公式是 $p \to (\neg q \vee (q \to p))$

*(b) 公式是 $\neg ((\neg q \wedge (p \to r)) \wedge (r \to q))$，$p$ 赋值为 F，q 赋值为 T，r 赋值为 T。

*5. 一个公式是有效的当且仅当对于它的所有赋值它都赋值为 T；它是可满足的当且仅当至少一个赋值使得它的赋值为 T。图 1-10 的语法分析树的公式是有效的吗？是可满足的吗？

6. 假设 $*$ 是一个新的逻辑关系词，满足 $p * q$ 不成立当且仅当 p 和 q 都是假的，或者都是真的。

(a) 写出 $p * q$ 的真值表。

(b) 写出 $(p * p) * (q * q)$ 的真值表。

(c) (b) 的真值表与图 1-6 的一个表一致吗？如果一致，是哪一个？

(d) 你知道在电路设计中 $*$ 作为逻辑门吗？如果知道，它的名称是什么？

7. 这些习题让你练习使用数学归纳法进行证明。清楚地阐述基本情况和归纳步骤。你也应该指出在哪里应用归纳假设。

（a）对 $n \geq 1$，用数学归纳法证明

$$(2 \cdot 1 - 1) + (2 \cdot 2 - 1) + (2 \cdot 3 - 1) + \cdots + (2 \cdot n - 1) = n^2$$

（b）k 和 l 是自然数。我们说 k 能被 l 整除，如果存在一个自然数 p，使得 $k = p \cdot l$。例如，15 能被 3 整除，因为 $15 = 5 \cdot 3$。使用数学归纳法，证明对自然数 $n \geq 1$，$11^n - 4^n$ 能被 7 整除。

*（c）使用数学归纳法，证明对自然数 $n \geq 1$，

$$1^2 + 2^2 + 3^2 + \cdots + n^2 = \frac{n \cdot (n + 1) \cdot (2n + 1)}{6}$$

*（d）证明对所有 $n \geq 4$ 的自然数，$2^n \geq n + 12$。这里的基本情况是 $n = 4$。命题对任何 $n < 4$ 成立吗？

（e）假设邮局只卖面值为 2 ¢ 和 3 ¢ 的邮票。证明任何 2 ¢ 或更大的邮资都能只使用这些邮票交付。提示：对 n 运用数学归纳法，其中 n ¢ 是邮资。在归纳步骤中考虑两种可能：第一，n ¢ 可以只由 2 ¢ 交付。第二，付 n ¢ 要求至少使用一枚 3 ¢ 邮票。

（f）证明：对于命题逻辑的每个合式公式的前缀，左括号的个数大于等于右括号的个数。

*8. 斐波那契数在建立人口增长模型中是最有用的。对于 $n \geq 2$，定义 $F_1 \overset{\text{def}}{=} 1$，$F_2 \overset{\text{def}}{=} 1$ 和 $F_{n+1} \overset{\text{def}}{=} F_n + F_{n-1}$。因此，$F_3 \overset{\text{def}}{=} F_1 + F_2 = 1 + 1 = 2$ 等。用数学归纳法证明，对 $n \geq 1$，"F_{3n} 是偶数。"注意，这个论断是说序列 F_3，F_6，F_9，$\cdots$ 只由偶数组成。

9. 考虑函数 rank，定义为：

$$\text{rank}(p) \overset{\text{def}}{=} 1$$

$$\text{rank}(\neg \phi) \overset{\text{def}}{=} 1 + \text{rank}(\phi)$$

$$\text{rank}(\phi \circ \psi) \overset{\text{def}}{=} 1 + \max(\text{rank}(\phi), \text{rank}(\psi))$$

其中 p 是任意原子，$\circ \in \{\rightarrow, \vee, \wedge\}$，如果 $n \geq m$，$\max(n, m)$ 是 n，反之为 m。回顾公式的高度概念（定义 1.32）。对 ϕ 的高度使用数学归纳法，证明 $\text{rank}(\phi)$ 不是别的而是所有命题逻辑公式 ϕ 的高度。

*10. 下面是一个说明数学归纳法中为什么需要判断基本情况的例子。考虑论断：

"对所有 $n \geq 1$，　数 $n^2 + 5n + 1$ 是偶数"

（a）证明论断的归纳步骤。

（b）证明基本情况不成立。

（c）证明该论断是错的。

（d）使用数学归纳法证明，对 $n \geq 1$，$n^2 + 5n + 1$ 是奇数。

11. 对定理 1.35 的合理性证明，

（a）解释为什么不能使用数学归纳法，而必须求助于串值归纳法。

（b）给出证明中注明"为什么"的原因。

（c）完成最后应用证明规则的全部情况分析；考察图 1-2 中自然演绎总结，确定哪些情况还没有考虑。需要讨论导出规则吗？

12. 通过在下列公式中找到一个赋值，使得 ⊢ 的左边是 T，而右边是 F 来证明下面的矢列不是有效的：

（a）$\neg p \vee (q \rightarrow p) \vdash \neg p \wedge q$

(b) $\neg r \rightarrow (p \lor q)$, $r \land \neg q \vdash r \rightarrow q$

*(c) $p \rightarrow (q \rightarrow r) \vdash p \rightarrow (r \rightarrow q)$

(d) $\neg p$, $p \lor q \vdash \neg q$

(e) $p \rightarrow (\neg q \lor r)$, $\neg r \vdash \neg q \rightarrow \neg p$

13. 对于下面每个无效矢列，给出自然语言中判断语句的例子，其中原子是 p、q 和 r，使得前提为真，而结论为假。

*(a) $p \lor q \vdash p \land q$

*(b) $\neg p \rightarrow \neg q \vdash \neg q \rightarrow \neg p$

(c) $p \rightarrow q \vdash p \lor q$

(d) $p \rightarrow (q \lor r) \vdash (p \rightarrow q) \land (p \rightarrow r)$

14. 找一个只包含原子 p、q 和 r 的命题逻辑公式 ϕ，只有当 p 和 q 是假的，或 $\neg q \land (p \lor r)$ 是真的时，该公式是真的。

15. 对 n 用数学归纳法，证明定理 $((\phi_1 \land (\phi_2 \land (\cdots \land \phi_n) \cdots)) \rightarrow \psi) \rightarrow (\phi_1 \rightarrow (\phi_2 \rightarrow (\cdots (\phi_n \rightarrow \psi) \cdots))))$。

16. 证明下列需要确保命题逻辑完全性结果的矢列的有效性：

(a) $\phi_1 \land \neg \phi_2 \vdash \neg (\phi_1 \rightarrow \phi_2)$

(b) $\neg \phi_1 \land \neg \phi_2 \vdash \phi_1 \rightarrow \phi_2$

(c) $\neg \phi_1 \land \phi_2 \vdash \phi_1 \rightarrow \phi_2$

(d) $\phi_1 \land \phi_2 \vdash \phi_1 \rightarrow \phi_2$

(e) $\neg \phi_1 \land \phi_2 \vdash \neg (\phi_1 \land \phi_2)$

(f) $\neg \phi_1 \land \neg \phi_2 \vdash \neg (\phi_1 \land \phi_2)$

(g) $\phi_1 \land \neg \phi_2 \vdash \neg (\phi_1 \land \phi_2)$

(h) $\neg \phi_1 \land \neg \phi_2 \vdash \neg (\phi_1 \lor \phi_2)$

(i) $\phi_1 \land \phi_2 \vdash \phi_1 \lor \phi_2$

(j) $\neg \phi_1 \land \phi_2 \vdash \phi_1 \lor \phi_2$

(k) $\phi_1 \land \neg \phi_2 \vdash \phi_1 \lor \phi_2$

17. 对于下面的 ϕ，$\vDash \phi$ 成立吗？证明你的回答。

(a) $(p \rightarrow q) \lor (q \rightarrow r)$

*(b) $((q \rightarrow (p \lor (q \rightarrow p))) \lor \neg (p \rightarrow q)) \rightarrow p$

练习 1.5

1. 证明公式 ϕ 是有效的当且仅当 $\top \equiv \phi$，其中 $\top$ 是 LEM 的实例 $p \lor \neg p$ 的缩写。

2. 下列哪些公式语义等价于 $p \rightarrow (q \lor r)$？

(a) $q \lor (\neg p \lor r)$

*(b) $q \land \neg r \rightarrow p$

(c) $p \land \neg r \rightarrow q$

*(d) $\neg q \land \neg r \rightarrow \neg p$。

3. 一个命题逻辑的完备联结词集是使每个命题逻辑公式都有一个只用该集合中联结词表示的等价公式。例如，集合 $\{\neg, \lor\}$ 是一个命题逻辑的完备联结词集，因为出现的任何 $\land$ 和 $\rightarrow$ 都可以由等价式 $\phi \rightarrow \psi \equiv \neg \phi \lor \psi$ 和 $\phi \land \psi \equiv \neg (\neg \phi \lor \neg \psi)$ 来替换。

(a) 证明 $\{\neg, \wedge\}$、$\{\neg, \rightarrow\}$ 和 $\{\rightarrow, \bot\}$ 是命题逻辑的完备联结词集。(对后者,把 $\bot$ 作为矛盾联结词。

(b) 证明:如果 $C \subseteq \{\neg, \wedge, \vee, \rightarrow, \bot\}$ 是命题逻辑的完备联结词集,那么, $\neg \in C$ 或 $\bot \in C$。(提示:假设 C 既不包含 $\neg$ 也不包含 $\bot$, ϕ 是只由 C 中联结词构建的公式,对每个原子都赋值 T,考虑 ϕ 的真值。)

(c) $\{\leftrightarrow, \neg\}$ 是完备的吗?证明你的回答。

4. 使用合理性和完备性,证明矢列 $\phi_1, \phi_2, \cdots, \phi_n \vdash \psi$ 有一个证明当且仅当 $\phi_1 \rightarrow \phi_2 \rightarrow \cdots \rightarrow \phi_n \rightarrow \psi$ 是重言式。

5. 证明关系 $\equiv$ 是

(a) 自反的: $\phi \equiv \phi$ 对所有的 ϕ 都成立;

(b) 对称的: $\phi \equiv \psi$ 蕴涵 $\psi \equiv \phi$;

(c) 传递的: $\phi \equiv \psi$ 和 $\psi \equiv \eta$ 蕴涵 $\phi \equiv \eta$。

6. 证明:对于 $\equiv$,

(a) $\wedge$ 和 $\vee$ 是幂等的:

    i. $\phi \wedge \phi \equiv \phi$

    ii. $\phi \vee \phi \equiv \phi$

(b) $\wedge$ 和 $\vee$ 是交换的:

    i. $\phi \wedge \psi \equiv \psi \wedge \phi$

    ii. $\phi \vee \psi \equiv \psi \vee \phi$

(c) $\wedge$ 和 $\vee$ 是结合的:

    i. $\phi \wedge (\psi \wedge \eta) \equiv (\phi \wedge \psi) \wedge \eta$

    ii. $\phi \vee (\psi \vee \eta) \equiv (\phi \vee \psi) \vee \eta$

(d) $\wedge$ 和 $\vee$ 是吸收的:

    *i. $\phi \wedge (\phi \vee \eta) \equiv \phi$

    ii. $\phi \vee (\phi \wedge \eta) \equiv \phi$

(e) $\wedge$ 和 $\vee$ 是分配的:

    i. $\phi \wedge (\psi \vee \eta) \equiv (\phi \wedge \psi) \vee (\phi \wedge \eta)$

    *ii. $\phi \vee (\psi \wedge \eta) \equiv (\phi \vee \psi) \wedge (\phi \vee \eta)$

(f) $\equiv$ 满足双重否定: $\phi \equiv \neg\neg\phi$,并且

(g) $\wedge$ 和 $\vee$ 满足德摩根律:

    i. $\neg(\phi \wedge \psi) \equiv \neg\phi \vee \neg\psi$

    *ii. $\neg(\phi \vee \psi) \equiv \neg\phi \wedge \neg\psi$

7. 基于下面的真值表,构建 CNF 形式的公式:

*(a)

p	q	ϕ_1
T	T	F
F	T	F
T	F	F
F	F	T

*(b)

p	q	r	ϕ_2
T	T	T	T
T	T	F	F
T	F	T	F
F	T	T	T
T	F	F	F
F	T	F	F
F	F	T	T
F	F	F	F

(c)

r	s	q	ϕ_3
T	T	T	F
T	T	F	T
T	F	T	F
F	T	T	F
T	F	F	T
F	T	F	F
F	F	T	F
F	F	F	T

*8. 写出递归函数 IMPL_ FREE，要求输入一个命题公式（的语法分析树），输出等价无蕴涵公式。在 case 语句中需要多少子句？回忆定义 1.27。

*9. 计算 $CNF(NNF(IMPL\_ FREE \neg(p \to (\neg(q \wedge (\neg p \to q)))))))$。

10. 对 CNF 形式的公式语法使用结构归纳法证明在调用 DISTR 时，'otherwise'情形的应用当且仅当 η_1 和 η_2 都是式(1-6)的类型 D。

11. 对 ϕ 的高度使用数学归纳法证明调用 $CNF(NNF(IMPL\_ FREE\phi))$ 返回 ϕ 的结合性，如果后者是 CNF 形式的。

12. 为什么函数 CNF 和 DISTR 保持 NNF 不变，为什么这一点是重要的？

13. 对命题逻辑公式 ϕ，调用 $CNF(NNF(IMPL\_ FREE(\phi)))$，解释为什么

   （a）输出总是 CNF 形式的？

   （b）输出语义等价于 ϕ？

   （c）调用总能终止？

14. 证明 1.5.2 节给出的所有算法对任意输入与前置条件相同时总能终止。你能形式化你的论证吗？注意，算法不能对更小的高度公式再次调用自身。例如，调用 $CNF(\phi_1 \vee \phi_2)$ 等于调用 $DISTR(CNF(\phi_1), CNF(\phi_2))$，而 $CNF(\phi_i)$ 可能比 ϕ_i 有更大的高度。为什么这不是一个问题呢？

15. 对下面每个霍恩公式应用算法 HORN：

*(a) $(p \wedge q \wedge w \rightarrow \bot) \wedge (t \rightarrow \bot) \wedge (r \rightarrow p) \wedge (\top \rightarrow r) \wedge (\top \rightarrow q) \wedge (u \rightarrow s) \wedge (\top \rightarrow u)$

(b) $(p \wedge q \wedge w \rightarrow \bot) \wedge (t \rightarrow \bot) \wedge (r \rightarrow p) \wedge (\top \rightarrow r) \wedge (\top \rightarrow q) \wedge (r \wedge u \rightarrow w) \wedge (u \rightarrow s) \wedge (\top \rightarrow u)$

(c) $(p \wedge q \wedge s \rightarrow p) \wedge (q \wedge r \rightarrow p) \wedge (p \wedge s \rightarrow s)$

(d) $(p \wedge q \wedge s \rightarrow \bot) \wedge (q \wedge r \rightarrow p) \wedge (\top \rightarrow s)$

(e) $(p_5 \rightarrow p_{11}) \wedge (p_2 \wedge p_3 \wedge p_5 \rightarrow p_{13}) \wedge (\top \rightarrow p_5) \wedge (p_5 \wedge p_{11} \rightarrow \bot)$

(f) $(\top \rightarrow q) \wedge (\top \rightarrow s) \wedge (w \rightarrow \bot) \wedge (p \wedge q \wedge s \rightarrow \bot) \wedge (v \rightarrow s) \wedge (\top \rightarrow r) \wedge (r \rightarrow p)$

*(g) $(\top \rightarrow q) \wedge (\top \rightarrow s) \wedge (w \rightarrow \top) \wedge (p \wedge q \wedge s \rightarrow v) \wedge (v \rightarrow s) \wedge (\top \rightarrow r) \wedge (r \rightarrow p)$

16. 如果我们改变霍恩公式的概念,即扩充 P 子句为 $P ::= \bot \mid \top \mid p \mid \neg p$ 时,解释为什么 HORN 算法不能正确地运行。

17. 关于霍恩公式的 CNF 你能说什么? 精确地说,为了确保有一个等价的霍恩公式,你能详细说明 CNF 的句法准则吗? 你能非形式地描述从一个表示形式到另一个表示形式的转化程序吗?

练习 1.6

1. 对式(1-3)的 ϕ,使用数学归纳法证明:
   (a) $T(\phi)$ 能由式(1-10)产生,
   (b) $T(\phi)$ 与 ϕ 有相同的赋值集合,
   (c) ϕ 为真的赋值集合与 $T(\phi)$ 为真的赋值集合相同。

*2. 证明图 1-14 的所有规则是合理的:如果所有现在的标记满足式(1-9)不变量,那么这个不变量对由规则导出的约束变成一个增加的标记也成立。

3. 在图 1-16 中,我们探讨了确保矢列 $p \wedge q \rightarrow r \vdash p \rightarrow q \rightarrow r$ 有效性的矛盾。用线性 SAT 求解机使用同样的方法证明矢列 $\vdash (p \rightarrow q) \vee (r \rightarrow p)$ 是有效的。(这很有意思,因为在用自然演绎中,用证明规则 LEM 的聪明选择证明了这个有效性。线性 SAT 求解机不用做任何情况分析。)

*4. 考虑矢列 $p \vee q$,$p \rightarrow r \vdash r$。确定不是可满足的 DAG 当且仅当这个矢列是有效的。用"1:$\top$,"记 DAG 的根节点,对它应用强制律,得到 DAG 的可满足性的一个证据。在某种意义上解释这个证据可以作为 $p \vee q$,$p \rightarrow r \vdash r$ 不是有效的理由。

5. 在某种意义上解释这一章中给出的可以检查公式是否重言式的 SAT 求解技术。

6. 对式(1-10)的 ϕ,能从 $T(\phi)$ 的 DAG 反求 ϕ 吗?

7. 考虑将初始的 DAG 的根节点用"1:F,"标记的修改方法。在这种情况下,
   (a) 强制律还是合理的吗? 如果是,说明不变量。
   (b) 关于 DAG 所代表的公式你能说什么? 如果
      i. 检查矛盾约束。
      ii. 计算每个节点相容强制约束。

8. 给定一个任意的霍恩公式 ϕ,比较把线性 SAT 求解机应用到 $T(\phi)$ 与标记算法应用到 ϕ。讨论两种方法的相同和不同。

9. 考虑图 1-20,证明:
   (a) 它的检验产生矛盾约束。
   (b) 不管是否描述的两个最优化都是成立的,它的三次分析不能判断可满足性。

10. 证明图 1-17 的 DAG 确实是一个获得 $T(\phi)$ 的方法,其中 ϕ 是公式(1-11)。

*11. 一个实现者可能要考虑对三次 SAT 求解机的答案可能依赖检查未标记节点或使用图 1-14 规则的特殊次序。给出半形式化的论证，说明为什么分析结果不依赖这样的次序。

12. 找一个公式 ϕ，使得三次 SAT 求解机不能确定 $T(\phi)$ 的可满足性。

13. 进一步项目：给出 1.6.2 节的三次 SAT 求解机的完全执行方案。应该从键盘或文件读公式；应该假设（分别）满足 $\vee$、$\wedge$ 和 $\to$ 的右结合性；计算 $T(\phi)$ 的 DAG；执行下一个三次 SAT 求解机。还要考虑包括合适的用户输出、诊断和最优化。

14. 证明这一节描述的三次 SAT 求解机：

(a) 对所有句法正确的输入能终止；

(b) 在第一个永久标记后满足不变量式(1-9)；

(c) 对于所有的永久标记保持式(1-9)；

(d) 只计算正确的可满足性证据；

(e) 计算正确的"不可满足的"答复；

(f) 在 1.6.2 节描述的一个节点两个检验运行的处理结果的两个修改下是正确的。

1.8　文献注释

逻辑具有悠久的历史，至少可以追溯到 2000 年前，但本书以及现今每本逻辑教科书讲到的命题逻辑的真值语义是仅在大约 160 年前由 G. Boole［Boo54］发明的。布尔使用符号 + 和 · 代表析取与合取。

自然演绎由 G. Gentzen［Gen69］所发明，并由 D. Prawitz［Pra65］进一步发展。在此之前存在其他的证明系统，值得注意的是引入少量公理以及分离规则（modus ponens）（称为 $\to$ e）的公理系统。证明系统经常引入尽可能少的公理；并且仅对一个完备的联结词集，例如 $\to$ 和 $\neg$。这在实际使用时比较困难。Gentzen 提出处理（由规则 $\to$ i，$\neg$ i 和 $\vee$ e 所使用的）假设并分别处理所有的联结词的思想改进了这种情形。

我们的线性和三次 SAT 求解机是 Stålmarck 方法［SS90］的变化，Stålmarck 的 SAT 求解机具有瑞典和美国的专利。

进一步的历史注解以及其他关于命题逻辑和谓词逻辑的现代书籍可以在第 2 章结尾的文献注释中找到。对算法和数据结构的介绍可参看［Wei98］。

谓 词 逻 辑

2.1 我们需要更丰富的语言

在第 1 章中, 我们从三个不同角度讨论了命题逻辑, 这三个角度分别是: 证明论(自然演义演算)、句法(公式的树状性质)和语义(这些公式的实际含义)。从这三个角度研究命题逻辑是以判断语句, 即关于现实世界论述的每个赋值或模式都能给出真值为出发点的。

我们通过指出命题逻辑在对判断语句编码方面的局限性开始这一章。命题逻辑在处理语句成分中有诸如否、并、或和如果……那么时, 取得了令人满意的结果, 但人类语言比这丰富得多, 我们如何处理如存在……, 所有……, 在……中, 和只有……呢? 命题逻辑有其明显的局限性, 我们需要更精确微妙的谓词逻辑(predicate logic)来表达判断语句, 谓词逻辑也称为一阶逻辑(first-order logic)。

让我们考虑下面的判断语句:

每个学生都比他的某个老师年轻。 (2-1)

在命题逻辑中, 我们将这个论断视为命题原子 p。然而, 它却无法反映本语句更加精确的逻辑结构。这个语句的含义是什么? 它是关于"是一个学生、是一个老师和比某个人更年轻"的论述。这些是它的全部性质, 因此, 我们希望有一个表达逻辑关系及其相关性的机制。

现在我们使用谓词来达到这个目的。例如, 用 $S(andy)$ 表示 $Andy$ 是一个学生, $I(paul)$ 表示 $Paul$ 是一位老师。类似地, 用 $Y(andy, paul)$ 表示 $Andy$ 比 $Paul$ 年轻。符号 S, I 和 Y 称为谓词。当然我们必须清楚它们的含义, 如 Y 也可能表示第二个人比第一个人年轻, 因此我们需要精确地知道这些符号的准确含义。

有了谓词这样的处理工具, 我们依然需要将上述谈及"全部和部分"的语句成分形式化。显然, 这个语句涉及了组成某个学术团体的个体, 如堪萨斯州立大学或伯明翰大学, 这句话的含义是对于这所大学里的每一个学生, 都有大学里的一位老师, 这个学生比这位老师年轻。

这些谓词还不足以让我们表达语句(2-1)的含义。事实上, 我们不想将 $S(\cdot)$ 中的 $\cdot$ 用每个同学的名字替换得到的实例都写出来。类似地, 当我们试图对于某程序的执行编码时, 如果将计算机的每个情况都写下来将是一件非常麻烦的事情。因此, 需要引入变量的概念。变量记为 u, v, w, x, y, z, $\cdots$或 x_1, y_3, u_5, $\cdots$, 我们可以把它们视为实际值(如一个同学或一个程序的状态)的占位符(place holder)。引入变量后, 我们可以更加形式地说明 S、I 和 Y 的含义:

$$S(x):\quad x \text{ 是一个学生}$$
$$I(x):\quad x \text{ 是一位老师}$$
$$Y(x, y):\quad x \text{ 比 } y \text{ 年轻}$$

注意, 变量的名字其实并不重要, 只要在上下文中一致地使用这些变量的名称即可。我

们可以把 I 要表达的含义写作：

$$I(y)：y 是一位老师$$

或等价地写作：

$$I(z)：z 是一位老师$$

变量仅仅是表述对象的占位符。变量的使用依然无法抓住上述例句的本质。我们需要把"每个学生 x 都比某个老师 y 年轻"这样的含义表述出来。这里我们需要引入量词 $\forall$（读作：对所有的）和 $\exists$（读作：存在或对某个），它们总是紧跟变量出现，如 $\forall x$（对所有 x）或 $\exists z$（存在 z 或有 z）。现在我们完全用符号的形式写出上述例句：

$$\forall x\,(S(x) \rightarrow (\exists\,y(I(y) \wedge Y(x,y))))$$

事实上，这种代码只是原句的一种表述。在此例中，将上述形式化语言重新翻译过来即：

> 对任意 x，若 x 是一个学生，则存在某个 y，y 是一位老师，使得 x 比 y 年轻。

不同的谓词可以有不同个数的变量。谓词 S 和 I 只有一个变量（称为一元谓词），而谓词 Y 需要两个变量（称为二元谓词）。在谓词逻辑中，可能出现任意有限个变量的谓词。

下面看另外一个语句例子：

> 不是所有的鸟都可以飞。

对此句我们选择一元谓词 B 和 F，变量表示为

$$B(x)：x 是一只鸟$$
$$F(x)：x 可以飞翔$$

语句"不是所有的鸟都可以飞"可以编码为：

$$\neg(\forall x(B(x) \rightarrow F(x)))$$

其含义是："只要是鸟就可以飞翔，这种情况是不成立的"。换句话说，上句话可以编码为：

$$\exists x(B(x) \wedge \neg F(x))$$

即："存在一个 x，x 是鸟，但不能飞"。注意，第一种表述方法比上句的语言结构更为贴近些。在我们现实生活的世界中，这两个公式都应该赋值为 T，例如企鹅是鸟但不会飞。简言之，我们阐述了这些公式在一般情况下要表达的语义。我们还将解释为什么上述两个公式实际上是语义等价的。

在谓词逻辑中，把句子表达的复杂事实编码为逻辑公式是很重要的，例如在使用 UML 进行软件设计或在安全敏感系统的形式说明中，需要比命题逻辑情形更加谨慎。然而这种翻译一经完成，我们的主要目标就是对那些公式中表达的相关信息进行符号地（$\vdash$）或语义地（$\vDash$）推导。

在 2.3 节中，我们会扩充命题逻辑中的自然演绎演算，使它也能够涵盖谓词逻辑中的逻辑公式。通过这种方式，我们也能像第 1 章一样，类似地证明序列 $\phi_1, \phi_2, \cdots, \phi_n \vdash \psi$ 的有效性。

在 2.4 节中，我们把第 1 章的赋值理论推广到适当的模型概念、现实或人工的世界，在那里谓词公式可以是真的或假的，可以定义语义推导 $\phi_1, \phi_2, \cdots, \phi_n \vDash \psi$。

后者的含义是，在任意给定的模型中，如果 $\phi_1, \phi_2, \cdots, \phi_n$ 成立，则 ψ 在这个模型中也成立。在这种情形下，我们说 ψ 可由 $\phi_1, \phi_2, \cdots, \phi_n$ 语义推导出来（semantically entailed）。

尽管这里语义推导的定义与命题逻辑中的定义 1.34 非常相近，但是在处理谓词（和函数）时，谓词逻辑公式的赋值过程和命题逻辑中的真值计算是不同的。我们将在 2.4 节做详细讨论。

证明谓词逻辑中自然演绎演算对于语义推导的合理性和完备性超出了本书的范围，在这里不做赘述。而事实上对谓词演算的公式来说，有

$$\phi_1, \phi_2, \cdots, \phi_n \vdash \psi \quad 当且仅当 \quad \phi_1, \phi_2, \cdots, \phi_n \vDash \psi$$

这个事实的第一个证明是由数学家 K. Gödel 做出的。

谓词逻辑必须支持怎样的推理呢？为了找到一点感觉，我们考虑下面的论证：

> 没有书是气体的。词典是书。所以没有词典是气体的。

我们选择的谓词是：

$$B(x): x \text{ 是书}$$
$$G(x): x \text{ 是气体的}$$
$$D(x): x \text{ 是词典}$$

很显然，我们需要建立一套证明和语法推导的理论，以便分别推导下面两个公式的有效性：

$$\neg \exists x (B(x) \wedge G(x)), \forall x (D(x) \rightarrow B(x)) \vdash \neg \exists x (D(x) \wedge G(x))$$
$$\neg \exists x (B(x) \wedge G(x)), \forall x (D(x) \rightarrow B(x)) \vDash \neg \exists x (D(x) \wedge G(x))$$

试验证以上符号形式的矢列表达了上面的陈述。谓词逻辑对命题逻辑的扩充不仅表现在量词的引入，而且表现在另一个概念函数符号（function symbol）上。考虑下面的判断句：

> 每个孩子都比其母亲年轻。

用谓词表达为：

$$\forall x \forall y (C(x) \wedge M(y,x) \rightarrow Y(x,y))$$

其中 $C(x)$ 表示 x 是一个小孩，$M(x,y)$ 表示 x 是 y 的母亲，$Y(x,y)$ 表示 x 比 y 年轻（注意，我们用 $M(y,x)$ 表示 y 是 x 的母亲，而不是 $M(x,y)$）。编码后，语句的含义为：对所有的孩子 x 和他们的任意母亲 y，x 比 y 年轻。说"x 的任意一个母亲"不是很文雅，因为我们知道，每一个人有且仅有一个母亲[⊖]。在下面这个例子中，这种不雅在把"母亲"作为一个谓词编码后更加明显，考虑下面的句子：

> Andy 和 Paul 有共同的祖母。

我们用"变量" a 和 p 分别代表 Andy 和 Paul，二元谓词 M 同前，上面的句子编码后得

$$\forall x \forall y \forall u \forall v (M(x,y) \wedge M(y,a) \wedge M(u,v) \wedge M(v,p) \rightarrow x = u)$$

这个公式的含义是：若 y 和 v 分别是 Andy 和 Paul 的母亲，且 x 和 u 又分别是 y 和 v 的母亲（即，分别是 Andy 和 Paul 的祖母），则 x 和 u 是同一个人。注意，这里用到谓词逻辑中的一个特殊谓词相等（记作 =），它是一个二元谓词，也就是说它有两个变量。和其他谓词不同的是，它通常写在变量之间，而不是写在前面；即我们把 x，y 相等写成 $x = y$，而不是 $=(x, y)$。

谓词逻辑中的函数符号给了我们一种能够避免上述拙劣编码的方法，因为我们可以用更直接的方式表示"y 的母亲"。在说明"x 是 y 的母亲"时，我们不写 $M(x, y)$，而用 $m(y)$ 表示 y 的母亲。符号 m 是一个函数符号：它有一个变量，其返回值是这个变量的母亲。使用 m，上面两个句子比使用 M 有更简单的编码：

⊖ 我们假设只讨论生母，不考虑养母、继母等。

$$\forall x(C(x) \rightarrow Y(x, m(x)))$$

它表示每个孩子都比其母亲年轻。注意，只需要一个而不是两个变量。表示 Andy 和 Paul 有同一个祖母，就更简单了，即写作：

$$m(m(a)) = m(m(p))$$

这个表达式非常直接地说明了 Andy 的祖母和 Paul 的祖母是同一个人。

我们可以不用函数符号，而使用谓词符号。然而，使用函数符号通常是更经济的，因为我们得到了更简洁的编码。不过函数符号仅用于表达一个单独对象的情形。在上述表述中所依据的事实是：每个人只能有唯一的母亲，所以当我们谈及 x 的母亲时不会有任何歧义的危险（例如 x 没有母亲或有两个母亲）。基于此，我们不能用函数符号 $b(\cdot)$ 表示"兄弟"。用函数符号 $b(x)$ 表示 x 的兄弟是没有意义的，因为 x 可能没有兄弟也可能有若干个兄弟。因此"兄弟"只能用二元谓词编码。

为了进一步举例说明这一点，我们看：若 Mary 有几个兄弟，则论断"Ann 喜欢 Mary 的兄弟"的语义就很模糊了。有可能 Ann 喜欢 Mary 的一个兄弟，我们将其写为：

$$\exists x(B(x, m) \wedge L(a, x))$$

其中 B 和 L 分别表示"是兄弟"和"喜欢"，a 和 m 分别表示 Ann 和 Mary。此句的含义是，存在 Mary 的兄弟 x，Ann 喜欢 x。另外，若 Ann 喜欢 Mary 所有的兄弟，则写为：

$$\forall x(B(x, m) \rightarrow L(a, x))$$

其含义是 Ann 喜欢 Mary 的任意兄弟 x。形如"你最年轻的兄弟"这样的"函数"未必总有返回值，需要谓词表达式。

不同的函数符号可以有不同个数的自变量。当然函数也可以没有自变量，称为常量：上述的 a 和 p 分别是关于 Andy 和 Paul 的常量。在涉及学生以及他们在不同课程取得的分数这样的域中，可以使用具有两个自变量的二元函数符号 $g(\cdot, \cdot)$：$g(x, y)$ 指的是学生 x 在课程 y 取得的分数。

2.2 作为形式语言的谓词逻辑

前一节的讨论旨在给我们一个印象，即如何将一个语句编码为谓词逻辑的公式。本节中，我们将更加精确地给出构成谓词逻辑公式的语法规则。由于谓词逻辑的强大表达能力，它的语言比命题逻辑复杂得多。

首先需要注意，在谓词逻辑公式中涉及两种事物。第一种是我们谈及的对象：诸如 a 和 p（指 Andy 和 Paul）这样的个体，以及像 x 和 v 的变量。函数符号也是我们谈及对象的一种方式：例如 $m(a)$ 和 $g(x, y)$ 也是对象。在谓词逻辑中，用来表示对象的表达式称为项（term）。

谓词逻辑中的另一种是表示真值，这类表达式是公式：例如 $Y(x, m(x))$ 是公式，尽管 x、$m(x)$ 都是项。

谓词词汇由三个集合构成：谓词符号集 $\mathcal{P}$，函数符号集 $\mathcal{F}$ 和常值符号集 $\mathcal{C}$。每个谓词符号和函数符号都是一元的，即谓词符号和函数符号所需要的变量个数。事实上，常值符号可以视为没有任何变量的函数符号（我们甚至去掉表示变量的括号）。因此，常值与必须有变量的"真正"函数一起均属于集合 $\mathcal{F}$。为方便起见，从现在起，我们丢弃常值符号集 $\mathcal{C}$，将常值看作零元，即零元（nullary）函数。

2.2.1 项

语言的项由变量、常值符号以及作用于其上的函数构成。函数可以嵌套，如 $m(m(x))$ 或 $g(m(a), c)$：表示 Andy 的母亲在课程 c 取得的分数。

定义 2.1 项定义如下：

- 任何变量都是项。
- 若 $c \in \mathcal{F}$ 是零元函数，则 c 是项。
- 若 $t_1, t_2, \cdots, t_n$ 是项，且 $f \in \mathcal{F}$ 的元 $n > 0$，则 $f(t_1, t_2, \cdots, t_n)$ 是项。
- 没有其他形式的项。

用 Backus Naur 范式，可以写：

$$t ::= x \mid c \mid f(t, \cdots, t)$$

其中 x 取遍一个变量的集合 **var**，c 取遍 $\mathcal{F}$ 中的零元函数符号，f 取遍 $\mathcal{F}$ 中的元 $n > 0$ 的符号。

值得关注的一些要点：

- 项的第一批构建块内容是常量(零元函数)和变量；
- 更复杂的项是由以前构造好的项与其元数相匹配数目的函数符号得到的；
- 项的概念依赖于集合 $\mathcal{F}$。如果改变了 $\mathcal{F}$，就改变了项的集合。

例 2.2 假设 n，f 和 g 分别是零元、一元和二元函数符号，则 $g(f(n), n)$ 和 $f(g(n, f(n)))$ 是项，但 $g(n)$ 和 $f(f(n), n)$ 不是(与其元数不符)。假设 $0, 1, \cdots$ 是零元函数，s 是一元函数，$+$、$-$ 和 $*$ 是二元函数，则 $*-(2, +(s(x), y)), x)$ 是项，它的语法分析树如图 2-14 所示。通常情况下，二元符号以中缀而非前缀形式出现。因此该项一般写为 $(2 - (s(x) + y)) * x$。

2.2.2 公式

谓词集 $\mathcal{P}$ 和函数符号集 $\mathcal{F}$ 的选择分别由我们想描述的内容决定。例如，如果要处理一个关于家族之间关系的数据库，可以考虑 $\mathcal{P} = \{M, F, S, D\}$，它们分别表示是男性，是女性，是……的儿子，是……的女儿。自然地，F 和 M 是一元谓词(只有一个变量)，而 D 和 S 是二元谓词(有两个变量)。类似地，可以定义函数集合 $\mathcal{F} = \{$是……的母亲，是……的父亲$\}$。

现在我们已经知道 $\mathcal{F}$ 上项的含义。有了这些知识，就可以定义谓词逻辑公式了。

定义 2.3 应用前面定义的 $\mathcal{F}$ 上项的集合，递归地定义 $(\mathcal{F}, \mathcal{P})$ 上的公式集如下：

- 若 $P \in \mathcal{P}$ 是 $n \geq 1$ 元的谓词符号，$t_1, t_2, \cdots, t_n$ 是 $\mathcal{F}$ 上的项，则 $P(t_1, t_2, \cdots, t_n)$ 是公式。
- 若 ϕ 是公式，则 $(\neg \phi)$ 也是公式。
- 若 ϕ 和 ψ 是公式，则 $(\phi \wedge \psi)$、$(\phi \vee \psi)$ 和 $(\phi \rightarrow \psi)$ 也是公式。
- 若 ϕ 是公式，x 是变量，则 $(\forall x \phi)$ 和 $(\exists x \phi)$ 也是公式。
- 没有其他形式的公式。

注意，谓词的变量总是项。这一点在谓词逻辑的 BNF 范式中也已看到：

$$\phi ::= P(t_1, t_2, \cdots, t_n) \mid (\neg \phi) \mid (\phi \wedge \phi) \mid (\phi \vee \phi) \mid (\phi \rightarrow \phi) \mid (\forall x \phi) \mid (\exists x \phi) \quad (2\text{-}2)$$

其中 $p \in \mathcal{P}$ 是 $n \geq 1$ 元的谓词符号，t_i 是 $\mathcal{F}$ 上的项，x 是变量。在 $::=$ 的右边，ϕ 的每次出现都表示由上述规则构造出来的任意公式。(零元谓词符号的作用是什么？)

约定 2.4 为方便起见，我们保留与约定 1.3 一致的绑定优先级，并增加约定：$\forall y$ 与 $\exists y$ 与 $\neg$ 有相同的绑定优先级。因此，优先顺序为：

- $\neg$、$\forall y$ 和 $\exists y$ 绑定优先级最高；

- 其次为∨和∧；
- 然后是→，它是右结合的。

只要不致引起歧义，我们经常省去关于量词的括号。

谓词逻辑公式可以用语法分析树表示。例如，图2-1的语法分析树表示公式 $\forall x((P(x)\to Q(x))\wedge S(x,y))$。

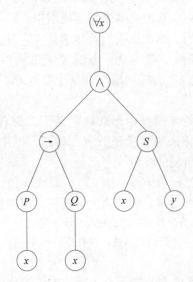

图 2-1　一个谓词逻辑公式的语法分析树

例2.5　将下面语句翻译成谓词逻辑公式：

我父亲的每个儿子都是我的兄弟。

和以前一样，需要选择把"父亲"表示成一个谓词还是一个函数符号。

1. 作为一个谓词。选择常量 m 表示"我"，因此，m 是项，进而选择谓词集 $\{S,F,B\}$，其中

$S(x,y)$：x 是 y 的儿子
$F(x,y)$：x 是 y 的父亲
$B(x,y)$：x 是 y 的兄弟

上述句子符号编码后得

$$\forall x\forall y(F(x,m)\wedge S(y,x)\to B(y,m))\qquad(2\text{-}3)$$

它的含义是："对所有 x 和 y，若 x 是 m 的父亲，y 是 x 的儿子，则 y 是 m 的兄弟。"

2. 作为一个函数。保持 m、S 和 B 与上面一致，用 f 表示一个变量的函数，返回值是该变量的父亲。注意，这样做是因为父亲存在且唯一，所以 f 确实是一个函数，而不仅仅是一个关系。

上述语句经符号编码后得

$$\forall x(S(x,f(m))\to B(x,m))\qquad(2\text{-}4)$$

它的含义是：对所有的 x，若 x 是 m 的父亲的儿子，则 x 是 m 的兄弟。因为它只涉及一个量词，所以没有式(2-3)那么复杂。

形式规约需要领域的特定知识(domain-specific knowledge)。领域专家们经常不能将这类知识明确化，因此领域专家可能会忽略一些对模型或实现来讲非常重要的约束条件。例如，式(2-3)和式(2-4)看上去是正确的，但当 x 和 m 的值相等怎么办？如果血缘关系领域的知识并非常识，那么专家可能不会意识到一个人不能是他自己的兄弟。于是，式(2-3)和式(2-4)并非完全正确！

2.2.3 自由变量和约束变量

变量和量词的引入使我们可以表达所有和某些的含义。直观地说，为证明 $\forall x Q(x)$ 为真，相当于将 x 用任何可能的取值来代替，检测 Q 对每一个这样的代入均成立。公式为"真"包含两层重要的、但不同的意义。首先，如果对涉及的所有谓词和函数符号赋以具体含义，则我们有一个模型，并可以检测在这个特定模型中公式是否为真。例如，若一个公式是一个硬件线路要求的行为编码，那么，我们要知道是否它对线路模型是真的。其次，有时人们需要保证某个公式对所有模型都为真。考虑关于常量 c 的公式 $P(c) \wedge \forall y(P(y) \rightarrow Q(y)) \rightarrow Q(c)$。显然，无论考虑什么样的模型，这个公式都应该是真的。公式为真的第二层含义是 2.3 节讨论的内容。

遗憾的是，如果要在一个特定模型中形式地定义公式为真，则更为复杂。在理想情况下，我们寻求一个定义，可以用来编写验证公式在特定模型中是否成立的计算机程序。首先，我们需要理解以不同方式出现的变量。考虑公式：

$$\forall x((P(x) \rightarrow Q(x)) \wedge S(x, y))$$

与命题公式的情形一样，画出该公式的语法分析树，但需要增加两类节点：

- 量词 $\forall x$ 和 $\exists y$ 形成节点，而且和否定一样，只有一棵子树。
- 对一般形如 $P(t_1, t_2, \cdots, t_n)$ 的谓词表达式，以符号 P 作为一个节点，但现在 P 有 n 棵子树，即项 $t_1, t_2, \cdots, t_n$ 的语法分析树。

因此，在上面的特殊情况下，存在如图 2-1 所示的语法分析树。可以发现变量出现在两种不同的位置：第一，在像 $\forall x$ 和 $\exists z$ 的节点中，总出现在量词 $\forall$ 和 $\exists$ 后面；这样的节点总是只有一棵子树，它包含了对应量词的作用范围。

变量出现的另一种方式是包含变量的叶节点。若变量是叶节点，则它们代表仍旧需要具体化的值。这主要有两种形式：

1. 在图 2-1 所示的例子中，有三个叶节点 x。如果从叶节点 x 的任意一个出发向上遍历，都会遇到量词 $\forall x$。这意味着 x 的出现实际上受到了 $\forall x$ 的约束，因此，它们表示或代表了 x 的任意可能值。

2. 在向上遍历的过程中，叶节点 y 所遇到的唯一量词是 $\forall x$，但是 x 和 y 没有任何关系；x 和 y 是两个不同的占位符。所以在这个公式里，y 是自由的。这意味着它的值需要一些附加信息才能确定。例如，内存位置上的内容。

定义 2.6 设 ϕ 是谓词逻辑中的公式。称 x 在 ϕ 中的一次出现是自由的，如果 x 是 ϕ 的语法分析树中的一个叶节点，而且不存在从节点 x 到 $\forall x$ 或 $\exists x$ 的向上路径。否则，称 x 的出现是约束的。对 $\forall x \phi$ 或 $\exists x \phi$，我们称除去 ϕ 的任何形如 $\forall x \psi$ 或 $\exists x \psi$ 的子公式的 ϕ 分别是 $\forall x$ 或 $\exists x$ 的作用范围。

这样，如果 x 出现在公式 ϕ 中，当且仅当 x 在某个 $\forall x$ 或 $\exists x$ 的作用范围内它是约束的，否则是自由的。从语法分析树角度看，量词的作用范围只是量词的一棵子树减去任何重复引入 x 的量词的子树。例如，$\forall x$ 在公式 $\forall x(P(x) \rightarrow \exists x Q(x))$ 的作用范围是 $P(x)$。一个变量在公式中的出现可能既是自由的，也是受约束的。考虑公式：

$$(\forall x(P(x) \wedge Q(x))) \rightarrow (\neg P(x) \vee Q(y))$$

它的语法分析树如图 2-2 所示。在 $\forall x$ 的子树中两个 x 叶节点是约束出现的，因为它们在 $\forall x$ 的作用范围内，但在 $\rightarrow$ 的右子树中，叶节点 x 是自由出现的，因为这里的 x 不在任何量词 $\forall x$ 或 $\exists x$ 的作用范围内。然而，注意单个叶节点要么在某量词的作用范围内，要么不在。

因此变量的单个出现或者是自由的，或者是受约束的，不可能同时是自由的又是受约束的。

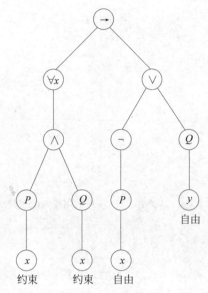

图 2-2　一个谓词逻辑公式的语法分析树，说明变量的自由出现和约束出现

2.2.4　代换

变量只是占位符，所以我们必须用更具体的信息替代它，使其具有某种含义。从语法角度来讲，我们经常需要用一个完全项 t 的语法分析树去代换叶节点 x。由公式的定义，对 x 的代换只能是项，不会是谓词表达式，或更复杂的公式，因为 x 只是谓词符号的项（作为谓词符号的变量出现），而在语法分析树中，谓词比变量高一个级别（见定义 2.1 和式（2-2）中的语法）。在用 t 代换 x 时，必须避开那些受约束的变量 x，因为它们处在某个 $\forall x$ 或 $\exists x$ 的作用范围之内，分别表示某些非特指的或所有的值。

定义 2.7　给定变量 x、项 t 和公式 ϕ，定义 $\phi[t/x]$ 为用 t 代替 ϕ 中变量 x 的每个自由出现而得到的公式。

通过一些例子很容易理解变量代换。设 f 是二元函数符号，ϕ 是如图 2-1 所示语法分析树的公式。则 $f(x, y)$ 是项，而 $\phi[f(x, y)/x]$ 依然是 ϕ。这个结果是正确的，因为 ϕ 中所有 x 的出现都是约束的，因此它们当中没有一个被代换。

现在考虑图 2-2 的语法分析树的公式 ϕ。此时，ϕ 中的 x 有一个自由出现，所以用 $f(x, y)$ 的语法分析树代换那个自由叶节点 x，得到图 2-3 所示的语法分析树。注意，受约束的 x 叶节点在这个操作中并没有受到影响。你可以看到代换过程是直接的，但要求代换只能作用到自由出现的变量。

关于记号的解释：$\phi[t/x]$ 实际意味着对 ϕ 实施运算 $[t/x]$ 所得到的公式。严格来讲，符号链 $\phi[t/x]$ 并不是一个逻辑公式，如果 ϕ 首先是公式，那么，其结果是一个公式。

遗憾的是，变量代换也会产生意料之外的副作用。在实施代换 $\phi[t/x]$ 的过程中，项 t 可能包含变量 y，其中 x 在 ϕ 中的自由出现处于 ϕ 中 $\forall y$ 或 $\exists y$ 的作用范围内。执行代换 $\phi[t/x]$ 后，可能已经被具体的上下文限定 y 值，落入 $\forall y$ 或 $\exists y$ 的作用范围。这种约束忽略了上下文对 y 具体值的指定，因为 y 将表示"某些非特指的"或"所有的"。这种预料之外的变量捕捉是无论如何要避免的。

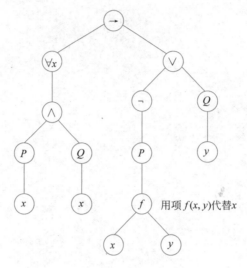

用项 $f(x, y)$ 代替 x

图 2-3   代换之后的公式语法分析树

定义 2.8   给定项 t、变量 x 和公式 ϕ，说 t 关于 ϕ 中的 x 是自由的，如果对出现在 t 中的任何变量 y，ϕ 中没有自由的叶节点 x 处于 $\forall y$ 或 $\exists y$ 的作用范围之内。

这个定义有些令人费解。让我们从语法分析树的角度去考虑它。给定 ϕ 和 t 的语法分析树，对 ϕ 实施代换 $[t/x]$ 得到公式 $\phi[t/x]$。在后者的语法分析树中，原来 ϕ 中所有自由出现的叶节点 x 均被 t 的语法分析树所取代。"t 对 ϕ 中 x 是自由的"意味着：在把 t 的语法分析树中的变量叶节点置入具有更大语法分析树的 $\phi[t/x]$ 中时，此变量并未受约束。例如，考虑图 2-3 中的 x、t 和 ϕ，则 t 对 ϕ 中的 x 是自由的，因为 t 的新叶节点 x 和 y 均不在涉及变量 x 或 y 的任何量词的作用范围之内。

例 2.9   考虑如图 2-4 所示的语法分析树的公式 ϕ，并令 t 是 $f(y, y)$。x 在 ϕ 中的两次出现全部是自由的。出现在最左端的 x 可以被代换，因为它不在任何量词的作用范围之内；但代换最右端的叶节点 x 会引入一个 t 中的新变量 y，它被 $\forall y$ 所约束。因此 $f(y, y)$ 对 ϕ 中的 x 不是自由的。

在这个公式中，
项 $f(y, y)$ 关于
x 不是自由的

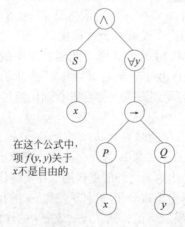

图 2-4   有可怕代换结果的一棵语法分析树

如果 x 在 ϕ 中没有自由出现会如何呢？考察"t 对 ϕ 中的 x 是自由的"定义。我们看到，在这种情况下，每项 t 在 ϕ 中对 x 都是自由的，因为没有自由变量 x 处于 ϕ 的语法分析树中的某个量词的作用范围之内，所以在实施代换 $\phi[t/x]$ 时，变量捕捉的麻烦情况不会出现。当然，在这种情况下，$\phi[t/x]$ 还是 ϕ。

将"t 对 ϕ 中 x 是自由的"与调用代换过程需要的前置条件做比较是有帮助的。若在习题或考试中要求计算 $\phi[t/x]$，直接计算就可以了；但是在一个定理证明器中所使用的代换的合理实现必须检查 t 对 ϕ 中 x 是否自由的。如果不是，需要用新名称对某些变量进行重命名，以避免不想要的变量捕捉。

2.3 谓词逻辑的证明论

2.3.1 自然演绎规则

谓词逻辑中自然演绎演算的证明同第 1 章命题逻辑是相似的，除此之外，还需要增加新的规则，用于处理量词和相等符号。严格来讲，我们对原先命题连接词 ∨ 和 ∧ 等的证明规则加载。简单地说，第 1 章的证明规则对谓词逻辑中的逻辑公式依然有效（我们最初定义过命题逻辑中逻辑公式的证明规则）。与在命题逻辑中的自然演绎规则一样，对量词和相等的附加规则会以两种形式出现：引入规则和消去规则。

相等的证明规则　首先阐述相等的证明规则。这里相等不是语义或内在的相等，而是计算结果的相等。在这种意义下，任何项 t 必然和它本身相等。这表述为相等的引入规则：

$$\frac{}{t = t} = \mathrm{i} \tag{2-5}$$

这是一个公理（因为它不需要任何前提）。注意，仅当 t 为项时，这个规则才会被引用，我们的语言不允许讨论公式间的相等。

显而易见，这个规则是合理的，但它本身并不十分有用。我们需要一个可以反复做相等代换的规则。例如，因为 $y*(w+2)$ 等于 $y*w+y*2$，那么 $z \geq y*(w+2)$ 可以推出 $z \geq y*w+y*2$，反之亦然。可以将这种代换表示为规则 $=\mathrm{e}$：

$$\frac{t_1 = t_2 \quad \phi[t_1/x]}{\phi[t_2/x]} = \mathrm{e}$$

注意，无论何时引用规则 $=\mathrm{e}$，都要求 t_1 和 t_2 对 ϕ 中的 x 是自由的。这是证明规则辅助条件（side condition）的一个例子。

约定 2.10　在这一节中，写形如 $\phi[t/x]$ 的代换时，假定 t 对 ϕ 中 x 是自由的。如在上一节看到的，没有此条件，代换是没有意义的。

我们得到证明

1	$(x+1) = (1+x)$	前提
2	$(x+1 > 1) \rightarrow (x+1 > 0)$	前提
3	$(1+x > 1) \rightarrow (1+x > 0)$	$=\mathrm{e}1,2$

确定了下列矢列的有效性：

$$x+1 = 1+x, \quad (x+1 > 1) \rightarrow (x+1 > 0) \vdash (1+x) > 1 \rightarrow (1+x) > 0$$

在这个特殊证明中，t_1 是 $(x+1)$，t_2 是 $(1+x)$，ϕ 是 $(x>1) \rightarrow (x>0)$。我们使用了名 $=\mathrm{e}$，因为它反映出此规则对数据的作用：通过把 $\phi[t_1/x]$ 中所有的 t_1 用 t_2 代换，消去 $t_1 = t_2$ 中的

等号。这是一个合理的代换规则，因为假设 t_1 和 t_2 相等，保证 $\phi[t_1/x]$ 和 $\phi[t_2/x]$ 的逻辑含义相匹配。

在规则 =e 的意义下，代换原理的作用是很强大的。与规则 =i 结合起来，允许我们证明矢列

$$t_1 = t_2 \vdash t_2 = t_1 \tag{2-6}$$

$$t_1 = t_2, \quad t_2 = t_3 \vdash t_1 = t_3 \tag{2-7}$$

式 (2-6) 的一个证明如下：

$$
\begin{array}{llll}
1 & t_1 = t_2 & \text{前提} \\
2 & t_1 = t_1 & = \text{i} \\
3 & t_2 = t_1 & = \text{e1,2}
\end{array}
$$

其中 ϕ 是 $x = t_1$。式 (2-7) 的证明为：

$$
\begin{array}{llll}
1 & t_2 = t_3 & \text{前提} \\
2 & t_1 = t_2 & \text{前提} \\
3 & t_1 = t_3 & = \text{e1,2}
\end{array}
$$

其中 ϕ 是 $t_1 = x$，因此，在第 2 行有 $\phi[t_2/x]$，将规则 =e 应用到第 1 行与第 2 行得到第 3 行 $\phi[t_3/x]$。注意，我们用几种不同的方式应用规则 =e。

对规则 =i 和 =e 的讨论说明相等具有自反性（reflexive）[式 (2-5)]，对称性（symmetric）[式 (2-6)] 和传递性（transitive）[式 (2-7)]。这些都是作为任何合理的（广义）相等概念的起码和必要要求。对相等的讨论先告一段落，下面接着讨论量词的证明规则。

全称量词的证明规则 ∀ 的消去规则如下：

$$\frac{\forall x \phi}{\phi[t/x]} \,\forall xe$$

它的含义是：若 $\forall x \phi$ 是真的，可以将 ϕ 中的 x 用任何项 t 去代替（辅助条件已知如常，t 关于 ϕ 中的 x 是自由的），并且可以得出 $\phi[t/x]$ 也是真的。此规则直观上的合理性是不言而喻的。

回忆一下，$\phi[t/x]$ 是通过把 ϕ 中所有自由出现的 x 用 t 代换得到的。可以将 t 视为 x 的一个更为具体的实例（instance）。因为我们假定了 ϕ 对所有 x 的取值都是真的，则 ϕ 对于任何项 t 的情形也应该是真的。

例 2.11 为了说明 t 对 ϕ 中的 x 是自由的这一条件的必要性，考虑情形：ϕ 是 $\exists y(x < y)$，用来代换 x 的项是 y。假设用"小于"关系研究关于数的推理。则 $\forall x \phi$ 的含义是，对所有的数 n，必然存在某个比 n 大的数 m，这个论断对自然数和实数都是正确的。然而，$\phi[y/x]$ 是公式 $\exists y(y < y)$，意味着一个数比它本身大。这是不正确的。我们不能有这样的证明规则，它能从语义正确的内容推导出语义错误的内容。显然，错误的原因是：在代换过程中，y 变成了受约束的变量；y 对 ϕ 中的 x 不是自由的。因此，在由 $\forall x \phi$ 到 $\phi[t/x]$ 的过程中，必须加辅助条件，即 t 对 ϕ 中的 x 是自由的：对 y，使用一个新变量来改变 ϕ，例如，$\exists z(x < z)$，然后对公式应用 $[y/x]$，得到公式 $\exists z[y < z]$。

规则 $\forall xi$ 更复杂些。它和命题逻辑中已经看到的自然演绎类似，使用证明框，所不同的是这次是用来规定"哑变量" x_0 的作用范围，而不是假设的作用范围。规则 $\forall xi$ 写作：

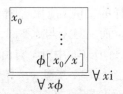

它的含义是：如果从一个"新"变量 x_0 开始，能证明带有 x_0 的公式 $\phi[x_0/x]$，则可以推导出 $\forall x\phi$（因为 x_0 是新变量）。很重要的一点是 x_0 是新变量，这个新变量不能在框外的任何地方出现；我们将它视为任意项。因为对 x_0 没有任何约束，在它的位置上可以是任何内容，因此结论为 $\forall x\phi$。

我们需要花些时间来理解这个规则，因为这个规则看起来似乎是从 ϕ 的特殊情况得到一般情况 $\forall x\phi$。x_0 不出现在框外的任何地方的辅助条件使得我们能够实现这个过渡（从特殊到一般——译者注）。

为了理解这一点，考虑下面的推理。如果想证明可以通过挤压的方式将手中的乒乓球压扁，你可以说："给我一个乒乓球，我会将它压扁"，然后，给你一个乒乓球，你压扁它。但是，怎么才可以使我们相信你可以通过这种方式把任何一个乒乓球压扁呢？当然，不可能把所有的乒乓球都给你，又如何确信你可以压扁呢？好的，现在假设你压扁的那个乒乓球是一个任意的或"随机"的，即它一点也不特殊，就像你事先"准备好的"球；这足以使我们相信你可以通过这种方式把任何一个乒乓球压扁！我们的规则是说，如果你可以证明对没有任何特殊性的 x_0，ϕ 是真的，那么你能够证明，对任意的 x，ϕ 是真的。

换个角度考虑，只有在没有一个假设包含 x 作为自由变量的方式得到 ϕ，那么，从 ϕ 到 $\forall x\phi$ 的证明步骤才是合法的。任何以 x 为自由出现的假设均对这样的 x 加了约束。例如，假设 $\mathrm{bird}(x)$ 将 x 约束到了"鸟的领域范围之内"，这样我们用此公式所能证明关于 x 的所有内容，只能是约束到鸟类的一个陈述论断，而不是我们可能想到的其他内容。

现在看一个例子，说明这些证明规则。这是一个对矢列 $\forall x(P(x)\rightarrow Q(x))$，$\forall xP(x)\vdash \forall xQ(x)$ 的证明：

1	$\forall x(P(x)\rightarrow Q(x))$	前提
2	$\forall x\,P(x)$	前提
3	$x_0\quad P(x_0)\rightarrow Q(x_0)$	$\forall x$ e1
4	$P(x_0)$	$\forall x$ e2
5	$Q(x_0)$	$\rightarrow$e 3, 4
6	$\forall x\,Q(x)$	$\forall x$ i 3-5

这个证明的结构基于结论是一个含 $\forall$ 的公式这一事实。为了得到结论，我们需要使用 $\forall xi$，因此，我们构建一个矩形框来控制 x_0 的作用范围。其余的工作是很机械的：通过证明 $Q(x_0)$ 来证明 $\forall xQ(x)$。为了证明后者，只须证明 $P(x_0)$ 和 $P(x_0)\rightarrow Q(x_0)$，而它们本身就是前提的实例（由对项 x_0 使用 $\forall xe$ 规则得到）。注意，我们将哑变量名写在了它作用范围框的第一行证明的左端。

下面是一个仅使用 $\forall xe$ 的简单例子：证明对任意项 t，矢列 $P(t)$，$\forall x(P(x)\rightarrow \neg Q(x))\vdash \neg Q(t)$ 是有效的：

1	$P(t)$	前提
2	$\forall x(P(x)\rightarrow \neg Q(x))$	前提
3	$P(t)\rightarrow \neg Q(t)$	$\forall x$ e 2
4	$\neg Q(t)$	$\rightarrow$ e3,1

注意，我们用与假设 $P(t)$ 中一样的实例 t 应用规则 $\forall xe$。如果对 y 使用规则 $\forall xe$，得到 $P(y)\rightarrow\neg Q(y)$，则其结果是有效的，而一旦 y 与 t 不同，其结果就没有意义了。因此，$\forall xe$ 实际上是规则的模式(scheme)，是对每项 t(ϕ 中对 x 自由)的一个代入，我们应该在一致的模式匹配基础上作出选择。进一步，注意对每个变量 x，有规则 $\forall xi$ 和 $\forall xe$。特别地，也有规则 $\forall yi$，$\forall ye$ 等等。当运用这些规则，而不考虑它们实际针对哪个变量时，可以直接写 $\forall i$ 和 $\forall e$。

还需要注意，尽管方括号表示出现在规则 $\forall i$ 和 $\forall e$ 中的变量代换，但在使用那些规则时，它们并不出现。其原因是，我们实际上是在实现被要求的代换。在这些规则中，表达式 $\phi[t/x]$ 的含义是：它是公式 ϕ，但已经对自由出现的变量 x 用 t 代换了。因此，若 ϕ 是 $P(x,y)\rightarrow Q(y,z)$，使用规则 $\phi[a/y]$，执行这个代换之后，ϕ 变为 $P(x,a)\rightarrow Q(a,z)$。

理解全称量词规则的一个有效方式是比较 $\forall$ 和 $\wedge$ 的规则。关于 $\forall$ 的规则在某种意义上是关于 $\wedge$ 的规则的推广；$\wedge$ 只有两个合取项，$\forall$ 看起来却是多个公式的合取(每个公式都是它的变量的代换实例)。因此，$\wedge i$ 有两个前提，而 $\forall xi$ 的前提是 $\phi[x_0/x]$，x_0 是变量 x 的每一个可能取值。类似地，合取-消去可以从 $\phi\wedge\psi$ 推导需要的 ϕ 和 ψ，而全称-消去规则可以从 $\forall x\phi$ 推导 $\phi[t/x]$，只要 t 是需要的任何项(当然 t 必须满足辅助条件)。换句话说，为证明 $\forall x\phi$，必须对每个可能取值 x_0，证明 $\phi[x_0/x]$；而 $\wedge i$ 表示为了证明 $\phi_1\wedge\phi_2$，必须证明 ϕ_i，对每一个 $i=1,2$。

存在量词的证明规则　关于 $\forall$ 和 $\wedge$ 的分析也可以推广到 $\exists$ 和 $\vee$；运用在 $\wedge$ 和 $\forall$ 关系分析中用到的同样的思想方法，我们甚至可以试着从对 $\vee$ 规则的分析猜想到关于 $\exists$ 的规则。例如，我们知道析取引入规则是合取-消去规则的对偶；为了强调这一点，我们把它们写作：

$$\frac{\phi_1\wedge\phi_2}{\phi_k}\wedge e_k \qquad \frac{\phi_k}{\phi_1\vee\phi_2}\vee i_k$$

其中 k 的取值可以是 1 或 2。因此，已知全称-消去规则的形式，可以简单地推出存在-引入规则一定是：

$$\frac{\phi[t/x]}{\exists x\phi}\exists i$$

的确它是正确的，简单说，只要对某项 t，有 $\phi[t/x]$，那么，我们可以推导 $\exists x\phi$(自然地，要加上辅助条件 t 对 ϕ 中对 x 是自由的)。

从计算角度看，在规则 $\exists i$ 中，公式 $\phi[t/x]$ 包含了比 $\exists x\phi$ 更多的信息。后者仅仅是说 ϕ 对 x 的某个非特指值是成立的；而 $\phi[t/x]$ 表示 t 是一个证据。我们知道，方括号要求实际执行变量代换。然而，记号 $\phi[t/x]$ 会引起误解，因为它不仅表示 t 是一个证据，而且要求公式 ϕ 本身是正确的。例如，考虑 t 等于 y 的情形，使得 $\phi[y/x]$ 是 $y=y$。那么可以检测：ϕ 可以是很多种情况，如 $x=x$ 或 $x=y$。因此，$\exists x\phi$ 依赖于所考虑的这些 ϕ。

由 $\exists$ 和 $\vee$ 之间的关系，推广规则 $\vee e$，可以得到 $\exists e$ 的规则：

$$\frac{\exists x\phi \quad \begin{array}{|c|}\hline x_0\ \phi[x_0/x]\\ \vdots\\ \chi\\\hline\end{array}}{\chi}\exists e$$

类似于 $\vee e$，这里涉及一个情形分析。分析如下：我们知道 $\exists x\phi$ 是真的，因此 ϕ 至少对一个 x 的"取值"是真的。于是对所有可能值的情形做分析，记 x_0 表示所有可能取的一个一般的值。若假设 $\phi[x_0/x]$ 能证明某个不涉及 x_0 的命题 χ，那么，不管 x_0 是否使 $\phi[x_0/x]$ 为真，都有 χ 是真的。这就是 $\exists e$ 允许我们推导的。当然，加上 x_0 不能出现在证明框之外的辅助条件(因此，特别地，它不能出现在 χ 中)。这个框控制了 x_0 的范围和假设 $\phi[x_0/x]$ 的范围。

正如 $\vee e$ 所言，应用 $\phi_1 \vee \phi_2$ 时，必须为 ϕ_i 的其中之一准备，所以 $\exists e$ 表示运用 $\exists x\phi$ 必须为任何可能的 $\phi[x_0/x]$ 做准备。理解 $\exists e$ 的另一种方式是：如果知道 $\exists x\phi$，可以从 $\phi[x_0/x]$ 推导某个 χ，即通过给一个已知存在的事物命名，可以推出 χ，那么，即使没有给这个它命名，我们也可以推出 χ(假如 χ 不涉及名字 x_0)。

规则 $\exists xe$ 和 $\vee e$ 在某种意义上是类似的，即它们都是不必推导即将被消除的公式的子公式的消去规则。请验证到目前为止学到的其他所有消去规则都有这个子公式性质(subformula property)$^{\ominus}$。从计算角度讲，这个性质非常好，因为它大大缩小了证明的搜索空间。遗憾的是，$\exists xe$ 以及 $\vee e$，都不适合计算。

我们通过一些例子实践一下这些规则。当然，应该证明矢列 $\forall x\phi \vdash \exists x\phi$ 的有效性。

$$
\begin{array}{lll}
1 & \forall x\, \phi & 前提 \\
2 & \phi[x/x] & \forall x\ e1 \\
3 & \exists x\, \phi & \exists x\ i2
\end{array}
$$

说明对 $\forall xe$ 和 $\exists xi$，选择 t 为 x(注意，x 对 ϕ 中的 x 是自由的，$\phi[x/x]$ 的结果就是 ϕ)。

证明矢列 $\forall x(P(x) \to Q(x))$，$\exists xP(x) \vdash \exists xQ(x)$ 的有效性更复杂一些：

$$
\begin{array}{lll}
1 & \forall x(P(x) \to Q(x)) & 前提 \\
2 & \exists x\, P(x) & 前提 \\
\end{array}
$$

$$
\begin{array}{lll}
3 & \boxed{x_0 \quad P(x_0)} & 假设 \\
4 & \quad P(x_0) \to Q(x_0) & \forall x\ e1 \\
5 & \quad Q(x_0) & \to e4,\, 3 \\
6 & \quad \exists x\, Q(x) & \exists x\ i5 \\
\end{array}
$$

$$
\begin{array}{lll}
7 & \exists x\, Q(x) & \exists x\ e2,\, 3\text{-}6
\end{array}
$$

在证明的第 3 行引进证明框是消去前提 $\exists xP(x)$ 中的存在量词符号。注意，结论中的 $\exists$ 需要在框内引入，观察这两个步骤的嵌套。第 6 行中的公式 $\exists xQ(x)$ 是 χ 在规则 $\exists e$ 中的实例化，没有 x_0 的出现，所以它可以出现在框外的第 7 行。下面是与前面证明几乎相同的非法"证明"。

$$
\begin{array}{lll}
1 & \forall x\, (P(x) \to Q(x)) & 前提 \\
2 & \exists x\, P(x) & 前提 \\
3 & \boxed{x_0 \quad P(x_0)} & 假设 \\
4 & \quad P(x_0) \to Q(x_0) & \forall x\ e1 \\
5 & \quad Q(x_0) & \to e4,\, 3 \\
6 & Q(x_0) & \exists x\ e2,\, 3\text{-}5 \\
7 & \exists x\, Q(x) & \exists x\ i6
\end{array}
$$

第 6 行让一个新参量 x_0 越出了 x_0 的作用范围框。这是不允许的，稍后将看到一个例子，反映不合理应用这些证明规则将导致不合理的论证结果。

一个稍微复杂的矢列证明例子是：

$\ominus$ 对 $\forall xe$，执行替换 $[t/x]$，但保持 ϕ 的逻辑结构。

$$\forall x(Q(x) \rightarrow R(x)), \quad \exists x(P(x) \land Q(x)) \vdash \exists x(P(x) \land R(x))$$

将这个模型论证为:

> 如果所有的公谊会教徒都是改革派,且清教徒也是公谊会教徒,则必有清教徒
> 也是改革派。

一个可能的证明策略是假设 $P(x_0) \land Q(x_0)$,那么由 $\forall x(Q(x) \rightarrow R(x))$ 得到实例 $Q(x_0) \rightarrow R(x_0)$,然后利用 $\land e_2$,得到我们想要的 $Q(x_0)$,最后通过 $\rightarrow e$ 得到 $R(x_0)$:

1	$\forall x(Q(x) \rightarrow R(x))$	前提
2	$\exists x(P(x) \land Q(x))$	前提
3	$x_0 \quad P(x_0) \land Q(x_0)$	假设
4	$Q(x_0) \rightarrow R(x_0)$	$\forall x\ e1$
5	$Q(x_0)$	$\land e_2 3$
6	$R(x_0)$	$\rightarrow e\ 4,5$
7	$P(x_0)$	$\land e_1 3$
8	$P(x_0) \land R(x_0)$	$\land i\ 7,6$
9	$\exists x(P(x) \land R(x))$	$\exists x\ i\ 8$
10	$\exists x(P(x) \land R(x))$	$\exists x\ e2,\ 3\text{-}9$

注意,这个证明策略是列出两个前提。第二个前提只有应用 $\exists x e$ 到它上面时才发挥作用。基于此因素,在 3~9 行开辟了证明框,同时给出新变量名 x_0。因为要证明 $\exists x(P(x) \land R(x))$,因此这个公式必须是证明框里的最后一个公式(目标),其余的涉及应用 $\forall x e$ 和 $\exists x i$ 规则。

规则 $\forall i$ 和 $\exists e$ 都有辅助条件,即哑变量不能出现在规则的证明框外边。当然对哑变量通过选择另外的新名字(例如 y_0),这些规则还可以嵌套使用。例如,考虑矢列 $\exists x P(x)$,$\forall x \forall y(P(x) \rightarrow Q(x)) \vdash \forall y Q(y)$。(顺便提出,第二个前提是很强的,已知任意的 x,y,若 $P(x)$ 成立,则 $Q(x)$ 成立。这意味着,如果存在有性质 P 的任意对象,则所有对象都有性质 Q。)它的证明如下:取任意的 y_0,证明 $Q(y_0)$。这样做是因为某个 x 满足 P,那么可以通过第二个前提对任意 y 满足 Q:

1	$\exists x P(x)$	前提
2	$\forall x \forall y(P(x) \rightarrow Q(y))$	前提
3	y_0	
4	$x_0 \quad P(x_0)$	假设
5	$\forall y(P(x_0) \rightarrow Q(y))$	$\forall x\ e2$
6	$P(x_0) \rightarrow Q(y_0)$	$\forall y\ e5$
7	$Q(y_0)$	$\rightarrow e6,\ 4$
8	$Q(y_0)$	$\exists x\ e1,\ 4\text{-}7$
9	$\forall y Q(y)$	$\forall y\ i\ 3\text{-}8$

在应用规则 $\forall x$ 和 $\exists x$ 时选择 x_0 作为哑变量名,而在应用规则 $\forall y$ 和 $\exists y$ 时选择 y_0 作为哑变量名,没有什么特殊原因。这样做只是为了便于理解。下面再来研究证明的策略。最终要证明关于 $\forall y$ 的公式,要使用 $\forall y i$,即需要开辟一个证明框(第 3~8 行),这个证明框的子目标是证明全称实例 $Q(y_0)$。在上述证明框中要利用前提 $\exists x P(x)$,因此,又在第 4~7 行开辟了证明框。注意,在第 8 行将 $Q(y_0)$ 移出了 x_0 控制的范围框。

需要反复强调的一点是：使用证明规则 $\exists e$ 和 $\forall i$ 时，哑变量不能出现在它们控制的范围框之外。用一个例子说明若没有遵守这个辅助条件，证明就会出错。考虑无效矢列 $\exists x P(x)$，$\forall x(P(x)\to Q(x))\vdash \forall y Q(y)$。（将这个矢列与前一个矢列做比较，第二个前提弱化了许多，它只允许对 P 成立的那些对象来推导 Q。）这里是一个对其有效性进行的貌似正确的"证明"：

1		$\exists x\, P(x)$	前提
2		$\forall x\,(P(x)\to Q(x))$	前提
3	x_0		
4	x_0	$P(x_0)$	假设
5		$P(x_0)\to Q(x_0)$	$\forall x\ e2$
6		$Q(x_0)$	$\to e5,\ 4$
7		$Q(x_0)$	$\exists x\ e1,\ 4\text{-}6$
8		$\forall y\, Q(y)$	$\forall y\, i\, 3\text{-}7$

最后一步引入 $\forall y$ 并没有错，它是正确的。出问题的是倒数第二步，通过规则 $\exists x e$ 推导 $Q(x_0)$ 违背了 x_0 不能离开它的范围框这个辅助条件。你可以尝试用其他手段"证明"这个矢列，但没有一种是可行的（假设语意推导的证明系统是合理的，下一节将定义这个概念）。舍去这个辅助条件，可以证明"只要有一个 x 满足性质 P，则所有的 x 均满足这个性质"。那将是一场经典逻辑语义的危机！

2.3.2　量词的等价

我们已经提到过在某些量词形式之间存在的语义等价。现在对其中一些最常见和常用的量词等价给出形式证明。在它们当中有相当一部分涉及了不止一个变量的多个量词。因此，这部分主题是应用嵌套风格的量词证明规则的一个很好的练习。

例如，公式 $\forall x\forall y\phi$ 应该等价于 $\forall y\forall x\phi$，因为二者含义都是对 x 和 y 的所有值，ϕ 均成立。那么 $(\forall x\phi)\wedge(\forall x\psi)$ 和 $\forall x(\phi\wedge\psi)$ 的关系呢？我们马上就可以知道它们的含义也是相同的。如果第二个合取项不以 $\forall x$ 开头呢？如果在一般意义下理解 $(\forall x\phi)\wedge\psi$，再与 $\forall x(\phi\wedge\psi)$ 做比较呢？这里我们需要特别小心，因为可能 x 在 ψ 中是自由的，而到了公式 $\forall x(\phi\wedge\psi)$ 中却变成受约束的了。

例 2.12　我们可以将"不是所有的鸟都会飞。"编码为 $\neg\forall x(B(x)\to F(x))$ 或者 $\exists x(B(x)\wedge\neg F(x))$。前者的形式化说明同句子表达的结构更为接近，但是后者与前者是逻辑等价的。量词等价可以帮助我们构建"看上去"不同，但含义相同的表达式。

你应该熟悉下面将要推出的量词等价。和第 1 章一样，我们将 $\phi_1\vdash\phi_2$ 和 $\phi_1\vdash\phi_2$ 都有效简写为 $\phi_1\dashv\vdash\phi_2$。

定理 2.13　设 ϕ 和 ψ 是谓词逻辑公式，具有下面的等价：

1. (a) $\neg\forall x\,\phi\dashv\vdash\exists x\neg\phi$

   (b) $\neg\exists x\,\phi\dashv\vdash\forall x\neg\phi$

2. 假设 x 在 ψ 中不是自由的，那么：

   (a) $\forall x\,\phi\wedge\psi\dashv\vdash\forall x(\phi\wedge\psi)^{\ominus}$

   (b) $\forall x\,\phi\vee\psi\dashv\vdash\forall x(\phi\vee\psi)$

   (c) $\exists x\,\phi\wedge\psi\dashv\vdash\exists x(\phi\wedge\psi)$

$\ominus$　记住由绑定优先级，$\forall x\phi\wedge\psi$ 隐含着括号为 $(\forall x\phi)\wedge\psi$。

(d) $\exists x \phi \lor \psi \dashv\vdash \exists x(\phi \lor \psi)$

(e) $\forall x(\psi \to \phi) \dashv\vdash \psi \to \forall x \phi$

(f) $\exists x(\phi \to \psi) \dashv\vdash \forall x \phi \to \psi$

(g) $\forall x(\phi \to \psi) \dashv\vdash \exists x \phi \to \psi$

(h) $\exists x(\psi \to \phi) \dashv\vdash \psi \to \exists x \phi$

3. (a) $\forall x \phi \land \forall x \psi \dashv\vdash \forall x(\phi \land \psi)$

(b) $\exists x \phi \lor \exists x \psi \dashv\vdash \exists x(\phi \lor \psi)$

4. (a) $\forall x \forall y \phi \dashv\vdash \forall y \forall x \phi$

(b) $\exists x \exists y \phi \dashv\vdash \exists y \exists x \phi$

证明   我们将对这些矢列中的大部分给出证明，余下的证明是直接修改，留做练习。回忆一下，我们有时用⊥表示任意矛盾。

1. (a) 我们从证明两个简单矢列的等价性开始这部分的论证，首先是 $\neg(p_1 \land p_2) \vdash \neg p_1 \lor \neg p_2$，其次是 $\neg \forall x P(x) \vdash \exists x \neg P(x)$。证明第一个式子，一方面是为了揭示∧和∨之间的关系；另一方面是考虑∀和∃之间的关系，考虑只有两个元素 p_1 和 p_2 的模型，即 p_i 代表在 i 处赋值的 $P(x)$。证明这个命题矢列的思想对我们证明第二个谓词逻辑公式会有所启发。证明后一个矢列的原因是，它是我们真正想要证明的公式的一个特殊情形（$\phi = P(x)$ 的情形），所以，在对我们有所启发的同时，应该更容易。那么，我们开始证明。

1	$\neg(p_1 \land p_2)$		前提
2	$\neg(\neg p_1 \lor \neg p_2)$		假设
3	$\neg p_1$ 假设	$\neg p_2$ 假设
4	$\neg p_1 \lor \neg p_2$ $\lor i_1 3$	$\neg p_1 \lor \neg p_2$ $\lor i_2 3$
5	$\perp$ $\neg e 4, 2$	$\perp$ $\neg e 4,2$
6	p_1 PBC3-5	p_2 PBC 3-5
7	$p_1 \land p_2$		$\land i 6, 6$
8	$\perp$		$\neg e 7, 1$
9	$\neg p_1 \lor \neg p_2$		PBC 2-8

我们在第 1 章见过这种类型的证明。这是一个需要用矛盾、¬¬e 或 LEM 规则证明的例子（这就意味着在舍去这三个规则的自然演绎推导系统里，上述结论是不可证的），事实上，以上证明使用了三次 PBC。

现在我们来类似地证明矢列 $\neg \forall x P(x) \vdash \exists x \neg P(x)$ 的有效性，所不同的是我们将不再用对∧和∨的证明规则，而用关于∀和∃的规则：

1	$\neg \forall x P(x)$	前提
2	$\neg \exists x \neg P(x)$	假设
3	x_0	
4	$\neg P(x_0)$ 假设	
5	$\exists x \neg P(x)$ $\exists x i 4$	
6	$\perp$ $\neg e 5, 2$	
7	$P(x_0)$ PBC4-6	
8	$\forall x P(x)$ $\forall x i 3-7$	
9	$\perp$ $\neg e 8, 1$	
10	$\exists x \neg P(x)$ PBC2-9	

花些时间理解这个证明方式会有所收益。这种洞察力对构造谓词逻辑的证明是非常有帮助的：首先构

造一个相似命题的证明, 然后去模仿它(来证明你想证的)。

下面证明矢列 $\neg \forall x \phi \vdash \exists x \neg \phi$ 的有效性:

1	$\neg \forall x \phi$	前提
2	$\neg \exists x \neg \phi$	假设
3	x_0	
4	$\neg \phi[x_0/x]$	假设
5	$\exists x \neg \phi$	$\exists x$ i 4
6	$\bot$	$\neg$ e 5, 2
7	$\phi[x_0/x]$	PBC 4-6
8	$\forall x \phi$	$\forall x$ i 3-7
9	$\bot$	$\neg$ e 8, 1
10	$\exists x \neg \phi$	PBC 2-9

证明逆 $\exists x \neg \phi \vdash \neg \forall x \phi$ 的有效性更直接, 因为它不涉及矛盾、$\neg\neg$ e 或 LEM 规则。与前面证明不同, 此处给出一个直觉逻辑主义者可以接受的构造性证明。我们也可以证明一个相应的命题矢列, 但这里把它留做练习。

1	$\exists x \neg \phi$	前提
2	$\forall x \phi$	假设
3	x_0	
4	$\neg \phi[x_0/x]$	假设
5	$\phi[x_0/x]$	$\forall x$ e 2
6	$\bot$	$\neg$ e 5, 4
7	$\bot$	$\exists x$ e 1, 3-6
8	$\neg \forall x \phi$	$\neg$ i 2-7

2. (a) 矢列 $\forall x \phi \wedge \psi \vdash \forall x (\phi \wedge \psi)$ 的有效性可以如下证明:

1	$(\forall x \phi) \wedge \psi$	前提
2	$\forall x \phi$	$\wedge$ e$_1$ 1
3	ψ	$\wedge$ e$_2$ 1
4	x_0	
5	$\phi[x_0/x]$	$\forall x$ e 2
6	$\phi[x_0/x] \wedge \psi$	$\wedge$ i 5, 3
7	$(\phi \wedge \psi)[x_0/x]$	与 6 相同, 因为 x 在 ψ 中不是自由的
8	$\forall x (\phi \wedge \psi)$	$\forall x$ i 4-7

逆的有效性论断可以这样证明:

1	$\forall x (\phi \wedge \psi)$	前提
2	x_0	
3	$(\phi \wedge \psi)[x_0/x]$	$\forall x$ e 1
4	$\phi[x_0/x] \wedge \psi$	与 3 相同, 因为 x 在 ψ 中不是自由的
5	ψ	$\wedge$ e$_2$ 3
6	$\phi[x_0/x]$	$\wedge$ e$_1$ 3
7	$\forall x \phi$	$\forall x$ i 2-6
8	$(\forall x \phi) \wedge \psi$	$\wedge$ i 7, 5

注意，最后一行∧i规则的运用是可行的，因为ψ可以通过第1行公式的任何实例化得到，尽管支持证明的形式工具可能会抱怨这种实践。

3.(b) 使用∨e规则证明矢列($\exists x\phi$)∨($\exists x\psi$)⊢$\exists x(\phi \lor \psi)$的有效性。有两种主要情形，每一种情形都需要规则$\exists x$i：

1	($\exists x \phi$)∨($\exists x\psi$)			前提
2	$\exists x \phi$		$\exists x\psi$	假设
3	x_0　$\phi[x_0/x]$		x_0　$\psi[x_0/x]$	假设
4	$\phi[x_0/x] \lor \psi[x_0/x]$		$\phi[x_0/x] \lor \psi[x_0/x]$	∨i 3
5	$(\phi \lor \psi)[x_0/x]$		$(\phi \lor \psi)[x_0/x]$	恒同
6	$\exists x(\phi \lor \psi)$		$\exists x(\phi \lor \psi)$	$\exists x$ i 5
7	$\exists x(\phi \lor \psi)$		$\exists x(\phi \lor \psi)$	$\exists x$ e 2, 3-6
8	$\exists x(\phi \lor \psi)$			∨ e 1, 2-7

逆矢列以$\exists x(\phi \lor \psi)$作为前提，所以，这个证明使用的最后一个规则是$\exists x$e。这个规则需要把$\phi \lor \psi$作为临时假设，通过那些数据推出($\exists x\phi$)∨($\exists x\psi$)。当然，假设$\phi \lor \psi$，需要做一般情形下的分析：

1	$\exists x(\phi \lor \psi)$			前提
2	x_0　$(\phi \lor \psi)[x_0/x]$			假设
3	$\phi[x_0/x] \lor \psi[x_0/x]$			恒同
4	$\phi[x_0/x]$		$\psi[x_0/x]$	假设
5	$\exists x \phi$		$\exists x\psi$	$\exists x$ i 4
6	$\exists x \phi \lor \exists x \psi$		$\exists x \phi \lor \exists x\psi$	∨i 5
7	$\exists x \phi \lor \exists x \psi$			∨ e 3, 4-6
8	$\exists x \phi \lor \exists x \psi$			$\exists x$ e 1, 2-7

4.(b) 已知前提$\exists x \exists y\phi$，必须嵌套使用$\exists x$e 和$\exists y$e，从而推出$\exists y \exists x\phi$。当然，必须遵守消去规则的格式，如下：

1	$\exists x \exists y \phi$	前提
2	x_0　$(\exists y \phi)[x_0/x]$	假设
3	$\exists y(\phi[x_0/x])$	恒同，因为x, y是不同的变量
4	y_0　$\phi[x_0/x][y_0/y]$	假设
5	$\phi[y_0/y][x_0/x]$	恒同，因为x, y, x_0, y_0是不同的变量
6	$\exists x \phi[y_0/y]$	∀x i 5
7	$\exists y \exists x\phi$	∀y i 6
8	$\exists y \exists x\phi$	$\exists y$ e 3, 4-7
9	$\exists y \exists x\phi$	$\exists x$ e 1, 2-8

通过交换x和y的位置，用同样的方法可以证明逆矢列的有效性。

2.4　谓词逻辑的语义

在看过命题逻辑的自然演绎如何拓展到谓词逻辑中之后，现在看一下谓词逻辑的语义是怎样规定的。与命题逻辑中的情形一样，语义必须提供一个独立的、但最终是等价的一种逻辑刻画。所谓"独立"指连接词的含义用不同的方式来定义，在证明论中，通过提供运算解释来定义。在语义学里，我们期望有类似真值表之类的工具。所谓"等价"，指可以证明它的合理性和完备性，正如在命题逻辑中所做的一样。（完全符合规则的合理性和完备性的证明不在本书讨论范围之内。）

在描述谓词逻辑的语义之前，让我们更为仔细地看一下语义与证明论之间的真正区别。在证明论中，基本的目标是构建一个证明。我们将一族公式 $\phi_1, \phi_2, \cdots, \phi_n$ 简写为 Γ，于是为了证明 $\Gamma \vdash \psi$ 是有效的，需要构建一个从 Γ 到 ψ 的证明。然而怎样证明 ψ 不是 Γ 的推导结果呢？直观上讲，这更难了些。怎样说明不存在某种结论的证明呢？你必须考虑每个可能"参选"的证明，再说明它不是所需要的证明。因此，证明论只给出了逻辑的一个"正面"刻画；它为诸如"$\Gamma \vdash \psi$ 是有效的"这样的矢列提供了确凿的证据，但是它对建立形如"$\Gamma \vdash \psi$ 是无效的"的论断却无能为力。

从另一个角度讲，语义的作用方式是相反的。证明 ψ 不是 Γ 的推导结果就显得"容易"些：找一个模型，使得 ϕ_i 是真的，但 ψ 却非真。而另一方面，证明 ψ 是 Γ 的推导结果，在原则上是比较困难的。对命题逻辑，需要证明每个使得 ϕ_i 是真的赋值（对所有涉及的原子命题赋予真值），均使 ψ 为真。如果赋值数量不多，这个方法效果还是不错的。然而，让我们回到谓词逻辑看一下，结果发现需要考虑无穷多个赋值结果（即所谓由此得到的模型）。因此，在语义学里，有逻辑的"否定"特征。发现确立形如"$\Gamma \nvDash \psi$"（ψ 不是 Γ 中所有公式的语义推导）的论断比确立形如"$\Gamma \vDash \psi$"的论断（ψ 是 Γ 的语义推导）容易些，因为前者只需要涉及一个模型，而后者可能需要涉及无穷多个模型。

这个结果告诉我们同时研究证明论和语义的重要性。例如，如果你想试着证明 ψ 不是 Γ 的语义推导结果，会费事些，因此必须改变一下证明策略，尝试着去证明 $\Gamma \vDash \psi$ 的有效性。如果能够找到一个证明，就可以确信 ψ 是 Γ 的推导结果。如果找不到证明，那么正在尝试证明的过程会构造一个反例提供一些灵感。令人兴奋的是，对谓词逻辑，证明论和语义是等价的，但并不能改变二者在谓词逻辑中各自的作用，每个方面都值得深入研究。

2.4.1　模型

回忆我们是如何对命题逻辑中的公式赋值的。例如，公式 $(p \vee \neg q) \rightarrow (q \rightarrow p)$ 的赋值基于给定的赋值（p 和 q 假设真值），通过对它计算真值（T 或 F）得到。这个过程本质上是公式 $(p \vee \neg q) \rightarrow (q \rightarrow p)$ 的真值表里一行的构建。那么在谓词逻辑中怎么对公式赋值呢？例如：

$$\forall x \exists y ((P(x) \vee \neg Q(y)) \rightarrow (Q(x) \rightarrow P(y)))$$

这个公式比上面的命题逻辑公式"丰富"。我们能简单地假设 $P(x)$、$Q(x)$、$Q(y)$ 和 $P(y)$ 的真值，并像以前那样计算真值吗？首先这里和以前有所不同，因为我们需要反映出量词 $\forall x$ 和 $\exists y$ 的含义，即它们的相关性（dependences）和 P 与 Q 的实际参数。公式 $\forall x \exists y R(x, y)$ 的含义一般与公式 $\exists y \forall x R(x, y)$ 的含义不同，为什么呢？问题在于变量是某些或任意未指定具体值的占位符。这样的值几乎是任何一种类型：学生、鸟类、数字、数据结构和程序等等。

如果遇到公式 $\exists y \psi$ 时，试着寻找 y 的某个实例（某个具体值）使 ψ 对 y 的具体实例成立。如果成功了（即存在 y 的一个具体值使 ψ 成立），则 $\exists y \psi$ 赋值 T；否则（不存在 y 的某个具体值可以实现 ψ），它的返回值是 F。对偶地讲，对 $\forall x \psi$ 要说明 ψ 对 x 的所有可能取值都赋值为 T。如果这样做是成功的，则 $\forall x \psi$ 赋值 T；否则（即存在 x 的某个值使 ψ 计算得 F），它的返回值为 F。当然，这样的公式赋值需要一个固定的具体值论域，也就是我们要谈及内容的范围。因此，谓词逻辑中一个公式的真值依赖于值的实际选择和所涉及谓词与函数符号的意义，并随着它们的变化而变化。

如果变量只取有限个值，可以编写一个程序。这个程序通过合成对公式赋值。若公式 ϕ 的根节点是 $\wedge$、$\vee$、$\rightarrow$ 或 $\neg$，可以与第 1 章讨论的一样，通过相应的逻辑联结词的真值表和对那个根节点子树的具体情况的计算，得出公式 ϕ 的真值。若根节点是量词，在前面也描述了怎样实现公式赋值的框架。这样，我们讨论的情形只有谓词符号 P（在命题逻辑中是一个原子命题，已经完成了对它的处理）。这样的谓词需要 n 个变量，即项 t_1，t_2，$\cdots$，t_n。因此，需要能够对形如 $P(t_1, t_2, \cdots, t_n)$ 的公式赋真值。

对公式 $P(t_1, t_2, \cdots, t_n)$，需要比命题逻辑情形做更多。对 $n = 2$，谓词 P 可以代表像"由 t_1 计算出的值小于或等于由 t_2 计算出的值。"因此，在不知道项的含义之前，不能直接对 P 赋真值。我们需要一个涉及所有函数和谓词符号的模型。例如，项可以表示实数，而 P 则表示实数集合上的"小于等于"关系。

定义 2.14 假设 $\mathcal{F}$ 是函数符号的集合，$\mathcal{P}$ 是谓词符号的集合，每个符号所需要的变量个数是固定的。符号对 $(\mathcal{F}, \mathcal{P})$ 的一个模型 $\mathcal{M}$ 由下面的数据集合组成：

1. 非空集 A 是具体值的全集；
2. 对每个零元函数 $f \in \mathcal{F}$，A 中的一个具体元素 $f^{\mathcal{M}}$；
3. 对每个元数为 $n > 0$ 的 $f \in \mathcal{F}$，从集合 A 上 n 元集合 A^n 到 A 的具体函数 $f^{\mathcal{M}}: A^n \rightarrow A$；
4. 对每个 $n > 0$ 元谓词 $P \in \mathcal{P}$，A 上 n 元子集 $P^{\mathcal{M}} \subseteq A^n$。

区分 f 与 $f^{\mathcal{M}}$，P 与 $P^{\mathcal{M}}$ 是非常重要的。f 和 P 仅仅是符号而已，而 $f^{\mathcal{M}}$ 和 $P^{\mathcal{M}}$ 分别表示模型 $\mathcal{M}$ 中的一个具体函数（或元素）和关系。

例 2.15 令 $\mathcal{F} \overset{\text{def}}{=} \{i\}$，$\mathcal{P} \overset{\text{def}}{=} \{R, F\}$；其中 i 是常量，F 是一个一元谓词符号，而 R 是二元谓词符号。模型 $\mathcal{M}$ 包含所有具体元素的集合 A，它可能是计算机程序的状态集合。则 $i^{\mathcal{M}}$、$R^{\mathcal{M}}$ 和 $F^{\mathcal{M}}$ 可以分别解释为设计的初始状态，状态迁移关系和最终状态（可接受的）的集合。例如，令

$$A \overset{\text{def}}{=} \{a, b, c\}, \quad i^{\mathcal{M}} \overset{\text{def}}{=} a, \quad R^{\mathcal{M}} \overset{\text{def}}{=} \{(a,a), (a,b), (a,c), (b,c), (c,c)\}, \quad F^{\mathcal{M}} \overset{\text{def}}{=} \{b, c\}$$

对这个模型非形式地检测一些谓词逻辑公式：

1. 公式

$$\exists y R(i, y)$$

其含义是存在从初始状态到某个状态的迁移。在这个模型中它是真的，因为存在从初始状态 a 到状态 a、b 和 c 的迁移。

2. 公式

$$\neg F(i)$$

表示初始状态不是可接受的最终状态。在这个模型里，它也是真的，因为只有 b 和 c 是最终状态，而 a 只是初始状态。

3. 公式

$$\forall x \forall y \forall z (R(x,y) \wedge R(x,z) \rightarrow y = z)$$

使用了谓词相等，含义是状态之间的迁移关系具有确定性：始于任何一个状态的所有迁移都至多到一个状态（也可能从一个状态开始不存在迁移）。这个模型是假的，因为 a 可以迁移到 b 和 c。

4. 公式

$$\forall x \exists y R(x,y)$$

其含义是这个模型不存在死锁状态：任何状态都可迁移到某个状态。在这个模型里，是真的：a 可以迁移到 a、b 和 c；b 和 c 可以迁移到 c。

例 2.16　令 $\mathcal{F} \stackrel{\text{def}}{=\!=} \{e, \cdot\}$，$\mathcal{P} \stackrel{\text{def}}{=\!=} \{\leq\}$，其中 e 是常量，$\cdot$ 是二元函数，$\leq$ 也是一个需要两个变量的谓词。我们再次用中缀符号表示 $\cdot$ 和 $\leq$，为，$(t_1 \cdot t_2) \leq (t \cdot t)$。

模型 $\mathcal{M}$ 的集合 A 由所有字母表 $\{0, 1\}$ 上的有限二进制字符串组成，包含空位串，用 ε 表示。e 的解释 $e^{\mathcal{M}}$ 就是空字 ε。$\cdot$ 的解释 $\cdot^{\mathcal{M}}$ 是字的拼接。例如，$0110 \cdot^{\mathcal{M}} 1110$ 等于 01101110。一般，若二进制串是 $a_1 a_2 \cdots a_k$ 和 $b_1 b_2 \cdots b_n$，其中 a_i，$b_j \in \{0, 1\}$，则 $a_1 a_2 \cdots a_k \cdot^{\mathcal{M}} b_1 b_2 \cdots b_n$ 等于 $a_1 a_2 \cdots a_k b_1 b_2 \cdots b_n$。最后，我们将 $\leq$ 解释为字的前缀序。如果存在二进制字 s_3，使得 $s_1 \cdot^{\mathcal{M}} s_3$ 等于 s_2，称 s_1 是 s_2 的前缀。例如，011 是 011001 和 011 的前缀，而 010 不是。因此，$\leq^{\mathcal{M}}$ 是集合 $\{(s_1, s_2) \mid s_1$ 是 s_2 的前缀$\}$。下面再给出一些非形式的模型检测：

1. 在模型中，公式

$$\forall x ((x \leq x \cdot e) \wedge (x \cdot e \leq x))$$

其含义是在与空字串联的前提下，任何字都是它本身的前缀，反之也对。显然在这个模型里这是真的，因为 $s \cdot^{\mathcal{M}} \varepsilon$ 依然是 s，每个字都是它本身的前缀。

2. 在模型中，公式

$$\exists y \, \forall x (y \leq x)$$

表示存在一个字 s，它可以是任何其他字的前缀。这是真的，因为可以选择 ε 为这样的字（在这种情形下别无选择）。

3. 在模型中，公式

$$\forall x \, \exists y (y \leq x)$$

表示每个字都有前缀。这是显然的，一般情况下，y 的选择不唯一，它依赖于 x。

4. 在模型中，公式

$$\forall x \, \forall y \, \forall z ((x \leq y) \rightarrow (x \cdot z \leq y \cdot z))$$

含义是，对每个字 s，只要字 s_1 是 s_2 的前缀，则 $s_1 s$ 必然是 $s_2 s$ 的前缀。这显然不是真的。例如，取 s_1 为 01，s_2 为 011，s 为 0。

5. 在模型中，公式

$$\neg \, \exists x \, \forall y ((x \leq y) \rightarrow (y \leq x))$$

含义是不存在这样的字 s，只要 s 是另一个字 s_1 的前缀，则 s_1 也是 s 的前缀。这是真的，因为确实不存在这样的 s。为简单起见，假设存在这样一个字 s，则 s 显然是 $s0$ 的前缀，但是 $s0$ 却不是 s 的前缀，因为 $s0$ 比 s 多一位。

模型的记法是非常自由开放的，意识到这一点是很关键的。选择一个非空集合 A，其元素就是现实世界中对象的模型以及具体的函数和关系，分别表示为函数符号和谓词符号。对这些内容仅有一点要求是 A 上的具体函数和关系作为语法的对应部分，必须有相同个数的变量。

然而，作为这样一个模型的设计者或实现者，有责任明智地选择模型。模型应该是要模型化对象的一个足够精确的场景，而与此同时，必须与任务无关的方面抽象掉（忽略掉）。

例如，建立一个家庭关系的数据库，将 father-of(x, y) 解释为 "x 是 y 的女儿" 是一个愚蠢的行为。同样道理，我们也不会选择谓词 "比……高"，因为在这个模型里，焦点仅仅是由血缘确定的关系。当然也不排除向数据库添上附加的特征。

对一个函数和谓词对 $(\mathcal{F}, \mathcal{P})$，给定一个模型 $\mathcal{M}$，我们现在要做的工作基本上是形式地计算仅由来自 $(\mathcal{F}, \mathcal{P})$ 的函数和谓词符号的谓词逻辑中公式的真值。还有一个问题需要讨论。已知公式 $\forall x \phi$ 或 $\exists x \phi$，要分别验证 ϕ 是否对模型里所有的或对某个值 a 成立。然而这是直观上的说法，我们没有办法从语法角度表达这个含义：一般情况下，公式 ϕ 以 x 作为自由变量；$\phi[a/x]$ 很好地反映了我们的意图，但形式很糟糕，因为 $\phi[a/x]$ 不是逻辑公式，因为 a 不是一个项，而是模型中的一个元素。

因此，这迫使我们相对一个环境(relative to an environment)解释公式。可以从不同方面来考虑环境。本质上讲，它们是所有变量的查询表；这个表 l 将每个变量 x 与它在模型中的值 $l(x)$ 联系起来。因此可以说，环境其实就是从变量集 **var** 到相关模型中值的论域集合 A 的函数 $l:$ **var**$\to A$。给定这样一个查询表，可以指派真值到所有公式。然而，对这些计算中的某些内容，我们需要修正查询表。

定义 2.17 对具体值的论域 A，一个查询表或环境指的是从变量集 **var** 到 A 的函数 $l:$ **var**$\to A$。对这样的 l，用 $l[x \mapsto a]$ 表示将 x 映到 a 并且将其他变量 y 映到 $l(y)$ 的查询表。

最后，可以给出谓词逻辑公式的语义了。对命题逻辑来讲，我们通过真值表做到了这一点。显然，知道在什么情况下其值为 T 就足够了。

定义 2.18 给定关于对$(\mathcal{F}, \mathcal{P})$的模型 $\mathcal{M}$ 和环境 l，对于$(\mathcal{F}, \mathcal{P})$上的每个逻辑公式 ϕ，通过对 ϕ 的结构归纳定义一个满足关系 $\mathcal{M}\vDash_l \phi$。若 $\mathcal{M}\vDash_l \phi$ 成立，则称在模型 $\mathcal{M}$ 中，相对于环境 l，ϕ 的赋值为 T。

P：如果 ϕ 的形式为 $P(t_1, t_2, \cdots, t_n)$，则在集合 A 中将 $t_1, t_2, \cdots, t_n$ 解释为：把所有变量根据 l 的值代替。用这种方式，对每项(通过 $f \in \mathcal{F}$)计算 $a_1, a_2, \cdots, a_n$ 的值，其中任何函数符号 $f \in \mathcal{F}$ 通过 $f^{\mathcal{M}}$ 来解释。现在 $\mathcal{M}\vDash_l P(t_1, t_2, \cdots, t_n)$ 成立当且仅当 $(a_1, a_2, \cdots, a_n) \in P^{\mathcal{M}}$。

$\forall x$：关系 $\mathcal{M}\vDash_l \forall x\psi$ 成立当且仅当 $\mathcal{M}\vDash_{l[x \mapsto a]}\psi$ 对所有 $a \in A$ 都成立。

$\exists x$：对偶地，$\mathcal{M}\vDash_l \exists x\psi$ 成立当且仅当 $\mathcal{M}\vDash_{l[x \mapsto a]}\psi$ 对某个 $a \in A$ 成立。

$\neg$：关系 $\mathcal{M}\vDash_l \neg \psi$ 成立当且仅当 $\mathcal{M}\vDash_l \psi$ 不成立。

$\vee$：关系 $\mathcal{M}\vDash_l \psi_1 \wedge \psi_2$ 成立当且仅当 $\mathcal{M}\vDash_l \psi_1$ 成立或 $\mathcal{M}\vDash_l \psi_2$ 成立。

$\wedge$：关系 $\mathcal{M}\vDash_l \psi_1 \wedge \psi_2$ 成立当且仅当 $\mathcal{M}\vDash_l \psi_1$ 和 $\mathcal{M}\vDash_l \psi_2$ 都成立。

$\to$：关系 $\mathcal{M}\vDash_l \psi_1 \to \psi_2$ 成立当且仅当只要 $\mathcal{M}\vDash_l \psi_1$ 成立，则 $\mathcal{M}\vDash_l \psi_2$ 成立。

有时我们用 $\mathcal{M}\nvDash_l \phi$ 表示 $\mathcal{M}\vDash_l \phi$ 不成立。

对公式的语法分析树的高度，有一个直接的归纳论断，即 $\mathcal{M}\vDash_l \phi$ 成立当且仅当 $\mathcal{M}\vDash_{l'}\phi$ 成立，只要 l 与 l' 是 ϕ 的自由变量集上的两个相同环境。特别地，如果 ϕ 根本没有自由变量，我们称 ϕ 是一个语句。此时不考虑环境 l 的选择，可以推出 $\mathcal{M}\vDash_l \phi$ 成立或不成立。因此，对语句 ϕ 来讲，我们经常省去 l，直接写 $\mathcal{M}\vDash \phi$，因为这时关系的成立与否，与环境 l 的选择无关。

例 2.19 用另外一个简单的例子来解释一下上面的定义。令 $\mathcal{F} \stackrel{\text{def}}{=} \{\text{alma}\}$，$\mathcal{P} \stackrel{\text{def}}{=} \{\text{loves}\}$，其中 alma 是一个常量，loves 是两个变量的谓词。选择模型 $\mathcal{M}$ 包括个体集 $A \stackrel{\text{def}}{=} \{a, b, c\}$，常量函数 $\text{alma}^{\mathcal{M}} \stackrel{\text{def}}{=} a$，以及谓词 $\text{loves}^{\mathcal{M}} \stackrel{\text{def}}{=} \{(a, a), (b, a), (c, a)\}$（如 $\text{loves}^{\mathcal{M}}$ 所要求的，有两个变量）。我们想要检测模型 $\mathcal{M}$ 是否满足：

alma 的情人的情人没有一个爱 alma。

首先，我们需要在谓词逻辑中表达这个语句(也许道德上令人担忧)。下面是它的编码(正如已经讨论过的，不同但逻辑等价的编码是可能的)：

$$\forall x \forall y (\text{loves}(x, \text{alma}) \wedge \text{loves}(y, x) \to \neg \text{loves}(y, \text{alma})) \tag{2-8}$$

模型 $\mathcal{M}$ 满足这个公式吗？当然不满足。我们可以取 x 为 a，取 y 为 b。因为 (a, a) 在集合 $\text{loves}^{\mathcal{M}}$ 中，并且 (b, a) 也在集合 $\text{loves}^{\mathcal{M}}$ 中，我们需要证明后者是不成立的，因为它是 $\text{loves}(y, \text{alma})$ 的解释；但这是不成立的。

如果我们修改一下模型，将 M 改为 M'，且保持 A 和 $alma^M$ 不变，重新定义 **loves** 的解释为 $loves^{M'} \stackrel{def}{=} \{(b, a), (c, b)\}$，情况会是怎样的呢？这时恰好有一个 **alma** 的情人的情人 c；但 c 不是 **alma** 的情人中的一员。因此，在模型 M' 中，公式(2-8)是成立的。

2.4.2　语义推导

在命题逻辑中，语义推导 $\phi_1, \phi_2, \cdots, \phi_n \models \psi$ 成立当且仅当所有 $\phi_1, \phi_2, \cdots, \phi_n$ 均赋值为 T 时，公式 ψ 也赋值 T。考虑到 $M \models \phi$ 是用一个环境所标记的，那么，对谓词逻辑里的公式，我们怎样定义这样一个记号呢？

定义 2.20　设 Γ 是谓词逻辑中的公式集合（可能是无限集合），ψ 是谓词逻辑公式。

1. 语义推导 $\Gamma \models \psi$ 成立当且仅当对所有的模型 M 和查询表 l，对所有的 $\phi \in \Gamma$，$M \models \phi$ 都成立，则 $M \models \psi$ 也成立。

2. 公式 ψ 是可满足的当且仅当存在某个模型 M 和环境 l，使得 $M \models_l \psi$ 成立。

3. 公式 ψ 是有效的当且仅当在我们能够检测 ψ 的所有模型 M 和环境 l 中，$M \models_l \psi$ 成立。

4. 集合 Γ 是一致的或可满足的当且仅当存在一个模型 M 和一个环境 l，使得对所有的公式 $\phi \in \Gamma$，$M \models_l \phi$ 成立。

在谓词逻辑中，符号 $\models$ 有更多的含义：它表示模型检测"$M \models \phi$"和语义推导 $\phi_1, \phi_2, \cdots, \phi_n \models \psi$。从计算角度讲，这里的每个记号都意味着有麻烦出现。首先，建立 $M \models \phi$ 就会产生问题。如果在机器上做这个工作，只要 M 的具体值的论域 A 是无限的，就会产生问题。在这种情况下，要检测语句 $\forall x \psi$（其中 x 在 ψ 中是自由的），意味着对无限多元素 a 验证 $M \models_{[x \mapsto a]} \psi$ 是否成立。

更为严重的是，尝试验证 $\phi_1, \phi_2, \cdots, \phi_n \models \psi$ 是否成立，不得不检测所有可能的模型，这些模型被赋予正确的结构（即这些函数和谓词都有与之相匹配的变量数目）。这个任务用机器是不可能完成的。这应该与命题逻辑中的情形形成对比，涉及命题的真值表计算是成功运算这个关系的基础。

然而，有时可以推出某些特定语义推导是有效的。可以通过证明一个不依赖于现有的实际模型的论据来实现。当然这只对非常有限的情况有效。最难突破的是量词等价关系，这种情形我们已经在自然演绎部分遇到了。下面来看一些关于语义推导的例子。

例 2.21　语义推导

$$\forall x (P(x) \rightarrow Q(x)) \models \forall x\, P(x) \rightarrow \forall x\, Q(x)$$

的验证如下：设 M 是满足 $\forall x(P(x) \rightarrow Q(x))$ 的模型，需要证明 M 也满足 $\forall x P(x) \rightarrow \forall x Q(x)$。观察 $M \models \psi_1 \rightarrow \psi_2$ 的定义，可以看出，如果不是模型的所有元素都满足 P，那么问题就解决了。否则，每个元素都满足 P。但是，由于 M 满足 $\forall x(P(x) \rightarrow Q(x))$，后者事实上使得模型里的每个元素也满足 Q。综合上述的两种情形（即 M 里的所有元素都满足 P，或者反之），我们证明了 M 满足 $\forall x P(x) \rightarrow \forall x Q(x)$。

上述情形的逆怎样呢？即

$$\forall x\, P(x) \rightarrow \forall x\, Q(x) \models \forall x(P(x) \rightarrow Q(x))$$

是否也有效呢？这几乎是不可能的！假设 M' 是满足 $\forall x P(x) \rightarrow \forall x Q(x)$ 的模型。如果这个模型的相关集合是 A'，$P^{M'}$ 和 $Q^{M'}$ 是相应于 P 和 Q 的解释，则 $M' \models \forall x Px) \rightarrow \forall x Q(x)$ 表示，若 $P^{M'}$ 等于 A'，则 $Q^{M'}$ 也等于 A'。然而，若 $P^{M'}$ 不等于 A'，则这个蕴涵关系仍然成立（不管·实际为何，总有 F → · = T）。在这种情况下，对模型 M' 没有任何约束。经过这些考察，构建一

个反例模型就很容易了。令 $A' \overset{\text{def}}{=\!=} \{a, b\}$，$P^{M'} \overset{\text{def}}{=\!=} \{a\}$ 和 $Q^{M' \, \text{def}}_{=\!=} \{b\}$，则 $\mathcal{M}' \vDash \forall x P(x) \to \forall x Q(x)$ 成立，但 $\mathcal{M}' \vDash \forall x(P(x) \to Q(x))$ 不成立。

2.4.3 相等的语义

我们已经指出了谓词逻辑语义的无限制特征。给定一个函数符号集 $\mathcal{F}$ 和谓词符号 $\mathcal{P}$ 上的谓词逻辑结构，只需要一个非空集合 A，以及具体的函数或元素 f^M，（因为 $f \in \mathcal{F}$）和具体的谓词 P^M（对 $P \in \mathcal{P}$），它们在 A 里必须与指定的元数相匹配。需要强调的是，对大多数模型，其中的函数和谓词都有自然的解释，但语义推导（$\phi_1, \phi_2, \cdots, \phi_n \vDash \psi$）实际上是依赖于所有可能的模型，甚至是一些看上去没有任何实际意义的模型。

显然，我们无法避开语义推导的这个特点。例如，如何为那些无意义的模型和有意义的模型画一条界线呢？任何这样的选择或标准集合不是主观的吗？如果对想要模型化的问题域做微小的调整而导致了一些变化，那么，这些微小的调整导致的这些约束也会禁止我们修改模型。在谓词逻辑里，有很多好的理由保持这种针对模型的自由特性。

然而，这里有一个著名的反例。人们常常提及这样的谓词逻辑，总是有一个特殊的谓词 = 用来标识相等（回顾 2.3.1 节）；它有两个变量，$t_1 = t_2$ 表达的含义是：项 t_1 和 t_2 有相同的计算结果。我们在 2.3.1 节自然演绎部分讨论了它的证明规则。

从语义角度看，人们这样认识"相等"在逻辑中的特殊作用：解释函数 $=^M$ 为关于模型 $\mathcal{M}$ 的集合 A 上的实际相等关系。因此，(a, b) 属于集合 $=^M$ 当且仅当 a 和 b 是集合 A 中的相同元素。例如，给定 $A \overset{\text{def}}{=\!=} \{a, b, c\}$，相等的解释 $=^M$ 必然是 $\{(a, a), (b, b), (c, c)\}$。因此，相等的语义并不难，因为它总是可以外延进行建模。

2.5 谓词逻辑的不可判定性

我们继续介绍谓词逻辑中的一些负面的结果。在命题逻辑中，给定公式 ϕ，至少原则上我们可以判定 $\vDash \phi$ 是否成立：若 ϕ 有 n 个原子命题，那么 ϕ 的真值表有 2^n 行；$\vDash \phi$ 成立当且仅当真值表中对应于 ϕ 的那一列（长度是 2^n）都是 T。

遗憾的是，在谓词逻辑中，这种对所有公式 ϕ 都奏效的机械化程序是无法提供的。我们将给出这个否定结果的一个形式证明，尽管要依赖可计算性的一种非形式的（然而是直观的）概念。

判断一个谓词逻辑公式是否有效的问题称为判定问题（decision problem）。判定问题的解是一个程序（即用 Java，C 或其他语言写的程序）：将问题的实例作为输入，并且总是可终止的，产生一个正确的"是"或"非"的输出。对谓词逻辑中的判定问题，程序的输入是谓词逻辑的任意公式 ϕ，假如输入公式是有效的，则输出"是"；反之，则输出"否"，那么程序是正确的。注意，对于所有合式输入，求解判定问题的程序必须是可终止的，即不允许永远都在做"思考状"的程序。现有的判定问题是这样的：

谓词逻辑的有效性。给定谓词逻辑中一个逻辑公式 ϕ，$\vDash \phi$ 成立或不成立？

我们现在来证明这个问题是不可解的：我们不能写出对所有公式 ϕ 都正确的 C 或 Java 程序。弄清楚我们陈述的问题是十分重要的。自然，有一些很容易看出是有效的公式 ϕ；另一些很容易看出是无效的。然而还有一些公式 ϕ，并不容易看出它们是有效的还是无效的。原则上讲，如果准备付出异常辛苦的话，每个公式 ϕ 都可以通过验证得出是有效的还是无效的，但是对所有的 ϕ，不存在一个统一的可机械执行的程序能够判定 ϕ 是否有效。

我们用称为问题归约法（problem reduction）的著名技术来证明。即，选择另一个已知是不可解的问题，然后用现在问题的可解性推出被选择问题的可解性。这堪称对证明规则 $\neg i$，$\neg e$ 的完美应用，因为我们利用它推出现在研究的判定问题是不可解的。

已知波斯特对应问题（The Post correspondence problem）是不可解的，它本身非常有趣，而且乍看起来与谓词逻辑没多大关系。

> **波斯特对应问题。** 已知有限序列对 (s_1, t_1)，(s_2, t_2)，$\cdots$，(s_k, t_k)，其中所有的 s_i，t_i 都是正长度的二进制字符串。是否存在下标序列 i_1，i_2，$\cdots$，$i_n (n \geq 1)$，使得字符串的串联 $s_{i1} s_{i2} \cdots s_{im}$ 等于 $t_{i1} t_{i2} \cdots t_{im}$？

下面是该问题能成功求解的一个实例：具体的对应问题实例 C 有三对序列 $C \stackrel{\mathrm{def}}{=} ((1, 101), (10, 00), (011, 11))$，于是

$$s_1 \stackrel{\mathrm{def}}{=} 1 \qquad s_2 \stackrel{\mathrm{def}}{=} 10 \qquad s_3 \stackrel{\mathrm{def}}{=} 011$$

$$t_1 \stackrel{\mathrm{def}}{=} 101 \qquad t_2 \stackrel{\mathrm{def}}{=} 00 \qquad t_3 \stackrel{\mathrm{def}}{=} 11$$

该问题的一个解是下标序列 $(1, 3, 2, 3)$，因为 $s_1 s_3 s_2 s_3$ 和 $t_1 t_3 t_2 t_3$ 都等于 101110011。也许你会以为这个问题确实是可解的，但要记住一个计算解应该是一个可以求解所有这样问题的程序。倘若我们看下面这个（可解的）问题，情况已经变得困难了：

$$s_1 \stackrel{\mathrm{def}}{=} 001 \qquad s_2 \stackrel{\mathrm{def}}{=} 01 \qquad s_3 \stackrel{\mathrm{def}}{=} 01 \qquad s_4 \stackrel{\mathrm{def}}{=} 10$$

$$t_1 \stackrel{\mathrm{def}}{=} 0 \qquad t_2 \stackrel{\mathrm{def}}{=} 011 \qquad t_3 \stackrel{\mathrm{def}}{=} 101 \qquad t_4 \stackrel{\mathrm{def}}{=} 001$$

现在要求用手算或写出这个特殊问题的程序。

注意，在下标序列里，同样的数字可以多次出现，就像在第一个例子里 3 出现了两次。这意味着我们要处理的搜索空间是无限的。这也许给了我们某些提示：这个问题是不可解的。然而在本书里，我们不形式地证明这个问题。下面定理的证明由数学家 A. Church 作出。

定理 2.22 谓词逻辑中的有效性判定问题是不可判定的：不存在对任意给定的 ϕ，判定 $\vDash \phi$ 是否成立的程序。

证明 如前所述，假设谓词逻辑的有效性是可判定的，因此求解（不可解的）波斯特对应问题。已知对应问题的实例 C：

$$s_1 \, s_2 \cdots s_k$$

$$t_1 \, t_2 \cdots t_k$$

我们需要在有限的空间和时间里，构建对所有实例都一致的谓词逻辑公式 ϕ，使得 $\vDash \phi$ 成立，当且仅当波斯特对应问题 C 有一个解。

作为函数符号，选择一个常量 e，以及两个需要一个自变数的函数符号 f_0 和 f_1。把 e 视为空位符串或空字，f_0 和 f_1 分别代表与 0 和 1 拼接。所以，若 $b_1 b_2 \cdots b_l$ 是二进制位的字符串，将它编码为项 $f_{b_l}(f_{b_{l-1}} \cdots (f_{b_2}(f_{b_1}(e))) \cdots)$。注意，这个编码的拼写顺序是从前向后的。为了便于阅读那些公式，将 $f_{b_l}(f_{b_{l-1}} \cdots (f_{b_2}(f_{b_1}(t))) \cdots)$ 简写为 $f_{b_1 b_2} \cdots b_l(t)$。

现在需要一个有两个变量的谓词符号 P。$P(s, t)$ 要表达的含义是存在某个下标序列 $(i_1, i_2, \cdots, i_m)$，使得 s 是表示 $s_{i_1} s_{i_2} \cdots s_{i_m}$ 的项，t 是表示 $t_{i_1} t_{i_2} \cdots t_{i_m}$ 的项。因此，s 和 t 一样，使用同样的下标序列构造出一个位串；只是 s 使用 s_i，而 t 使用 t_i。

语句 ϕ 有一个粗的结构 $\phi_1 \wedge \phi_2 \rightarrow \phi_3$，其中，设

$$\phi_1 \stackrel{\text{def}}{=} \bigwedge_{i=1}^{k} P(f_{s_i}(e), f_{t_i}(e))$$

$$\phi_2 \stackrel{\text{def}}{=} \forall v \ \forall w \left(P(v,w) \to \bigwedge_{i=1}^{k} P(f_{s_i}(v), f_{t_i}(w)) \right)$$

$$\phi_3 \stackrel{\text{def}}{=} \exists z \ P(z,z)$$

论断 $\vDash \phi$ 成立，当且仅当波斯特对应问题 C 有解。

首先假设 $\vDash \phi$ 成立。我们的策略是寻找一个 ϕ 的模型，通过观察满足这个特殊模型的 ϕ 的含义，可以知道波斯特对应问题 C 有解。该模型中的具体值 A 的论域是所有有限的二进制串的集合（包含记为 ε 的空串）。

常量 e 的解释 $e^{\mathcal{M}}$ 就是空串 ε。f_0 的解释是一元函数 $f_0^{\mathcal{M}}$，含义是在给定的位串后面加一个零，即 $f_0^{\mathcal{M}}(s) \stackrel{\text{def}}{=} s0$；类似地，$f_1^{\mathcal{M}}(s) \stackrel{\text{def}}{=} s1$ 在给定的位串后面加 1。P 在 $\mathcal{M}$ 上的解释正如我们所期待的那样：

$$P^{\mathcal{M}} \stackrel{\text{def}}{=} \{(s, t) \mid \text{存在指标序列} (i_1, i_2, \cdots, i_m), \text{使得} s \text{ 等于 } s_{i_1}s_{i_2}\cdots s_{i_m}, t \text{ 等于 } t_{i_1}t_{i_2}\cdots t_{i_m}\}$$

其中 s 和 t 是二进制串，而 s_i 和 t_i 是波斯特对应问题 C 中的数据。二进制串对 (s, t) 属于 $P^{\mathcal{M}}$ 当且仅当用相同的下标序列 $(i_1, i_2, \cdots, i_m)$，s 和 t 分别用相应的 s_i 和 t_i 拼接得到。

因为 $\vDash \phi$ 成立，可以推出 $\mathcal{M} \vDash \phi$ 也成立。我们断言 $\mathcal{M} \vDash \phi_2$ 也成立，其含义为：只要 (s, t) 属于 $P^{\mathcal{M}}$，则对 $i = 1, 2, \cdots, k$，序对 $(s\,s_i, t\,t_i)$ 也属于 $P^{\mathcal{M}}$（可以通过考察 $P^{\mathcal{M}}$ 的定义来验证）。现在 $(s, t) \in P^{\mathcal{M}}$ 意味着存在某个序列 $(i_1, i_2, \cdots, i_m)$，使得 s 等于 $s_{i_1}s_{i_2}\cdots s_{i_m}$，$t$ 等于 $t_{i_1}t_{i_2}\cdots t_{i_m}$。我们只需选择一个新的序列 $(i_1, i_2, \cdots, i_m, i)$，得到 $s\,s_i$ 等于 $s_{i_1}s_{i_2}\cdots s_{i_m}s_i$，$t\,t_i$ 等于 $t_{i_1}t_{i_2}\cdots t_{i_m}t_i$，因此，证明 $\mathcal{M} \vDash \phi_2$ 也成立。（为什么 $\mathcal{M} \vDash \phi_1$ 成立？）

因为 $\mathcal{M} \vDash \phi_1 \wedge \phi_2 \to \phi_3$ 和 $\mathcal{M} \vDash \phi_1 \wedge \phi_2$ 成立，因此，$\mathcal{M} \vDash \phi_3$ 也成立。根据 ϕ_3 和 $P^{\mathcal{M}}$ 的定义，这个事实告诉我们问题 C 存在解。

反之，假设波斯特对应问题 C 有解，即下标序列 $(i_1, i_2, \cdots, i_n)$。现在，我们必须证明：若 $\mathcal{M}'$ 是含有常量 $e^{\mathcal{M}'}$、两个一元函数 $f_0^{\mathcal{M}'}$ 和 $f_1^{\mathcal{M}'}$，以及二元谓词 $P^{\mathcal{M}'}$ 的任意模型，则它必须满足 ϕ。注意 ϕ 的语法分析树的根节点是一个蕴涵关系，所以它是 $\mathcal{M}' \vDash \phi$ 定义中的关键子句。根据这个定义，如果 $\mathcal{M}' \nvDash \phi_1$ 或 $\mathcal{M}' \nvDash \phi_2$，则问题得到解决。因此，比较难的部分是情形 $\mathcal{M}' \vDash \phi_1 \wedge \phi_2$，在这种情形还要证明 $\mathcal{M}' \vDash \phi_3$。这里我们采取在模型 $\mathcal{M}'$ 的值集合 A' 的域中解释有限的二进制串。这和一种编程语言在另一种语言的解释器的编码是不一样的。这个解释通过一个在有限二进制串数据结构递归定义的函数 **interpret** 来完成：

$$\textbf{interpret}(\varepsilon) \stackrel{\text{def}}{=} e^{\mathcal{M}'}$$

$$\textbf{interpret}(s0) \stackrel{\text{def}}{=} f_0^{\mathcal{M}'}(\textbf{interpret}(s))$$

$$\textbf{interpret}(s1) \stackrel{\text{def}}{=} f_1^{\mathcal{M}'}(\textbf{interpret}(s))$$

注意，**interpret**(s) 对 s 的长度递归定义。同上述编码一样，这个解释是从前向后的。例如字符串 0100110 解释为 $f_0^{\mathcal{M}'}(f_1^{\mathcal{M}'}(f_1^{\mathcal{M}'}(f_0^{\mathcal{M}'}(f_0^{\mathcal{M}'}(f_1^{\mathcal{M}'}(f_0^{\mathcal{M}'}(e^{\mathcal{M}'})))))))$。注意 $\textbf{interpret}(b_1b_2\cdots b_l) = f_{b_l}^{\mathcal{M}'}(f_{b_{l-1}}^{\mathcal{M}'}(\cdots(f_{b_1}(e^{\mathcal{M}'})\cdots)))$ 正是 A' 中 $f_s(e)$ 的含义，其中 s 等于 $b_1b_2\cdots b_l$。利用这一点和事实 $\mathcal{M}' \vDash \phi_1$，我们得出，对 $i = 1, 2, \cdots, k$，$(\textbf{interpret}(s_i), \textbf{interpret}(t_i)) \in P^{\mathcal{M}'}$。类似地，因为 $\mathcal{M}' \vDash \phi_2$，我们知道，对所有 $(s, t) \in P^{\mathcal{M}'}$，$i = 1, 2, \cdots, k$，有 $(\textbf{interpret}(ss_i), \textbf{interpret}(tt_i)) \in P^{\mathcal{M}'}$。利用这两个事实，从 $(s, t) = (s_{i_1}, t_{i_1})$ 开始，反复使用后面这个观察，得到

$$(\mathbf{interpret}(s_{i_1}s_{i_2}\cdots s_{i_n}),\mathbf{interpret}(t_{i_1}t_{i_2}\cdots t_{i_n}))\in P^{\mathcal{M}'}\qquad(2\text{-}9)$$

因为 $s_{i_1}s_{i_2}\cdots s_{i_n}$ 和 $t_{i_1}t_{i_2}\cdots t_{i_n}$ 一起形成了 C 的一个解，所以它们是相等的。因此 $\mathbf{interpret}(s_{i_1}s_{i_2}\cdots s_{i_n})$ 和 $\mathbf{interpret}(t_{i_1}t_{i_2}\cdots t_{i_n})$ 是 A' 中的相同元素，因为相同内容的解释带来相同的结果。所以式 (2-9) 证明了在 $\mathcal{M}'$ 中，$\exists z P(z,z)$，于是 $\mathcal{M}'\vDash\phi_3$。　□

现在我们还可以非常容易地得到两个否定结果。回忆一下，公式 ϕ 是可满足的，是指存在某个模型 $\mathcal{M}$ 和环境 l 使得 $\mathcal{M}\vDash_l\phi$ 成立。这个性质并非想当然成立的。公式 $\exists x(P(x)\wedge\neg P(x))$ 显然是不可满足的。更有趣的是我们通过观察得到：ϕ 是不可满足的当且仅当 $\neg\phi$ 是有效的，即 $\neg\phi$ 在所有模型里都成立。这是否定 $\mathcal{M}\vDash_l\neg\phi$ 定义子句的直接结果。由于我们不能计算有效性，所以也不能计算可满足性。

另一个不可判定性结果来自下面具有特殊形式的命题的谓词逻辑的合理性和完备性：

$$\vDash\phi\text{ 成立，当且仅当}\vdash\phi\qquad(2\text{-}10)$$

本书不做证明。对式 (2-10)，不能判定有效性，所以也不能判定可证性 (provability)。我们应该对这个否定结果有所思索。如果要得到一个完美的定理证明器——它可以机械地产生或推翻一个给定公式的证明，那么，这不是个好消息。然而，如果能够给机器一些人为帮助，这个结果还是不错的。因为把这个工作留给机器来做是不可行的，毕竟机器的创造力是有限的。

2.6　谓词逻辑的表达能力

谓词逻辑比命题逻辑有更强的表达能力，它有谓词、函数符号和量词符号。这种强大的表达能力是以牺牲有效性，可满足性和可证明性的不可判定为代价的。然而，好消息是关于模型的公式检测是实用的；关系数据库的 SQL 查询和 XML 文档的 XQuery 都是体现这种实用性的例子。

软件模型、设计标准和硬件或程序的执行模型经常通过有向图概念来描述。这样的模型 $\mathcal{M}$ 就是定义在具体"状态"集合 A 上的二元谓词 R 的解释。

例 2.23　给定状态集合 $A=\{s_0,s_1,s_2,s_3\}$，令 $R^{\mathcal{M}}$ 是集合 $\{(s_0,s_1),(s_1,s_0),(s_1,s_1),(s_1,s_2),(s_2,s_0),(s_3,s_0),(s_3,s_2)\}$。通过图 2-5 所示的有向图描述这个模型，当且仅当 $(s,s')\in R^{\mathcal{M}}$，存在一条从节点 s 到节点 s' 的边。在这种情形下，通常记做 $s\to s'$。

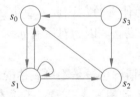

图 2-5　一个有向图，是两个参量的谓词符号 R 的模型 $\mathcal{M}$。一个节点对 (n,n') 在 R 的解释 $R^{\mathcal{M}}$ 中，当且仅当图中有一个从节点 n 到节点 n' 的迁移 (边)

许多应用的有效性均要求证明从一个"好"状态不能到达一个"坏"状态。而"好"和"坏"的含义取决于所讨论的问题。例如，一个好状态可以是一个整数表达式，如 $x*(y-1)$，赋予一个安全指标——长为 10 的数组 a。一个坏状态则赋予非安全值，如将这个整数表达式赋以不安全的值 11，导致"溢出例外"。本质上讲，判断一个好状态是否会转化为一个坏的状态是有向图中的可达性 (reachability) 问题。

可达性：给定有向图中的节点 n 和 n'，是否存在从 n 到 n' 的有限长度的迁移路径？

在图 2-5 中，从状态 s_0 出发，s_2 是可达的，即通过路径 $s_0 \rightarrow s_1 \rightarrow s_2$。约定每个状态都有长度为零的路径到达它本身。然而，状态 s_3 从 s_0 是不可达的，从 s_0 出发，只有状态 s_0、s_1 和 s_2 是可达的。了解这个概念的明显重要性之后，能否在谓词逻辑中表示可达性问题呢？毕竟谓词逻辑的表达能力如此之强，以至于它是不可判定的。将这个问题说得更精确些：能否找到仅以 u 和 v 为仅有自由变量的谓词逻辑公式 ϕ 和仅有的二元谓词符号 R，使得 ϕ 在有向图中成立当且仅当有向图中存在一条从与 u 相对应的节点到与 v 相对应的节点的路径。例如，我们可以尝试写：

$$u = v \vee \exists x (R(u, x) \wedge R(x, v)) \vee \exists x_1 \exists x_2 (R(u, x_1) \wedge R(x_1, x_2) \wedge R(x_2, v)) \vee \cdots$$

这个公式是没有尽头的，所以它不是一个合式公式。问题在于：能否找到具有相同含义的合式公式？

令人吃惊的是，这是不可行的。为了证明这一点，需要记录一个谓词逻辑自然演绎完备性的一个重要结论。

定理 2.24（紧致性定理） 设 Γ 是谓词逻辑的一个语句集合。若 Γ 的所有有限子集都是可满足的，则 Γ 也是可满足的。

证明 用反证法证明：假设 Γ 是不可满足的，那么语义推导 $\Gamma \vDash \bot$ 成立，因为没有模型使所有的 $\phi \in \Gamma$ 都为真。由完备性，这意味着矢列 $\Gamma \vdash \bot$ 是有效的。（注意，这里用到了关于矢列的更一般的概念，可以处理无限多个前提。合理性和完备性依然为真。）因此，在自然演绎中，这个矢列有一个证明；只能是上下文的一个有限片段，只能使用 Γ 中有限个前提集合 Δ。但是 $\Delta \vdash \bot$ 也是有效的，因此，由合理性，有 $\Delta \vDash \bot$。但是后者与 Γ 的所有有限子集都是可满足的矛盾。 □

由这个定理，可以导出一些有用的方法。我们介绍一个保证无穷大模型存在的技术。

定理 2.25（Löwenheim-Skolem 定理） 设 ψ 是谓词逻辑的一个语句，对任何自然数 $n \geq 1$，存在 ψ 的至少有 n 个元素的模型。则 ψ 有无限个元素的模型。

证明 公式 $\phi_n \overset{\text{def}}{=} \exists x_1 \exists x_2 \cdots \exists x_n \wedge_{1 \leq i < j \leq n} \neg (x_i = x_j)$ 说明至少有 n 个元素。考虑语句集合 $\Gamma \overset{\text{def}}{=} \{\psi\} \cup \{\phi_n \mid n \geq 1\}$，并设 Δ 是其任意一个有限子集。设 $k \geq 1$ 满足：对所有使 $\phi_n \in \Delta$ 的 n，$n \leq k$。因为后一个集合是有限的，所以 k 必然存在。由假设，$\{\psi, \phi_k\}$ 是可满足的；但对所有 $n \leq k$，$\phi_k \rightarrow \phi_n$ 是有效的（为什么？）。因此，Δ 也是可满足的。紧致性定理蕴涵：某个模型 $\mathcal{M}$ 满足 Γ；特别地，$\mathcal{M} \vDash \psi$ 成立。因为对所有 $n \geq 1$，$\mathcal{M}$ 满足 ϕ_n，所以 $\mathcal{M}$ 不可能只有有限个元素。 □

现在我们可以证明，可达性用谓词逻辑是不可表达的。

定理 2.26 可达性用谓词逻辑是不可表达的：不存在仅以 u 和 v 为自由变量且仅有一个二元谓词符号 R 的谓词逻辑公式 ϕ，使得 ϕ 在有向图中成立当且仅当该有向图中存在一条从伴随 u 的节点到伴随 v 的节点的路径。

证明 假设存在一个公式 ϕ，满足存在一条从与 u 相伴的节点到与 v 相伴的节点的路径。设 c 和 c' 是常量，设 ϕ_n 是公式，表达存在一条从 c 到 c' 的长度为 n 的路径：我们定义 ϕ_0 为 $c = c'$，ϕ_1 是 $R(c, c')$，且对 $n > 1$，定义

$$\phi_n \overset{\text{def}}{=} \exists x_1 \cdots \exists x_{n-1} (R(c, x_1) \wedge R(x_1, x_2) \wedge \cdots \wedge R(x_{n-1}, c'))$$

令 $\Delta = \{\neg \phi_i \mid i \geq 0\} \cup \{\phi[c/u][c'/v]\}$。$\Delta$ 中的所有公式都是语句且 Δ 是不可满足的，因为 Δ 中所有语句的"合取"说的是不存在长度为 0、1、…的从标识为 c 的节点到标识为 c' 的

节点的路径，但存在一条从 c 到 c' 的有限路径，因为 $\phi[c/u][c'/v]$ 为真。

然而，Δ 的每个有限子集都是可满足的，因为存在任意有限长的路径。因此，由紧致性定理，Δ 本身是可满足的。这是一个矛盾。因此，不存在这样的公式 ϕ。　　　□

2.6.1　存在式二阶逻辑

如果谓词逻辑不能表示图中的可达性，那么怎样才能表达呢？以什么为代价呢？我们寻求谓词逻辑的一种扩展，能说明这个重要性质，而不是从零开始发明一套全新的语法、语义和证明论。要实现这一点，可以通过将量词不仅应用于变量，而且应用于谓词符号。对有 $n \geq 1$ 个参量的谓词符号 P，考虑形如

$$\exists P\,\phi \tag{2-11}$$

的公式，其中 ϕ 是出现谓词 P 的一个谓词逻辑公式。这种形式的公式就是存在式二阶逻辑（existential second-order logic）的公式。一个二元的例子是：

$$\exists P\ \forall x\ \forall y\ \forall z(C_1 \wedge C_2 \wedge C_3 \wedge C_4) \tag{2-12}$$

其中 C_i 是霍恩子句[⊖]：

$$C_1 \stackrel{\text{def}}{=} P(x,x)$$
$$C_2 \stackrel{\text{def}}{=} P(x,y) \wedge P(y,z) \rightarrow P(x,z)$$
$$C_3 \stackrel{\text{def}}{=} P(u,v) \rightarrow \perp$$
$$C_4 \stackrel{\text{def}}{=} R(x,y) \rightarrow P(x,y)$$

如果把 R 和 P 看成状态集上的两个迁移关系，那么 C_4 的含义是任意 R 边都是 P 边，C_1 说明是 P 是自反的，C_2 指出 P 是传递的，而 C_3 保证了不存在从与 u 相伴的节点到与 v 相伴的节点的 P 路径。

给定一个模型 $\mathcal{M}$，解释式（2-11）中 ϕ 的所有函数与谓词符号，除 P 以外，令 $\mathcal{M}_T$ 是同一个模型，增加了 P 的一个解释 $T \subseteq A \times A$。即 $P^{\mathcal{M}_T} = T$。则对任何查询表 l，$\exists P\,\phi$ 的语义为

$$\mathcal{M} \vDash_l \exists P\,\phi \quad \text{当且仅当} \quad \text{对某个 } T \subseteq A \times A, \quad \mathcal{M}_T \vDash_l \phi \tag{2-13}$$

例 2.27　设 $\exists P\,\phi$ 是公式（2-12），考虑例 2.23 和图 2-5 的模型 $\mathcal{M}$。设 l 是一个查询表，满足 $l(u)=s_0$ 和 $l(v)=s_3$。$\mathcal{M} \vDash_l \exists P\,\phi$ 成立吗？为此，需要 P 的解释 $T \subseteq A \times A$，使得 $\mathcal{M}_T \vDash_l$ $\forall x \forall y \forall x(C_1 \wedge C_2 \wedge C_3 \wedge C_4)$ 成立。即：需要找一个自反和传递关系 $T \subseteq A \times A$，它包含 $R^{\mathcal{M}}$，但不包含 (s_0, s_3)。试验证 $T \stackrel{\text{def}}{=} \{(s,\,s') \in A \times A \mid s' \neq s_3\} \cup \{(s_3, s_3)\}$ 就是这样的 T。因此，$\mathcal{M} \vDash_l \exists P\,\phi$ 成立。

在练习中要求你证明公式（2-12）在有向图中成立，当且仅当该图中不存在从节点 $l(u)$ 到节点 $l(v)$ 的一条有限路径。因此，这个公式说明了不可达性。

2.6.2　全称式二阶逻辑

当然，我们可以否定式（2-12），并由熟知的德·摩根定律得到

$$\forall P\ \exists x \exists y \exists z(\neg C_1 \vee \neg C_2 \vee \neg C_3 \vee \neg C_4) \tag{2-14}$$

这是一个全称式二阶逻辑（universal second-order logic）的公式。该公式表达了可达性。

定理 2.28　设 $\mathcal{M}=(A,\,R^{\mathcal{M}})$ 是任意模型，则式（2-14）在 $\mathcal{M}$ 中查询表 l 下成立，当且仅

　⊖　意思是：在所有原子子公式被命题原子所替代后的霍恩子句。

当在 $\mathcal{M}$ 中，从 $l(u)$ 出发，$l(v)$ 是 R 可达的。

证明

1. 首先，假设对 P 的所有解释 T，$\mathcal{M}_T \vDash_l \exists x \exists y \exists z(\neg C_1 \vee \neg C_2 \vee \neg C_3 \vee \neg C_4)$ 成立。那么，对 R^M 的自反、传递闭包解释也成立。但对这个 T，仅当 $\mathcal{M}_T \vDash_l C_3$ 成立，则 $\mathcal{M}_T \vDash_l \exists x \exists y \exists z(\neg C_1 \vee \neg C_2 \vee \neg C_3 \vee \neg C_4)$ 必成立，而其他子句 $\neg C_i (i \neq 3)$ 都是假的。但这意味着 $\mathcal{M}_T \vDash_l P(u, v)$ 必须成立。所以，$(l(u)$, $l(v)) \in T$ 成立，即存在从 $l(u)$ 到 $l(v)$ 的有限路径。

2. 反之，设在 $\mathcal{M}$ 中，从 $l(u)$ 出发，$l(v)$ 是 R 可达的。

- 对 P 的任何非自反、非传递或不包含 R^M 的解释 T，关系 $\mathcal{M}_T \vDash_l \exists x \exists y \exists z(\neg C_1 \vee \neg C_2 \vee \neg C_3 \vee \neg C_4)$ 成立，因为 T 使子句 $\neg C_1$，$\neg C_2$ 或 $\neg C_4$ 成立。

- 另一种可能性是：T 是包含 R^M 的自反、传递关系，则 T 包含 R^M 的自反传递闭包。由假设，$(l(u)$, $l(v))$ 在该闭包中。因此，在查询表 l 下的解释 T 中，$\neg C_3$ 为真，故，$\mathcal{M}_T \vDash_l \exists x \exists y \exists z (\neg C_1 \vee \neg C_2 \vee \neg C_3 \vee \neg C_4)$ 成立。

  总之，对所有解释 $T \subseteq A \times A$，$\mathcal{M}_T \vDash_l \exists x \exists y \exists z(\neg C_1 \vee \neg C_2 \vee \neg C_3 \vee \neg C_4)$ 都成立。因此，$\mathcal{M} \vDash_l \forall P \exists x \exists y \exists z(\neg C_1 \vee \neg C_2 \vee \neg C_3 \vee \neg C_4)$ 成立。 □

证明可达性也能用存在式二阶逻辑表达超出了本书的范围，但它确实是成立的。确定存在式二阶逻辑在否定下是否封闭（即对所有这样的公式 $\exists P \phi$，是否有存在式二阶逻辑的公式 $\exists Q \psi$，使得后者语义等价于前者的否定）是一个重要的未解决问题。

如果允许同一个公式中将存在和全称量词都用于谓词符号，就会得到一种功能完整的二阶逻辑，例如：

$$\exists P \forall Q(\forall x \forall y(Q(x,y) \rightarrow Q(y,x)) \rightarrow \forall u \forall v(Q(u,v) \rightarrow P(u,v))) \tag{2-15}$$

$\exists P \forall Q(\forall x \forall y(Q(x, y) \rightarrow Q(y, x)) \rightarrow \forall u \forall v(Q(u, v) \rightarrow P(u, v)))$ 成立，当且仅当存在某个 T，对所有 U，有 $(\mathcal{M}_T)_U \vDash \forall x \forall y(Q(x, y) \rightarrow Q(y, x)) \rightarrow \forall u \forall v(Q(u, v) \rightarrow P(u, v))$。后者是一阶逻辑中的一个模型检测。

如果对关系的关系取量词，就得到三阶逻辑，等等。高阶逻辑设计要求我们格外谨慎。像完备性和紧致性这样的典型结果可能很快就不再成立。更糟糕的是，一个朴素的高阶逻辑在元逻辑级（meta-level）上可能是不相容的。相关的问题在朴素集合论中曾经出现过，例如，试图将"集合" A 定义为那些不包含本身作为一个元素的集合 X 为元素的元：

$$A \stackrel{\text{def}}{=} \{X \mid X \notin X\} \tag{2-16}$$

本书我们不研究高阶逻辑，但要强调，许多定理证明器或演绎框架依赖于高阶逻辑的框架。

2.7   软件的微观模型

到目前为止，我们发展的两个中心概念是：

- 模型检测（model checking）：给定谓词逻辑的一个公式 ϕ 和一个相匹配的模型 $\mathcal{M}$，确定 $\mathcal{M} \vDash \phi$ 是否成立；
- 语义推导（semantic entailment）：给定谓词逻辑的一个公式集 Γ，确定 $\Gamma \vDash \phi$ 是否有效？

在软件的建模和推理中如何应用这些概念？对语义推导的情形，Γ 应该包含对一项软件设计所提出的所有需求，而 ϕ 可以满足需求 Γ 的任何实现都成立的某个性质。这样，语义推导与软件规范和有效性很好地匹配。不过一般情况下，这是不可判定的。由于模型检测是可判定的，为什么不把所有需求都放入模型 $\mathcal{M}$ 中，然后检测 $\mathcal{M} \vDash \phi$ 呢？这种处理的困难之处在于：通过将问题推给一个特殊的模型 $\mathcal{M}$，将许多并非需求组成部分的细节也推托了。典型情况是，该模型会实例化很多与需求无关的参量。从这个观点看，语义推导更好些，因为它允许对不同的参数值使用不同的模型。

我们寻求一种能将语义推导和模型检测的优势结合在一起的方法。从需求中抽取数量相对较少的小模型，检测它们满足所要证明的性质 ϕ。这种满足检测具有模型检测的易处理性，而在一组（相对小的）模型的范围进行允许我们考虑在需求中未设置的参量的不同值。

这种处理在一种叫作 Alloy（来自 D. Jackson）的工具中得到了实现。所考虑的模型就是他所说的软件微模型（micromodel）。

2.7.1　状态机

重新考察例 2.15 来解释这种方法。它的模型是含有 $\mathcal{F}=\{i\}$ 和 $\mathcal{P}=\{R,\ F\}$ 的状态机（state machine），其中 i 是常量，F 是一元谓词符号，R 是二元谓词符号。一个（具体）模型 $\mathcal{M}$ 包含具体元素的集合 A——它可以是计算机程序状态的集合。解释 $i^M\in A$，$R^M\in A*A$ 和 $F^M\subseteq A$ 分别理解为一个指定的初始状态、状态迁移关系和一个终止（可接受）状态集。模型 $\mathcal{M}$ 是具体的，因为没有什么未明确的内容，故所有的检测 $\mathcal{M}\models\phi$ 都有确定的答案：成立，或者不成立。

在实践中，我们并不能事先知道一个软件系统的所有功能或其他需求，它们很可能在软件系统的生存期中变化。例如，我们可能不知道究竟有多少个状态；在实现中有些迁移是强制的，有些迁移是可选的。从概念上，我们寻求某个软件系统的所有适应实现 $M_i(I\in I)$ 的一个描述 $\mathcal{M}$。给定某个相匹配的性质 ψ，则我们想知道：

- ［论断检测（assertion checking）］在所有的实现 $M_i\in\mathcal{M}$ 中，ψ 是否成立。
- ［相容性检测（consistency checking）］在某个实现 $M_i\in\mathcal{M}$ 中，ψ 是否成立。

例如，设 $\mathcal{M}$ 是上述状态机的所有具体模型的集合。一个可能的论断检测 ψ 是："终止状态绝不是初始状态"。相容性检测 ψ 的一个例子是："存在一个状态机，它包含非终止但死锁的状态"。

如前面注意到的，若 $\mathcal{M}$ 是所有状态机的集合，则检测性质将是不可判定的风险，至少是难以处理的。若 $\mathcal{M}$ 仅由一个模型构成，则检测性质将是可决定的；但一个单独的模型是不够充分的。这使我们实例化一些不属于状态机需求部分的参量，诸如其规模和细节构造。一个更好的想法是对模型的规模确定一个有限界，并检测满足需求的这种规模的所有模型是否也满足所考虑的性质。

- 如果得到肯定的答案，我们多少会相信该性质在所有模型中都成立。此时，答案不是结论性的，因为可能存在不具有该性质的更大的模型，但无论如何，肯定答案让我们有了一些信心。
- 如果得到否定的答案，则我们找到了 $\mathcal{M}$ 中与性质冲突的一个模型。此时，我们有结论性的答案，并可以考察问题中的模型。

D. Jackson 的小范围假设（small scope hypothesis）说明：否定答案趋于已经出现在小模型，这增加了我们得到肯定答案的信心。这里用 Alloy 写的关于状态机的需求 $\mathcal{M}$：

```
sig State {}

sig StateMachine {
  A : set State,
  i : A,
  F : set A,
  R : A -> A
}
```

这个模型说明两个基调（signature）。基调 State 是简单的，没有内部结构，记作 {}。尽管真正系统的状态很可能有内部结构，但 Alloy 声明将其抽象了。第二个基调 StateMachine 有内部复合结构，即每个状态机有一个状态集 A、来自 A 的初始状态 i 和来自 A 的终止状态集合 F，以及一个类型为 A->A 的迁移关系 R。若将->解释为笛卡儿积×，我们发现这样的内部结构不过是例 2.15 所需要的结构信息。状态机的具体模型是基调 StateMachine 的实例。将基调视为集合是有用的，集合的元素是该基调的实例。元素具有其所在的基调所声明的所有结构。

给定这些基调，可以对断言进行编码和检测：

```
assert FinalNotInitial {
  all M : StateMachine | no M.i & M.F
} check FinalNotIntial for 3 but 1 StateMachine
```

这段代码声明了一个名为 FinalNotInitial 的断言，其主体说明：对类型为 Statemachine 的所有模型 M，性质 no M.i & M.F 是真的。将 & 理解为集合的交，且 no S(S 不存在)理解为"集合 S 为空"。Alloy 将元素 a 和单点集 {a} 等同，故这个集合交有良好类型。关系运算符，使我们可以访问状态机的内部成分：M.i 是 M 的初始状态，而 M.F 是其终止状态集，等等。因此，表达式 no M.i & M.F 叙述的是："M 的初始状态不会是 M 的终止状态。"最后，check 指令通知 Alloy 分析器尝试寻求断言 FinalNotInitial 的一个反例，对每个基调它最多有三个元素，除了最多有一个元素的 StateMachine。

Alloy 断言检测的结果如图 2-7 所示。这种可视化使用了我们习惯的 i 和 F 分别表示初始状态和终止状态。此例中，迁移关系显示为标记图，而且只有一个迁移关系(从 State_ 0 回到 State_ 0)。请验证：这是断言 FinalNotInitial 在指定区域范围内的一个反例。Alloy 的 GUI 允许寻求附加的证据(这里就是反例)，如果它们存在的话。

类似地，我们可以检测状态机与模型的相容性质。Alloy 使用关键词 fun 表示相容性检测(参见图 2-6)。例如：

```
fun AGuidedSimulation(M : StateMachine, s : M.A) {
  no s.(M.R)
  not s in M.F
  # M.A = 3
} run AGiudedSimulation for 3 but 1 StateMachine
```

```
module AboutStateMachines

sig State {}        -- simple states

sig StateMachine { -- composite state machines
  A : set State,   -- set of states of a state machine
  i : A,           -- initial state of a state machine
  F : set A,       -- set of final states of a state machine
  R : A -> A       -- transition relation of a state machine
}

-- Claim that final states are never initial: false.
assert FinalNotInitial {
  all M : StateMachine | no M.i & M.F
} check FinalNotInitial for 3 but 1 StateMachine

-- Is there a three-state machine with a non-final deadlock? True.
fun AGuidedSimulation(M : StateMachine, s : M.A) {
  no s.(M.R)
  not s in M.F
  # M.A = 3
} run AGuidedSimulation for 3 but 1 StateMachine
```

图 2-6　对一个断言和一个相容性检测的状态机模型的完整的 Alloy 模块。

间隔符"--"为同一行的内容作注释

图 2-7   Alloy 分析器在指定的范围内寻找状态机模型(只有一个迁移),使得断言
FinalNotInitial 为假:初始状态 **State_2** 也是终止状态

这个相容性检测命名为 AGuidedSimulation,其后跟随参量/类型对的有限序表。第一个参量是类型为 StateMachine 的 M,第二个是类型为 M.A 的 s,即 s 是 M 的一个状态。相容性检测的主体是约束(此处为三个,这些约束是隐含相连的)的有限表。在这种情形下,要找到一个具有参量 M 和 s 的实例模型,使得 s 是 M 的非终止状态,第二个约束 not s in M.F 加上类型信息 s:M.A;而且不存在从 s 出发的迁移,第一个约束 no s.(M.R)。

后者需要进一步的解释。关键词 no 表示"不存在";这里将其应用于集合 s.(M.R),表示 s.(M.R) 中没有元素。因为 M.R 是 M 的迁移关系,需要了解 s.(M.R) 如何构造一个集合。好了,s 是 M.A 的一个元素,且 M.R 的类型为 M.A -> M.A。因此,我们可以形成所有元素 s' 的集合,使得存在从 s 到 s' 的 M.R 迁移;这就是集合 s.(M.R)。第三个约束说集合 M 恰好有三个状态:在 Alloy 中,#S = k 声明集合 S 中恰好有 k 个元素。

run 指令指示对至多一个状态机和至多三个状态,检测 AGuidedSimulation 的相容性;Alloy 的约束分析器返回图 2-8 所示的证据(此处是一个例子)。请验证这个证据满足相容性检测的所有约束,而且在指定的范围内。

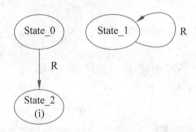

图 2-8   Alloy 的分析者在指定区域内寻找一个状态机模型,使得相容性检测
AGuideSimulation 是真的:存在一个非终止死锁状态,这里指 **State_2**

这两个检测的状态机的完全模型描述在图 2-6 中。关键词加名字 Module AboutStateMachines 识别了这个在指定范围内的模型 $\mathcal{M}$,这有力地建议 Alloy 是一个模块化规范和分析平台。

2.7.2   Alma 重观

回顾例 2.19 的模型,有三个元素,而且不满足式(2-8)。现在我们可以用 Alloy 写一个模块,用来检测是否所有更小的模型都必须满足式(2-8)。代码在图 2-9 中给出。它命名了模块 AboutAlma,并定义了一个类型为 person 的简单基调。然后,它声明了基调 SoapOpera(肥皂剧),有一个 cast(主演)——类型为 person 的集合,指定的 cast 成员 alma,以及类型为 cast-> cast 的关系 loves。我们在至多有两个人和至多一部肥皂剧的范围内检测断言 OfLovers。该断言的主体是式(2-8)的类型化版本,因此值得更仔细地考察:

```
module AboutAlma

sig Person {}

sig SoapOpera {
  cast : set Person,
  alma : cast,
  loves : cast -> cast
}

assert OfLovers {
  all S : SoapOpera |
    with S {
      all x, y : cast |
        alma in x.loves && x in y.loves => not alma in y.loves
    }
}
check OfLovers for 2 but 1 SoapOpera
```

图 2-9　在这个模块中，OfLoves 的分析检测是否存在一个 ≤2 个人和 ≤1
部肥皂剧的模型，使得式(2-8)的询问是假的

1. 形为 all x : T | F 的表达式对类型为 T 的所有实例 x，公式 F 为真。故断言：对所有肥皂剧 S，with S {…} 是真的。

2. 表达式 with S {…} 是一种方便的记号，允许在花括号内，用 loves 和 cast 分别代替必需的 S.loves 和 S.cast。

3. 其主体…叙述的是：对 S 的主演中所有的 x 和 y，若 x 爱 alma，y 爱 x，那么，符号 => 表示蕴涵：y 不爱 alma。

Alloy 的分析寻找这个断言的一个反例，如图 2-10 所示。它是一个反例，因为 alma 是她自己的情人，因此，也是她的情人的情人之一。表面上看，我们并没有详细说明模型：我们隐含地做了特定领域的假设：自爱产生嫉妒和偏执的可怜迹象，但在我们的 Alloy 模块中，并没有排除自爱。为了弥补这个缺陷，可以给模块加上一个 fact(事实)，事实有名字，而且限制可能的模型集合：只对满足该模块的所有事实的具体模型进行断言和相容性检测。将声明：

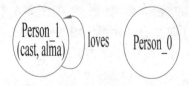

图 2-10　Alloy 分析器寻找公式(2-8)的一个反例：Alma 是仅有的主演成员，而且爱她自己

```
fact NoSelfLove {
  all S : SoapOpera, p : S.cast | not p in p.(S.loves)
}
```

加到模块 AboutAlma，强制任何肥皂剧的主演成员都不能爱自己。重新检测该断言，分析器告诉我们找不到解。这意味着例 2.19 的模型在领域假设出现的前提下是最小的。若保留该事实，但将 check 指令中的 2 改为 3，就得到一个反例，描述在图 2-11 中。你能看出它为什么是一个反例吗？

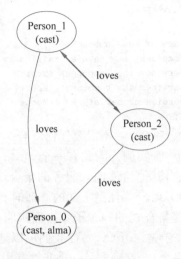

图 2-11　Alloy 分析器寻找公式(2-8)的一个反例，满足有 3 个主演的 NoSelfLove 约束。
双向箭头表示 Person_1 爱 Person_2，反之亦然

2.7.3　软件的微模型

到目前为止，我们使用 Alloy 生成一阶逻辑模型的实例，满足用一阶逻辑公式表达的某些特定约束。现在将 Alloy 及其约束分析器应用于一个更严肃的任务：建模软件系统。期望系统模型所提供的益处有：

1. 它形式地把握静态和动态的系统结构与性能；
2. 它可以验证约束设计空间的相容性；
3. 它是可执行的，因此，允许通过一个潜在的非常复杂的设计空间指导模拟；
4. 它可以增强我们关于所有适当实现的静态和动态方面的论断正确性的信心。

此外，伴随软件产品的形式模型可视为一种可靠性合约(reliability contract)，承诺该软件实现模型的结构和性能，并且期望满足所有经认证的断言。（然而，对极端过分指定的模型，这也许不是非常有用。）

我们将建模一种软件包依赖系统(software package dependency system)。当安装或升级软件包时使用这种系统。系统检测看以库或其他包形式的准备是否满足。软件包依赖系统的需求不是直接的。如大多数计算机用户所知道的，升级过程可能出现多种错误。例如，升级软件包可能涉及替代新版本的共享库。但其他依赖于旧版本共享库的软件包可能会中止运行。

软件包依赖系统用于各种计算机系统中，如 Red Hat Linux，.NET'的 Global Assembly Cache 和其他。用户经常好奇在依赖系统内如何使技术问题得到解决。就现有知识而言，任何特殊的依赖系统都不存在一个公共可用的形式和可执行的模型，使得应用软件程序员在面临这类非平凡的内部技术问题时都可以求助。

在我们的模型中，应用建立在组件之上。组件为其他组件提供服务。服务可以是很多事情。典型地，服务可以是一个方法(程序代码的模块片段)，一个字段项，或者一个类型，例如，面向对象程序设计语言中一个类的类型。典型地，组件要求输入来自其他组件的服务。从技术上讲，这种输入服务解决了组件内所有未决的参考，使组件可链接。组件也有名字，也可以有一个特殊服务，称为"main"。

在 Alloy 中，将组件建模为一个基调：

```
sig Component {
  name: Name,            -- name of the component
  main: option Service,  -- component may have a 'main' service
  export: set Service,   -- services the component exports
  import: set Service,   -- services the component imports
  version: Number        -- version number of the component
}{ no import & export }
```

对建模目的而言，基调 Service 和 Name 不需要任何复合结构。基调 Number 以后会得到一个序。组件是 Component 的一个实例，因此有一个 name，它提供给其他组件服务的集合 export，以及它所需要的来自其他组件输入服务的集合 import。最后（但非最不重要的），一个组件有一个版本号 version。注意上面的修饰词 set 和 option 的作用。

声明 i：set S 意味着 i 是集合 S 的一个子集；而声明 i：option S 则表示 i 是集合 S 的至多有一个元素的子集。于是，option 使我们可以建模一个元素，它可以出现（非空单点集），也可以不出现（空集合）。这确实是一种非常有用的能力。最后，声明 i：S 叙述了 i 是 S 的恰好包含一个元素的子集；这实际上指定了一个类型为 S 的数量或元素，因为 Alloy 将元素 a 与集合 $\{a\}$ 等同。

可以通过将 { C } 加入基调声明，对带有 C 的基调的所有实例进行约束。对基调 Component 这样做，其中 C 是约束 no import & export，表明：在所有组件中，import 与 export 的交（&）是空的（no）。

软件包依赖系统（PDS）由集合 components 以及我们后面要说明的其他结构组成：

```
sig PDS {
  components : set Component
...
}{ components.import in components.export }
```

PDS 中主要关心的是其组件集合应该是内聚的（coherent）：在所有时刻，所有其组件的所有输入可以在该 PDS 内服务。对 PDS 的所有实例，通过将约束 components.import in components.export 加入其基调，这种需求得到了加强。这里，components 是组件集合，而 Alloy 将 component.import 的意义定义为所有集合 c.import 的并，其中 c 是 components 的一个元素。因此，需求叙述：对 components 中所有的 c，c 所必需的所有服务也由 components 中的某个组件提供。这恰好是我们所需要的 PDS 的组件集合的完整性约束。注意到这个需求并没有指定哪个组件提供哪种服务；对实现自由而言，这是一个难以接受的强制条件。

给定这种完整性约束，我们可以建模一个 PDS 中组件的安装（加入）和卸除，无须指定 PDS 中的其余结构。这是可能的，因为在这些操作的语境中，可以将 PDS 抽象为其 components 的集合。我们用名为 AddComponent 和三个参数的一个参数化 fun 语句建模将一个组件加入一个 PDS 中。

```
fun AddComponent(P, P': PDS, c: Component) {
  not c in P.components
  P'.components = P.components + c
} run AddComponent for 3
```

此处 P 的意图是先于该操作执行的 PDS，P'在执行后建模 PDS，而 c 则建模待添加的组件。这个意图将参数约束 AddComponent 解释为导致从一个"状态"到另一个"状态"（通过从 PDS P 中除去 c 所得到）的操作。AddComponent 的主体叙述了两个约束，隐含同时满足。于是，这个操作仅适用于组件 c 不在 PDS 组件集合中（not c in P.components；前置条件的一个例子），如果 PDS 仅添加了 c 而不丢失任何其他组件（P'.components = P.components + c；后置条件的一个例子）的情形。

为了体会设计软件系统的复杂性和苦恼，考虑我们的感觉或隐性决策，强制 PDS 的所有实例都有内聚的组件集合。这听起来是个非常好的主意，如果一个"真实"的、有缺陷的 PDS 进入非内聚的状态该怎么办？我们会阻止加入可以恢复其内聚性的组件！因此，我们的模型并不包括诸如修复问题，事实上，这是软件管理的一个重要方面。

组件的删除规范与 AddComponent 非常类似：

```
fun RemoveComponent(P, P': PDS, c: Component) {
  c in P.components
  P'.components = P.components - c
} run RemoveComponent for 3
```

区别仅在于：现在前置条件要求 c 在删除前的 PDS 的组件集合中；而后置条件说明 PDS 失去了组件 c，但没有添加或失去任何其他组件。表达式 S-T 记那些恰好在 S 中，但不在 T 中的"元素"。

接下来要完成 PDS 基调。需要三个附加要求。

1. 关系 schedule 指派给每个 PDS 组件及其任何输入服务，该 PDS 中提供该项服务的一个组件。

2. 由 schedule 导出，得到 PDS 组件之间的关系 requires，它表达了这些组件之间基于 schedule 的依赖关系。

3. 最后，对 PDS 所有实例，加入保证 schedule 和 requires 的完整性和正确性处理的约束。

PDS 的完整基调是：

```
sig PDS {
  components : set Component,
  schedule   : components -> Service ->? components,
  requires   : components -> components
}
```

对任何 P : PDS，表达式 P.schedule 表示类型为 P.components -> Service ->? P.components 的关系。? 是一个重数约束，表示 PDS 的每个组件和每个服务至多与一个组件相关。这将保证调度程序是确定的，而且不调度任何事情——例如，当第一个参量中的组件不需要服务时。在 Alloy 中，还有重数标识? 表示"恰好一个"，以及 + 表示"一个或更多"。不出现标识表示"零个或更多"。例如，requires 声明使用了默认的含义。

如图 2-12 所示，使用 fact 语句进一步约束所有 PDS 的结构和性能。名为 SoundPDSs 的事实对 PDS 的所有实例的约束进行量词化（all P : PDS | …），并使用 with P{…} 来避免形如 P.e 的导航表达式的使用。该事实的主体列出两个约束--1 和--2：

```
fact SoundPDSs {
  all P : PDS |
    with P {
    all c : components, s : Service |   --1
      let c' = c.schedule[s] {
      (some c' iff s in c.import) && (some c' => s in c'.export)
     }
    all c : components | c.requires = c.schedule[Service]   --2
    }
}
```

图 2-12　一个约束了所有 PDS 的状态和调度的事实

--1 在形如 let x = E｛…｝的 let 表达式中叙述了两个约束。这样一个 let 表达式声明 x 在｛…｝中的所有自由出现都等于 E。注意[ ]是点运算符 . 的具有较低优先级的版本，故 s.(c.schedule)是 c.schedule[s]的语法形式。

- 在第一个约束中，组件 c 和一个服务 s 确定了另一个组件 c'的安排（some c'为真当且仅当集合 c'非空）当且仅当 s 实际在 c 的输入集合中。只安排所必需的服务！
- 在第二个约束中，若 c'安排为 c 提供服务 s，则 s 在 c'的输出集中，只能调度能提供所安排服务的组件！

--2 用 schedule 定义 requires：一个组件 c 需要所有安排为 c 提供某种服务的组件。

关于 PDS 的完整 Alloy 模块如图 2-13 所示。利用 Alloy 的约束分析器，我们验证这个设计的所有 fun 语句，尤其是对 PDS 删除和添加组件的操作，是逻辑相容的。

```
module PDS

open std/ord     -- opens specification template for linear order

sig Component {
  name: Name,
  main: option Service,
  export: set Service,
  import: set Service,
  version: Number
}{ no import & export }

sig PDS {
  components: set Component,
  schedule: components -> Service ->? components,
  requires: components -> components
}{ components.import in components.export }

fact SoundPDSs {
  all P : PDS |
    with P {
    all c : components, s : Service |   --1
      let c' = c.schedule[s] {
        (some c' iff s in c.import) && (some c' => s in c'.export) }
    all c : components | c.requires = c.schedule[Service]   }  --2
}

sig Name, Number, Service {}

fun AddComponent(P, P': PDS, c: Component) {
 not c in P.components
 P'.components = P.components + c
} run AddComponent for 3 but 2 PDS

fun RemoveComponent(P, P': PDS, c : Component) {
  c in P.components
  P'.components = P.components - c
} run RemoveComponent for 3 but 2 PDS

fun HighestVersionPolicy(P: PDS) {
  with P {
    all s : Service, c : components, c' : c.schedule[s],
    c'' : components - c' {
        s in c''.export && c''.name = c'.name =>
          c''.version in c'.version.^(Ord[Number].prev) } }
} run HighestVersionPolicy for 3 but 1 PDS

fun AGuidedSimulation(P,P',P'' : PDS, c1, c2 : Component) {
  AddComponent(P,P',c1)    RemoveComponent(P,P'',c2)
  HighestVersionPolicy(P)   HighestVersionPolicy(P')   HighestVersionPolicy(P'')
} run AGuidedSimulation for 3

assert AddingIsFunctionalForPDSs {
  all P, P', P'': PDS, c: Component   {
    AddComponent(P,P',c) &&
    AddComponent(P,P'',c) => P' = P'' }
} check AddingIsFunctionalForPDSs for 3
```

图 2-13　PDS 的 Alloy 模型

　　断言 AddingIsFunctionalForPDSs 声称：向一个 PDS 添加组件操作的执行产生唯一的结果 PDS。Alloy 的分析器为这个结论寻找一个反例，其中 P 没有组件，所以没什么调度或需要调度的；而且 P'和 P"以 component_ 2 为仅有的组件，添加到 P 上，使这个组件在那些 PDS 中必需且被调度的。

　　因为 P'和 P"看起来相等，这怎么可能是一个反例呢？是这样的，我们在范围 3 内运行分析，故 PDS = {PDS_ 0, PDS_ 1, PDS_ 2}，且 Alloy 选择 PDS_ 0 作为 P，PDS_ 1 作为 P'，PDS_ 2 作为 P"。因为集合 PDS 包括 3 个元素，Alloy"认为"它们都是互不相同的。这是谓词逻辑所加强的对相等的解释。显然，这里所需的是一种类型的结构相等（structural equality of types）：要保证添加一个组件得到一个结构唯一的 PDS。fun 语句可以用来说明结构相等：

```
fun StructurallyEqual(P, P' : PDS) {
  P.components = P'.components
  P.schedule = P'.schedule
  P.requires = P'.requires
} run StructurallyEqual for 2
```

　　然后，我们在 AdditionIsFunctional 中简单地用表达式 StructurallyEqual(P', P")代替表达式 P' = P"，将该断言的范围增加到 7，重建该模型，并重新分析该断言。也许令人吃惊，作为反例，我们找到一个有两个组件 component_ 0 和 component_ 1 的 PDS_ 0，使得 component_ 0.import = {Service_ 2}且 component_ 1.import = {Service_ 1}。因为 Service_ 2 含在 component_ 2.export 中，通过添加 component_ 2，可以得到两个结构不同的合法后状态，但两者在调度程序上不同。在 P' 中，有与 PDS_ 0 相同的调度实例。P"不但为 Component_ 0 调度 Component_ 2，提供 Service_ 2；而且 Component_ 0 还要为 Component_ 1 提供 Service_ 1。这个分析表明：添加组件为重新调度服务创造了机会，有好的一面（例如优化），也有坏的一面（例如破坏安全性）。

　　软件微模型的用途也许在于，通过有导向的模拟具有更多探索自身的能力，这与绝对肯定地验证其某些性质相反。通过生成模拟来演示这一点，该模拟显示对 PDS 删除或添加组件，使得调度程序总安排在所有 PDS 中可能的最高版本的组件。因此，我们知道，这样的调度策略关于这两个操作是相容的。这并不意味着只有这个策略，而且也不能保证在使用所安排的服务时，应用程序不会中断。下列的 fun 语句在具有同名的提供者中，说明调度程序选择具有可用最高版本的组件：

```
fun HighestVersionPolicy(P: PDS) {
  with P {
    all s : Service, c : components, c' : c.schedule[s],
    c'' : components - c' {
      s in c''.export && c''.name = c'.name =>
        c''.version in c'.version.^(Ord[Number].prev)
    }
  }
} run HighestVersionPolicy for 3 but 1 PDS
```

表达式

```
c'.version.^(Ord[Number].prev)
```

　　需要解释：c'.version 是 c'的版本号，型为 Number 的一个元素。符号 ^ 可以用于二元关系 r : T -> T，使得 ^r 的类型仍然是 T > T，并表示 r 的传递闭包。此时，T 等于

Number，r 等于 Ord[Number].prev。

但是，后一个表达式该怎样解释呢？假设模块包含语句 Open std/ord，这打开了来自库 std 的文件 ord.als 中另一个模块的基调规范。该模块包含以类型变量为参量的名为 ord 的基调，它是多态的（polymorphic）。表达式 Ord[Number]用类型 Number 为类型变量进行实例化。然后调用具有该类型的基调关系 prev，其中 prev 在 std/ord 中约束为线性序。直接效果是对 Number 创建了一个线性序，使得关于该序，n.prev 是 n 的前一个元素。因此，n.^prev 列出了关于该序下所有比 n 小的元素。请重新阅读一下 fun 语句的主体，确信它叙述了想要表达的含义。

因为 fun 语句用其参数实例进行调用，可以基于 HighestVersionPolicy 写出所期望的模拟：

```
fun AGuidedSimulation(P,P',P'' : PDS, c1, c2 : Component) {
  AddComponent(P,P',c1)    RemoveComponent(P,P'',c2)
  HighestVersionPolicy(P)
  HighestVersionPolicy(P') HighestVersionPolicy(P'')
} run AGuidedSimulation for 3
```

Aolly 分析器为这个模拟生成一个场景，相当于源自 P 中的两个不同操作的快照，使所有参与的三个 PDS 根据 HighestVersionPolicy 进行调度。你能看出为什么要处理两个组件 c1 和 c2 吗？

在结束这个案例研究之前，我们指出 Alloy 及其分析器的局限性。为了能够使用命题逻辑的 SAT 求解机作为分析引擎，只能检测或运行位于断言或 fun 语句（如果对所有参量，它们被包裹在存在量词中）主体内的存在式或全称式二阶逻辑公式。例如，我们甚至不能检测是否存在 Addcomponent 的一个实例，使得对结果的 PDS，一种特定的调度策略是不可能的。因为缺少明确的理由，用 Alloy 验证组件的每个内聚集合可以对某个 PDS P 实现为 P.components 似乎也是不可能的。这个缺陷来自此类问题固有的复杂性，如果这种性质需要得到保证可能必须使用定理证明器。另一方面，Alloy 的表达能力允许我们得到模型的快速原型并探索模拟以及可能的反例，这应该可以增强对设计的理解，从而改进设计的可靠性。

2.8 习题

练习 2.1

*1. 使用谓词

$$A(x,y):\quad x \text{ 欣赏 } y$$
$$B(x,y):\quad x \text{ 出席 } y$$
$$P(x):\quad\quad x \text{ 是一位教授}$$
$$S(x):\quad\quad x \text{ 是一名学生}$$
$$L(x):\quad\quad x \text{ 是一次课}$$

和零元函数符号（常量）

$$m:\text{ Mary}$$

把下面句子翻译成谓词逻辑语句：

（a）Mary 欣赏每个教授。

（答案不是 $\forall x A(m, P(x))$。）

（b）某个教授欣赏 Mary。

（c）Mary 欣赏自己。

（d）没有学生出席了每次课。

（e）不是每次课所有学生都出席。

2. 利用谓词规范

$$B(x,y)：\quad x \text{ 击败 } y$$

$$F(x)：\qquad x \text{ 是一个（美式）足球队}$$

$$Q(x,y)：\quad x \text{ 是 } y \text{ 的四分卫}$$

$$L(x,y)：\quad x \text{ 输给 } y$$

和常值符号

$$c：\qquad \text{野猫}$$

$$j：\qquad \text{掠夺者}$$

把下列句子翻译成谓词逻辑语句：

（a）每个球队都有一名四分卫。

（b）若掠夺者队击败野猫队，则掠夺者队没有输给每支足球队。

（c）野猫队击败了一支击败过掠夺者队的球队。

*3. 寻找合适的谓词及其规范，将下列语句翻译成谓词逻辑：

（a）所有红色物品都在盒子里。

（b）只有红色物品在盒子里。

（c）没有既是猫又是狗的动物。

（d）每个奖品都被一个男孩赢了。

（e）一个男孩赢得了每一种奖品。

4. 设 $F(x, y)$ 表示 x 是 y 的父亲；$M(x, y)$ 表示 x 是 y 的母亲。类似地，$H(x, y)$、$S(x, y)$ 和 $B(x, y)$ 分别表示 x 是 y 的丈夫/姐妹/兄弟。你还可以使用常量来记个体，例如"Ed" 和"Patsy"。然而，不允许使用上述谓词外的任何其他谓词符号。将下列语句翻译成谓词 逻辑：

（a）每个人都有一个母亲。

（b）每个人都有一个父亲和一个母亲。

（c）无论什么人都有一个父亲和一个母亲。

（d）Ed 是一个祖父。

（e）所有的父亲都是父母。

（f）所有的丈夫都是配偶。

（g）没有叔父是伯母。

（h）所有兄弟都是兄弟姐妹。

（i）没有人的祖母是任何人的父亲。

（j）Ed 和 Patsy 是丈夫和妻子。

（k）Carl 是 Monique 的小叔子。

5. 下列语句取自 Internet Taskforce Document（互联网任务文档）RFC3157 "*Securely Available Credentials-Requirements*"（可用安全证书：需求）。通过定义适当的谓词符号，用谓词逻辑

说明下列每个语句:

(a) 攻击者可以使服务器相信发生了一次成功的登录,即使这样的登录从未发生。

(b) 攻击者可以改写服务器上他人的证书。

(c) 所有用户都键入密码而不是名字。

(d) 必须支持证书从装置的的传入和传出。

(e) 协议绝对不能强制证书以明文形式出现在任何非终端用户的装置上。

(f) 协议必须支持一定范围的密码算法,包括对称和非对称算法,散列算法和 MAC 算法。

(g) 证书必须经用户认证后方可下载,或者下载格式需用户完成认证后方可解密。

(h) 不同的终端用户装置可以用于下载、上传或管理相同的证书集。

练习 2.2

1. 设 $\mathcal{F}$ 为 $\{d, f, g\}$,其中 d 是常量,f 是二元函数符号,g 是三元函数符号。

(a) 下列字符串中哪些是 $\mathcal{F}$ 上的项? 将的确是项的字符串的语法分析树画出来:

   i. $g(d, d)$

   *ii. $f(x, g(y, z), d)$

   *iii. $g(x, f(y, z), d)$

   iv. $g(x, h(y, z), d)$

   v. $f(f(g(d, x), f(g(d, x), y, g(y, d)), g(d, d)), g(f(d, d, x), d), z)$

(b) $\mathcal{F}$ 上项的长度是其字符串表示的长度,此处将所有逗号和括号都计算在内。例如,$f(x, g(y, z), d)$ 的长度为 13。列出 $\mathcal{F}$ 上所有长度小于 10 的无变量的项。

*(c) 如定义 1.32 中所述,$\mathcal{F}$ 上项的高度定义为 1 加上其语法分析树中最长路径的长度。列出 $\mathcal{F}$ 上所有高度小于 4 的无变量的项。

2. 画出项 $(2 - s(x)) + (y * x)$ 的语法分析树,注意在这个项中,$-$,$+$ 和 $*$ 是以中缀形式出现的。将你的解与图 2-14 所示的语法分析树做比较。

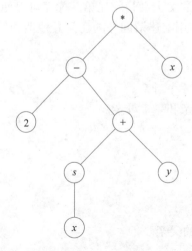

图 2-14　表示一个算术项的语法分析树

3. 下列字符串中,哪些是谓词逻辑中的公式? 如果不是,说明理由;如果是,请画出语法分析树。

*(a) 设 m 是常量，f 是一元函数符号，S 和 B 是二元谓词符号：

    i. $S(m, x)$

    ii. $B(m, f(m))$

    iii. $f(m)$

    iv. $B(B(m, x), y)$

    v. $S(B(m), z)$

    vi. $(B(x, y) \rightarrow (\exists z\, S(z, y)))$

    vii. $(S(x, y) \rightarrow S(y, f(f(x))))$

    viii. $(B(x) \rightarrow B(B(x)))$

(b) 设 c 和 d 是常量，f 是一元函数符号，g 是二元函数符号，h 是三元函数符号。另外，P 和 Q 是三元谓词符号：

    i. $\forall x\, P(f(d), h(g(c, x), d, y))$

    ii. $\forall x\, P(f(d), h(P(x, y), d, y))$

    iii. $\forall x\, Q(g(h(x, f(d), x), g(x, x)), h(x, x, x), c)$

    iv. $\exists z\, (Q(z, z, z) \rightarrow P(z))$

    v. $\forall x\, \forall y\, (g(x, y) \rightarrow P(x, y, x))$

    vi. $Q(c, d, c)$

4. 设 ϕ 是 $\exists x\, (P(y, z) \wedge (\forall y\, (\neg Q(y, x) \vee P(y, z))))$，其中 P、Q 是二元谓词符号。

  *(a) 画出 ϕ 的语法分析树。

  *(b) 识别 ϕ 中所有自由变量和约束变量叶。

  (c) ϕ 中是否存在既自由出现又约束出现的变量？

  *(d) 考虑项 w（w 是一个变量）、$f(x)$ 和 $g(y, z)$，其中 f, g 分别是一元和二元函数符号。

    i. 计算 $\phi[w/x]$，$\phi[w/y]$，$\phi[f(x)/y]$ 和 $\phi[g(y, z)/z]$。

    ii. w、$f(x)$ 和 $g(y, z)$ 中的哪些对于 ϕ 中的 x 是自由的？

    iii. w、$f(x)$ 和 $g(y, z)$ 中的哪些对于 ϕ 中的 y 是自由的？

  (e) $\exists x$ 在 ϕ 中的辖域是什么？

  *(f) 假定将 ϕ 改为 $\exists x(P(y, z) \wedge (\forall x(\neg Q(x, x) \vee P(x, z))))$，现在，$\exists x$ 在 ϕ 中的辖域是什么？

5. (a) 设 P 是 3 元谓词符号。画出 $\psi \overset{\text{def}}{=} \neg(\forall x((\exists y\, P(x, y, z)) \wedge (\forall z(P(x, y, z)))))$ 的语法分析树。

  (b) 指出该语法分析树中的自由变量和约束变量。

  (c) 列出其中所有自由且约束出现的变量。

  (d) 计算 $\psi[t/x]$、$\psi[t/y]$ 和 $\psi[t/z]$，其中 $t \overset{\text{def}}{=} g(f(g(y, y)), y)$。$t$ 对于 ψ 中的 x，y, z 是自由的吗？

6. 重命名例 2.9 的变量，使得结果的公式 ψ 与 ϕ 的意义相同，但 $f(y, y)$ 对于 ψ 中的 x 是自由的。

练习 2.3

1. 利用规则 $=$i 和 $=$e，证明下列矢列的有效性。对 $=$e 的每次应用，一定要指出规则实例 ϕ、t_1 和 t_2 是什么。

(a) $(y = 0) \wedge (y = x) \vdash 0 = x$

(b) $t_1 = t_2 \vdash (t + t_2) = (t + t_1)$

(c) $(x = 0) \vee ((x + x) > 0) \vdash (y = (x + x)) \rightarrow ((y > 0) \vee (y = (0 + x)))$

2. 回顾在我们的模型中，$=$ 表示元素间的相等。考虑公式 $\exists x \exists y (\neg (x = y) \wedge (\forall z ((z = x) \vee (z = y))))$。你能用日常语言说明这个公式的含义吗？

3. 试着写出一个谓词逻辑语句，使之在一个模型中直观成立，当且仅当该模型（分别）有：

   *(a) 恰好三个不同元素

   (b) 至多三个不同元素

   *(c) 仅有限个不同元素

   在对最后一项找这样的语句时，谓词逻辑的哪种"局限性"会出现问题？

4. (a) 找出 $\phi \rightarrow (q_1 \wedge q_2) \vdash (\phi \rightarrow q_1) \wedge (\phi \rightarrow q_2)$ 的一个（命题逻辑的）证明。

   (b) 找出 $\phi \rightarrow \forall x Q(x) \vdash \forall x (\phi \rightarrow Q(x))$ 的一个（谓词逻辑的）证明，只要 x 在 ϕ 中不是自由的。

   （提示：只要你在前一项（命题逻辑）证明中使用了 $\wedge$ 规则，那么在（谓词逻辑）证明中就使用 $\forall$ 规则。）

   (c) 找出 $\forall x (P(x) \rightarrow Q(x)) \vdash \forall x P(x) \rightarrow \forall x Q(x)$ 的一个证明。

   （提示：先尝试 $(p_1 \rightarrow q_1) \wedge (p_2 \rightarrow q_2) \vdash p_1 \wedge p_2 \rightarrow q_1 \wedge q_2$。）

5. 找出对应于 $\exists x \neg \phi \vdash \neg \forall x \phi$ 的一个命题逻辑矢列。证明该公式。

6. 证明下列矢列：

   (a) $\forall x P(x) \vdash \forall y P(y)$；以 $\forall x P(x)$ 为前提，你的证明必须以 $\forall i$ 规则的应用结束，该应用需要公式 $P(y_0)$。

   (b) $\forall x (P(x) \rightarrow Q(x)) \vdash (\forall x \neg Q(x)) \rightarrow (\forall x \neg P(x))$。

   (c) $\forall x (P(x) \rightarrow \neg Q(x)) \vdash \neg (\exists x (P(x) \wedge Q(x)))$。

7. 下列矢列看起来有点乏味，但在证明其有效性的过程中，可以确保你真正理解如何嵌套地使用证明规则。

   *(a) $\forall x \forall y P(x, y) \vdash \forall u \forall v P(u, v)$

   (b) $\exists x \exists y F(x, y) \vdash \exists u \exists v F(u, v)$

   *(c) $\exists x \forall y P(x, y) \vdash \forall y \exists x P(x, y)$

8. 在本练习中，只要你应用量词证明规则，就要提到其辅助条件（如果可用的话）是如何得到满足的。

   (a) 证明定理 2.13 的 2(b) ~ (h)。

   (b) 证明定理 2.13 中 1(b) 的一个方向：$\neg \exists x \phi \vdash \forall x \neg \phi$。

   (c) 证明定理 2.13 中的 3(a)：$(\forall x \phi) \wedge (\forall x \psi) \dashv\vdash \forall x (\phi \wedge \psi)$；提醒你必须作出两个单独的证明。

   (d) 证明定理 2.13 中 4(a) 的两个方向：$\forall x \forall y \phi \dashv\vdash \forall y \forall x \phi$。

9. 证明谓词逻辑中下列矢列的有效性，其中 F、G、P 和 Q 的元数为 1，S 的元数为 0（"命题原子"）：

   *(a) $\exists x (S \rightarrow Q(x)) \vdash S \rightarrow \exists x Q(x)$

   (b) $S \rightarrow \exists x Q(x) \vdash \exists x (S \rightarrow Q(x))$

   (c) $\exists x P(x) \rightarrow S \vdash \forall x (P(x) \rightarrow S)$

*(d) $\forall x\, P(x){\to}S \vdash \exists x\,(P(x){\to}S)$

(e) $\forall x\,(P(x)\vee Q(x)) \vdash \forall x\, P(x) \vee \exists x\, Q(x)$

(f) $\forall x\,\exists y\,(P(x)\vee Q(y)) \vdash \exists y\,\forall x\,(P(x)\vee Q(y))$

(g) $\forall x\,(\neg P(x)\wedge Q(x)) \vdash \forall x\,(P(x){\to}Q(x))$

(h) $\forall x\,(P(x)\wedge Q(x)) \vdash \forall x\,(P(x){\to}Q(x))$

(i) $\exists x\,(\neg P(x)\wedge\neg Q(x)) \vdash \exists x\,(\neg(P(x)\wedge Q(x)))$

(j) $\exists x\,(\neg P(x)\vee Q(x)) \vdash \exists x\,(\neg(P(x)\wedge\neg Q(x)))$

*(k) $\forall x\,(P(x)\wedge Q(x)) \vdash \forall x\, P(x) \wedge \forall x\, Q(x)$

*(l) $\forall x\, P(x) \vee \forall x\, Q(x) \vdash \forall x\,(P(x)\vee Q(x))$

*(m) $\exists x\,(P(x)\wedge Q(x)) \vdash \exists x\, P(x) \wedge \exists x\, Q(x)$

*(n) $\exists x\, F(x) \vee \exists x\, G(x) \vdash \exists x\,(F(x)\vee G(x))$

(o) $\forall x\,\forall y\,(Q(y){\to}F(x)) \vdash \exists y\, Q(y){\to}\forall x\, F(x)$

*(p) $\neg\forall x\,\neg P(x) \vdash \exists x\, P(x)$

*(q) $\forall x\,\neg P(x) \vdash \neg\exists x\, P(x)$

*(r) $\neg\exists x\, P(x) \vdash \forall x\,\neg P(x)$

10. 如命题逻辑自然演绎证明，对谓词逻辑，有些看似容易的事情很难证明。典型的情况是涉及¬¬e规则的证明。模式与命题逻辑中是一样的：

(a) 证明 $p\vee q \vdash \neg(\neg p\wedge\neg q)$ 有效是相当容易的。试证明之。

(b) 证明 $\exists x\, P(x) \vdash \neg\forall x\,\neg P(x)$ 是有效的。

(c) 证明 $\neg(\neg p\wedge\neg q) \vdash p\vee q$ 的有效性就很难，必须先尝试证明 $\neg\neg(p\vee q)$，然后利用¬¬e规则。试证明之。

(d) 重新表述上一项的矢列，使得 p 和 q 是一元谓词，且两个公式都使用全称量词。证明其有效性。

11. 下列矢列的证明结合了相等和量词的证明规则。我们将 $(\phi{\to}\psi)\wedge(\psi{\to}\phi)$ 缩写为 $\phi{\leftrightarrow}\psi$。找出下列矢列的证明：

*(a) $P(b) \vdash \forall x\,(x=b{\to}P(x))$

(b) $P(b),\ \forall x\,\forall y\,(P(x)\wedge P(y){\to}x=y) \vdash \forall x\,(P(x){\leftrightarrow}x=b)$

*(c) $\exists x\,\exists y\,(H(x,y)\vee H(y,x)),\ \neg\exists x\, H(x,x) \vdash \exists x\,\exists y\,\neg(x=y)$

(d) $\forall x\,(P(x){\leftrightarrow}x=b) \vdash P(b) \wedge \forall x\,\forall y\,(P(x)\wedge P(y){\to}x=y)$

12. 证明 $S{\to}\forall x\, Q(x) \vdash \forall x\,(S{\to}Q(x))$ 的有效性，其中 S 是 0 元的（"命题原子"）。

13. 通过自然演绎，证明下列矢列的有效性：

*(a) $\forall x\, P(a,x,x),\ \forall x\,\forall y\,\forall z\,(P(x,y,z){\to}P(f(x),y,f(z))) \vdash P(f(a),a,f(a))$

*(b) $\forall x\, P(a,x,x),\ \forall x\,\forall y\,\forall z\,(P(x,y,z){\to}P(f(x),y,f(z))) \vdash \exists z\, P(f(a),z,f(f(a)))$

*(c) $\forall y\, Q(b,y),\ \forall x\,\forall y\,(Q(x,y){\to}Q(s(x),s(y))) \vdash \exists z\,(Q(b,z)\wedge Q(z,s(s(b))))$

(d) $\forall x\,\forall y\,\forall z\,(S(x,y)\wedge S(y,z){\to}S(x,z)),\ \forall x\,\neg S(x,x) \vdash \forall x\,\forall y\,(S(x,y){\to}\neg S(y,x))$

(e) $\forall x\,(P(x)\vee Q(x)),\ \exists x\,\neg Q(x),\ \forall x\,(R(x){\to}\neg P(x)) \vdash \exists x\,\neg R(x)$

(f) $\forall x\,(P(x) \rightarrow (Q(x) \vee R(x)))$, $\neg \exists x\,(P(x) \wedge R(x)) \vdash \forall x\,(P(x) \rightarrow Q(x))$

(g) $\exists x\,\exists y\,(S(x,\,y) \vee S(y,\,x)) \vdash \exists x\,\exists y\,S(x,\,y)$

(h) $\exists x\,(P(x) \wedge Q(x))$, $\forall x\,(P(x) \rightarrow R(x)) \vdash \exists x\,(R(x) \wedge Q(x))$

14. 使用合适的谓词逻辑符号集，将下列论述转化为谓词逻辑中的矢列：

> 如果有纳税人，那么所有政治家都是纳税人。如果有慈善家，那么所的纳税人
> 都是慈善家。因此，如果有纳税的慈善家，则所有政治家都是慈善家。

现在给出谓词逻辑的这个矢列的证明。

15. 讨论一下定理 2.13 的等价性形成一个算法的基础，给定 ϕ，该算法将量词推移到公式的语法分析树的顶端。若结果是 ψ，你能说出 ϕ 和 ψ 之间的共同点和不同点吗？

练习 2.4

*1. 考虑公式 $\phi \overset{\text{def}}{=} \forall x\,\forall y\,Q(g(x,\,y),\,g(y,\,y),\,z)$，其中 Q 和 g 的元数分别是 3 和 2。找出分别具有环境 l 和 l' 的两个模型 $\mathcal{M}$ 和 $\mathcal{M}'$，使得 $\mathcal{M} \models_l \phi$，但 $\mathcal{M}' \nvDash_{l'} \phi$。

2. 考虑语句 $\phi \overset{\text{def}}{=} \forall x\,\exists y\,\exists z\,(P(x,\,y) \wedge (P(z,\,y) \wedge (P(x,\,z) \rightarrow P(z,\,x))))$。下列模型中哪个模型满足 ϕ？

(a) 模型 $\mathcal{M}$ 由自然数集构成，满足 $P^{\mathcal{M}} \overset{\text{def}}{=} \{(m,\,n) \mid m < n\}$。

(b) 模型 $\mathcal{M}'$ 由自然数集构成，满足 $P^{\mathcal{M}'} \overset{\text{def}}{=} \{(m,\,2*m) \mid m \text{ 是自然数}\}$。

(c) 模型 $\mathcal{M}''$ 由自然数集构成，满足 $P^{\mathcal{M}''} \overset{\text{def}}{=} \{(m,\,n) \mid m < n + 1\}$。

3. 设 P 是二元谓词。找出满足语句 $\forall x\,\neg\,P(x,\,x)$ 的一个模型；再找出一个不满足的模型。

4. 考虑语句 $\forall x\,(\exists y\,P(x,\,y) \wedge (\exists z\,P(z,\,x) \rightarrow \forall y\,P(x,\,y)))$。在你所选择的模型和查询表中模拟该语句的赋值，当根据满足关系的定义对子公式赋值时，关注一下初始查询表 l 是如何像堆栈一样增长和收缩的。

5. 设 ϕ 是语句 $\forall x\,\forall y\,\exists z\,(R(x,\,y) \rightarrow R(y,\,z))$，其中 R 是一个二元谓词符号。

*(a) 设 $A \overset{\text{def}}{=} \{a,\,b,\,c,\,d\}$，$R^{\mathcal{M}} \overset{\text{def}}{=} \{(b,\,c),\,(b,\,b),\,(b,\,a)\}$。是否有 $\mathcal{M} \models \phi$？无论是哪种情况，请给出理由。

*(b) 设 $A' \overset{\text{def}}{=} \{a,\,b,\,c\}$，$R^{\mathcal{M}} \overset{\text{def}}{=} \{(b,\,c),\,(a,\,b),\,(c,\,b)\}$。是否有 $\mathcal{M} \models \phi$？无论是哪种情况，请给出理由。

*6. 考虑三条语句：

$$\phi_1 \overset{\text{def}}{=} \forall x\,P(x,x)$$

$$\phi_2 \overset{\text{def}}{=} \forall x\,\forall y\,(P(x,y) \rightarrow P(y,x))$$

$$\phi_3 \overset{\text{def}}{=} \forall x\,\forall y\,\forall z\,((P(x,y) \wedge P(y,z) \rightarrow P(x,z)))$$

它们分别表达了二元谓词 P 是自反、对称和传递的。通过为上述每对语句选择一个模型，使之满足这两个语句，但不满足第三个语句，证明这些语句中的每一个都不能由其他语句语义地推导出来——实质上，要求你找到三个二元关系，每个关系仅满足这些性质中的两个。

7. 证明语义推导 $\forall x\,\neg\,\phi \vDash \neg\exists x\,\phi$。你需要取满足 $\forall x\,\neg\,\phi$ 的任意模型，给出该模型也必须满足 $\neg\exists x\,\phi$ 的理由。你应该以类似于 2.4.2 节的例子的方式去做。

*8. 证明语义推导 $\forall x\,P(x) \vee \forall x\,Q(x) \vDash \forall x\,(P(x) \vee Q(x))$。

9. 设 ϕ、ψ 和 η 是谓词逻辑语句。

(a) 若 ψ 由 ϕ 语义导出，则 ψ 是否一定不能由 $\neg\phi$ 语义导出？

*(b) 若 ψ 由 $\phi \wedge \eta$ 语义导出，ψ 是否一定可由 ϕ 语义导出且可由 η 语义导出？

(c) 若 ψ 由 ϕ 或 η 语义导出，ψ 是否一定可由 $\phi \vee \eta$ 语义导出？

(d) ψ 可由 ϕ 语义导出当且仅当 $\phi \rightarrow \psi$ 是有效的，解释原因。

10. $\forall x\,(P(x) \vee Q(x)) \vDash \forall x\,P(x) \vee \forall x\,Q(x)$ 是语义推导吗？对你的结论给出理由。

11. 对下列每个公式集，证明它们是相容的：

(a) $\forall x\,\neg S(x, x)$，$\exists x\,P(x)$，$\forall x\,\exists y\,S(x, y)$，$\forall x\,(P(x) \rightarrow \exists y\,S(y, x))$

*(b) $\forall x\,\neg S(x, x)$，$\forall x\,\exists y\,S(x, y)$，
$\forall x\,\forall y\,\forall z\,((S(x, y) \wedge S(y, z)) \rightarrow S(x, z))$

(c) $(\forall x\,(P(x) \vee Q(x))) \rightarrow \exists y\,R(y)$，$\forall x\,(R(x) \rightarrow Q(x))$，$\exists y\,(\neg Q(y) \wedge P(y))$

*(d) $\exists x\,S(x, x)$，$\forall x\,\forall y\,(S(x, y) \rightarrow (x = y))$

12. 对下列每个谓词逻辑公式，找出不满足它的模型，或者证明它是有效的：

(a) $(\forall x\,\forall y\,(S(x, y) \rightarrow S(y, x))) \rightarrow (\forall x\,\neg S(x, x))$

*(b) $\exists y\,((\forall x\,P(x)) \rightarrow P(y))$

(c) $(\forall x\,(P(x) \rightarrow \exists y\,Q(y))) \rightarrow (\forall x\,\exists y\,(P(x) \rightarrow Q(y)))$

(d) $(\forall x\,\exists y\,(P(x) \rightarrow Q(y))) \rightarrow (\forall x\,(P(x) \rightarrow \exists y\,Q(y)))$

(e) $\forall x\,\forall y\,(S(x, y) \rightarrow (\exists z\,(S(x, z) \wedge S(z, y))))$

(f) $(\forall x\,\forall y\,(S(x, y) \rightarrow (x = y))) \rightarrow (\forall z\,\neg S(z, z))$

*(g) $(\forall x\,\exists y\,(S(x, y) \wedge ((S(x, y) \wedge S(y, x)) \rightarrow (x = y)))) \rightarrow (\neg \exists z\,\forall w\,(S(z, w)))$

(h) $\forall x\,\forall y\,((P(x) \rightarrow P(y)) \wedge (P(y) \rightarrow P(x)))$

(i) $(\forall x\,((P(x) \rightarrow Q(x)) \wedge Q(x) \rightarrow P(x))) \rightarrow ((\forall x\,P(x)) \rightarrow (\forall x\,Q(x)))$

(j) $((\forall x\,P(x)) \rightarrow (\forall x\,Q(x))) \rightarrow (\forall x\,((P(x) \rightarrow Q(x)) \wedge (Q(x) \rightarrow P(x))))$

(k) $(\forall x\,\exists y\,(P(x) \rightarrow Q(y))) \rightarrow (\exists y\,\forall x\,(P(x) \rightarrow Q(y)))$（较难）

练习 2.5

1. 假设谓词逻辑的证明演算是合理的（见练习 2.5 的 3），通过为下列每个矢列找出一个模型，使得 $\vdash$ 左边的所有公式都赋值为 T，而 $\vdash$ 右边的单一公式赋值为 F，说明不能证明其有效性（解释这样就可以保证证明不存在的原因）：

(a) $\forall x\,(P(x) \vee Q(x)) \vdash \forall x\,P(x) \vee \forall x\,Q(x)$

*(b) $\forall x\,(P(x) \rightarrow R(x))$，$\forall x\,(Q(x) \rightarrow R(x)) \vdash \exists x\,(P(x) \wedge Q(x))$

(c) $(\forall x\,P(x)) \rightarrow L \vdash \forall x\,(P(x) \rightarrow L)$，其中 L 是 0 元的

*(d) $\forall x\,\exists y\,S(x, y) \vdash \exists y\,\forall x\,S(x, y)$

(e) $\exists x\,P(x)$，$\exists y\,Q(y) \vdash \exists z\,(P(z) \wedge Q(z))$

*(f) $\exists x\,(\neg P(x) \wedge Q(x)) \vdash \forall x\,(P(x) \rightarrow Q(x))$

*(g) $\exists x\,(\neg P(x) \vee \neg Q(x)) \vdash \forall x\,(P(x) \vee Q(x))$

2. 假定在一阶逻辑的中，$\vdash$ 关于 $\vDash$ 是合理的和完备的，详细解释，为什么 $\vDash$ 的不可判定性可推出该逻辑的可满足性、有效性和可证性都是不可判定的。

3. 为了证明谓词逻辑自然演绎规则的合理性，直观上看需要证明：只要所有前提都为真，则证明规则的结论也为真。变量和量词的出现会带来哪些附加的复杂性？你能精确地叙述证明合理性必要的归纳假设吗？

练习 2.6

1. 在例 2.27 中，若 l 满足下列条件，$\mathcal{M} \vDash_l \exists P \phi$ 是否成立？

   *(a) $l(u) = s_3$，$l(v) = s_1$；

   (b) $l(u) = s_1$，$l(v) = s_3$。

   说明你的理由。

2. 证明 $\mathcal{M} \vDash_l \exists P \, \forall x \, \forall y \, \forall z \, (C_1 \wedge C_2 \wedge C_3 \wedge C_4)$ 成立，当且仅当在模型 $\mathcal{M}$ 中，从状态 $l(u)$ 出发不可达状态 $l(v)$，其中 C_i 是式 (2-12) 中的子句。

3. 如果允许 ϕ 包含任意有限元的函数符号，定理 2.26 是否适用或仍然成立？

*4. 在图 2-5 的有向图中，从 s_2 出发有多少条路径可达 s_3？

5. 设 P 和 R 是 2 元谓词符号。写出形为 $\exists P \psi$ 的存在式二阶逻辑公式，其在所有形如 $\mathcal{M} = (A, R^{\mathcal{M}})$ 的模型中成立，当且仅当：

   *(a) R 包含一个自反和对称关系；

   (b) R 包含一个等价关系；

   (c) 存在一条能恰好访问该图每个节点一次的 R 路径，这样的路径称为哈密顿路径；

   (d) R 可以扩张为一个等价关系：存在某个等价关系 T，满足 $R^{\mathcal{M}} \subseteq T$；

   *(e) 关系"存在一条长为 2 的 R 路径"是传递的。

*6. 非形式地说明：式 (2-16) 给出罗素悖论：A 必须是，而又不能是 A 的一个元素。

7. 定理 2.28 证明的第二项依赖于事实：若二元关系 R 包含在一个同类型的自反传递关系 T 中，则 T 也包含 R 的自反传递闭包。证明此结论。

8. 对例 2.23 和图 2-5 中的模型，判定下列哪些模型检测成立，并给出理由：

   *(a) $\exists P \, \forall x \, \forall y \, (P(x, y) \rightarrow \neg P(y, x)) \wedge \forall u \, \forall v \, (R(u, v) \rightarrow P(v, u)))$；

   (b) $\forall P \, (\exists x \, \exists y \, \exists z (P(x, y) \wedge P(y, z) \wedge \neg P(x, z)) \rightarrow \forall u \, \forall v (R(u, v) \rightarrow P(u, v)))$；

   (c) $\forall P \, (\forall x \, \neg P(x, x) \vee \forall u \, \forall v (R(u, v) \rightarrow P(u, v)))$。

9. 如果可能的话，用谓词逻辑、全称式二阶逻辑或存在式二阶逻辑表达关于二元关系 R 的下列陈述：

   (a) 所有对称的传递关系都不包含 R，或者都是等价关系。

   *(b) 所有节点都在至少一个 R 回路上。

   (c) 存在一个包含 R 的、对称的最小关系。

   (d) 存在一个包含 R 的、自反的最小关系。

   *(e) 关系 R 是一个极大等价关系：R 是等价关系；并且不存在包含 R 的等价关系。

练习 2.7

*1. (a) 解释为什么图 2-11 的模型在事实 NoSelfLove 出现的前提下是 OfLovers 的一个反例。

   (b) 你能否将例 2.19 中的集合 $\{a, b, c\}$ 与图 2-11 中的模型等同起来，使这两个模型在结构上是相同的？说明理由。

   *(c) 非形式地解释，为什么不存在满足式 (2-8) 和事实 NoSelfLove 的、少于 3 个元素的模型。

2. 使用 Alloy 模块的下列片段：

```
module AboutGraphs

sig Element {}

sig Graph {
  nodes : set Element,
  edges : nodes -> nodes
}
```

用于下列建模任务：

(a) 回忆练习 2.4 的 6 及其该题 3 个语句，其中 $P(x, y)$ 表示存在一条从 x 到 y 的边。对每个语句写出一个相容性检测，用于生成一个图模型，在该模型中，此语句为假，而另外两个语句为真。在 Alloy 中对其进行分析。若分析器能找到这样的模型，它的最小范围是什么？

*(b)（回忆表达式 # S = n 指明集合 S 有 n 个元素。）利用 Alloy 生成一个具有 7 个节点的图，每个节点恰好可以达到有限条路径上的 5 个节点（未必是相同的 5 个节点）。

(c) 一个长度为 n 的回路是 n 个节点的集合以及一条通过每个节点、且开始和结束于同一个节点的路径。生成一个长度为 4 的回路。

3. 一个无向图有一个节点集合和边的集合，每个边连接两个节点，只是这些边没有任何方向。

(a) 调整前项练习中的 Alloy 模块，例如，添加适当的 fact 来"模拟"无向图。

(b) 写出一些相容性和断言检测并分析它们，以增强你对 Alloy 的无向图模块分析的信心。

*4. 一个可着色图由一个节点集合、节点之间的一个二元对称关系（边）以及为每个节点分配一种颜色的函数所构成。这个函数满足约束：若节点间通过一条边相关联，则它们有不同的颜色。

(a) 为这种结构和这些约束写一个基调 AboutColoredGraphs。

(b) 写一个 fun 语句，它生成一个节点仅被 2 种颜色着色的图。这样的图是 2 可着色的。

(c) 对 $k = 3$ 和 4，写一个 fun 语句，它生成一个节点可被 k 种颜色着色的图，使得所有这 k 种颜色都用到了。这样的图是 k 可着色的。

(d) 在一个模块中测试这三个函数。

(e) 试着写一个 fun 语句，它生成一个 3 可着色图，但肯定不是 2 可着色的。Alloy 的模型创建器（model builder）会给出什么报告？考虑由 fun 语句体通过对其所有参量进行存在量词化得到的公式。判断它是否属于谓词逻辑、存在式二阶逻辑或全称式二阶逻辑。

*5. Kripke 模型是一个状态机，具有非空的初始状态集合 init，从各状态到原子属性的映射 prop（用于说明在哪些状态下哪些属性为真），一个状态迁移关系 next，以及终止状态的集合 final（没有后续状态的状态）。对模块 KripkeModel：

(a) 写出基调 StateMachine 以及一些反映这种结构和这些约束的基本事实。

(b) 写一个 fun 语句 Reaches，以状态机为第一个变量，以状态集作为第二个变量，使得第二个变量指定第一个变量从任意初始状态可达的状态集。注意：给定类型声明 r : T -> T，表达式 *r 的类型也是 T -> T，而且指定 r 的自反传递闭包。

(c) 写出下列 fun 语句，并检测其相容性：

i. DeadlockFree(m: StateMachine)，在 m 的可达状态中，仅有为 final 的状

态可以死锁；

    ii. Deterministic(m：StateMachine)，在 m 的所有可达状态上，迁移关系是确定的：每个状态最多发出一个迁移；

    iii. Reachability(m：StateMachine, p：Prop)，具有属性 p 的某个状态在 m 中可达；

    iv. Liveness(m：StateMachine, p：Prop)，无论 m 到达哪个状态，它都可以从该状态出发，到达一个使 p 成立的状态。

（d）i. 写一个断言 Implies，说明：只要状态机关于一个性质满足 Liveness，则它关于该性质也满足 Reachability。

    ii. 在你选择的范围内分析该论断。由这种分析，你能得出什么结论？

（e）写一个断言 Converse，它叙述一个性质的 Reachability 蕴涵其 Liveness。在 3 的范围内进行分析。基于分析的结果，你得出什么结论？

（f）写一个 fun 语句，进行分析时，生成一个有 2 个命题和 3 个状态的状态机，使得它满足图 2-15 标题中的语句陈述。

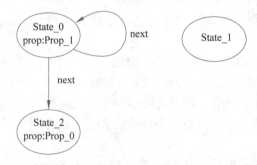

图 2-15　一个非确定状态机的快照，其中任何非最终状态都不是死锁，并且满足同样属性的状态

*6. 群是密码学中的基本要素。当使用 PUTTY，Secure Socket Layers 等协议时，群运算正默默地工作于背景中。群是一个三元组 $(G, \star, 1)$，其中 $\star：G \times G \to G$ 是一个函数，且 $1 \in G$，使得：

G1 对每个 $x \in G$，存在某个 $y \in G$，使得 $x \star y = y \star x = 1$（任何这样的 y 称为 x 的逆）；

G2 对所有 $x, y, z \in G$，我们有 $x \star (y \star z) = (x \star y) \star z$；

G3 对所有 $x \in G$，我们有 $x \star 1 = 1 \star x = x$。

（a）说明关于群的一个基调，使之实现这种功能及其约束。

（b）写一个 fun 语句 AGroup，它生成一个有三个元素的群。

（c）写一个说明逆元唯一的断言 Inverse。在 5 的范围内对其进行检测。报告你的发现。小范围假设说明些什么？

（d）i. 写一个说明所有群都交换的断言 Commutative。一个群是交换的，当且仅当对其所有元素 x 和 y，有 $x \star y = y \star x$。

    ii. 在 5 的范围内检测断言 Commutative，并报告你的发现。小范围假设说明了什么？

    iii. 在 6 的范围内时重新检测断言 Commutative，并记录下该工具用了多长时间找

　　　　　　到一个解。由这个检测你学到了什么？

　（e）对上述函数和断言，限制群的范围为 1 是否安全？在 Alloy 中如何做到这一点？

7. 在 Alloy 中，我们可以扩充基调。例如，我们可以声明

```
sig Program extends PDS {
  m : components   -- initial main of PDS
}
```

这声明 Program 实例的类型为 PDS，但还具有一个预设的名为 m 的组件。注意，在 m: components 中出现的 components 是如何参考一个程序（视为一个 PDS$^{\ominus}$）的组件集合的。在这个练习中，要求你修改图 2-13 的 Alloy 模块。

　（a）包含一个如上的基调 Program。加入一个事实，说明所有程序预设组件都有一个 main 方法；而且对所有程序，其 components 集合是其作用于预设组件 m 上的关系 requires 的自反传递闭包。Alloy 用 *r 记关系 r 的自反传递闭包。

　（b）写一个导向模拟，如果相容，它产生有 3 个 PDS 的模型，其中恰好有一个是程序。该程序有四个组件，包括预设的 m，其所有调度服务都来自剩下的 3 个组件。使用 Alloy 分析器判断你的模拟与本项目中给定的规范是否相容和匹配。

　（c）我们说一个程序的组件关于该程序是垃圾（garbage），如果从 m 的 main 服务出发，通过 requires 调度该组件不能到达任何服务。如果 P 和 P'的实例约束为程序，AddComponent 和 RemoveComponent 的限制是否已经强制出现"垃圾回收"，如果是，解释是如何出现的。

8. 回顾 2.6 节中对存在式和全称式二阶逻辑的讨论。然后研究图 2-13 中的 fun 语句和断言的结构。如你所知，Alloy 通过由其导出一个公式来分析这样的语句，试图在指定的范围内找到一个模型：断言体的否定；或 fun 语句体，其所有参量都加以存在量词化。对每个这样的导出公式，判断它们是否可以表示为一阶逻辑、存在式二阶逻辑或全称式二阶逻辑。

9. 回顾 2.7 节，Alloy 结合模型检测 $\mathcal{M} \vDash \phi$ 和有效性检测 $\Gamma \vDash \phi$，请讨论这种结合能到什么程度？

2.9　文献注释

　　在谓词逻辑的发展进程中，许多设计决策已经以我们今天所熟知的形式采用。在古希腊和中世纪时代就有这样的谓词逻辑系统，本书中的许多例子和习题可以作为代表，但我们认为谓词逻辑始于 Gottlob Frege 在 1879 年的著作，印刷本见[Fre03]。在[Hod83]中，从 W. Hodges 所写的一章中的前几页，我们可以找到对逻辑发展作出过杰出贡献的许多其他人的阐述。

　　许多书涵盖了经典逻辑及其在计算机科学中的应用。我们对这些文献给出并不完整的指南。图书[SA91]、[vD89]和[Gal87]包含了比本书更多的理论应用，包括类型理论，逻辑编程，代数规范和项重写系统。[Fit96]采用了关注于自动定理证明的处理方法。包括[Ham78]和[Hod83]在内的文献详细地研究了谓词逻辑的数学方面的特征，如证明系统的完备性和一阶算术的不完备性。

　⊖　在大多数面向对象的语言中，如 Java，extends 创建新类型。在 Alloy 2.0 和 2.1 中，它创建一个类型的子集，而不是创建新类型，其中这些子集具有附加结构，可能需要满足附加的约束。

这些著作中的大部分都介绍了除自然演绎之外的证明系统，如公理系统和布景系统。尽管自然演绎系统相对于公理方法具有语言优雅和简洁的优点，但在面向计算机科学读者的逻辑书中，阐述自然演绎处理的并不多见。[BEKV94]是个例外，它首次引进了我们这里用到的关于量词的证明法则。一个称为 Jape 的自然演绎定理证明器已经开发出来，在其中人们可以改变可用的规则集合，还可以指定新的规则⊖。

关于可计算性理论的标准参考文献是[BJ80]。在课本[Tay98]中可以找到波斯特对应问题不可判定性的证明。波斯特对应问题的第二个实例取自[Sch92]。[EN94]是关于数据库系统基础的一部著作。如果想找出逻辑与计算复杂性之间更多的密切联系，我们强烈建议你参阅[Pap94]，其中 2.6 节的讨论在很大程度上基于这篇文献。

本章中所有完整的 Alloy 模块的源代码(工作于 Alloy2.0 和 2.1 下)，以及与 Alloy3.0 兼容的源代码可以在本书网站的"辅助材料"中找到。PDS 模型源自于 2002 秋季的 C475 软件工程环境课程，该课程是由 Susan Eisenbach 和本书第一作者合作讲授的；为 . NET 的 Global Assembly Cache 定制的正式出版模型将出现在[EJC03]中。建模语言 Alloy 及其约束分析器[JSS01]是由 D. Jackson 以及他在麻省理工学院计算机科学实验室的软件设计组(Software Design Group)开发的。这个工具有一个专门的寄存网址 Alloy. mit. edu。

关于类型化高阶逻辑及其在程序框架建模和验证的应用的更多信息，可在 F. Pfenning 关于计算和演绎的课程主页⊖上找到。

⊖　www. comlab. ox. ac. uk/oucl/users/bernard. sufrin/jape. html。

⊜　www. 2. cs. cmu. edu/ ~ fp/courses/comp-ded/。

通过模型检测进行验证

3.1 验证的动机

能够验证计算机系统(不论它们是硬件,软件或是两者的结合)的正确性具有很大优势。在安全攸关(safety-critical)的系统中,这种优势最为明显,但也适用于商业攸关的系统(诸如大量生产芯片),以及任务攸关系统等。最近,形式验证方法在工业上变得非常有用,因此,对能够应用这种证明方法的专业人才的需求持续增长。在本章及下一章中,我们考虑逻辑在验证计算机系统或程序的正确性问题的两种应用。

形式化验证技术可看作三个部分组成:

- 用于系统建模的框架,典型的是某一类别的描述语言;
- 用于描述待验证性质的规范语言;
- 用来确立系统描述是否满足规范的验证方法。

对于验证的不同处理可根据以下准则来分类:

基于证明与基于模型。 在基于证明的处理中,系统描述是一组(适当的逻辑中的)公式 Γ,而规范是另一个公式 ϕ。验证的方法就是试图找到 $\Gamma \vdash \phi$ 的证明。典型地,这需要指导和来自用户的专业知识。

在基于模型的处理中,系统由适当逻辑的模型 $\mathcal{M}$ 表示。规范仍由公式 ϕ 表示,而验证方法由计算模型 $\mathcal{M}$ 是否满足 ϕ(写为 $\mathcal{M} \vDash \phi$)构成。对有限模型而言,这种计算通常是自动的。

在第 1 章和第 2 章中,我们可以看到,逻辑证明系统经常是合理且完备的,即 $\Gamma \vdash \phi$(可证明性)成立当且仅当 $\Gamma \vDash \phi$(语义推导)成立,后者定义如下:对所有模型 $\mathcal{M}$,如果对一切 $\psi \in \Gamma$,都有 $\mathcal{M} \vDash \psi$,那么 $\mathcal{M} \vDash \phi$。于是我们看到,基于模型的方法潜在地比基于证明的方法更简单,因为它基于单一模型 $\mathcal{M}$,而不是基于一个可能的无限类。

自动化的程度。 在自动化程度方面,对验证的不同处理是有差异的;最极端的情况是完全自动化和完全手动。许多计算机辅助方法处于两者之间。

完全验证与性质验证。 规范可能描述系统的单一性质,也可能描述其全部性能。后者的验证代价显然是昂贵的。

预期的应用领域。 可以是硬件或软件、顺序的或并发的、反应的或终止的,等等。一个反应系统是对其环境做出反应的系统,因而并不意味着终止(例如,操作系统,嵌入式系统和计算机硬件)。

开发前与开发后。 在系统开发过程的早期引进验证会有很大好处,因为在生产周期中越早发现错误,纠正的花费也越少。(据称,Intel 公司为了解决奔腾芯片的 FDIV 错误,损失达数百万美元。)

本章关注一种叫作模型检测(model checking)的验证方法。根据以上分类,模型检测是一种自动的、基于模型的、性质验证处理方法。这种方法预期用于并发的、反应式系统,最初是作为一种开发后方法论出现的。并发错误属于那种用测试方法（运行若干个重要情景模拟的活动）最难发现的错误之列，因为它们倾向于不可再现或不为情况测试所覆盖，因此拥有一种能帮助人们找到这些错误的检测技术是非常有价值的。

第 2 章中描述的 Alloy 系统也是一种自动的、基于模型的性质验证处理。然而，使用模型的方式稍有不同。Alloy 寻找形成用户所做论断的反例模型。模型检测从用户所描述的模型开始，然后发现用户断言的假设对该模型是否有效。如果无效，它可以产生由执行轨迹所构成的反例。Alloy 和模型检测之间的另一个差别是，模型检测（不像 Alloy）明确地关注系统的时态性质和时态演化。

与此相对照，第 4 章描述一种非常不同的验证技术。依据上述分类准则，它是一种基于证明的、计算机辅助性质验证处理。期望用于我们希望能够终止并且产生结果的程序的验证。

模型检测基于时态逻辑（temporal logic）。时态逻辑的思想是：在一个模型中，公式的真与假不是静态的，而在命题逻辑或谓词逻辑中的确如此。取而代之，时态逻辑的模型包含若干状态，而一个公式可以在某些状态下为真，在其他状态下为假。因此，静态真的概念被动态真概念所取代，关于这种动态真概念，公式可以随系统的状态演化而改变其真值。在模型检测中，模型 M 是迁移系统（transition systems），而性质 ϕ 是时态逻辑公式。为了验证一个系统满足一个性质，我们必须做三件事情：

- 使用模型检测器的描述性语言对系统进行建模，得到一个模型 M；
- 用模型检测器的规范语言对性质进行编码，产生一个时态逻辑公式 ϕ；
- 以 M 和 ϕ 做输入，运行模型检测器。

如果 $M \vDash \phi$，模型检测器输出回答"yes"，否则输出"no"；在后一种情况下，大多数模型检测器还会产生导致失败的系统行为轨迹。这种"逆向追踪"的自动生成是系统设计与调试中的一个重要工具。

由于模型检测是一种基于模型的处理（根据前面给出的分类准则），因此本章与前两章不同，将不再关心时态逻辑的语义推导（$\Gamma \vDash \phi$）或证明论（$\Gamma \vdash \phi$）（诸如发展一种自然演绎演算）。我们只研究满足的概念，即模型和公式之间的满足关系（$M \vDash \phi$）。

人们在研究各种事情中提出和使用的时态逻辑是一个庞大的家族。这些数量庞大的形式体系可根据其对"时间"的特别观点来进行分类组织。线性时间逻辑把时间看成是路径的集合，此处的路径是时间瞬时的一个序列。分支时间（branching time）逻辑把时间表示为树，以当前时间为根向未来分叉。分支时间看起来使未来的不确定性变得更加明确。时间的另一个性质是把时间想象成连续的或是离散的。如果研究模拟计算机，则推荐前者；而对于同步网络则更偏向于后者。

时态逻辑有动态的方面，因为在一个模型中，公式的真值并不像它们在谓词逻辑或命题逻辑中那样是固定的，而是依赖于模型内部的时间点。在本章中，我们研究一种时间是线性的逻辑，称为线性时态逻辑（Linear-time Temporal Logic，LTL），以及另一种时间是分支的逻辑，即计算树逻辑（Computation Tree Logic，CTL）。在验证硬件和通信协议中，这些逻辑已经被证明是非常富有成果的。人们已经开始将其用于软件的验证。模型检测就是对问题 M，$s \vDash \phi$ 是否成立计算答案的过程，此处 ϕ 是 LTL 或 CTL 中的一个公式，M 是所考虑系统的一个适当模型，s 是该模型的一个状态，$\vDash$ 是满足关系。

像 M 这样的模型不应该与实际的物理系统相混淆。模型是略去很多与 ϕ 的检测无关的物理系统的实际特征的抽象。这类似于微积分和力学中所做的抽象。那里，我们谈论直线，完美的圆，或一个无摩擦实验。这些抽象非常有力，允许我们把焦点集中在特别关心的本质上。

3.2　线性时态逻辑

　　线性时态逻辑(或 LTL)带有允许我们指示未来的连接词。它将时间建模成状态的序列，无限延伸到未来。这个状态序列有时称为计算路径(或简称路径)。一般来说，未来是不确定的，因此我们考虑若干路径，代表不同的可能未来，任何一种都可能是实现的"实际"路径。

　　我们固定一个原子公式(例如 p，q，r，…，或 p_1，p_2，…)的集合 Atoms。这些原子代表系统可能成立的原子事实，诸如'打印机 Q5 忙'，或者"进程 3259 被挂起"，或者"寄存器 R1 的内容是整值6"。原子描述的选择明显依赖于我们正在处理的系统的特殊兴趣。

3.2.1　LTL 的语法

　　定义 3.1　线性时态逻辑(LTL)有下列用 Backus Naur 范式给出的语法：

$$\phi ::= \top \mid \bot \mid p \mid (\neg \phi) \mid (\phi \wedge \phi) \mid (\phi \vee \phi) \mid (\phi \rightarrow \phi)$$
$$\mid (X\,\phi) \mid (F\,\phi) \mid (G\,\phi) \mid (\phi\,U\,\phi) \mid (\phi\,W\,\phi) \mid (\phi\,R\,\phi) \tag{3-1}$$

其中 p 是取自某原子集 Atoms 的任意命题原子。

　　于是，符号 $\top$ 和 $\bot$ 是 LTL 公式，因为它们都是 Atoms 中的原子；而如果 ϕ 是 LTL 公式，那么 $\neg\phi$ 也是 LTL 公式，等等。连接词 X，F，G，U，R 和 W 称为时态连接词(temporal connectives)。X 意为"下一个状态"(neXt)，F 意为"某未来状态"(Future)，G 意为"所有未来状态"(Globally)。接下来的三个连接词 U，R 和 W 分别称为"直到"(Until)，"释放"(Release)和"弱-直到"(Weak-until)。我们将在下一节考察所有这些连接词的精确含义；现在我们把注意力集中于其语法。

　　这是 LTL 公式的一些例子：

- $(((F\,p) \wedge (G\,q)) \rightarrow (p\,W\,r))$
- $(F(p \rightarrow (G\,r)) \vee ((\neg q)\,U\,p))$，图 3-1 所示的是该公式的语法分析树。

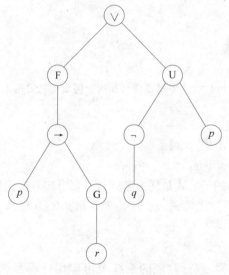

图 3-1　$(F(p \rightarrow (G\,r)) \vee ((\neg q)\,U\,p))$ 的语法分析树

- $(p\,\mathrm{W}(q\,\mathrm{W}\,r))$
- $((\mathrm{G}(\mathrm{F}\,p))\rightarrow(\mathrm{F}(q\vee s)))$。

写出所有括号是一件烦人的事，并且使这些公式难以阅读。在不引起歧义的前提下，很多括号是可以省略的；例如，$(p\rightarrow(\mathrm{F}\,q))$ 可以无歧义地写为 $p\rightarrow\mathrm{F}\,q$。然而，为避免歧义，其他一些括号是必需的。为了省略一些括号，我们为 LTL 的连接词指定了一些与命题逻辑和谓词逻辑相类似的绑定优先级。

约定 3.2　一元连接词（包括 ¬ 和时态连接词 X，F 和 G）具有最高绑定级。接下来依次是 U，R 和 W；然后是 ∧ 和 ∨，最后是 →。

这种绑定优先级允许我们在不引起歧义的情况下去掉一些括号。上述例子可以写为：

- $\mathrm{F}\,p\wedge\mathrm{G}\,q\rightarrow p\,\mathrm{W}\,r$
- $\mathrm{F}(p\rightarrow\mathrm{G}\,r)\vee\neg\,q\,\mathrm{U}\,p$
- $p\,\mathrm{W}(q\,\mathrm{W}\,r)$
- $\mathrm{G}\,\mathrm{F}\,p\rightarrow\mathrm{F}(q\vee s)$。

所保留的括号是为了超越约定 3.2 中规定的优先级，或者是为了消除该约定所不能解决的歧义。例如，如果完全不使用括号，第二个公式将变成 $\mathrm{F}\,p\rightarrow\mathrm{G}\,r\vee\neg\,q\,\mathrm{U}\,p$，对应于图 3-2 所示的语法分析树，这是相当不同的。

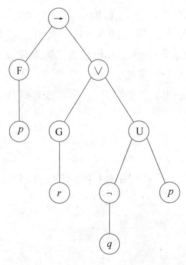

图 3-2　$\mathrm{F}\,p\rightarrow\mathrm{G}\,r\vee\neg\,q\,\mathrm{U}\,p$ 的语法分析树，假定使用约定 3.2 的绑定优先级

下列公式不是合式公式：

- $\mathrm{U}\,r$：因为 U 是二元的，不是一元的
- $p\,\mathrm{G}\,q$：因为 G 是一元的，不是二元的。

定义 3.3　LTL 公式 ϕ 的子公式是任意公式 ψ，其语法分析树是 ϕ 的语法分析树的子树。例如，$p\,\mathrm{W}(q\,\mathrm{U}\,r)$ 的子公式是 p，q，r，$q\,\mathrm{U}\,r$ 和 $p\,\mathrm{W}(q\,\mathrm{U}\,r)$。

3.2.2　LTL 的语义

我们所感兴趣的可用 LTL 进行验证的系统类可以用迁移系统来建模。迁移系统通过状态（静态结构）和迁移（动态结构）来建模迁移系统。更形式地：

定义 3.4 一个迁移系统 $\mathcal{M} = (S, \rightarrow, L)$ 是一个状态集合 S，带有迁移关系 $\rightarrow$（S 上的二元关系），使得每个 $s \in S$ 有某个 $s' \in S$，满足 $s \rightarrow s'$，以及一个标记函数 $L: S \rightarrow \mathcal{P}(\texttt{Atoms})$。

本章中，迁移系统也简称为模型。因此，一个模型有状态集 S，关系 $\rightarrow$（说明系统是如何从一个状态转向另一个状态），以及对每个状态 s 伴随有原子命题的集合 $L(s)$（在该特殊状态下为真）。我们用 $\mathcal{P}(\texttt{Atoms})$ 表示 $\texttt{Atoms}$ 的幂集，即原子描述集。例如，$\{p, q\}$ 的幂集是 $\{\emptyset, \{p\}, \{q\}, \{p, q\}\}$。理解 L 的一个好方式是把它看成是对所有原子命题的一个真值赋值，如命题逻辑的情形一样（我们称为一个赋值）。现在的差别是我们有不只一个状态，因此这种赋值依赖于系统所处的状态 s：$L(s)$ 包含了在状态 s 下为真的所有原子。

我们可以方便地用有向图表示一个（有限）迁移系统 $\mathcal{M}$ 的所有信息，图的节点（称为状态）包含了在该状态下为真的所有原子命题。例如：如果我们的系统只有三个状态 s_0，s_1 和 s_2，状态之间仅有的可能迁移是 $s_0 \rightarrow s_1$，$s_0 \rightarrow s_2$，$s_1 \rightarrow s_0$，$s_1 \rightarrow s_2$ 和 $s_2 \rightarrow s_2$，若 $L(s_0) = \{p, q\}$，$L(s_1) = \{q, r\}$ 和 $L(s_2) = \{r\}$，那么我们可以把所有这些信息浓缩到图 3-3 中。只要可行，我们倾向于把模型表示成这样的图。

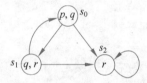

图 3-3 迁移系统 $\mathcal{M} = (S, \rightarrow, L)$ 作为有向图的简明表示。用 l 标记状态 s 当且仅当 $l \in L(s)$

定义 3.4 中要求每个 $s \in S$ 至少有一个 $s' \in S$，使得 $s \rightarrow s'$ 意味着系统"死锁"状态。这是为技术上的方便，实际上，它并不表示对可以建模的系统的任何真正的限制。如果一个系统确实有死锁，总可以添加一个代表死锁的额外状态 s_d，对每个状态 s 加上新的迁移 $s \rightarrow s_d$（在原来的系统中是死锁），以及 $s_d \rightarrow s_d$。图 3-4 是这样的一个例子。

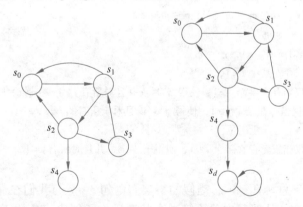

图 3-4 在左图的系统中，状态 s_4 没有任何进一步的迁移。在右图中，用一个"死锁"状态 s_d 扩展该系统，使得没有死锁状态。当然，我们理解达到"死锁"状态 s_d 与原始系统中的死锁相对应

定义 3.5 模型 $\mathcal{M} = (S, \rightarrow, L)$ 中的一条路径是 S 中状态的无限序列 s_1, s_2, s_3, $\cdots$，对每个 $i \geqslant 1$，有 $s_i \rightarrow s_{i+1}$。我们将该条路径写为 $s_1 \rightarrow s_2 \rightarrow \cdots$。

考虑路径 $\pi = s_1 \rightarrow s_2 \rightarrow \cdots$。它表示系统的一个可能未来：先是系统在状态 s_1，然后在状

态 s_2，依此类推。我们用 π^i 表示从 s_i 开始的后缀，例如 π^3 是 $s_3 \rightarrow s_4 \rightarrow \cdots$。

从给定状态 s 开始的所有可能计算路径可视化，将迁移系统展开为一个无限计算树是非常有用的。例如，如果我们对指定的开始状态 s_0 将图 3-3 的状态图展开，则得到图 3-5 所示的无限树。在通过展开模型得到的树中，模型 M 的执行路径被明确地表示出来。

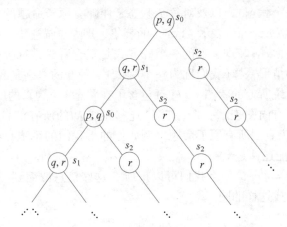

图 3-5　将图 3-3 的系统展开成一个从特定状态开始的所有计算路径的无限树

定义 3.6　设 $M = (S，\rightarrow，L)$ 是一个模型，$\pi = s_1 \rightarrow \cdots$ 是 M 中的一条路径。π 是否满足一个 LTL 公式，由满足关系 $\vDash$ 定义如下：

1. $\pi \vDash \top$。

2. $\pi \nvDash \bot$。

3. $\pi \vDash p$ 当且仅当 $p \in L(s_1)$。

4. $\pi \vDash \neg\phi$ 当且仅当 $\pi \nvDash \phi$。

5. $\pi \vDash \phi_1 \wedge \phi_2$ 当且仅当 $\pi \vDash \phi_1$ 且 $\pi \vDash \phi_2$。

6. $\pi \vDash \phi_1 \vee \phi_2$ 当且仅当 $\pi \vDash \phi_1$ 或 $\pi \vDash \phi_2$。

7. $\pi \vDash \phi_1 \rightarrow \phi_2$ 当且仅当只要 $\pi \vDash \phi_1$ 就有 $\pi \vDash \phi_2$。

8. $\pi \vDash X\phi$ 当且仅当 $\pi^2 \vDash \phi$。

9. $\pi \vDash G\phi$ 当且仅当对所有 $i \geqslant 1$，$\pi^i \vDash \phi$。

10. $\pi \vDash F\phi$ 当且仅当存在某个 $i \geqslant 1$，使得 $\pi^i \vDash \phi$。

11. $\pi \vDash \phi U \psi$ 当且仅当存在某个 $i \geqslant 1$，使得 $\pi^i \vDash \psi$ 并且对所有 $j = 1，\cdots，i-1$，有 $\pi^j \vDash \phi$。

12. $\pi \vDash \phi W \psi$ 当且仅当存在某个 $i \geqslant 1$，使得 $\pi^i \vDash \psi$ 且对于所有的 $j = 1，\cdots，i-1$，有 $\pi^j \vDash \phi$，或者对所有 $k \geqslant 1$，有 $\pi^k \vDash \phi$。

13. $\pi \vDash \phi R \psi$ 当且仅当或者存在某个 $i \geqslant 1$，使得 $\pi^i \vDash \phi$，并且对所有 $j = 1，\cdots，i$，有 $\pi^j \vDash \psi$；或者对所有 $k \geqslant 1$，有 $\pi^k \vDash \psi$。

语句 1 和 2 反映 $\top$ 总为真、$\bot$ 总是假的事实。语句 3～7 与我们在命题逻辑中所看到的对应的句子类似。语句 8 从路径中移除第一个状态，为了创建一条始于"下一个"（第二个）状态的路径。

注意语句 3 意味着原子沿着所考虑路径的第一个状态下被赋值。然而，这并不意味着出现在 LTL 公式中的所有原子都指向路径的第一个状态。如果它们处于一个时态连接词的范围中（例如，在 $G(p \rightarrow X q)$ 中），可满足性计算涉及所考虑路径的后缀，而原子则参考那些后缀的第一个状态。

现在来考察处理二元时态连接词的语句 11 ~ 13。U(代表 Until)是其中最常见的一个。公式 $\phi_1 \cup \phi_2$ 在一条路径上成立，如果 ϕ_1 连续地成立直到 ϕ_2 成立。此外，$\phi_1 \cup \phi_2$ 实际上要求 ϕ_2 在某个未来状态确实成立。见图 3-6 中的解释：沿着所示的路径，s_3 到 s_9 的每个状态都满足 $p \cup q$，但 s_0 到 s_2 不满足。

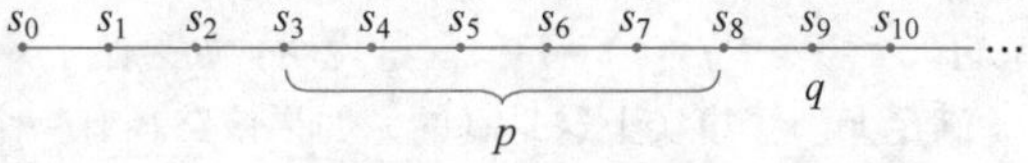

图 3-6　LTL 语义中 Until(直到)含义的解释。假设 p 在(且只在)s_3，s_4，s_5，s_6，s_7，s_8 点满足，q 在(且只在)s_9 点满足，那么沿着所示路径只有 s_3 到 s_9 满足 $p \cup q$

另外的二元连接词是 W(代表 Weak-until)和 R(代表 Release)。Weak-until 与 U 相像，只是 $\phi \, W \, \psi$ 不再要求沿所考虑的路径 ψ 最终被满足，而这是 $\phi \cup \psi$ 所要求的。释放 R 是 U 的对偶；即，$\phi \, R \, \psi$ 等价于 $\neg(\neg\phi \cup \neg\psi)$。称为"释放"是因为语句 13 确定 ψ 必须保持为真，直到(并包含)使 ϕ 变为真的时刻(如果有这样的时刻)；ϕ"释放"ψ。R 和 W 实际上非常类似，差别在于它们交换了 ϕ 和 ψ 的角色，而且关于 W 的语句有 $i-1$，而 R 有 i。既然它们相似，为什么两个都需要呢？我们并不需要两个；稍后我们将看到，它们是可以相互定义的。然而，两个都保留非常有用。R 有用是因为它是 U 的对偶，而 W 有用是因为它是 U 的一种弱形式。

注意，无论是 until 的强版本(U)还是弱版本(W)，都没有谈及在 until 实现之后所发生的任何事情。这与自然语言中一些关于 until 的用法相反。例如，句子"我吸烟直到我 22 岁"，不仅表明这个人一直吸烟到 22 岁，而且我们会将这个句子理解成这个人从 22 岁那个点开始不再吸烟了。这与时态逻辑中 until 语义是不同的。我们可以通过将 U 与其他连接词结合来表达这个关于吸烟的语句。例如，断言 $s \cup (t \wedge G \neg s)$ 曾经为真，其中 s 表示"我吸烟"，t 表示"我 22 岁"。

评注 3.7　注意，在上面的语句 9 ~ 13 中，未来包括了当前。这意味着当我们说"在所有的未来状态"时，我们将当前状态作为一种未来状态包括了进来。是否这样做不过是约定。作为一个练习，你可以考虑开发一个未来不包括当前的 LTL 版本。采纳这种未来包含当前约定的一个结果是，公式 $G \, p \rightarrow p$，$p \rightarrow q \cup p$ 和 $p \rightarrow F \, p$ 在每个模型的每个状态下都为真。

到目前为止，我们定义了路径和 LTL 公式之间的一个满足关系。然而，为了验证系统，我们乐于将满足 LTL 公式的模型作为整体看待。只要模型的每一条可能的执行路径都满足该公式，定义为成立。

定义 3.8　设 $M = (S, \rightarrow, L)$ 是一个模型，$s \in S$，且 ϕ 是一个 LTL 公式。如果对 M 的每条始于 s 的执行路径 π，都有 $\pi \vDash \phi$，我们记为 $M, s \vDash \phi$。

如果从上下文看 M 是清楚的，我们可以将 $M, s \vDash \phi$ 写成 $s \vDash \phi$。很明显，我们已经为下列过程的形式基础勾划了轮廓：给定 ϕ、M 和 s，检测 $M, s \vDash \phi$ 是否成立。本章后面我们将考虑实现这种计算的算法。现在，我们来看对图 3-3 和图 3-5 中的系统进行检测的例子。

1. $M, s_0 \vDash p \wedge q$ 成立，因为原子符号 p 和 q 含在节点 s_0 中：对每条以 s_0 开始的路径 π，$\pi \vDash p \wedge q$。

2. $M, s_0 \vDash \neg r$ 成立，因为原子符号 r 不含在节点 s_0 中。

3. 由定义，$M, s_0 \vDash \top$ 成立。

4. $M, s_0 \vDash X \, r$ 成立，因为从 s_0 开始的所有路径以 s_1 或以 s_2 作为其下一状态，而每个状态都满足 r。

5. $\mathcal{M}, s_0 \models X(q \wedge r)$ 不成立，因为在图 3-5 中，最右边的计算路径 $s_0 \rightarrow s_2 \rightarrow s_2 \rightarrow s_2 \rightarrow \cdots$ 的第二个节点 s_2 包含 r，却不包含 q。

6. $\mathcal{M}, s_0 \models G \neg(p \wedge r)$ 成立，因为始于 s_0 的所有计算路径都满足 $G \neg(p \wedge r)$，即沿该路径的每个状态下都满足 $\neg(p \wedge r)$。注意在一个状态下 $G \phi$ 成立，当且仅当从给定状态可达的所有状态下，ϕ 成立。

7. 基于同样的原因，$\mathcal{M}, s_2 \models G r$ 成立（注意 s_0 由 s_2 代替）。

8. 对 $\mathcal{M}$ 的任何状态 s，有 $\mathcal{M}, s \models F(\neg q \wedge r) \rightarrow FG r$。这说明：如果始于 s 的任何路径 π 到达一个满足 $(\neg q \wedge r)$ 的状态，那么路径 π 满足 $FG r$。事实上这是真的，如果该路径有一个状态满足 $(\neg q \wedge r)$，那么（因为该状态必是 s_2）该路径一定满足 $FG r$。注意 $FG r$ 关于路径所说的内容：最终，你会连续地得到 r。

9. 公式 GFp 表示沿着问题中的路径，p 无限多次地发生。直观地说，无论你沿着路径走多远（这是 G 的部分），你都会发现仍有 p 在你前面（这是 F 的部分）。例如，路径 $s_0 \rightarrow s_1 \rightarrow s_0 \rightarrow s_1 \rightarrow \cdots$ 满足 $GF p$，但路径 $s_0 \rightarrow s_2 \rightarrow s_2 \rightarrow s_2 \rightarrow \cdots$ 不满足。

10. 在我们的模型中，如果一条始于 s_0 的路径上有无限个 p，则该路径必定是 $s_0 \rightarrow s_1 \rightarrow s_0 \rightarrow s_1 \rightarrow \cdots$，而且此时该路径上也有无限多个 r，故 $\mathcal{M}, s_0 \models GF p \rightarrow GF r$。但换一下位置就不然了！$\mathcal{M}, s_0 \models GF r \rightarrow GF p$ 不成立，因为可以找到始于 s_0 的路径有无限多个 r，但只有一个 p。

3.2.3　规范的实际模式

用 LTL 公式能够检测哪些实际相关的性质呢？我们列举几个共同模式。假设原子描述包含一些诸如 busy（忙）和 requested（请求）这样的词。我们可以要求实际的系统具有以下一些性质：

- 在 started 成立但在 ready 不成立时，不可能到达状态：
  G $\neg$(started $\wedge \neg$ ready)
  这个公式的否定表示得到这样一个状态是可能的，但这只有在路径 $(\pi \models \phi)$ 上进行解释下才如此。如果对状态 $(s \models \phi)$ 上进行解释，我们不能断言这种可能性，因为关于那种解释，我们无法表达路径的存在性；上面公式的否定断言：所有的路径最终到达这样一个状态。
- 对任何状态，如果一个（对某些资源的）请求（request）发生，那么它将最终被确认（acknowledged）：
  G(requested $\rightarrow$ F acknowledged)。
- 在每一条计算路径上，一个特定过程常"使能"（enabled）无限多次：
  G F enabled。
- 不管发生什么情况，一个特定过程最终被永久死锁（deadlock）：
  F G deadlock。
- 如果该过程被使能无限次，则它运行无限多次：
  G F enabled $\rightarrow$ G F running。
- 如果有乘客想去第五层，一个上行的电梯在第二层不改变方向：
  G(floor2 $\wedge$ directionup $\wedge$ ButtonPressed5 $\rightarrow$(directionup U floor5))。
  此处，原子描述是由系统变量构造的布尔表达式，比如 floor2。

然而，有些事情是 LTL 不可能表达出来的。一大类这样的事情是断言路径的存在性陈述，如下面这些：

- 从任何状态出发，都可能达到一个重启（restart）状态（即：从所有状态出发都存在一条路径到达一个满足 restart 的状态）。
- 电梯可以闲置在第三层不开门（即：从处于第三层的状态出发，存在一条路径，沿着该路径电梯停留在原地）。

LTL 不能表达这些陈述，因为它不能直接断定这些路径的存在性。在 3.4 节，我们将考虑计算树逻辑（CTL），它拥有对路径进行量词化的算子，因此可以表达这些性质。

3.2.4　LTL 公式之间的重要等价

定义 3.9　我们说两个 LTL 公式 ϕ 和 ψ 是语义等价的（或简单说是等价的）并写为 $\phi \equiv \psi$，如果对所有模型 $\mathcal{M}$ 以及 $\mathcal{M}$ 中的所有路径 π：$\pi \vDash \phi$ 当且仅当 $\pi \vDash \psi$。

ϕ 和 ψ 等价意味着 ϕ 和 ψ 在语义上是可以互换的。如果 ϕ 是某个更大的公式 χ 的一个子公式，且 $\phi \equiv \psi$，那么，可以在 χ 中将 ϕ 替换为 ψ 而不改变 χ 的意义。在命题逻辑中已经看到 $\wedge$ 和 $\vee$ 是互相对偶的，意思是如果你在 $\wedge$ 前放一个 $\neg$，它就变成 $\vee$，反之也成立：

$$\neg(\phi \wedge \psi) \equiv \neg\phi \vee \neg\psi \qquad \neg(\phi \vee \psi) \equiv \neg\phi \wedge \neg\psi$$

（由于 $\wedge$ 和 $\vee$ 是二元的，将一个否定向下加入其中的一个语法分析树中也起到双重否定的效果。）

类似地，F 和 G 是互相对偶的，而 X 与其自身对偶：

$$\neg G\phi \equiv F\neg\phi \qquad \neg F\phi \equiv G\neg\phi \qquad \neg X\phi \equiv X\neg\phi$$

U 和 R 也是互相对偶的：

$$\neg(\phi U \psi) \equiv \neg\phi R \neg\psi \qquad \neg(\phi R \psi) \equiv \neg\phi U \neg\psi$$

我们应该给出这些等价的形式证明，但它们很容易，故留给读者作为练习。从"道义"上讲，W 也应该有一个对偶，如果你愿意，可以发明一个。写出可能意味着什么，然后基于意义的第一个字母选取一个符号。然而，这样做也许用处不大。

F 关于 $\vee$，G 关于 $\wedge$ 的分配律也如此，即：

$$F(\phi \vee \psi) \equiv F\phi \vee F\psi$$
$$G(\phi \wedge \psi) \equiv G\phi \wedge G\psi$$

将此与 2.3.2 节中的量词等价比较。但是 F 对 $\wedge$ 不是分配的。这意味着存在一个模型，该模型的一条路径可以区别 $F(\phi \wedge \psi)$ 和 $F\phi \wedge F\psi$（对某个 ϕ 和 ψ）。例如，从图 3-3 的系统中取路径 $s_0 \to s_1 \to s_0 \to s_1 \to \cdots$，它满足 $Fp \wedge Fr$，但不满足 $F(p \wedge r)$。

这里是 LTL 中的另两个等价关系：

$$F\phi \equiv \top U \phi \qquad G\phi \equiv \bot R \phi$$

第一个等价揭示了 Until 状态的两件事情：第二个公式 ϕ 必须变为真；且直到那时为止，第一个公式 $\top$ 必须成立。因此，如果我们对第一个公式"不加约束"，它就会转而要求第二个公式成立，这正是 F 所要求的。（公式 $\top$ 代表"不加约束"（no constraint）。如果要求让 $\top$ 成立，不需做任何事，它强调的就是无约束。在同样意义下，$\bot$ 表示"所有约束"（every constraint）。如果要求让 $\bot$ 成立，必须满足存在的所有约束，而那是不可能的。）

第二个公式 $G\phi \equiv \bot R \phi$ 可以通过将第一个等价的两边前面加上 $\neg$，并应用对偶规则所得到。另一种更直观的方式是回顾"释放"（release）的含义：$\bot$ 释放 ϕ，但 $\bot$ 永远不会为真，因此，ϕ 不可能得到释放。

另外一对等价与 Until 的强版本和弱版本（U 和 W）相关。强 until 可以视为弱 until 加上最终必须实际发生的约束：

$$\phi U \psi \equiv \phi W \psi \wedge F\psi \tag{3-2}$$

为了证明等价式 (3-2)，先假设一条路径满足 $\phi U \psi$。然后，由语句 11，有 $i \geq 1$ 使 $\pi^i \vDash \psi$，且对所有 $j = 1, \cdots, i-1$，有 $\pi^j \vDash \phi$。由语句 12，这证明了 $\phi W \psi$；并由语句 10，证明 $F\psi$。于是，对所有路径 π，如果 $\pi \vDash \phi U \psi$，那么 $\pi \vDash \phi W \psi \wedge F\psi$。作为练习，读者可以

证明反之也成立。

由 U 写出 W 也是可能的：W 很像 U，但允许永远不发生的可能性：

$$\phi \, W \, \psi \equiv \phi \, U \, \psi \lor G \phi \tag{3-3}$$

通过仔细观察语句 12 和 13 可以发现 R 和 W 是非常类似的。差别在于它们交换了参量 ϕ 和 ψ 的角色，且关于 W 的语句有 $i-1$，而关于 R 有 i。因此，它们可以如下地相互表示就不足为奇了：

$$\phi \, W \, \psi \equiv \psi \, R(\phi \lor \psi) \tag{3-4}$$

$$\phi \, R \, \psi \equiv \psi \, W(\phi \land \psi) \tag{3-5}$$

3.2.5 LTL 的适当连接词集

回顾 $\phi \equiv \psi$ 成立，当且仅当在任何迁移系统中，满足 ϕ 的任何路径也满足 ψ，反之亦然。如命题逻辑，有一些多余的连接词。例如，在第 1 章中我们已经看到，集合 $\{\bot, \land, \neg\}$ 形成一个适当的连接词集合，因为其他连接词 $\lor$，$\rightarrow$，$\top$ 等都可由这三个表达。

在 LTL 中也存在小的适当连接词集合。以下是这种情形的一个总结：

- X 与其他连接词完全正交（orthogonal）。也就是说，它的出现对于其他连接词的相互定义没有任何帮助。此外，X 也不能由其他连接词的任何组合导出。
- 每个集合 $\{U, X\}$、$\{R, X\}$、$\{W, X\}$ 都是适当的。为看到这一点，我们注意到
  — 由对偶 $\phi \, R \, \psi \equiv \neg(\neg \phi \, U \, \neg \psi)$ 以及用该对偶得出的等价式(3-4)，能分别由 U 定义 R 和 W。
  — 由对偶 $\phi \, U \, \psi \equiv \neg(\neg \phi \, R \, \neg \psi)$ 和等价式(3-4)，能分别由 R 定义 U 和 W。
  — 由等价式(3-5)和等价式(3-5)导出的对偶 $\phi \, U \, \psi \equiv \neg(\neg \phi \, R \, \neg \psi)$ 能由 W 定义 R 和 U。

有时寻找不依赖于可用否定的适当连接词集合是有用的。这是因为假设公式可写为否定范式的形式经常会很方便，在否定范式中，所有否定符号都作用于命题原子（即它们在语法分析树的叶节点附近）。此时，对于不含 X 的片段，以下这些集合是适当的，而严格的子集并非如此：$\{U, R\}$，$\{U, W\}$，$\{U, G\}$，$\{R, F\}$。但 $\{R, G\}$ 和 $\{W, G\}$ 不是适当的。注意，不能用 $\{U, F\}$ 定义 G，也不能用 $\{R, G\}$ 或 $\{W, G\}$ 来定义 F。

最后我们叙述并证明一个关于 U 的有用等价。

定理 3.10 对所有 LTL 公式 ϕ 和 ψ，等价 $\phi \, U \, \psi \equiv \neg(\neg \psi \, U(\neg \phi \land \neg \psi)) \land F \psi$ 成立。

证明 在任何模型中取任意路径 $s_0 \rightarrow s_1 \rightarrow s_2 \rightarrow \cdots$。

首先，假设 $s_0 \vDash \phi \, U \, \psi$ 成立。设 n 是使 $s_n \vDash \psi$ 成立的最小数。这样的数一定存在，因为 $s_0 \vDash \phi \, U \, \psi$，那么，对每个 $k < n$，$s_k \vDash \phi$。我们立即有 $s_0 \vDash F \psi$，因此，余下的就是要证明 $s_0 \vDash \neg(\neg \psi \, U(\neg \phi \land \neg \psi))$，如果将上式展开，它的意思是：

（ * ）对每 $i > 0$，若 $s_i \vDash \neg \phi \land \psi$，则存在某个 $j < i$，满足 $s_j \vDash \psi$。

任取满足 $s_i \vDash \neg \phi \land \neg \psi$ 的 $i > 0$；$i > n$，故我们可取 $j \stackrel{\text{def}}{=} n$，于是有 $s_j \vDash \psi$。

反之，假设 $s_0 \vDash \neg(\neg \psi \, U(\neg \phi \land \neg \psi)) \land F \psi$ 成立；我们证明 $s_0 \vDash \phi \, U \, \psi$。因为 $s_0 \vDash F \psi$，如前面一样，有一个最小的 n。我们证明，对任何 $i < n$，有 $s_i \vDash \phi$。假定 $s_i \vDash \neg \phi$，因为 n 最小，我们知道 $s_i \vDash \neg \psi$，故由（ * ），存在某个 $j < i < n$，满足 $s_j \vDash \psi$，这与 n 最小相矛盾。 □

3.3 模型检测：系统、工具和性质

3.3.1 例：互斥

现在，我们看一个用 LTL 来验证的更大例子，与互斥（mutual exclusion）有关。当并发的进程

共享一个资源(如磁盘上的文件或一个数据库项)时，有必要确保它们不会同时访问这个资源。我们并不希望若干个进程同时编辑同一个文件。

因此，我们识别每个进程代码的特定关键段(critical section)，并设法使同一时间只有一个进程处于关键段中。这个关键段应包含对共享资源的所有访问(尽管为避免不必要的排斥发生，它应该尽可能地小)。我们面临的问题是找到一个协议(protocol)，以确定在什么时间、哪个进程允许进入其关键段。一旦找到了我们认为奏效的协议，通过检测它是否具有某些所期望的性质来验证这个解决方案，诸如以下性质：

安全性(safety)：在任何时刻，只有一个进程处于关键段。

仅有安全性还不够，因为将所有进程都永远排斥出关键段的协议虽然安全，但却没什么用。因此，我们还要求：

活性(liveness)：只要任何进程请求进入其关键段，它最终将被准许进入。

无阻性(non-blocking)：一个进程总可以请求进入其关键段。

在此基础上，一些相当粗糙的协议就可以工作了，这些协议在进程间进行循环，使每个进程轮流进入其关键段。自然有些进程要求访问共享资源的次数比其他进程频繁，那么，应该保证协议有以下性质：

非严格顺序性(no strict sequencing)：进程不需按严格的顺序进入其关键段。

第一次建模尝试　我们将对两个进程建模，每个进程处于其非关键状态(n)，或者试图进入其关键状态(t)，再或者处于其关键状态(c)。每个单独的进程都按照循环 $n \to t \to c \to n \to \cdots$ 进行迁移，但两个进程相互交错执行。考虑由图 3-7 中的迁移状态 M 所给出的协议。(如常，在节点 s 处写 $p_1 \, p_2 \cdots p_m$ 表示 p_1, p_2, $\cdots$, p_m 是在 s 为真的仅有的原子命题。)两个进程都从其非关键段开始(全局状态 s_0)。状态 s_0 是仅有的*初始*状态，用无来源的进入边标记。现在，每个进程都可能移向其尝试进入的状态，但一次只允许其中一个发生迁移(异步交错(asynchronous interleaving))。在每一步，都有一个(未指定的)调度程序决定哪个进程可以运行。因此，存在从 s_0 到 s_1 和 s_5 的迁移箭头。从 s_1(即进程 1 尝试，进程 2 非关键)还有两种情况可以发生：进程 1 再次移动(进入 s_2)，或者进程 2 移动(进入 s_3)。注意，不是每个进程在任意状态下都可以移动。例如，进程 1 在状态 s_7 不能移动，因为直到进程 2 退出其关键段之前，进程 1 不能进入其关键段。

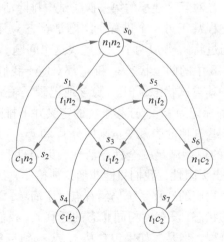

图 3-7　关于互斥建模的第一次尝试

为了检测上述的四个性质，先将其描述为时态逻辑公式。遗憾的是，它们并不均可由 LTL 公式来表示。我们来逐一考察。

安全性：这个性质可用 LTL 表示为 $G \neg (c_1 \wedge c_2)$。显然，$G \neg (c_1 \wedge c_2)$ 在初始状态是满足的(实际上在所有状态下均满足)。

活性：这个性质也可表达：$G(t_1 \rightarrow F c_1)$。然而，它不为初始状态所满足，因为可以找到一条从初始状态出发的路径，沿着该路径有状态 s_1，在该状态，t_1 为真，但从该状态开始沿着路径，c_1 为假。所说的路径是 $s_0 \rightarrow s_1 \rightarrow s_3 \rightarrow s_7 \rightarrow s_1 \rightarrow s_3 \rightarrow s_7 \cdots$，在该路径上，$c_1$ 总为假。

无阻性：仅考虑进程 1。我们把这个性质表述成：对每个满足 n_1 的状态，存在满足 t_1 的后继状态。遗憾的是，关于路径的这个存在量词("存在一个后继，满足…")是不可用 LTL 表达的。它可用逻辑 CTL 表达，我们将在下一节讨论(着急的读者可参看 3.4.3 节)。

非严格顺序性：我们可以考虑将其表达为：存在一条路径，具有两个满足 c_1 的不同状态，使得在两者之间没有状态具有这个性质。然而，我们不能表达"存在一条路径"，因此，转而考虑这个公式的补。补公式指：有终止的 c_1 周期的所有路径在 c_2 状态出现之前不可能再有 c_1 状态。我们将此写为：$G(c_1 \rightarrow c_1 \, W \, (\neg c_1 \wedge \neg c_1 \, W \, c_2))$。即，任何时候只要进入 c_1 状态，或者状况持续不确定，或者结束于一个非 c_1 状态，且在这种情况下，不会再出现 c_1 状态，除非且直至我们得到一个 c_2 状态。

这个公式是假的，如路径 $s_0 \rightarrow s_5 \rightarrow s_3 \rightarrow s_4 \rightarrow s_5 \rightarrow s_3 \rightarrow s_4 \cdots$ 所例示的。因此，表达严格顺序性的原始条件无须发生——此论断为真。

在进一步考虑互斥的例子之前，关于用 LTL 表达性质的一些评价是恰当的。注意在非严格顺序性中，代之于表达其补的性质，我们克服了不能表达路径存在的问题，当然，补是对所有路径而言的。然后，我们可以实施检测，并简单地逆转答案。如果补性质是假的，那我们断言性质是真的，反之亦然。

上述策略为什么在表达无阻性时就不能用呢？理由是：到 n_1 状态的所有路径可以由单步路径继续到 t_1 状态。全称量词和存在量词的出现是问题所在。在非严格顺序性质中只有存在量词。因此，取补性质将其变成一个全称路径量词，可用 LTL 来表达。但在两种量词交替出现的场合，取补性质一般没有什么帮助。

我们回到互斥的例子。在对互斥建模的第一次尝试中排除活性的原因是：非确定性意味着它可能持续地偏好一个进程甚于另一个进程。问题是状态 s_3 不能够区分哪个进程首先进入其尝试状态。我们可以通过将 s_3 分成两个状态解决这个问题。

第二次建模尝试　图 3-8 中的两个状态 s_3 和 s_8 都对应于我们第一建模尝试中的状态 s_3。它们都记录了两个进程处于其尝试状态，但 s_3 隐含地记录了轮到进程 1，而 s_8 表示轮到进程 2。注意，状态 s_3 和 s_8 都标记为 $t_1 t_2$，迁移系统的定义并不排除这种情况。我们可以考虑用不是初始标识一部分的某些其他的隐藏变量来区分 s_3 和 s_8。

评注 3.11　图 3-8 中的模型满足安全性、活性、无阻性和非严格顺序性这四个性质。(因为还不能用时态逻辑写出无阻性，我们只能非形式地检测它。)

在第二次建模尝试中，我们的迁移系统仍然有点过于简单，因为我们假设它在时钟的每次走动时都移到一个不同的状态(没有到相同状态的迁移)。我们也许希望建模可在若干时钟时刻停留在关键状态的进程，但是，如果包含从 s_4 或 s_7 到自身的箭头，我们又将与活性相冲突。在 3.6.2 节考虑"公平性约束"时，这个问题将得到解决。

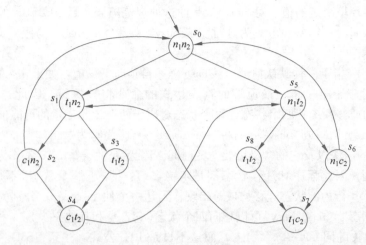

图 3-8　互斥建模的第二次尝试。现有两个表示 t_1t_2 的状态，即 s_3 和 s_8

3.3.2　NuSMV 模型检测器

到目前为止，本章内容的理论性很强，本节之后的各节也依然如此。然而，关于模型检测令人激动的事情之一是：它也是一个实用的科目，因为已经有若干高效的实现，可用来检测现实中的大系统。本节我们考察 NuSMV 模型检测系统。NuSMV 代表"New Symbolic Model Verifier"（新符号模型检测器）。NuSMV 是一个开放源码产品，支持非常活跃，有一个可观的用户团体。如何获得这个工具的细节可参考本章结尾的文献注记。

NuSMV（有时简称 SMV）提供一种描述一直画成图形的模型的语言，而且基于这些模型可以直接检测 LTL（或 CTL）公式的有效性。SMV 以描述模型的程序和一些规范（时态逻辑公式）组成的文本作为输入。若规范成立，它产生输出"真"，否则显示一个迹，表明为什么关于程序所表示的模型该规范是假的。

SMV 程序由一个或多个模块构成。如程序语言 C 或 Java 一样，其中一个模块必须称为 main。模块可以声明变量并赋值。赋值通常给出变量的初始值 initial，而其下一个 next 值是关于变量当前值的表达式。这个表达式可以是不确定的（记作一些带括号的表达式，或根本不赋值）。不确定性用于建模环境和抽象。

将由一个程序和规范构成的下列代码输入给 SMV：

```
MODULE main
VAR
  request : boolean;
  status : {ready,busy};
ASSIGN
  init(status) := ready;
  next(status) := case
                    request : busy;
                    1 : {ready,busy};
                  esac;
LTLSPEC
  G(request -> F status=busy)
```

程序有两个变量，布尔 boolean 型的 request 和枚举型｛ready, busy｝的 status：0 代表"假"，1 代表"真"。变量 request 的初始值和随后值在这个程序中是不确定的。这保守地建模由外界环境决定的值。对 request 的这种规范蕴涵变量 status 的值是部分确定的。其初值是 ready；当 request 为真时变成 busy。如果 request 为假，status 的下一个值是不确定的。

注意，case 1：指示一种默认情形，该 case 陈述自顶向下赋值：如果在：左边的若干表达式为真，那么对应于第一个、最顶端的真表达式的命令将被执行。因此，上述程序指明图 3-9 中所示的迁移系统有四个状态，每个状态对应于两个二元变量的可能值。注意，我们将 status = busy 简写成"busy"，而将"request 为真"简写为"req"。

习惯 SMV 的语法以及它的含义需要花些时间。因为变量 request 是作为这个模型中的真正环境起作用，因此程序和迁移状态都是不确定的：即"下一个状态"不是唯一定义的。任何基于 status 行为的状态迁移均成对出现：到达一个使 request 分别为假或真的后继状态。例如，状态"¬ req, busy"可以移向四个状态（它自身和其他三个）。

LTL 规范由关键词 LTLSPEC 引入，而这不过是 LTL 公式。注意，SMV 分别用 &，|，-> 和 ! 来表示∧，∨，→和¬，因为它们在标准键盘上是可用的。我们可以容易地验证模块 main 的规范对图 3-9 中的模型成立。

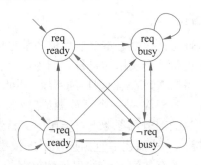

图 3-9　对应于正文中 SMV 程序的模型

SMV 中的模块　为辅助可读性和验证反应性质，SMV 支持将一个系统描述分解成若干模块。当一个变量声明以模块名为类型时，模块实例化。这定义了一组变量，对模块描述中的每个声明对应一个。在下面的随 SMV 发布的例子中，由三个单一位计数器描述的从 000 到 111 重复记数的计数器。模块 counter_cell 用名字 bit0，bit1 和 bit2 实例化三次。计数器模块有一个形式参数 carry_in，它在 bit0 中的实际值为 1；而在实例 bit1 中为 bit0.carry_out。因此，模块 bit1 的 carry_in 是模块 bit0 的 carry_out。注意，在 m.v 中我们用句点．访问模块 m 中的变量 v。这个记号也用于 Alloy（见第 2 章）和大量程序语言用于访问记录结构中的字段或对象的方法。关键词 DEFINE 用于将表达式 Value & carry_in 赋值给符号 carry_out（这种定义仅仅是参考特定表达式当前值的一种方式）

```
MODULE main
VAR
  bit0 : counter_cell(1);
  bit1 : counter_cell(bit0.carry_out);
  bit2 : counter_cell(bit1.carry_out);
LTLSPEC
  G F bit2.carry_out
```

```
MODULE counter_cell(carry_in)
VAR
  value : boolean;
ASSIGN
  init(value) := 0;
  next(value) := (value + carry_in) mod 2;
DEFINE
  carry_out := value & carry_in;
```

DEFINE 语句的效果可通过声明一个新变量并赋值来达到：

```
VAR
  carry_out : boolean;
ASSIGN
  carry_out := value & carry_in;
```

注意，在这个赋值中，变量的当前值已赋值。已定义的符号通常优先于变量，因为它们声明新变量不会增加状态空间。然而，它们不能被非确定地赋值，因为它们仅参照另一个表达式。

同步合成与异步合成　　在默认情况下，SMV 中的模块是同步合成的。这意味着存在一个全局时钟，每滴答一下，每个模块并行地执行。通过使用 process 关键词，也可以异步合成模块。此时，它们以不同的"速度"任意地交错运行。时钟每滴答一下，一个模块被不确定地选择并执行一个周期。对于描述通信协议、异步电路和其他动作与全局时钟不同步的系统，异步交错合成是有用的。

上面的位计数器是同步的，而下面的互斥和交错位协议的例子是异步的。

3.3.3　运行 NuSMV

NuSMV 的正常使用是从 Unix shell 环境或 Windows 中命令提示符以批处理模式运行。命令行

```
NuSMV counter3.smv
```

将分析文件 counter3.smv 中的代码，并报告它所含的规范。也可以交互地运行 NuSMV。此时，命令行

```
NuSMV -int counter3.smv
```

进入 NuSMV 的命令行解释程序。那里有各种可用的命令，允许编译描述、运行规范检测，以及审查部分结果并设置各种参数。更多细节参看 NuSMV 用户手册。

NuSMV 也支持有界模型检测（bounded model checking），通过命令选项-bmc 来调用。有界模型检测按大小顺序寻找反例，从长度 1 的反例开始，然后是 2，等等，直到一个给定的阈值（默认为 10）。注意，有界模型检测是不完备的：找不到反例并不意味着没有，只是没有至多是阈值的长度。因为相关的原因，在 Alloy 和其约束性分析器中这种不完备特征也存在。于是，尽管可依赖否定答案（如果 NuSMV 找到了一个反例，那么它就是有效的），而肯定的则不行。有界模型检测的参考文献可在 3.9 节的文献注记中找到。后面，我们将使用有界模型检测来证明一个调度程序的最优性。

3.3.4　重温互斥

图 3-10 给出了一个互斥协议的 SMV 代码。这个代码由两个模块构成，分别是 main 和 prc。模块 main 有变量 turn，如果两个进程同时试图进入其关键段，该变量用来决定轮

到谁进入(回忆 3.3.1 节中关于状态 s_3 和 s_9 的讨论)。

```
MODULE main
  VAR
     pr1: process prc(pr2.st, turn, 0);
     pr2: process prc(pr1.st, turn, 1);
     turn: boolean;
  ASSIGN
     init(turn) := 0;
  -- safety
  LTLSPEC  G!((pr1.st = c) & (pr2.st = c))
  -- liveness
  LTLSPEC  G((pr1.st = t) -> F (pr1.st = c))
  LTLSPEC  G((pr2.st = t) -> F (pr2.st = c))
  -- 'negation' of strict sequencing (desired to be false)
  LTLSPEC G(pr1.st=c -> ( G pr1.st=c | (pr1.st=c U
          (!pr1.st=c & G !pr1.st=c | ((!pr1.st=c) U pr2.st=c)))))

MODULE prc(other-st, turn, myturn)
  VAR
     st: {n, t, c};
  ASSIGN
     init(st) := n;
     next(st) :=
       case
         (st = n)                              : {t,n};
         (st = t) & (other-st = n)             : c;
         (st = t) & (other-st = t) & (turn = myturn): c;
         (st = c)                              : {c,n};
         1                                     : st;
       esac;
     next(turn) :=
       case
         turn = myturn & st = c : !turn;
         1                      : turn;
       esac;
  FAIRNESS running
  FAIRNESS  !(st = c)
```

图 3-10　互斥协议的 SMV 代码。由于 SMV 不支持 W,必须使用等价式(3-3)
将非严格顺序公式写成一个等价、但更长的涉及 U 的公式

　　模块 main 还有 prc 的两个实例。在每个实例, st 是一个进程的状态(说明它是否处于关键段或处于尝试状态), 而 other-st 是其他进程的状态(注意在 main 的第三行和第四行, 它是如何作为一个参数传递的)。

　　st 的值按前一节所描述的方式演化:当它是 n 时, 它可能停在 n 或移到 t。当它是 t 时, 如果另一个是 n, 它将直接到 c。如果另一个也是 t, 在进入 c 之前, 它将检查轮次。因

此，当它是 c 时，可以移回 n。prc 的每个实例在到达关键段后，将把下一次进入关键段的机会留给另一个实例。

SMV 的一个重要特征是可以把它的搜索树限制到执行路径，沿着这条路径，关于状态的任意布尔公式 ϕ 无限多次为真。由于这经常用于建模对资源的公平访问，所以称为公平性约束（fairness constraints），并且由关键词 FAIRNESS 引入。因此 FAIRNESS ϕ 的出现意味着在检测规范 ψ 时，SMV 将忽视 ϕ 不被无限多次满足的任何路径。

在模块 prc 中，将模型检测限制在 st 无限多次不等于 c 的计算路径上。这是因为代码允许状态随意停留在其关键段。因此存在另一个使活性不满足的机会：如果进程 2 永远停留在其关键段上，则进程 1 将永远不能进入。同样，我们不应该考虑这类冲突，因为允许一个进程永远处于关键段显然是不公平的。我们将寻找规范的更微妙的冲突（如果有的话）。为避免上述问题，我们规定了公平性约束 !(st = c)。

如果所考虑的模块用关键字 process 进行声明，那么像以前解释的那样，在每个时间点上，SMV 将非确定性地决定是否选择执行。我们可能希望忽略这样一些路径，其上的一个模块迫切需要处理器时间。保留字 running 可用在公平性约束中代替一个公式：FAIRNESS running 将关注限制于执行这样的路径，沿着这条路径出现的模块被选择执行无限多次。

在 prc 中，我们将限制于这样的路径，因为没有这种限制，如果 prc 的实例从未被选择执行，就容易与活性约束相冲突。我们假定调度程序是公平的；假定用两个 FAIRNESS 语句来编码。回到关于公平性的问题，我们将在下一节回到模型检测算法如何与之协调的问题。

请在 NuSMV 中运行这个程序，看一下它的哪些规范成立。

对应于这个程序的迁移系统如图 3-11 所示。每个状态显示变量的值；例如，ct1 是进程 1 和进程 2 分别处于关键段和尝试段，而且 turn = 1 的状态。迁移上的标记显示哪个进程被选择执行。一般，每个状态有若干个迁移，某些迁移下进程 1 移动，而另外的迁移下进程 2 移动。

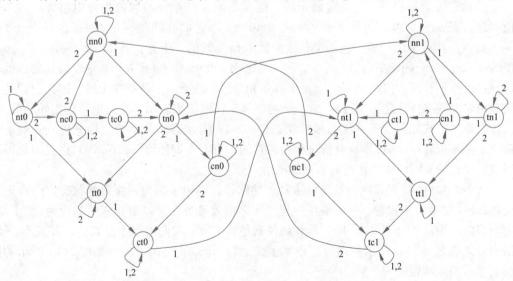

图 3-11　对应图 3-10 中 SMV 代码的迁移系统。迁移上的标记表示移动的进程。
标记 **1**，**2** 表示两个进程都可以移动

这个模型与前面在图 3-8 中给出的互斥模型有点不同，原因有两个：

- 由于在图 3-8 中，为了区分状态 s_3 和 s_9，明确地引进布尔变量 turn，现在则区分了以前是恒同的特定状态（例如，ct0 和 ct1）。然而，如果仅考虑由其发出的迁移，这些状态是不可区分的。因此，它们满足相同的不提及变量 turn 的 LTL 公式。那些状态只能通过出现方式来区分。
- 我们消除了图 3-8 中模型过分简化的问题。记得我们曾假定时钟每滴答一下系统都会迁移到一个不同状态（不存在状态到其自身的迁移）。在图 3-11 中，允许每个状态到其自身的迁移，表示一个进程被选择执行，并做一些私有的计算，但不移进迁移出其关键段。当然，这样做会引进这样一些路径，其上的一个进程陷在其关键段上，因而需要求助于公平性约束来消除这样的路径。

3.3.5 摆渡者难题

你可能记得摆渡者难题：一个船夫、山羊、卷心菜和狼都在河的一边。船夫至多可搭载一位乘客过河。如果在河岸的同一侧，而船夫在过河或者停留在河岸的另一侧，下面两者之间有行为冲突：

1. 山羊和卷心菜；
2. 山羊和狼。

船夫能否在不发生任何冲突情况下，将所有物品运送到河对岸？这是一个规划问题（planning problem），但可由模型检测来解决。我们描述一个迁移系统，其中状态代表何种物品在河的哪边。然后寻求从初始状态出发，目标状态是否可达：即是否存在一条从初始状态出发的路径，该路径上有一个状态是所有货物都在河岸的另一侧，而且在向这个状态迁移过程中，货物不会处于不安全的冲突场合？

我们将所有可能的行为（包括导致冲突的行为）建模为一个 NuSMV 程序（图 3-12）。每个货物的位置用布尔变量来建模：0 代表物品在初始河岸，1 代表在目标河岸。因此，ferryman = 0 意味着船夫在初始河岸，ferryman = 1 表示他在目标河岸，关于变量 goat，cabbage 和 wolf 的情形是类似的。

变量 carry 所取的值指示船夫所搭载的是山羊、卷心菜、狼，或者什么也没载。next（carry）的定义进行如下。它是非确定的，但其非确定性选择的取值集合由船夫、山羊等取值确定，且总包含 0。如果 ferryman = goat（即它们在同侧河岸），那么 g 是 next（carry）取值集合中的一员。卷心菜和狼的情形是类似的。于是，若 ferryman = goat = wolf ≠ cabbage，则该集合是 {g, w, 0}。赋给 ferryman 的下一个值是非确定的：他可以选择过河或不过河。但是 goat，cabbage 和 wolf 的下一个值是确定的，因为它们是否被搭载由船夫的选择决定，通过对 carry 的非确定性赋值来表示，这些值遵循相同的模式。

注意布尔卫式如何在下一状态参考状态位。SMV 编译器作一个相关性分析，并对下一个值拒绝循环依赖性。（可靠性分析是相当悲观的，有时，即使可解，NuSMV 也会抱怨循环依赖性。原始的 CMU-SMV 在这方面更加灵活一些。）

运行 NuSMV 我们寻找一条满足 $\phi\,U\,\psi$ 的路径，其中 ψ 断定最终目标状态；而 ϕ 表示安全性条件（如果山羊和卷心菜或狼在一起，那么摆渡者也在，以阻止麻烦的行为）。于是，断定所有路径满足 $\neg(\phi\,U\,\psi)$，即：没有路径满足 $\phi\,U\,\psi$。我们希望不是真的，并且 NuSMV 会给出一条满足 $\phi\,U\,\psi$ 的示例路径。事实上，运行 NuSMV 给出了一条如图 3-13 所示的路径，它表示了此难题的一个解。

生成路径的开始代表了这个问题的通常解：摆渡者先将山羊带走，然后回来取卷心菜。为了避免将山羊和卷心菜留在一起，他又把山羊带回来，然后带上狼。现在狼和卷心菜已在目标河岸了，然后摆渡者再回来把山羊接过来。这把我们带到状态 1.9，在该状态下，摆渡者完成了任务，可以好好休息一下了。但路径仍在继续。状态 1.10 到状态 1.15 表明他把货物又运到了初始河岸；首先是卷心菜，然后是狼，再后是羊。遗憾的是，看起来摆渡者直到状态 1.9 的聪明计划被搞砸了，因为羊在状态 1.11 遭遇了悲惨的结局。

```
MODULE main
 VAR
  ferryman : boolean;
  goat     : boolean;
  cabbage  : boolean;
  wolf     : boolean;
  carry    : {g,c,w,0};
 ASSIGN
 init(ferryman) := 0; init(goat)    := 0;
 init(cabbage) := 0; init(wolf)    := 0;
 init(carry)    := 0;

 next(ferryman) := 0,1;

 next(carry) := case
                     ferryman=goat : g;
                      1            : 0;
                esac union
                case
                  ferryman=cabbage : c;
                   1               : 0;
                esac union
                case
                  ferryman=wolf : w;
                   1            : 0;
                esac union 0;

 next(goat) := case
   ferryman=goat  & next(carry)=g : next(ferryman);
   1                              : goat;
 esac;
 next(cabbage) := case
   ferryman=cabbage & next(carry)=c : next(ferryman);
   1                                : cabbage;
 esac;
 next(wolf) := case
   ferryman=wolf & next(carry)=w : next(ferryman);
   1                             : wolf;
 esac;

LTLSPEC !((   (goat=cabbage | goat=wolf) -> goat=ferryman)
           U (cabbage & goat & wolf & ferryman))
```

图 3-12　摆渡者规划问题的 NuSMV 代码

哪里出错了？实际上，什么错都没有。NuSMV 给出一条无限路径，这条路径围绕着所示的 15 个状态循环。沿着这条无限路径，摆渡者重复地带着它的货物（安全地）过河，然后再（不安全地）回来。这条路径确实满足规范 $\phi\,U\,\psi$，它断言了向前的旅程的安全性，但对其之后发生什么却没有任何说明。换句话说，该路径是正确的；它满足 $\phi\,U\,\psi$（ψ 发生在状态 8）。沿这条路径以后发生什么，与 $\phi\,U\,\psi$ 没有关系。

```
acws-0116% nusmv  ferryman.smv
*** This is NuSMV 2.1.2 (compiled 2002-11-22 12:00:00)
*** For more information of NuSMV see <http://nusmv.irst.itc.it>
*** or email to <nusmv-users@irst.itc.it>.
*** Please report bugs to <nusmv-users@irst.itc.it>.
-- specification !(((goat = cabbage | goat = wolf) -> goat = ferryman)
                  U (((cabbage & goat) & wolf) & ferryman)) is false
-- as demonstrated by the following execution sequence
-- loop starts here --
-> State 1.1 <-
      ferryman = 0                 -> State 1.8 <-
      goat = 0                        ferryman = 1
      cabbage = 0                     goat = 1
      wolf = 0                        carry = g
      carry = 0                    -> State 1.9 <-
-> State 1.2 <-                     -> State 1.10 <-
      ferryman = 1                    ferryman = 0
      goat = 1                        cabbage = 0
      carry = g                       carry = c
-> State 1.3 <-                     -> State 1.11 <-
      ferryman = 0                    ferryman = 1
      carry = 0                       carry = 0
-> State 1.4 <-                     -> State 1.12 <-
      ferryman = 1                    ferryman = 0
      cabbage = 1                     wolf = 0
      carry = c                       carry = w
-> State 1.5 <-                     -> State 1.13 <-
      ferryman = 0                    ferryman = 1
      goat = 0                        carry = 0
      carry = g                    -> State 1.14 <-
-> State 1.6 <-                        ferryman = 0
      ferryman = 1                     goat = 0
      wolf = 1                         carry = g
      carry = w                    -> State 1.15 <-
-> State 1.7 <-                        carry = 0
      ferryman = 0
      carry = 0
```

图 3-13　摆渡者难题的一个求解路径。它长的没有必要。使用有界模型检测可将其加细为最优解

调用有界模型检测将产生与该性质冲突的最短可能路径。此时，它是所示路径的状态 1.1 到 1.8。它是我们的规划问题的最短、最优解，因为模型检测 NuSMV -bmc -bmc_ length 7 ferryman.smv 表明在该模型中，LTL 公式成立，这意味着不可能有少于 7 个迁移的解。

人们也许希望验证是否存在涉及山羊的三次往返的解。这可以通过修改 LTL 公式来实现。现在我们不去寻找满足 $\phi \cup \psi$ 的路径，代之以寻找满足 $(\phi \cup \psi) \wedge G(goat \rightarrow G\ goat)$ 的路径，这里 ϕ 等于 $(goat = cabbage \vee goat = wolf) \rightarrow goat = ferryman$，$\psi$ 等于 cabbage $\wedge$ goat $\wedge$ wolf $\wedge$ ferryman。公式的最后一位说明：一旦山羊过了河，他将继续保持过河；否则，山羊将至少三次往返。NuSMV 验证了这个公式的否定是真的，从而确认了没有这样的解。

3.3.6　交错位协议

交错位协议(The Alternating Bit Protocol, ABP)是一个关于沿"失真线路"传输消息的协议，这种线路可能丢失或复制消息。只要线路不丢失无限多消息，该协议可以确保发送者和接收者之间的消息传输获得成功。(我们允许线路丢失或复制消息，但却不能毁坏消息，没有办法保证沿一条可能毁坏消息的线路成功地传输。)

　　ABP 工作如下。有四个实体或代理：发送方、接收方、消息信道和确认信道。发送方将消息的第一部分，连同"控制"位 0 一起发送。如果接收方收到了带有控制位 0 的信息，它通过确认信道发送 0。发送方收到这个确认后，它发送下一个数据包，连同控制位 1。如果接收方收到这条消息，它通过确认信道发送 1 以示确认。通过交错控制位，接收方和发送方可以防止消息的重复和丢失（即它们忽略含有非预期控制位的消息）。

　　如果发送方没有得到预期的确认，它继续重发送那条消息，直到确认到达。如果接收方没有收到带有预期控制位的消息，它将继续重发先前的确认。

　　对于 ABP 来说，公平性也是重要的。这是因为，虽然我们想要建模信道可能丢失消息这个事实，我们仍希望假设，如果足够多次地发送一条消息，最终它将到达。换句话说，信道不能丢失无限消息序列。如果我们不做这个假设，那么信道可能丢失所有消息，这样的话，ABP 不会起作用。

　　我们在 SMV 的具体框架中看这一点。我们可以假设待发送的文本划分成单位的消息，顺序地发送。变量 message1 是正在发送的消息的当前位，而 message2 是控制位。模块 sender 的定义在图 3-14 中给出。这个模块将大多数时间都花费在 st = sending 上，只当收到对应于刚刚发出消息的控制位的确认信息时，它才短暂地回到 st = sent。变量 message1 和 message2 分别代表待发送的实际数据和控制位。传送成功时，该模块得到一个要发送的新消息并返回 st = sending。新的 message1 是非确定性得到的（即由环境中得到）；message2 的值交错地改变。我们加上 FAIRNESS running，即发送方必须被选择无限多次运行。LTLSPEC 测试我们总能成功地发送当前消息。在图 3-15 中，用类似的方式对模块 receiver 进行编程。

```
MODULE sender(ack)
VAR
    st        : {sending,sent};
    message1 : boolean;
    message2 : boolean;
ASSIGN
    init(st) := sending;
    next(st) := case
                    ack = message2 & !(st=sent) : sent;
                    1                           : sending;
                esac;
    next(message1) :=
                case
                    st = sent : {0,1};
                    1         : message1;
                esac;
    next(message2) :=
                case
                    st = sent : !message2;
                    1         : message2;
                esac;
FAIRNESS running
LTLSPEC G F st=sent
```

图 3-14　用 SMV 编写的 ABP 发送方

```
MODULE receiver(message1,message2)
VAR
    st       : {receiving,received};
    ack      : boolean;
    expected : boolean;
ASSIGN
    init(st) := receiving;
    next(st) := case
                    message2=expected & !(st=received) : received;
                    1                                  : receiving;
                esac;
    next(ack) :=
                case
                st = received : message2;
                1             : ack;
                esac;
    next(expected) :=
                case
                st = received : !expected;
                1             : expected;
                esac;
FAIRNESS running
LTLSPEC G F st=received
```

图 3-15   用 SMV 编写的 ABP 接收方

我们还需要描述两个信道，如图 3-16 所示。确认信道是下面的一位信道 one-bit-chan 的实例。它的损耗特征由对 forget 的赋值来说明。input 值应传送给 output，除非 forget 为真。用于发送消息的双位信道 two-bit-chan 是类似的。非确定变量 forget 仍然用来确定当前位是否丢失。消息的两个部分都成功发送，或者两个都不成功（假设信道不毁坏信息）。

信道有公平性约束，用来建模这样的事实：尽管信道可以丢失消息，但我们假设可以无限次正确地发送消息。（如果不是这种情况，那么我们就会找到一个与活性冲突的无趣实例，例如，沿着一条路径，从某个时刻向前发送的消息都丢失。）

有趣的是注意到公平性约束"无限次! forget"不足以证明期望的性质，尽管它迫使信道无限次发送消息，却不能阻止它（比方说）丢失所有的 0 位而传送所有 1 位。这就是为什么使用更强的公平性约束的原因。一些系统允许形如"无限次 p 蕴涵无限次 q"的公平性约束，这种形式在此会更满意些，但 SMV 是不允许的。

最后，我们用模块 main 将所有这些联结在一起（见图 3-17）。它的作用是将系统的成分联结起来，并给其参数赋以初值。因为第一个控制位是 0，我们也将接收方的值初始化为 0。接收方应以发送 1 作为确认信息开始，因此在发生任何事情之前，sender 不会把最先接收到的消息作为确认消息。同理，信道的输出初始化为 1。

关于 ABP 的规范。我们的 SMV 程序满足以下规范：

安全性：如果消息位 1 已发送并返回正确的确认，则接收方实际接收到一个 1：

G (S.st = sent & S.message1 =1 -> msg_ chan.output1 =1)

活性：消息最终发送成功。于是，对任意状态，必然存在一个当前消息已经通过的未来状态。在模块 sender 中，我们将其规范为 G F st = sent。（在主模块中，这个规范可以等价地写作 G F S. st = sent。)

```
MODULE one-bit-chan(input)
VAR
    output : boolean;
    forget : boolean;
ASSIGN
    next(output) := case
                         forget : output;
                         1:            input;
                         esac;
FAIRNESS running
FAIRNESS input & !forget
FAIRNESS !input & !forget


MODULE two-bit-chan(input1,input2)
VAR
    forget : boolean;
    output1 : boolean;
    output2 : boolean;
ASSIGN
    next(output1) := case
                          forget : output1;
                          1:            input1;
                          esac;
    next(output2) := case
                          forget : output2;
                          1:            input2;
                          esac;
FAIRNESS running
FAIRNESS input1 & !forget
FAIRNESS !input1 & !forget
FAIRNESS input2 & !forget
FAIRNESS !input2 & !forget
```

图 3-16　用 SMV 编写的两个 ABP 信道的两个模块

```
MODULE main
VAR
  s : process sender(ack_chan.output);
  r : process receiver(msg_chan.output1,msg_chan.output2);
  msg_chan : process two-bit-chan(s.message1,s.message2);
  ack_chan : process one-bit-chan(r.ack);
ASSIGN
  init(s.message2) := 0;
  init(r.expected) := 0;
  init(r.ack)      := 1;
  init(msg_chan.output2) := 1;
  init(ack_chan.output) := 1;

LTLSPEC  G (s.st=sent & s.message1=1 -> msg_chan.output1=1)
```

图 3-17　ABP 主模块

类似地，确认信息最终发送成功。在模块 receiver 中，我们写 G F st = received。

3.4　分支时间逻辑

在前面各节中对 LTL(线性时态逻辑)的分析中,我们注意到 LTL 公式是在路径上赋值的。我们定义系统的一个状态满足一个 LTL 公式,如果由给定状态出发的所有路径都满足它。于是,LTL 隐含着对所有路径做全称量词限定。因此,断言一条路径存在的性质不能用 LTL 表达。通过考虑问题中性质的否定并相应地解释结果,可以部分缓解这个问题。为了检测是否存在一条从 s 出发并满足 LTL 公式 ϕ 的路径,检测是否所有路径都满足 $\neg\phi$;对这个问题的肯定回答就是对初始问题的否定回答,反之亦然。在前一节中分析摆渡者难题时就用到了这个方法。然而,正如我们已经注意到,混和使用了全称和存在路径量词的性质一般不能用这种方法进行模型检测,因为补公式仍然混和使用全称和存在量词。

分支时间逻辑通过明确地允许使用路径量词解决这个问题。我们将考察一种计算树逻辑(Computation Tree Logic,CTL)。在 CTL 中,除了有 LTL 中的时态算子 U,F,G 和 X 外,我们还有量词 A 和 E,分别表达"对所有路径"和"存在一条路径"。例如,我们可以写:

- 存在一个可达状态满足 q:这可以写为 EF q。
- 对所有满足 p 的可达状态,可以连续地保持 p,直到到达一个满足 q 的状态,这可以写为 AG($p\rightarrow$ E[p U q])。
- 只要满足 p 的状态是可达的,系统可以永远连续不断呈现 q:AG($p\rightarrow$EG q)。
- 存在一个可达状态,由其出发的所有可达状态都满足 p:EF AG p。

3.4.1　CTL 的语法

计算树逻辑(或简称 CTL)是一种分支时间逻辑,即它的时间模型是一个树状结构,其中未来是不确定的。未来有不同的路径,其中的任何一个都可能是现实的"实际"路径。

和以前一样,我们固定一个的原子公式/描述的集合(例如 p,q,r,…或 p_1,p_2,…)。

定义 3.12　如 LTL 一样,通过 Backus-Naur 范式归纳定义 CTL 公式:

$$\phi ::= \bot \mid \top \mid p \mid (\neg\phi) \mid (\phi \wedge \phi) \mid (\phi \vee \phi) \mid (\phi \rightarrow \phi) \mid \text{AX}\,\phi \mid \text{EX}\,\phi \mid$$
$$\text{AF}\,\phi \mid \text{EF}\,\phi \mid \text{AG}\,\phi \mid \text{EG}\,\phi \mid \text{A}[\phi\,\text{U}\,\phi] \mid \text{E}[\phi\,\text{U}\,\phi]$$

此处 p 取遍原子公式的集合。

注意,每个 CTL 时态连接词都是一对符号。对中的第一个是 A 或 E。A 是"沿所有路径"(无一例外),E 的含义是"沿至少(存在)一条路径"(可能)。符号对中的第二个符号是 X、F、G 或 U,含义分别为"下一状态","某个未来状态","所有未来状态(全局)"和"直到"。例如,E[ϕ_1 U ϕ_2]中的符号对是 EU。在 CTL 中,像 EU 这样的符号对是不可分的。注意 AU 和 EU 是二元的。符号 X,F,G 和 U 在前面没有 A 或 E 的情况下不能单独出现。类似地,每个 A 或 E 必须伴随着 X,F,G 或 U 之一出现。

通常在 CTL 中不包含弱-直到(W)和释放(R),但它们是可以导出的(见 3.4.5 节)。

约定 3.13　对 CTL 连接词,假定与命题逻辑和谓词逻辑中类似的绑定优先级。一元连接词(包括 ¬ 和时态连接词 AG,EG,AF,EF,AX 和 EX)有最紧密的绑定;其次是 ∧ 和 ∨;然后是 →,AU 以及 EU。

自然,我们可以使用括号忽略这些优先级。为了理解语法,来看一些合式 CTL 公式和非合式 CTL 公式的例子。假设 p,q 和 r 是原子公式。下面是一些合式 CTL 公式:

- AG($q\rightarrow$EG r),注意它与 AG $q\rightarrow$EG r 不一样,因为根据约定 3.13,后一个公式指

$(\text{AG } q) \rightarrow (\text{EG } r)$

- EF E$[r \text{ U } q]$
- A$[p \text{ U EF } r]$
- EF EG $p \rightarrow$ AF r，还要注意它的括号绑定为$(\text{EF EG } p) \rightarrow$ AF r，不是 EF(EG $p \rightarrow$ AF r) 或 EF EG$(p \rightarrow$ AF $r)$
- A$[p_1 \text{ U A}[p_2 \text{ U } p_3]]$
- E$[\text{A}[p_1 \text{ U } p_2] \text{ U } p_3]$
- AG$(p \rightarrow \text{A}[p \text{ U}(\neg p \wedge \text{A}[\neg p \text{ U } q])])$。

值得花一些时间看看语法规则是如何允许构造这些公式的。下面的式子不是合式公式：

- EF G r
- A $\neg$ G $\neg p$
- F$[r \text{ U } q]$
- EF$(r \text{ U } q)$
- AEF r
- A$[(r \text{ U } q) \wedge (p \text{ U } r)]$。

特别值得理解的是为什么语法规则不允许构造这些公式。以 EF$(r \text{ U } q)$ 为例，这个字符串的问题在于 U 只能与 A 或 E 配对出现，E 又是与 F 成对出现的。为了将这个串改成一个合式 CTL 公式，只能写 EF E$[r \text{ U } q]$ 或 EF A$[r \text{ U } q]$。

注意，当在 A 或 E 后面配对的算子是 U 时，使用方括号。这样做并没有什么特别的理由。可以用通常的圆括号代替。然而，这常有助于人们阅读公式(因为我们能更容易地找到相应的关闭括号的位置)。使用方括号的另一个原因是 SMV 一直坚持这样做。

A$[(r \text{ U } q) \wedge (p \text{ U } r)]$ 不是合式公式的原因是语法不允许将布尔连接词(例如$\wedge$)直接放在 A$[\ ]$ 或 E$[\ ]$ 中。A 或 E 的出现必须紧跟着 G，F，X 或 U 之一出现。如果 U 跟着它们出现，一定是 A$[\phi \text{ U } \psi]$ 的形式。现在 ϕ 和 ψ 可以包含$\wedge$，因为它们是任意公式。因此，A$[(p \wedge q) \text{ U } (\neg r \rightarrow q)]$ 是一个合式公式。

注意 AU 和 EU 是混和使用中缀和前缀记号的二元连接词。按严格的中缀形式，应该写 ϕ_1 AU ϕ_2，而按严格的前缀形式，应该写 AU(ϕ_1, ϕ_2)。

就任何形式语言而言，如前两章，画出合式公式的语法分析树是有用的。A$[\text{AX } \neg p \text{ U E}[\text{EX}(p \wedge q) \text{ U } \neg p]]$ 的语法分析树如图 3-18 所示。

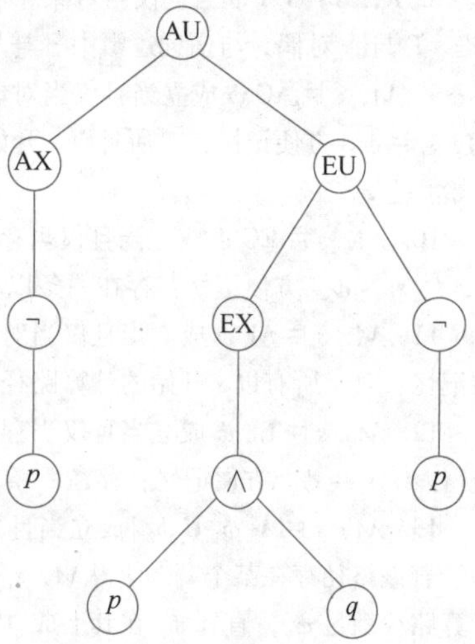

定义 3.14 一个 CTL 公式 ϕ 的子公式是这样的公式 ψ，其语法分析树是 ϕ 的语法分析树的子树。

图 3-18 一个无中缀记号的 CTL 公式的语法分析树

3.4.2 计算树逻辑的语义

CTL 公式在迁移系统(定义 3.4)上进行解释。设 $M = (S, \rightarrow, L)$ 是一个模型，$s \in S$，ϕ

是一个 CTL 公式。$\mathcal{M}, s \models \phi$ 是否成立的定义是就 ϕ 的结构进行递归,可以大致理解如下:

- 若 ϕ 是原子的,满足关系由 L 确定。
- 若 ϕ 的顶级连接词(即出现在 ϕ 的语法分析树中最顶层的连接词)是一个布尔连接词($\wedge$,$\vee$,$\neg$,$\top$ 等),则满足问题由普通的真值表定义以及 ϕ 的下一步递归来回答。
- 若顶级连接词是一个以 A 开始的算子,则满足关系成立,如果从 s 出发的所有路径均满足移去符号 A 后所得到的"LTL 公式"。
- 类似地,若顶级连接词开始于 E,则满足关系成立,如果从 s 出发的某个路径满足移去符号 E 后所得到的"LTL 公式"。

在后两种情形,移去 A 或 E 的结果严格地讲并不是 LTL 公式,因为其下面也可能仍然包含有 A 或 E。然而,这些问题将由递归来处理。

$\mathcal{M}, s \models \phi$ 的形式定义有点烦琐:

定义 3.15 设 $\mathcal{M} = (S, \rightarrow, L)$ 是关于 CTL 的一个模型,s 属于 S,ϕ 是一个 CTL 公式。关系 $\mathcal{M}, s \models \phi$ 由对 ϕ 做结构归纳来定义:

1. $\mathcal{M}, s \models \top$ 且 $\mathcal{M}, s \nvDash \bot$。

2. $\mathcal{M}, s \models p$ 当且仅当 $p \in L(s)$。

3. $\mathcal{M}, s \models \neg \phi$ 当且仅当 $\mathcal{M}, s \nvDash \phi$。

4. $\mathcal{M}, s \models \phi_1 \wedge \phi_2$ 当且仅当 $\mathcal{M}, s \models \phi_1$ 且 $\mathcal{M}, s \models \phi_2$。

5. $\mathcal{M}, s \models \phi_1 \vee \phi_2$ 当且仅当 $\mathcal{M}, s \models \phi_1$ 或者 $\mathcal{M}, s \models \phi_2$。

6. $\mathcal{M}, s \models \phi_1 \rightarrow \phi_2$ 当且仅当 $\mathcal{M}, s \nvDash \phi_1$ 或者 $\mathcal{M}, s \models \phi_2$。

7. $\mathcal{M}, s \models AX \phi$ 当且仅当对所有使得 $s \rightarrow s_1$ 的 s_1,有 $\mathcal{M}, s_1 \models \phi$。于是,AX 含义为"在所有下一状态。"

8. $\mathcal{M}, s \models EX \phi$ 当且仅当对某个使得 $s \rightarrow s_1$ 的 s_1,有 $\mathcal{M}, s_1 \models \phi$。于是,EX 含义为"在某个下一状态"。E 与 A 对偶,与谓词逻辑中 $\exists$ 与 $\forall$ 对偶的情况完全一样。

9. $\mathcal{M}, s \models AG \phi$ 成立当且仅当对于所有满足 $s_1 = s$ 的路径 $s_1 \rightarrow s_2 \rightarrow s_3 \rightarrow \cdots$,及沿该路径上的所有 s_i,有 $\mathcal{M}, s_i \models \phi$。方便记忆:对所有以 s 开始的计算路径,性质 ϕ 全局地成立。注意:"沿该路径"包括路径的初始状态 s。

10. $\mathcal{M}, s \models EG \phi$ 成立当且仅当存在一条满足 $s_1 = s$ 的路径 $s_1 \rightarrow s_2 \rightarrow s_3 \rightarrow \cdots$,及沿该路径上的所有 s_i,有 $\mathcal{M}, s_i \models \phi$。方便记忆:存在一条以 s 开始的路径,使得沿着该路径,ϕ 全局地成立。

11. $\mathcal{M}, s \models AF \phi$ 成立当且仅当对于所有满足 $s_1 = s$ 的路径 $s_1 \rightarrow s_2 \rightarrow \cdots$,有某个 s_i,使得 $\mathcal{M}, s_i \models \phi$。方便记忆:对于所有以 s 开始的计算路径,存在某个未来状态使 ϕ 成立。

12. $\mathcal{M}, s \models EF \phi$ 成立当且仅当存在一条满足 $s_1 = s$ 的路径 $s_1 \rightarrow s_2 \rightarrow s_3 \rightarrow \cdots$,并且沿该路径存在某个 s_i,使得 $\mathcal{M}, s_i \models \phi$。方便记忆:存在一条以 s 开始的计算路径,使得 ϕ 在某个未来状态下成立。

13. $\mathcal{M}, s \models A[\phi_1 \cup \phi_2]$ 成立当且仅当对于所有满足 $s_1 = s$ 的路径 $s_1 \rightarrow s_2 \rightarrow s_3 \rightarrow \cdots$,该路径满足 $\phi_1 \cup \phi_2$,即沿着该路径存在某个 s_i,使得 $\mathcal{M}, s_i \models \phi_2$,且对于每个 $j < i$,有 $\mathcal{M}, s_j \models \phi_1$。方便记忆:所有以 s 开始的计算路径满足 ϕ_1,直到 ϕ_2 在其上成立。

14. $\mathcal{M}, s \models E[\phi_1 \cup \phi_2]$ 成立当且仅当存在一条满足 $s_1 = s$ 的路径 $s_1 \rightarrow s_2 \rightarrow s_3 \rightarrow \cdots$,且该路径满足 $\phi_1 \cup \phi_2$,如在 13 中说明的那样。方便记忆:存在一条以 s 开始的计算路径满足 ϕ_1,直到 ϕ_2 在其上成立。

上面的语句 9 ~ 14 均参考了模型中的计算路径。因此,从给定状态 s 出发的所有可能的计算路径可视化是非常有用的,这可以将迁移系统展开得到一个无限计算树,因而得名"计算树逻辑"。图 3-19 ~ 图 3-22 的图形模式化地显示了初始状态分别满足公式 EF ϕ,EG ϕ,AG ϕ 和 AF ϕ 的系统。当然,可以在这些图形的任何一个添加更多的 ϕ,并且仍保持满足关系,尽管对 AG 已经没什么可添加的了。这些图形解释了满足公式的"最小"方式。

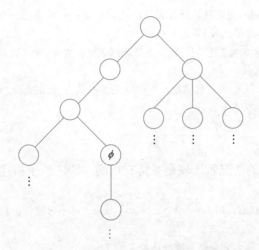

图 3-19　初始状态满足 **EF** ϕ 的一个系统

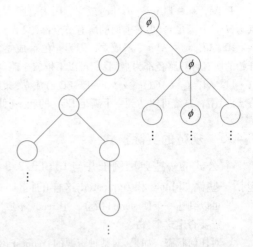

图 3-20　初始状态满足 **EG** ϕ 的一个系统

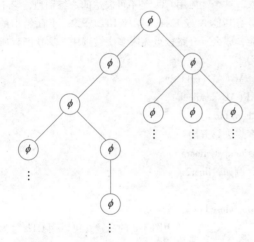

图 3-21　初始状态满足 **AG** ϕ 的一个系统

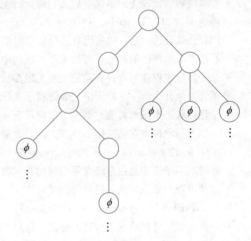

图 3-22　初始状态满足 **AF** ϕ 的一个系统

回忆图 3-3 中指定初始态 s_0 的迁移系统，图 3-5 是其无限树说明。现在考虑一些关于这个系统的检测例子。

1. $\mathcal{M}$, $s_0 \vDash p \wedge q$ 成立，因为原子符号 p 和 q 包含在 s_0 节点中。

2. $\mathcal{M}$, $s_0 \vDash \neg r$ 成立，因为原子符号 r 不包含在 s_0 节点中。

3. 由定义，$\mathcal{M}$, $s_0 \vDash \top$ 成立。

4. $\mathcal{M}$, $s_0 \vDash \mathbf{EX}(q \wedge r)$ 成立，因为有图 3-5 中最左边的计算路径 $s_1 \to s_0 \to s_1 \to \cdots$，它的第二个节点 s_1 包含 q 和 r。

5. $\mathcal{M}$, $s_0 \vDash \neg \mathbf{AX}(q \wedge r)$ 成立，因为图 3-5 中有最右边的计算路径 $s_0 \to s_2 \to s_2 \to s_2 \to \cdots$，它的第二个节点 s_2 仅包含 r，不包含 q。

6. $\mathcal{M}$, $s_0 \vDash \neg \mathbf{EF}(p \wedge r)$ 成立，因为不存在以 s_0 开始的计算路径能够达到使 $p \wedge r$ 成立的一个状态。这不过是因为在这个系统中不存在使 p 和 r 同时成立的状态。

7. $\mathcal{M}$, $s_2 \vDash \mathbf{EG}\, r$ 成立，因为存在一条以 s_2 开始的计算路径 $s_2 \to s_2 \to s_2 \to \cdots$，使得 r 对于该路径上的所有未来状态都成立；这是以 s_2 开始的唯一计算路径，因此 $\mathcal{M}$, $s_2 \vDash \mathbf{AG}\, r$ 也成立。

8. $\mathcal{M}$, $s_0 \vDash \mathbf{AF}\, r$ 成立，因为对以 s_0 开始的所有计算路径，系统会达到一个使 r 成立的状态（s_1 或 s_2）。

9. $\mathcal{M}, s_0 \vDash E[(p \wedge q) U r]$ 成立，因为有图 3-5 中最右边的计算路径 $s_0 \rightarrow s_2 \rightarrow s_2 \rightarrow s_2 \rightarrow \cdots$，其第二个节点 $s_2(i=1)$ 满足 r，但它前面的所有节点(只有 $j=0$，即节点 s_0)满足 $p \wedge q$。

10. $\mathcal{M}, s_0 \vDash A[p U r]$ 成立，因为 p 在 s_0 成立，且 r 在 s_0 的任何可能后继状态都成立，故 $p U r$ 对以 s_0 开始的所有计算路径都为真(我们可以不依赖于路径而选取 $i=1$)。

11. $\mathcal{M}, s_0 \vDash AG(p \vee q \vee r \rightarrow EF EG r)$ 成立，因为在从 s_0 可达且满足 $p \vee q \vee r$ 的所有状态(此时就是所有状态)下，系统可以达到一个满足 $EG r$ 的状态(此处为状态 s_2)。

3.4.3　规范的实际模式

看公式的一些典型例子并与 LTL(3.2.3 节)的情况做比较是非常有用的。假定原子描述包括一些诸如 busy 和 requested 这样的词。

- 可以到达一个使 started 成立，但 ready 不成立的状态：EF(started $\wedge \neg$ ready)。为表达不可能性，只需要否定这个公式。
- 对任何状态，如果(对某种资源的)request 出现，那么它最终会被确认：

  AG(requested $\rightarrow$ AF acknowledged)。
- 如果进程被使能无限多次，那么它将运行无限多次。这个性质用 CTL 是不可表达的。特别地，它不能表示为 AG AF enabled $\rightarrow$ AG AF running，或者是将其他 A 或 E 插入相应 LTL 公式。上面给出的 CTL 公式表达的是：如果所有路径被无限多次使能，那么所有路径被无限多次被选中；这比断言所有被无限次使能的路径总可被无限多次选中要弱得多。
- 一个特定进程在所有计算路径上被无限多次使能：AG(AF enabled)。
- 不管发生什么，一个特定进程最终将永久死锁：AF(AG deadlock)。
- 从任何状态出发都可能到达一个重启状态：AG(EF restart)。
- 一部上行电梯中在第二层不改变方向，如果有乘客想去第五层：

  A G(floor2 $\wedge$ directionup $\wedge$ ButtonPressed5 $\rightarrow$ A[directionup U floor5])

  此时的原子描述是由系统变量创建的布尔表达式，例如，floor2。
- 电梯可以在第三层关着门保持闲置：

  AG(floor3 $\wedge$ idle $\wedge$ doorclosed $\rightarrow$ EG(floor3 $\wedge$ idle $\wedge$ doorclosed))。
- 一个进程总可以请求进入其关键段。这用 LTL 是不可表达的。使用图 3-8 的命题，可以用 CTL 写为 AG($n_1 \rightarrow$ EXt_1)。
- 进程无须按严格顺序进入其关键段。这也不能用 LTL 表达，尽管我们曾表达过其否定。CTL 允许直接将其表达为：EF($c_1 \wedge$ E[c_1U($\neg c_1 \wedge$ E[$\neg c_2$ U c_1])])。

3.4.4　CTL 公式间的重要等价

定义 3.16　两个 CTL 公式 ϕ 和 ψ 称为语义等价的，如果任何模型中的任何状态，只要满足其中一个，就满足另一个。我们记为 $\phi \equiv \psi$。

我们已经注意到 A 是关于路径的全称量词，E 是相应的存在量词。此外，G 和 F 也是沿一个特殊路径上状态的全称和存在量词。鉴于这些事实，发现它们之间存在德·摩根法则就不足为奇了：

$$\neg AF \phi \equiv EG \neg \phi$$
$$\neg EF \phi \equiv AG \neg \phi \qquad (3\text{-}6)$$
$$\neg AX \phi \equiv EX \neg \phi$$

我们还有等价

$$AF \phi \equiv A[\top U \phi] \qquad EF \phi \equiv E[\top U \phi]$$

这与 LTL 中相应的等价是类似的。

3.4.5　CTL 连接词的适当集

与命题逻辑和 LTL 一样，CTL 连接词中有一些冗余。例如，连接词 AX 可以写为 ¬EX¬，而 AG，AF，EG 和 EF 可以用 AU 和 EU 写出如下：首先，用式(3-6)将 AG ϕ 写成 ¬EF¬ϕ，EG ϕ 写成 ¬AF¬ϕ，然后用 AF $\phi \equiv$ A[⊤Uϕ] 和 EF $\phi \equiv$ E[⊤Uϕ]。因此，AU，EU 和 EX 形成时态连接词的一个适当集合。

EG，EU 和 EX 也形成一个适当集合，因为我们有等价

$$A[\phi\, U\, \psi] \equiv \neg(E[\neg\psi\, U(\neg\phi \wedge \neg\psi)] \vee EG\neg\psi) \tag{3-7}$$

该等价可证明如下：

$$
\begin{aligned}
A[\phi\, U\, \psi] &\equiv A[\neg(\neg\psi\, U(\neg\phi \wedge \neg\psi)) \wedge F\psi]\\
&\equiv \neg E\neg[\neg(\neg\psi\, U(\neg\phi \wedge \neg\psi)) \wedge F\psi]\\
&\equiv \neg E[(\neg\psi\, U(\neg\phi \wedge \neg\psi)) \vee G\neg\psi]\\
&\equiv \neg(E[\neg\psi\, U(\neg\phi \wedge \neg\psi)] \vee EG\neg\psi)
\end{aligned}
$$

第一行是根据定理 3.10，其余的则由基本操作得到。(这个证明涉及一些与 CTL 语法形成规则相悖的中间公式。然而，它在下一节将介绍的 CTL* 逻辑中是有效的。)更一般地，我们有：

定理 3.17　CTL 中的一个时态连接词集合是适当的，当且仅当它至少包含 {AX, EX} 中之一、{EG, AF, AU} 中之一以及 EU。

这个定理在本章末尾的文献注记中所参考的一篇论文给出了证明。在定理中，连接词 EU 起到特别的作用，因为弱-直到 W 和释放 R 都不是 CTL 的原语(定义 3.12)。时态连接词 AR，ER，AW 和 EW 在 CTL 中都是可定义的：

- A[ϕ R ψ] = ¬E[¬ϕ U ¬ψ]
- E[ϕ R ψ] = ¬A[¬ϕ U ¬ψ]
- A[ϕ W ψ] = A[ψ R($\phi \vee \psi$)]，然后用上面的第一个等式
- E[ϕ W ψ] = E[ψ R($\phi \vee \psi$)]，然后用上面的第二个等式。

这些定义的合理性可由 3.2.4 节和 3.2.5 节中的 LTL 等价来证明。CTL 中其他一些值得注意的等价如下：

$$
\begin{aligned}
AG\,\phi \quad &\equiv \phi \wedge AX\, AG\,\phi\\
EG\,\phi \quad &\equiv \phi \wedge EX\, EG\,\phi\\
AF\,\phi \quad &\equiv \phi \vee AX\, AF\,\phi\\
EF\,\phi \quad &\equiv \phi \vee EX\, EF\,\phi\\
A[\phi\, U\, \psi] &\equiv \psi \vee (\phi \wedge AX\, A[\phi\, U\, \psi])\\
E[\phi\, U\, \psi] &\equiv \psi \vee (\phi \wedge EX\, E[\phi\, U\, \psi])
\end{aligned}
$$

例如，第三个等价的直觉如下：为了在一个特殊状态下有 AF ϕ，ϕ 必须在沿该状态开始的所有路径上的某个点为真。为做到这一点，或者现在(在当前状态下)ϕ 就为真；或者推迟为真，此时，在所有下一状态必须有 AF ϕ。注意，这个等价在由 AX 和 AF 自身定义 AF 时是如何出现的，这显然是一个循环定义。事实上，这些等价可以以非循环的方式用 AX 和 EX 来定义左边的六个连接词。这称为 CTL 的不动点特征；它是我们将在 3.6.1 节所开发的模型检测算法的数学基础，后面(3.7 节)将回到这个问题。

3.5 CTL* 与 LTL 和 CTL 的表达能力

CTL 明确允许对路径使用量词，在这方面，如我们所看到的，它比 LTL 有更强的表达能力。然而，它不允许像在 LTL 那样，通过用公式描述来选择一个路径范围。关于这个方面，LTL 更有表达能力。例如，可以说"对所有这样的路径，沿该路径有 p 的话也有 q"，这可以用 LTL 表示为 F p→F q。由于受到所有 F 必须伴随着一个 A 或 E 使用的约束，用 CTL 这样写是不可能的。公式 AF p→AF q 意味着某些相当不同的事情：如"如果沿着所有路径有 p，那么沿着所有路径也有 q"。可能写出 AG(p→AF q)，意思更接近，因为它表示了所有路径延伸到 p 最终会遇到 q 的方式，但这仍然没有捕捉到 F p→F q 的意义。

CTL* 是将 LTL 和 CTL 的表达能力结合并除去 CTL 对每个时态算子(X，U，F，G)必须与唯一路径量词(A，E)伴随使用的约束而得到的一种逻辑。它允许诸如以下形式的公式：

- A[(p U r)∨(q U r)]：沿所有路径，要么 p 是真的直到 r，要么 q 是真的直到 r。
- A[X p∨XX p]：沿所有路径，p 在下一个状态或者再下一个状态是真的，但只有一种情况成立。
- E[G F p]：存在一条路径，沿着它 p 无限多次为真。

这些公式并不分别等价于 A[(p∨q)U r]，AX p∨AX AX p 和 EG EF p。可以证明其中的第一个可写成(非常长的)CTL 公式。第二和第三个则没有与之等价的 CTL 公式。

CTL* 的语法涉及两类公式：

- 状态公式(state formula)，用状态来赋值：

$$\phi ::= \top \mid p \mid (\neg\phi) \mid (\phi\wedge\phi) \mid A[\alpha] \mid E[\alpha]$$

此处 p 是任何原子公式，而 α 是任意路径公式；

- 路径公式(path formula)，沿着路径赋值：

$$\alpha ::= \phi \mid (\neg\alpha) \mid (\alpha\wedge\alpha) \mid (\alpha U \alpha) \mid (G\alpha) \mid (F\alpha) \mid (X\alpha)$$

此处 φ 是任何状态公式。这是使用互递归(mutually recursive)归纳定义的例子：每类公式的定义依赖于另一类的定义，其基本情况是 p 和 ⊤。

LTL 和 CTL 作为 CTL* 的子集 虽然 LTL 的语法不包括 A 和 E，但 LTL 的语义观点要考虑所有路径。因此，LTL 公式 α 等价于 CTL* 公式 A[α]。于是，LTL 可以视为 CTL* 的子集。

CTL 也是 CTL* 的子集，因为它是将路径公式限制为如下形式的 CTL* 片段：

$$\alpha ::= (\phi U \phi) \mid (G\phi) \mid (F\phi) \mid (X\phi)$$

图 3-23 显示了 CTL，LTL 和 CTL* 的表达能力之间的关系。这里是该图所显示的每个子集中公式的一些例子：

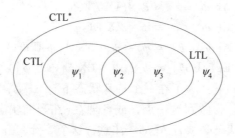

图 3-23 CTL，LTL 和 CTL* 的表达能力

在 CTL 中但不在 LTL 中：$\psi_1 \stackrel{\text{def}}{=} \text{AG EF } p$。它表达：无论到哪里，我们总可以到达一个使 p 为真的状态。这也很有用，例如在协议中寻找死锁。

AG EF p 用 LTL 不可表达的证明如下。设 ϕ 是一个 LTL 公式，使 A[ϕ] 等价于 AG EF p。因为在下面的左图中，$M, s \vDash \text{AG EF } p$，有 $M, s \vDash \text{A}[\phi]$。现在设 M' 如右图所示。M' 中从 s 出发的路径是 M 中从 s 出发的路径子集，故有 $M', s \vDash \text{A}[\phi]$。然而，$M', s \vDash \text{AG EF } p$ 并不成立；这是一个矛盾。

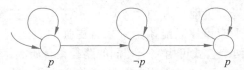

在 CTL* 中，但既不在 CTL 中也不在 LTL 中：$\psi_4 \stackrel{\text{def}}{=} \text{E}[\text{GF } p]$，表示存在一条有无限多 p 的路径。

证明这个公式用 CTL 不可表达相当复杂，可以在参考文献中列出的由 E. A. Emerson 和其他人合作的论文中找到。（为什么用 LTL 是不可表达的？）

在 LTL 中但不在 CTL 中：$\psi_3 \stackrel{\text{def}}{=} \text{A}[\text{GF } p \rightarrow \text{F } q]$，其含义是：如果沿该路径有无限多 p，则 q 出现一次。这是一个能够说是非常有趣的事情。例如，许多公平性约束的形式为"无限多次请求蕴涵最终将被确认"。

在 LTL 和 CTL 中：$\psi_2 \stackrel{\text{def}}{=} \text{AG}(p \rightarrow \text{AF } q)$ 在 CTL 中，或者 $\text{G}(p \rightarrow \text{F } q)$ 在 LTL 中：任何 p 最终都跟着一个 q。

评注 3.18 我们刚刚看到，通过给每个时态算子添加一个 A，某些（不是所有）LTL 公式可以转换为 CTL 公式。举一个正面的例子，LTL 公式 $\text{G}(p \rightarrow \text{F } q)$ 等价于 CTL 公式 $\text{AG}(p \rightarrow \text{AF } q)$。我们再讨论两个反面的例子：

- FG p 和 AF AG p 不等价，因为在下图的模型中，FG p 是满足的，而 AF AG p 不满足。

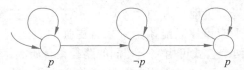

  事实上，AF AG p 严格地强于 FG p。
- 尽管 LTL 公式 XF p 和 FX p 是等价的，而且它们等价于 CTL 公式 AX AF p，但它们与 AF AX p 不等价。后者严格地更强一些，而且有相当奇怪的意义（试着把它表达出来）。

评注 3.19 有大量的文献对线性时间逻辑和分支时间逻辑进行了考虑。关于哪一种逻辑"更好"也已经争论了大约 20 年。我们已经看到，它们的表达能力是不可比的。CTL* 比其他两个有更强表达能力，但是在计算上的代价高得多（如在 3.6 节中将看见的）。在 LTL 和 CTL 中之间的选择依赖于应用问题和个人偏爱。LTL 缺乏 CTL 所有的路径量词，而 CTL 则缺少 LTL 的在更精细的粒度上描述个体路径的能力。就很多人而言，LTL 似乎更易直接应用，如上面注意到的，像 AF AX p 这样的 CTL 公式看起来很费解。

3.5.1 CTL 中时态公式的布尔组合

与 CTL* 相比，CTL 语法在两个方面受到限制：它不允许路径公式的布尔组合；也不允许路径模态词 X，F 和 G 的嵌套。实际上，我们已经看到了用 CTL 不可表达的路径模态词嵌套的例子，例如上面的公式 ψ_3 和 ψ_4。

本节中，我们将看到第一个限制只是表面的。我们将为有路径公式布尔组合的公式找到 CTL 中的等价公式。思想是将有路径公式布尔组合的任何 CTL 公式转化成不含这些组合的 CTL 公式。例如，我们看到 $E[F\,p \wedge F\,q] \equiv EF[p \wedge EF\,q] \vee EF[q \wedge EF\,p]$，因为如果沿任何路径，有 $F\,p \wedge F\,q$，那么 p 必须出现在 q 之前，或者反之，对应于右边的两个析取式（如果 p 和 q 同时出现，则两个析取式均为真）。

因为 U 与 F 相似（仅有它的第一个参量额外的复杂），我们发现下面等价：

$$E[(p_1\,U\,q_1) \wedge (p_2\,U\,q_2)] \equiv E[(p_1 \wedge p_2)U(q_1 \wedge E[p_2\,U\,q_2])]$$
$$\vee E[(p_1 \wedge p_2)U(q_2 \wedge E[p_1\,U\,q_1])]$$

而由 CTL 等价 $A[p\,U\,q] \equiv \neg(E[\neg q\,U(\neg p \wedge \neg q)] \vee EG\,\neg q)$（见定理 3.10），我们可以得到 $E[\neg(p\,U\,q)] \equiv E[\neg q\,U(\neg p \wedge \neg q)] \vee EG\,\neg q$。这个转化中我们需要的其他恒等式包括 $E[\neg X\,p] \equiv EX\,\neg p$。

3.5.2   LTL 中的过去算子

到目前为止，我们所看到的时态算子 X，U，F 等都是参考未来。有时我们想编码参考过去的性质，诸如："只要 q 出现，那么过去已经有某个 p"。为做到一点，我们可以增加算子 Y，S，O，H。它们分别代表 *yesterday*（昨天），*since*（自从），*once*（曾经）以及 *historically*（历史地），而且分别是 X，U，F，G 的过去类比。于是，上面的示例公式可以写为 $G(q \rightarrow O\,p)$。

NuSMV 支持 LTL 中的过去算子。我们也可以给 CTL 加入过去算子（AF，ES 等），但 NuSMV 并不支持这些算子。

过去算子并不能增加 LTL 的表达能力，这多少与直觉相悖。也就是说，带有过去算子的每个 LTL 公式均可以等价地写为不含过去算子的公式。上面的示例公式可写成 $\neg p\,W\,q$，或者若要避免用 W，也可以等价地写为 $\neg(\neg q\,U(p \wedge \neg q))$。这个结果是令人惊讶的，因为能够谈论过去以及未来似乎应该比只能谈论未来有更强的表达能力。然而，我们记得 LTL 等价是相当粗糙的：它是两个公式可由完全相同的路径集合所满足。过去算子允许沿着路径逆行，但只能到达由起点前行可以到达的点。与之形成对比，给 CTL 增加过去算子的确能增加其表达能力，因为过去算子允许考察由当前状态前行不可到达的状态。

3.6   模型检测算法

在 3.2 节和 3.4 节中给出的 LTL 和 CTL 语义定义允许检测给定系统的初始状态是否满足 LTL 或 CTL 公式。这就是模型检测的基本问题。一般地，有趣的迁移系统将有大量的状态，而我们所感兴趣的待检测公式可能非常长。因此，尝试寻找高效算法是非常值得的。

我们已经注意到，尽管规范设计人员一般比较偏好用 LTL，但我们仍然从 CTL 模型检测开始，因为它的算法更简单。

3.6.1   CTL 模型检测算法

人们可能发现，关于指定一个初始状态将模型展开成无限树后做模型检测更容易些，因为这样做，所有可能的路径都是清晰可见的。然而，如果想在计算机上实现模型检测器，肯定不能将迁移系统展开成无限树。我们需要对有限数据结构进行检测。由于这个原因，我们必须发展 CTL 语义中的新思想。这种更深刻的理解将为下列问题的高效算法提供了基础：给定 $\mathcal{M}$，$s \in S$ 和 ϕ，计算 $\mathcal{M}, s \vDash \phi$ 是否成立。在 ϕ 不满足的情况下，这个算法可被增强，产生系统的一条实际路径（＝运行），以证明 $\mathcal{M}$ 不能满足 ϕ。这样，我们可以通过尝试找出使运行拒绝 ϕ 的原因来调试系统。

有各种方式把以下问题视为计算问题：

$$\mathcal{M}, \quad s_0 \overset{?}{\vDash} \phi$$

例如，可以将模型 $\mathcal{M}$、公式 ϕ 和状态 s_0 作为输入，然后期待一个形为“yes”（$\mathcal{M}, s_0 \vDash \phi$ 成立）或“no”（$\mathcal{M}, s_0 \vDash \phi$ 不成立）的回答。或者，输入只是 $\mathcal{M}$ 和 ϕ，而输出是模型 $\mathcal{M}$ 的满足 ϕ 的所有状态 s。

原来为解决第二个问题提供算法更容易些。这将自动给出第一个问题的解，因为只需检测 s_0 是否为输出集合中的元素即可。

标记算法　我们提出一个算法，已知一个模型和一个 CTL 公式，该算法输出满足公式的模型的所有状态。该算法无须明确地处理 CTL 的每个连接词，因为我们已经看到，命题连接词 $\perp$，$\neg$ 和 $\wedge$ 形成适当集合；而 AF，EU 和 EX 形成时态连接词适当集合。给定任意 CTL 公式 ϕ，为了用适当连接词集合将其写为等价形式，我们可以对 ϕ 进行简单预处理，然后调用模型检测算法。下面就是这个算法：

输入：一个 CTL 模型 $\mathcal{M} = (S, \rightarrow, L)$ 和一个 CTL 公式 ϕ。

输出：满足 ϕ 的 $\mathcal{M}$ 的状态集合。

首先，把 ϕ 变成 TRANSLATE(ϕ) 的输出，即用本章前面给出的等价将 ϕ 用连接词 AF，EU，EX，$\wedge$，$\neg$ 和 $\perp$ 表示。其次，从 ϕ 的最小子公式开始，用 ϕ 的被满足的子公式来标记 $\mathcal{M}$ 的状态，并由里向外逐步扩展 ϕ。

假定 ψ 是 ϕ 的一个子公式，且满足 ψ 的所有直接子公式的状态都已经被标记。我们通过情况分析来确定哪些状态用 ψ 标记。如果 ψ 是

- $\perp$：则没有状态用 $\perp$ 标记。
- p：若 $p \in L(s)$，则用 p 标记 s。
- $\psi_1 \wedge \psi_2$：若 s 已用 ψ_1 和 ψ_2 标记，则 s 用 $\psi_1 \wedge \psi_2$ 标记。
- $\neg \psi_1$：若 s 还没有用 ψ_1 标记，则用 $\neg \psi_1$ 标记 s。
- AF ψ_1：
  — 若任何状态 s 用 ψ_1 标记了，则用 AF ψ_1 标记它。
  — 重复：用 AF ψ_1 标记任何状态，如果所有后继状态用 AF ψ_1 标记，直到不再发生改变。图 3-24 说明了这个步骤。

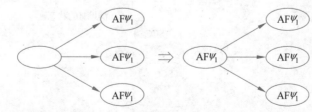

图 3-24　用形如 AF ψ_1 的子公式标记状态过程的迭代步骤

- $E[\psi_1 \ U \ \psi_2]$:
  - 若任何状态 s 用 ψ_2 标记，则用 $E[\psi_1 \ U \ \psi_2]$ 标记它。
  - 重复：用 $E[\psi_1 \ U \ \psi_2]$ 标记任何状态，如果该状态用 ψ_1 标记，并且其后继状态中至少有一个用 $E[\psi_1 \ U \ \psi_2]$ 标记，直到不再发生改变。图 3-25 说明了这个步骤。

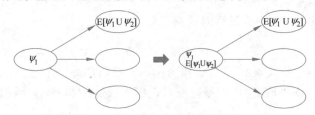

图 3-25　用形为 $E[\psi_1 \ U \ \psi_2]$ 的子公式标记状态过程的迭代步骤

- $EX \ \psi_1$：用 $EX \ \psi_1$ 标记任何状态，如果其后继之一用 ψ_1 标记。

对 ϕ 的所有子公式（包括 ϕ 本身）完成标记后，输出标记为 ϕ 的状态。

这个算法的复杂度为 $O(f \cdot V \cdot (V + E))$，此处 f 是公式中连接词的个数，V 是状态个数，而 E 是迁移的个数。该算法关于公式的大小为线性的，而关于模型的大小是二次的。

直接处理 EG　不使用最小连接词适当集合，也可以为其他连接词写相似的例程。事实上，这样也许更有效。然而，连接词 AG 和 EG 需要一种与其他连接词略微不同的方法。下面是一个直接处理 $EG \ \psi_1$ 的算法：

- $EG \ \psi_1$：
  - 用 $EG \ \psi_1$ 标记所有的状态。
  - 若状态 s 未用 ψ_1 标记，删除标记 $EG \ \psi_1$。
  - 重复：从任何状态删除标记 $EG \ \psi_1$，如果该状态的所有后继都没有用 $EG \ \psi_1$ 标记；直到不再发生改变。

这里，我们用子公式 $EG \ \psi_1$ 标记所有状态，然后削减这个标记集合，而不像对 EU 所做的那样，从一无所有开始建立。实际上，就最终结果而言，关于 $EG \ \psi$ 的这个过程与将其转化为 $\neg AF \neg \psi$ 后再做，两者之间并没有真正的差别。

一个更有效的变异　通过使用一个更聪明的处理 EG 的方法，可以改进标记算法的效率。不使用 EX，EU 和 AF 作为适当集合，取而代之为 EX，EU 和 EG。对 EX 和 EU，要做的和以前一样（但要注意通过反向广度优先搜索方法来搜索模型，这保证不会通过任何节点两次）。关于 $EG \ \psi$ 的情形：

- 把图限制到满足 ψ 的状态，即删除所有其他状态及其迁移；
- 找到最大强连通分支（strongly connected component，SCC）；它们是状态空间的最大区域，在该区域中每个状态都与区域中的所有其他状态相连接（= 有一条有限路径）。
- 对限制的图上应用反向广度优先搜索算法找出可以到达一个 SCC 的任意状态，见图 3-26。

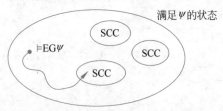

图 3-26　处理 EG 的一个更好方法

这个算法的复杂度为 $O(f \cdot (V + E))$，即关于模型和公式的尺寸都是线性的。

例 3.20　我们将基本算法对公式 $E[\neg c_2 \mathbf{U} c_1]$ 应用于互斥的第二个模型，见图 3-27。在第 1 阶段，算法用 $E[\neg c_2 \mathbf{U} c_1]$ 标记满足 c_1 的所有状态。这标记了 s_2 和 s_4。在第 2 阶段，算法标记所有不满足 c_2、并且有后继状态已经被标记过的所有状态。这标记了状态 s_1 和 s_3。在第 3 阶段，我们标记 s_0，因为它不满足 c_2，而且有已经标记的后继状态 (s_1)。随后算法终止，因为已经没有需要标记的其他状态了：所有未标记的状态要么满足 c_2，要么必须通过这样一个状态到达已标记的状态。

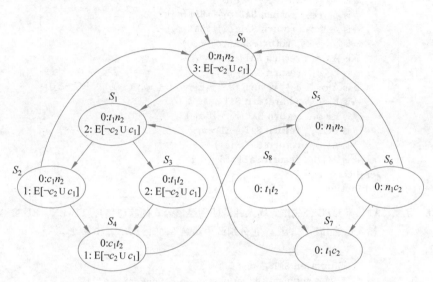

图 3-27　标记算法在关于互斥的第二个模型应用于公式 $E[\neg c_2 \mathbf{U} c_1]$ 的运行示例

CTL 模型检测算法的伪代码　我们给出基本标记算法的伪代码。主函数 SAT（表示"满足"）将 CTL 公式作为输入。程序 SAT 期望一株根据定义 3.12 的语法所构造的 CTL 公式的语法分析树作为输入。这种期望反映了关于 SAT 算法正确性的一个重要前置条件。例如，程序对形如 $X(\top \wedge EF\, p_3)$ 的输入根本不知道怎样去做，因为这不是一个 CTL 公式。

为 SAT 写的伪代码有点像 C 或 Java 代码片段。使用带有关键字 return 的函数，用来指示函数将返回的结果。我们也使用自然语言指示对 ϕ 的语法分析树中根节点的情况分析。local var 声明一些相对于所考虑程序的当前实例，为局部的新变量；而 repeat until 重复地执行随后的命令，直到条件变为真。此外，使用关于集合运算（如交集、补集等等）的一些建设性记号。在现实中，可能需要抽象数据类型，以及关于这些运算的实现，但目前我们仅对 SAT 算法原则性机制感兴趣。集合运算的任何（正确有效的）实现都可以在第 6 章研究。假设 SAT 可以访问模型的所有相关部分：S，$\rightarrow$ 和 L。特别地，我们忽略 SAT 要求将 $\mathcal{M}$ 的描述作为输入这个事实，简单地假设 SAT 在任意给定的模型上直接操作。注意，SAT 是如何将 ϕ 翻译成所选择的适当集的等价公式的。

算法显示在图 3-28 中，其子函数则在图 3-29 ~ 图 3-31 中。子函数使用代表状态集合的程序变量 X，Y，V 和 W。SAT 的程序可直接处理简单情况，而将更复杂的情况传递给特殊的过程，而后者对子表达式递归地调用 SAT。这些特殊过程依赖于下述函数的实现：

$$\mathrm{pre}_{\exists}(Y) = \{s \in S \mid \text{存在 } s', (s \rightarrow s' \text{ 且 } s' \in Y)\}$$
$$\mathrm{pre}_{\forall}(Y) = \{s \in S \mid \text{对所有 } s', (s \rightarrow s' \text{ 蕴涵 } s' \in Y)\}$$

```
function SAT (φ)
 /* determines the set of states satisfying φ */
begin
    case
        φ is ⊤ : return S
        φ is ⊥ : return ∅
        φ is atomic: return {s ∈ S | φ ∈ L(s)}
        φ is ¬φ₁ : return S − SAT (φ₁)
        φ is φ₁ ∧ φ₂ : return SAT (φ₁) ∩ SAT (φ₂)
        φ is φ₁ ∨ φ₂ : return SAT (φ₁) ∪ SAT (φ₂)
        φ is φ₁ → φ₂ : return SAT (¬φ₁ ∨ φ₂)
        φ is AX φ₁ : return SAT (¬EX ¬φ₁)
        φ is EX φ₁ : return SAT_EX (φ₁)
        φ is A[φ₁ U φ₂] : return SAT(¬(E[¬φ₂ U (¬φ₁ ∧ ¬φ₂)] ∨ EG ¬φ₂))
        φ is E[φ₁ U φ₂] : return SAT_EU (φ₁, φ₂)
        φ is EF φ₁ : return SAT (E(⊤ U φ₁))
        φ is EG φ₁ : return SAT (¬AF ¬φ₁)
        φ is AF φ₁ : return SAT_AF (φ₁)
        φ is AG φ₁ : return SAT (¬EF ¬φ₁)
    end case
end function
```

图 3-28   函数 SAT。将 CTL 公式作为输入并返回满足该公式的状态集合。若 EX，EU 或 AF 是
输入语法分析树的根，它分别调用函数 $\mathrm{SAT_{EX}}$，$\mathrm{SAT_{EU}}$ 和 $\mathrm{SAT_{AF}}$

```
function SAT_EX (φ)
 /* determines the set of states satisfying EX φ */
local var X, Y
begin
    X := SAT (φ);
    Y := pre∃(X);
    return Y
end
```

图 3-29   函数 $\mathrm{SAT_{EX}}$。它通过调用 SAT 计算满足 φ 的状态。然后，它沿 → 向后寻找满足 EX φ 的状态

```
function SAT_AF (φ)
 /* determines the set of states satisfying AF φ */
local var X, Y
begin
    X := S;
    Y := SAT (φ);
    repeat until X = Y
    begin
        X := Y;
        Y := Y ∪ pre∀(Y)
    end
    return Y
end
```

图 3-30   函数 $\mathrm{SAT_{AF}}$。通过调用 SAT 计算满足 φ 的状态。然后，按照标记算法中所描述的
方式将满足 AF φ 的状态累积在一起

```
function SAT_EU(φ, ψ)
 /* determines the set of states satisfying E[φ U ψ] */
local var W, X, Y
begin
    W := SAT(φ);
    X := S;
    Y := SAT(ψ);
    repeat until X = Y
    begin
        X := Y;
        Y := Y ∪ (W ∩ pre∃(Y))
    end
    return Y
end
```

图 3-31　函数 SAT_{EU}。通过调用 SAT 计算满足 ϕ 的状态。然后，按照标记算法中所描述的
方式将满足 $\text{E}[\phi\,\text{U}\,\psi]$ 的状态累积在一起

"pre" 表示沿迁移关系向后移动。两个函数计算状态集合的原像。函数 $\text{pre}_\exists$（SAT_{EX} 和 SAT_{EU} 中的机制）以一个状态子集 Y 作为输入，并且返回可迁移进入 Y 的状态集合。用在 SAT_{AF} 中的函数 $\text{pre}_\forall$ 将集合 Y 作为输入并且返回只能迁移进 Y 的状态集合。注意，$\text{pre}_\forall$ 可以用补和 $\text{pre}_\exists$ 表达如下：

$$\text{pre}_\forall(Y) = S - \text{pre}_\exists(S - Y) \tag{3-8}$$

这里将不在 Y 中的所有 $s \in S$ 的集合写为 $S - Y$。

这个伪代码以及模型检测算法的正确性将在 3.7 节讨论。

"状态爆炸"问题　尽管标记算法（包括聪明的处理 EG 的方式）关于模型的规模为线性的，遗憾的是，模型规模本身通常关于变量个数以及并行执行的系统组件的数目是指数的。这意味着：比如说，如果在程序中增加一个布尔变量，则使其性质验证的复杂度加倍。

使状态空间变得非常大的趋势称为状态爆炸（state explosion）问题。为了找出克服这个问题的方法已经做了大量的研究，包括使用以下的方法：

- 有效的数据结构称为有序二元决策图（ordered binary decision diagrams, OBDD），它表示状态集合而不是单个状态。我们在第 6 章详细研究这些。SMV 就是用 ODBB 实现的。
- 抽象：我们可以抽象地、一致地或者关于一个特殊性质来解释一个模型。
- 偏序归约：对于异步系统，就待检测公式的满足性而言，一些相互交织的组件迹可能是等价的。这经常能够显著缩减模型检测问题的规模。
- 归纳：有大量恒同或相似组件系统的模型检测经常可以通过对组件数目做"归纳"来加以实现。
- 复合：将验证问题分解成若干个更简单的验证问题。

最后四个问题超出了本书的范围，但在本章结尾出可以找到相关的参考文献。

3.6.2　具有公平性的 CTL 模型检测

因为模型 M 可能包含不现实的或者所分析的实际系统中肯定不会发生的行为，所以对 $M, s_0 \vDash \phi$ 的验证可能会失败。例如，在互斥的情形，我们表达过：只要需要，进程 prc 就可以停留在其关键段（st = c）上。我们通过非确定性赋值来对此建模

```
next(st) :=
   case
      ...
      (st = c)    : {c,n};
      ...
   esac;
```

然而，如果我们真的允许进程 2 随其所愿停留在其关键段，就会有一条路径，与活性约束 $AG(t_1 \rightarrow AF\ c_1)$ 冲突，如果进程 2 永远停在其关键段，t_1 可以为真，无须 c_1 变为真。

我们可以忽略这条路径，即我们可以假设只要需要，进程就可以呆在其关键段，但在某段有限时间后，它终将退出关键段。

在 LTL 中，可以通过验证像 $FG \neg c_2 \rightarrow \phi$ 这样的公式来把握这一点，这里 ϕ 是实际想要验证的公式。整个公式断言满足 $\neg c_2$ 无限多次的所有路径也满足 ϕ。然而，在 CTL 中我们做不到这一点，因为在 CTL 中，我们不能写出形如 $FG \neg c_2 \rightarrow \phi$ 的公式。CTL 逻辑没有足够的表达能力允许选取"公平"路径，即那些进程 2 总可以最终离开其关键段的路径。

正是由于这个原因，SMV 允许将公平性约束加到它所描述的迁移系统的顶端。这些假设描述一个已知公式沿所有计算路径无限多次为真。我们称这些路径为公平计算路径（fair computation paths）。公平性约束的出现意味着，当对规范中的 CTL 公式赋真值时，连接词 A 和 E 仅在公平路径上取值。

因此，我们加上! st = c 无限次为真这个公平性约束。这意味着，不管进程处于什么状态，未来都存在一个不处于其关键段的状态。类似的公平性约束用于交错位协议（ABP）。

形如

性质 φ 无限多次为真

（其中 ϕ 是一个状态公式）的公平性约束称为简单公平性约束。其他类型包括形式：

如果 φ 无限多次为真，那么 ψ 也无限多次为真。

SMV 仅能处理简单公平性约束；但如何做到？为了回答这个问题，我们来解释如何改造已有的模型检测算法，使得假定 A 和 E 只能在公平计算路径上取值。

定义 3.21 设 $C \stackrel{\text{def}}{=} \{\psi_1, \psi_2, \cdots, \psi_n\}$ 是 n 个公平性约束的集合。计算路径 $s_0 \rightarrow s_1 \rightarrow \cdots$ 关于这些公平约束是公平的，当且仅当对于所有 i，存在无限多个 j，使得 $s_j \vDash \psi_i$，即沿该路径所有 ψ_i 无限多次为真。我们将限制在公平路径上的算子 A 和 E 写为 A_C 和 E_C。

例如，$\mathcal{M}, s_0 \vDash A_C G\ \phi$ 当且仅当沿所有公平路径上的所有状态 ϕ 都为真。对 $A_C F$，$A_C U$ 等是类似的。注意这些算子明确地依赖于公平约束集 C 的选择。我们已经知道 $E_C U$，$E_C G$ 和 $E_C X$ 形成一个适当集合。这可以同没有公平性约束（3.4.4 节）的时态连接词相同的方式来证明。我们还有

$$E_C[\phi\ U\ \psi] \equiv E[\phi\ U(\psi \wedge E_C G \top)]$$

$$E_C X\ \phi \equiv EX(\phi \wedge E_C G \top)$$

为了看出这一点，观察到一条计算路径是公平的，当且仅当它的任意后缀是公平的。因此，只需要为 $E_C G\ \phi$ 提供一个算法。这类似于本章早些时候给出的关于 EG 的算法 2：

- 把图限制到满足 ϕ 的状态。在结果图中，我们想知道从哪些状态出发有公平路径。
- 找出限制图的最大强连通分支（SCC）。
- 若对某个 ψ_i，SCC 不包含满足 ψ_i 的状态，则除去该 SCC。结果 SCC 是公平 SCC。限制图的任何状态有条从它出发的公平路径。
- 使用反向广度优先搜索查找限制图上可到达公平 SCC 的状态。

如图 3-32 所示，这个算法的复杂度为 $O(n \cdot f \cdot (V + E))$，即关于模型和公式的尺寸仍然是线性的。

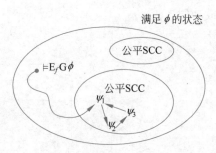

图 3-32   计算满足 $E_C G \phi$ 的状态。一个状态满足 $E_C G \phi$，当且仅当在限制到满足 ϕ 的状态得到的图中，有从该状态开始的公平路径。公平路径导致一个带有回路的 SCC，该回路至少通过一个满足所有公平约束的状态；在例子中，C 等于 $\{\psi_1, \psi_2, \psi_3\}$

应该注意到用 SMV 的关键字 FAIRNESS 写公平性条件仅对 CTL 模型检测是必要的。在 LTL 的情形，我们可以断言公平性条件作为待检测公式的一部分。例如，如果希望在 ϕ 无限多次为真的假设下检测 LTL 公式 ψ，我们检测 GF $\phi \rightarrow \psi$。这意味着：满足 ϕ 无限多次的所有路径也满足 ψ。用 CTL 表达这个公式是不可能的。特别地，给 GF $\phi \rightarrow \psi$ 添加 A 或 E 的任何方式都将得到与预期不同的公式。例如，AG AF $\phi \rightarrow \psi$ 的含义是：若所有路径都是公平的，则 ψ 成立。而不是所预期的 ψ 沿所有公平路径都成立。

3.6.3 LTL 模型检测算法

以上几节提出的 CTL 模型检测算法是相当直观的：给定一个系统和一个 CTL 公式，该算法用被满足的公式的子公式标记系统的状态。这种状态标记的处理方法是合适的，因为用系统的状态可以为公式的子公式赋值。对 LTL 就不是这种情况了：公式的子公式必须沿着系统的路径赋值，而不是用状态赋值。因此，LTL 模型检测必须采用不同的策略。

文献中描述了几种 LTL 模型检测的算法。尽管它们在细节上有所不同，但几乎所有算法都采取了相同的基本策略。我们首先来解释这个策略，然后更详细地描述一些算法。

基本策略   设 $M = (S, \rightarrow, L)$ 是一个模型，$s \in S$，ϕ 是一个 LTL 公式。我们要确定是否 $M, s \vDash \phi$，即沿 M 的从 s 出发的所有路径，ϕ 是否满足。几乎所有的 LTL 模型检测算法都遵循以下三步进行。

1. 为公式 $\neg \phi$ 构造一个自动机，也叫作布景（tableau）。关于 ψ 的自动机称为 A_ψ。于是，我们构造 $A_{\neg \phi}$。该自动机有一个接受迹（accepting a trace）的概念。迹是命题原子的赋值序列。从一条路径出发，可以抽象出它的迹。该构造有如下性质：对所有路径 $\pi : \pi \vDash \psi$ 当且仅当 π 的迹为 A_ψ 所接受。换言之，自动机 A_ψ 精确地编码满足 ψ 的迹。

因此，我们为 $\neg \phi$ 所构造的自动机 $A_{\neg \phi}$ 有性质：编码满足 $\neg \phi$ 的所有迹；即所有不满足 ϕ 的迹。

2. 将自动机 $A_{\neg \phi}$ 与系统的模型 M 结合。结合运算的结果产生一个迁移系统，其路径既是自动机的路径又是系统的路径。

3. 在结合的迁移系统中搜寻，看看是否存在由 s 导出的状态出发的路径。如果存在一条，可以解释为 M 中以 s 开始不满足 ϕ 的一条路径。

如果没有这样的路径，则输出"Yes，$M, s \vDash \phi$"。否则，如果存在这样的路径，输出"No，$M, s \nvDash \phi$"。在后一种情形中，可从找到的路径中提取出反例。

我们考虑一个例子。如图 3-33 所示，该系统由 SMV 程序及其模型 $\mathcal{M}$ 描述。考虑公式 $\neg(a\ U\ b)$。因为并不是 $\mathcal{M}$ 的所有路径都满足公式（例如，路径 q_3，q_2，q_2，…不满足它），所以，我们预期模型检测是不成功的。

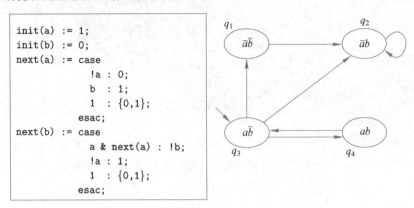

```
init(a) := 1;
init(b) := 0;
next(a) := case
            !a : 0;
            b  : 1;
            1  : {0,1};
          esac;
next(b) := case
            a & next(a) : !b;
            !a : 1;
            1  : {0,1};
          esac;
```

图 3-33　一个 SMV 程序和它的模型 $\mathcal{M}$

根据步骤 1，构造一个自动机 A_{aUb}，它精确地刻画满足 $a\ U\ b$ 的迹。（使用 $\neg\neg(a\ U\ b)$ 等价于 $a\ U\ b$ 的事实。）这样的自动机如图 3-34 所示。稍后我们将考虑如何构造它；目前，我们仅试图理解它是怎样以及为什么可以工作。

迹 t 为如图 3-34 的自动机所接受，如果存在一条通过自动机的路径 π，使得：

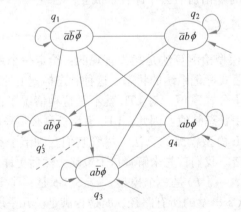

图 3-34　恰好接受满足 $\phi \overset{\text{def}}{=} a\ U\ b$ 的自动机。无箭头的迁移可以双向迁移。接受条件是该自动机的路径不能不定地通过 q_3 循环

- π 始于一个初始状态（即包含 ϕ 的状态）；
- 它保持自动机的迁移关系；
- t 是 π 的迹，与 π 的对应状态相匹配；
- 该路径保持某个特定的"接受条件"。对图 3-34 的自动机，接受条件是：该路径不应该不定地以 q_3，q_3，q_3，…结束。

例如，假设 t 是 $a\bar{b}$，$a\bar{b}$，$a\bar{b}$，ab，ab，$\bar{a}\bar{b}$，$a\bar{b}$，$a\bar{b}$，…，最终永远重复状态 $a\bar{b}$。然后，我们选择路径 q_3，q_3，q_3，q_4，q_4，q_1，q_3'，q_3'，…。从 q_3 开始，因为第一个状态是 $a\bar{b}$，是一个初始状态。我们选择的下一状态不过是遵循 π 状态的赋值。例如，在 q_1，下一

个赋值是 $a\bar{b}$，迁移允许选择 q_3 或 q_3'。我们选择 q_3'，并在那永远循环。这条路径满足条件，因此迹 t 被接受。观察这个定义叙述"存在一条路径"。在上面的例子中，也存在不满足该条件的路径：

- 以 q_3，q_3' 开始的任何路径不满足必须保持迁移关系的条件。
- 路径 q_3，q_3，q_3，q_4，q_4，q_1，q_3，q_3，…不满足必须不以 q_3 的循环结束的条件。

这些路径不会给我们添麻烦，因为要声明 π 是可接受的，只要找到一条满足条件的路径就够了。

为什么图 3-34 的自动机能如预期工作呢？为了理解这一点，观察到它有足够的状态来区分命题的值，即，对所有赋值 $\{\bar{a}\bar{b}$，$\bar{a}b$，$a\bar{b}$，$ab\}$ 有一个状态，事实上，对赋值 $a\bar{b}$ 有两个状态。对 $\{\bar{a}\bar{b}$，$\bar{a}b$，$ab\}$ 的每个都有一个状态足够直观，因为这些赋值确定了 $a\,U\,b$ 是否成立。但是在 $a\bar{b}$，$a\,U\,b$ 可能为假或为真，因此，必须考虑两种情况。$\phi \overset{\text{def}}{=\!=} a\,U\,b$ 在一个状态出现说明：我们仍预期 ϕ 变为真，或者刚刚得到它。而 $\bar{\phi}$ 指出我们不再预期 ϕ，并且也没有得到它。自动机的迁移使得从 q_3 出发的唯一方式是得到 b，即移到 q_2 或 q_4。除此之外，迁移不受拘束，允许其后跟随任意路径。q_1，q_2，q_3 的每一个均可迁移到任意赋值，因此可以一起取 q_3，q_3'，只要我们仔细地选择正确的一个进入。接受条件允许任何路径，除了不定地在 q_3 上循环的路径外，保证 $a\,U\,b$ 释放 b 的许诺最终满足。

使用这个自动机 A_{aUb} 进行步骤 2。为将自动机 A_{aUb} 与图 3-33 中所示的系统模型 $\mathcal{M}$ 结合，方便起见，用有两个版本的 q_3 重画 $\mathcal{M}$，见图 3-35a。这是一个等价系统。现在进入 q_3 的所有方式非确定地选择 q_3 或 q_3'，无论选择哪一个都导致相同的后继。但它允许我们将其添加在 A_{aUb} 上，并选择二者公共的迁移，从而得到图 3-35b 的结合系统。

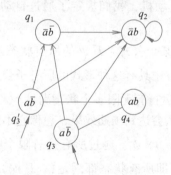 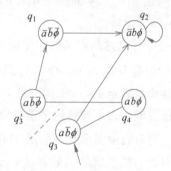

a) 用扩展的状态空间重画图3-33的系统$\mathcal{M}$　　b) 扩展的$\mathcal{M}$与A_{aUb}结合

图 3-35　重画的 $\mathcal{M}$

步骤 3 在结合的自动机中是否存在一条从 q 出发的路径？我们可以看到，结合系统中有两类路径：q_3，$(q_4$，$q_3)^* q_2$，$q_2\cdots$ 和 q_3，q_4，$(q_3$，$q_4)^* q_3'$，q_1，q_2，q_2，…，其中 $(q_3$，$q_4)^*$ 记为空串，或者记 q_3，q_4，或者记 q_3，q_4，q_3，q_4 等。于是，根据步骤 3，如预期的那样，在原始系统 $\mathcal{M}$ 中的所有路径不满足 $\neg(a\,U\,b)$。

构造自动机　我们更详细地看一下如何构造自动机。给定一个 LTL 公式 ϕ，希望构造一个自动机 A_ϕ，使 A_ϕ 恰好接受那些使 ϕ 在其上成立的运行。假定 ϕ 仅包含时态连接词 U 和 X；记得其他时态连接词可以由这两个连接词表示。

定义公式 ϕ 的闭包(closure)$\mathcal{C}(\phi)$ 为 ϕ 及其补的子公式构成的集合，将 $\neg\neg\psi$ 与 ψ 视为等同。例如，$\mathcal{C}(a\ \mathrm{U}\ b) = \{a,\ b,\ \neg a,\ \neg b,\ a\ \mathrm{U}\ b,\ \neg(a\ \mathrm{U}\ b)\}$。$A_\phi$ 的状态(记为 q，q' 等等)是满足以下条件的 $\mathcal{C}(\phi)$ 的最大子集：

- 对于所有(非否定)的 $\psi \in \mathcal{C}(\phi)$，$\psi \in q$ 或者 $\neg\psi \in q$，但二者不能同时成立。
- $\psi_1 \vee \psi_2 \in q$ 成立，当且仅当 $\psi_1 \vee \psi_2 \in \mathcal{C}(\phi)$ 时有 $\psi_1 \in q$ 或者 $\psi_2 \in q$。
- 其他布尔组合的条件是类似的。
- 若 $\psi_1\ \mathrm{U}\ \psi_2 \in q$，则 $\psi_2 \in q$ 或 $\psi_1 \in q$。
- 若 $\neg(\psi_1\ \mathrm{U}\ \psi_2) \in q$，则 $\neg\psi_2 \in q$。

直观地讲，这些条件蕴涵 A_ψ 的状态能够说明 ϕ 的哪些子公式为真。

A_ψ 的初始状态是包含 ϕ 的那些状态。关于 A_ϕ 的迁移关系 δ，有 $(q,\ q') \in \delta$，当且仅当下列所有条件都成立：

- 若 $\mathrm{X}\psi \in q$，则 $\psi \in q'$；
- 若 $\neg\mathrm{X}\psi \in q$，则 $\neg\psi \in q'$；
- 若 $\psi_1\ \mathrm{U}\ \psi_2 \in q$ 且 $\psi_2 \notin q$，则 $\psi_1\ \mathrm{U}\ \psi_2 \in q'$；
- 若 $\neg(\psi_1\ \mathrm{U}\ \psi_2) \in q$ 且 $\psi_1 \in q$，则 $\neg(\psi_1\ \mathrm{U}\ \psi_2) \in q'$。

后两个条件的合理性可由下面的递归定律说明：

$$\psi_1\ \mathrm{U}\ \psi_2 = \psi_2 \vee (\psi_1 \wedge \mathrm{X}(\psi_1\ \mathrm{U}\ \psi_2))$$

$$\neg(\psi_1\ \mathrm{U}\ \psi_2) = \neg\psi_2 \wedge (\neg\psi_1 \vee \mathrm{X}\neg(\psi_1\ \mathrm{U}\ \psi_2))$$

特别地，它们保证只要某个状态包含 $\psi_1\ \mathrm{U}\ \psi_2$，随后的状态就包含 ψ_1，只要它们不包含 ψ_2。

到目前为止，我们所定义的 A_ϕ 并不是通过 A_ϕ 的所有路径都满足 ϕ。我们使用附加的接受条件保证公式 $\psi_1\ \mathrm{U}\ \psi_2$ 许诺的"最终可能性" ψ_2，即 A_ϕ 不能永远停留在满足 ψ_1 的状态而不曾得到 ψ_2。回忆对图 3-34 的关于 $a\ \mathrm{U}\ b$ 的自动机，我们规定了通过自动机的路径不以 q_3，q_3，…结束的接受条件。

A_ϕ 的接受条件是这样定义的，保证包含某个公式 $\chi\ \mathrm{U}\ \psi$ 的所有状态最终会跟随一个包含 ψ 的状态。设 $\chi_1\ \mathrm{U}\ \psi_1$，…，$\chi_k\ \mathrm{U}\ \psi_k$ 是 $\mathcal{C}(\phi)$ 中具有这种形式的所有子公式。我们规定下列接受条件：如果对满足 $1 \leqslant i \leqslant k$ 的所有 i，该运行有无限多个状态满足 $\neg(\chi_i\ \mathrm{U}\ \psi_i) \vee \psi_i$，则一个运行是可接受的。为了理解这个条件为什么会达到预期效果，想像它不成立的情形。假定有一个运行，只有有限多个状态满足 $\neg(\chi_i\ \mathrm{U}\ \psi_i) \vee \psi_i$。越过所有这有限个状态，取该运行的后缀，其所有状态都不满足 $\neg(\chi_i\ \mathrm{U}\ \psi_i) \vee \psi_i$，即所有状态都满足 $(\chi_i\ \mathrm{U}\ \psi_i) \wedge \neg\psi_i$。这恰好是我们想消去的那种运行。

如果这种构造用在 $a\ \mathrm{U}\ b$ 上，得到如图 3-34 所示的自动机。图 3-36 显示另一个例子，关于公式 $(p\ \mathrm{U}\ q) \vee (\neg p\ \mathrm{U}\ q)$。因为该公式有两个 U 子公式，接受条件中说明了两个集合，即满足 $p\ \mathrm{U}\ q$ 的状态和满足 $\neg p\ \mathrm{U}\ q$ 的状态。

如何用 NuSMV 实现 LTL 模型检测　在前面的几节中，我们描述了 LTL 模型检测的一种算法。已知 LTL 公式 ϕ，系统 $\mathcal{M}$，以及 $\mathcal{M}$ 的一个状态 s，通过构造自动机 $A_{\neg\phi}$，将 $\mathcal{M}$ 与其结合，并在结果的系统中检测是否存在一条满足 $A_{\neg\phi}$ 的接受条件的路径，我们可以检测 $\mathcal{M}$，$s \vDash \phi$ 是否成立。

用 CTL 模型检测可以实现这样一条路径的检测，而这事实上就是 NuSMV 所做的工作。结合的系统 $\mathcal{M} \times A_{\neg\phi}$ 表示为 NuSMV 中待做模型检测的系统，而待检测的公式就是 EG $\top$。

于是，我们问这样的问题：结合的系统是否有路径。$A_{\neg\phi}$ 的接受条件隐含地表示为这个 CTL 模型检测过程的公平性条件。明白地写出来，这相当于对出现在 $C(\phi)$ 中的所有公式 $\chi\ U\ \psi$，断言"FAIRNESS $\neg(\chi\ U\ \psi)\vee\psi$"。

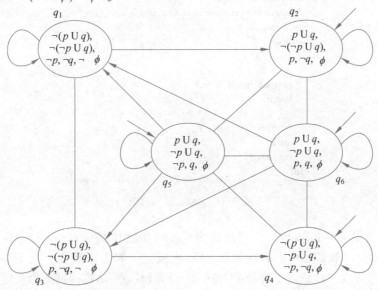

图 3-36　恰好接受满足 $\phi\overset{\text{def}}{=\!=}(p\ U\ q)\vee(\neg p\ U\ q)$ 的迹的自动机。无箭头的迁移是双向的。
接受条件断言所有运行必须通过集合 $\{q_1,\ q_3,\ q_4,\ q_5,\ q_6\}$ 无限多次，
对集合 $\{q_1,\ q_2,\ q_3,\ q_5,\ q_6\}$ 也是如此

3.7　CTL 的不动点特征

在 3.6.1 节中，提出了一个算法，已知 CTL 公式 ϕ 和模型 $\mathcal{M}=(S,\ \rightarrow,\ L)$，计算满足 ϕ 的状态 $s\in S$ 的集合。将该集合写为 $[[\phi]]$。这个算法对 ϕ 的结构递归地应用。对于高度为 1（$\perp$、$\top$ 或 p）的公式 ϕ，$[[\phi]]$ 可以直接计算。其他公式由更小的子公式通过 CTL 连接词结合而构成。例如，如果 ϕ 是 $\psi_1\vee\psi_2$，为了得到 $[[\psi_1\vee\psi_2]]$，该算法计算集合 $[[\psi_1]]$ 和 $[[\psi_2]]$，然后按特定的方式将其结合（此时，通过取并）。

当处理诸如 EXψ 的涉及时态算子的公式时，会出现更有趣的情况。算法计算集合 $[[\psi]]$，然后计算到 $[[\psi]]$ 中一个状态的迁移的所有状态集合。这和 EXψ 的语义相一致：$\mathcal{M},\ s\vDash\text{EX}\psi$ 当且仅当存在状态 s'，满足 $s\rightarrow s'$ 及 $\mathcal{M},\ s'\vDash\psi$。

对大多数这些逻辑算子，可以容易地继续讨论，该算法如我们所希望的那样工作。然而，对 EU，AF 和 EG 的情形，推理起来就不那么明显了（此时需要迭代一个特定的标记策略，直到它稳定）。本节的主题就是发展这些算子的语义洞察，为其提供终止和正确性的一个完备证明。考察图 3-28 中的伪码，这些语句中的大多数不过是根据 CTL 的语义做了明显和正确的事情。例如，当你用 $\phi_1\rightarrow\phi_2$ 调用 SAT 时，尝试一下它会做些什么。

本节的目的是证明 SAT_{AF} 和 SAT_{EU} 的终止性和正确性。事实上，我们还将写出过程 SAT_{EG} 并证明其终止性和正确性⊖。图 3-37 给出过程 SAT_{EG}，基于 3.6.1 节中给出的直观：

⊖　3.6.1 节通过把 EG ϕ 转换为 $\neg$ AF $\neg\phi$ 来处理 EG，但已经注意到，可以直接处理 EG。

注意，如果没有后继状态被标记，删除该标记并将其编码为标记集合与有标记后继的状态集合的交。

```
function SAT_EG(φ)
/* determines the set of states satisfying EG φ */
local var X, Y
begin
    Y := SAT(φ);
    X := ∅;
    repeat until X = Y
    begin
        X := Y;
        Y := Y ∩ pre∃(Y)
    end
    return Y
end
```

图 3-37　$\mathrm{SAT_{EG}}$ 的伪代码

EGϕ 的语义说 $s_0 \vDash$ EGϕ 成立，当且仅当存在一条计算路径 $s_0 \to s_1 \to s_2 \to \cdots$，使对所有 $i \geq 0$，$s_i \vDash \phi$ 成立。我们也可以表达如下：EG ϕ 成立，如果 ϕ 成立，且 EG ϕ 在当前状态的一个后继状态成立。这建议了等价 EG $\phi \equiv \phi \wedge$ EX EG ϕ，由连接词的语义定义这可以容易地证明。

观察 $[[\mathrm{EX}\,\psi]] = \mathrm{pre}_\exists([[\psi]])$，我们看到上面的等价可以写为 $[[\mathrm{EG}\,\phi]] = [[\phi]] \cap \mathrm{pre}_\exists([[\mathrm{EG}\,\phi]])$。这看起来不像有望计算 EG ϕ 的方式，因为为了计算等式右边，我们需要知道 EG ϕ。幸运的是，存在一种方法称为不动点计算，可以绕过这个表面看起来的循环，而这是本节的主题。

3.7.1　单调函数

定义 3.22　设 S 是一个状态集，$F: \mathcal{P}(S) \to \mathcal{P}(S)$ 是定义在 S 的幂集上的函数。

1. 我们说 F 是单调的，当且仅当对 S 的所有子集 X 和 Y，$X \subseteq Y$ 蕴涵 $F(X) \subseteq F(Y)$。

2. S 的子集 X 称为 F 的一个不动点，当且仅当 $F(X) = X$。

例如，设 $S \stackrel{\mathrm{def}}{=} \{s_0, s_1\}$，且对 S 的所有子集 Y，$F(Y) \stackrel{\mathrm{def}}{=} Y \cup \{s_0\}$。因为 $Y \subseteq Y'$ 蕴涵 $Y \cup \{s_0\} \subseteq Y' \cup \{s_0\}$，我们看到 F 是单调的。F 的不动点是 S 的包含 s_0 的所有子集。于是，F 有两个不动点、集合 $\{s_0\}$ 和 $\{s_0, s_1\}$。注意，F 有一个最小（$= \{s_0\}$）和一个最大（$= \{s_0, s_1\}$）不动点。

作为非单调函数 G 的一个例子，函数 $G: \mathcal{P}(S) \to \mathcal{P}(S)$ 定义如下：

$$G(Y) \stackrel{\mathrm{def}}{=} \text{if } Y = \{s_0\} \text{ then } \{s_1\} \text{ else } \{s_0\}$$

故 G 将 $\{s_0\}$ 映为 $\{s_1\}$，而将所有其他集合映为 $\{s_0\}$。函数 G 不是单调的，因为 $\{s_0\} \subseteq \{s_0, s_1\}$，但 $G(\{s_0\}) = \{s_1\}$ 不是 $G(\{s_0, s_1\}) = \{s_0\}$ 的子集。注意，G 根本没有不动点。

在证明 SAT 正确性的上下文中研究 $\mathcal{P}(S)$ 上的单调函数的理由是：

1. 单调函数总有一个最小和最大不动点；

2. EG，AF 和 EU 的意义可以分别通过 $\mathcal{P}(S)$ 上单调函数的最大，最小不动点表示；

3. 这些不动点可以容易地计算；

4. 程序 $\mathrm{SAT_{EU}}$ 和 $\mathrm{SAT_{AF}}$ 编码成这样的不动点计算，而且根据第 2 条，是正确的。

记号 3.23　$F^i(X)$ 的意思是

$$\underbrace{F(F(\cdots F(X)\cdots))}_{i\text{次}}$$

于是，函数 F^i 就是"F 作用 i 次"。

例如，对于函数 $F(Y)\stackrel{\text{def}}{=}Y\cup\{s_0\}$，我们得到 $F^2(Y)=F(F(Y))=(Y\cup\{s_0\})\cup\{s_0\}=Y\cup\{s_0\}=F(Y)$。这种情况下，$F^2=F$，因此对所有 $i\geqslant1$，$F^i=F$。函数序列 $(F^1,F^2,F^3,\cdots)$ 并不总是以这种方式稳定下来。例如，对上面定义的函数 G，上述情况不会发生（见练习 3.7 的 1(d)）。下列事实是一个基本结论（经常称为 Knaster-Tarski 定理）的特殊情况。

定理 3.24　设 S 是有 $n+1$ 个元素的集合 $\{s_0,s_1,\cdots,s_n\}$。若 $F:\mathcal{P}(S)\to\mathcal{P}(S)$ 是单调函数，则 $F^{n+1}(\varnothing)$ 是 F 的最小不动点，而 $F^{n+1}(S)$ 是 F 的最大不动点。

证明　因为 $\varnothing\subseteq F(\varnothing)$，得到 $F(\varnothing)\subseteq F(F(\varnothing))$，即 $F^1(\varnothing)\subseteq F^2(\varnothing)$，因为 F 是单调的。现在，可以用数学归纳法证明：对所有 $i\geqslant1$，

$$F^1(\varnothing)\subseteq F^2(\varnothing)\subseteq F^3(\varnothing)\subseteq\cdots\subseteq F^i(\varnothing)$$

特别地，取 $i\stackrel{\text{def}}{=}n+1$，我们断定以上的一个表达式 $F^k(\varnothing)$ 已经是 F 的不动点。否则，$F^1(\varnothing)$ 需要至少包含一个元素（因为 $\varnothing\neq F(\varnothing)$）。同理，$F^2(\varnothing)$ 需要至少包含两个元素，因为它必须比 $F^1(\varnothing)$ 大。继续这个论证，我们看到 $F^{n+2}(\varnothing)$ 将至少包含 $n+2$ 个元素，这是不可能的，因为 S 仅有 $n+1$ 个元素。因此，对某个 $0\leqslant k\leqslant n+1$，有 $F(F^k(\varnothing))=F^k(\varnothing)$，这显然蕴涵 $F^{n+1}(\varnothing)$ 也是 F 的一个不动点。

现在假设 X 是 F 的另一个不动点，要证明 $F^{n+1}(\varnothing)$ 是 X 的子集。但是，由于 $\varnothing\subseteq X$，我们得出结论 $F(\varnothing)\subseteq F(X)=X$，因为 F 是单调的，且 X 是 F 的不动点。由归纳法，我们得到：对所有 $i\geqslant0$，$F^i(\varnothing)\subseteq X$。故对于 $i\stackrel{\text{def}}{=}n+1$，我们得到 $F^{n+1}(\varnothing)\subseteq X$。

关于最大不动点的陈述证明与上述证明是对偶的。只需用 $\supseteq$ 替换 $\subseteq$，用 S 替换 $\varnothing$，"更小"替换"更大"。　　□

关于单调函数 $F:\mathcal{P}(S)\to\mathcal{P}(S)$ 的最小及最大不动点存在性的这个定理不仅断言这样的不动点存在，而且还提供一个正确地计算不动点的处方。例如，要计算 F 的最小不动点，所要做的就是将 F 作用到空集 $\varnothing$ 上，并将 F 不断地作用到结果上，直到结果在 F 的作用下成为不变量为止。上面的定理进一步保证了这个过程肯定终止。此外，假设 S 有 $n+1$ 个元素，我们可以为在最坏情况下达到这个不动点所必需的迭代次数确定一个上界 $n+1$。

3.7.2　SAT_{EG} 的正确性

在上一节的末尾，我们看到 $[[\text{EG}\,\phi]]=[[\phi]]\cap\text{pre}_\exists([[\text{EG}\,\phi]])$。这蕴涵 $\text{EG}\,\phi$ 是函数 $F(X)=[[\phi]]\cap\text{pre}_\exists(X)$ 的一个不动点。事实上，F 是单调的，$\text{EG}\,\phi$ 是其最大不动点，因此可以用定理 3.24 计算 $\text{EG}\,\phi$。

定理 3.25　设 F 定义如上，S 有 $n+1$ 个元素，则 F 是单调的，$[[\text{EG}\,\phi]]$ 是 F 的最大不动点，且 $[[\text{EG}\,\phi]]=F^{n+1}(S)$。

证明

1. 为证明 F 是单调的，取 S 的任意两个子集 X 和 Y，使得 $X\subseteq Y$。需要证明 $F(X)$ 是 $F(Y)$ 的子集。给定 s_0，使得存在某个 $s_1\in X$ 满足 $s_0\to s_1$，当然有 $s_0\to s_1$，其中 $s_1\in Y$，因为 X 是 Y 的子集。于是，我们证明了 $\text{pre}_\exists(X)\subseteq\text{pre}_\exists(Y)$，由此容易得到 $F(X)=[[\phi]]\cap\text{pre}_\exists(X)\subseteq[[\phi]]\cap\text{pre}_\exists(Y)=F(Y)$。

2. 我们已经看到 $[[\text{EG}\,\phi]]$ 是 F 的不动点。为证明它是最大不动点，只需证明满足 $F(X)=X$ 的任意集合 X

必包含在$[[\mathrm{EG}\,\phi]]$中。故设 s_0 是这样一个不动点 X 中的元素。需要证明 s_0 也在$[\mathrm{EG}\,\phi]$中。为此，利用事实

$$s_0 \in X = F(X) = [[\phi]] \cap \mathrm{pre}_\exists(X)$$

推出 $s_0 \in [[\phi]]$，且对某个 $s_1 \in X$，$s_0 \to s_1$。因为 s_1 在 X 中，可以对 $s_1 \in X = F(X) = [[\phi]] \cap \mathrm{pre}_\exists(X)$ 应用相同的论证，可得到 $s_1 \in [[\phi]]$，且对某个 $s_2 \in X$，$s_1 \to s_2$。因此由数学归纳法，可以构造一条无限路径 $s_0 \to s_1 \to \cdots \to s_n \to s_{n+1} \to \cdots$，使得对所有 $i \geqslant 0$，$s_i \in [[\phi]]$。由$[[\mathrm{EG}\,\phi]]$的定义，这就导出 $s_0 \in [[\mathrm{EG}\,\phi]]$。

3. 现在，最后一个结论可由前面的结论和定理 3.24 直接得到。   □

现在我们可以看到过程 $\mathrm{SAT}_{\mathrm{EG}}$ 的编码正确，而且可终止。首先，注意过程 $\mathrm{SAT}_{\mathrm{EG}}$（图 3-37）中的行 $Y := Y \cap \mathrm{pre}_\exists(Y)$ 可以改为 $Y := \mathrm{SAT}(\phi) \cap \mathrm{pre}_\exists(Y)$，而不改变程序的效果。为了看到这一点，在第一次循环时，Y 是 $\mathrm{SAT}(\phi)$ 在随后的循环中，$Y \subseteq \mathrm{SAT}(\phi)$，故用 Y 还是用 $\mathrm{SAT}(\phi)$ 作交无关紧要[⊖]。有了这个改变，显然 $\mathrm{SAT}_{\mathrm{EG}}$ 就是计算 F 的最大不动点。因此，其正确性由定理 3.25 得到。

3.7.3 $\mathrm{SAT}_{\mathrm{EU}}$ 的正确性

证明 $\mathrm{SAT}_{\mathrm{EU}}$ 的正确性是类似的。开始，我们注意等价 $\mathrm{E}[[\phi\,\mathrm{U}\,\psi]] \equiv \psi \vee (\phi \wedge \mathrm{EX}\,\mathrm{E}[[\phi\,\mathrm{U}\,\psi]])$，并将其写为 $[[\mathrm{E}[\phi\,\mathrm{U}\,\psi]]] = [[\psi]] \cup ([[\phi]] \cap \mathrm{pre}_\exists[[\mathrm{E}[\phi\,\mathrm{U}\,\psi]]])$。它告诉我们 $[[\mathrm{E}[\phi\,\mathrm{U}\,\psi]]]$ 是函数 $G(X) = [[\psi]] \cup ([[\phi]] \cap \mathrm{pre}_\exists(X))$ 的不动点。和前面一样，可以证明这个函数是单调的。结果表明 $[[\mathrm{E}[\phi\,\mathrm{U}\,\psi]]]$ 是其最小不动点，函数 $\mathrm{SAT}_{\mathrm{EU}}$ 实际上是按照定理 3.24 的方式计算。

定理 3.26 设 G 定义如上，S 有 $n+1$ 个元素，则 G 是单调的，$[[\mathrm{E}(\phi\,\mathrm{U}\,\psi)]]$ 是 G 的最小不动点，且 $[[\mathrm{E}(\phi\,\mathrm{U}\,\psi)]] = G^{n+1}(\varnothing)$。

证明

1. 我们还需证明 $X \subseteq Y$ 蕴涵 $G(X) \subseteq G(Y)$；而这与对 F 的证明本质上是一样的，因为将 X 映为 $\mathrm{pre}_\exists(X)$ 的函数是单调的，而现在 G 所做的只不过是实施该集合与常量集合 $[[\phi]]$ 和 $[[\psi]]$ 的交和并。

2. 若 S 有 $n+1$ 个元素，则由定理 3.24，G 的最小不动点等于 $G^{n+1}(\varnothing)$。因此，只需证明这个集合等

⊖ 如果你有所怀疑，试着计算值 Y_0，Y_1，Y_2，$\cdots$，其中 Y_i 表示 Y 做 i 次循环迭代后的值。在改变之前，程序计算如下：

$$Y_0 = \mathrm{SAT}(\phi)$$
$$Y_1 = Y_0 \cap \mathrm{pre}_\exists(Y_0)$$
$$Y_2 = Y_1 \cap \mathrm{pre}_\exists(Y_1)$$
$$= Y_0 \cap \mathrm{pre}_\exists(Y_0) \cap \mathrm{pre}_\exists(Y_0 \cap \mathrm{pre}_\exists(Y_0))$$
$$= Y_0 \cap \mathrm{pre}_\exists(Y_0 \cap \mathrm{pre}_\exists(Y_0))$$

最后一个等式由 $\mathrm{pre}_\exists$ 的单调性得到。

$$Y_3 = Y_2 \cap \mathrm{pre}_\exists(Y_2)$$
$$= Y_0 \cap \mathrm{pre}_\exists(Y_0 \cap \mathrm{pre}_\exists(Y_0)) \cap \mathrm{pre}_\exists(Y_0 \cap \mathrm{pre}_\exists(Y_0 \cap \mathrm{pre}_\exists(Y_0)))$$
$$= Y_0 \cap \mathrm{pre}_\exists(Y_0 \cap \mathrm{pre}_\exists(Y_0 \cap \mathrm{pre}_\exists(Y_0)))$$

最后一个等式仍然由单调性得出. 现在看在做了改变之后，程序做了些什么：

$$Y_0 = \mathrm{SAT}(\phi)$$
$$Y_1 = \mathrm{SAT}(\phi) \cap \mathrm{pre}_\exists(Y_0)$$
$$= Y_0 \cap \mathrm{pre}_\exists(Y_0)$$
$$Y_2 = Y_0 \cap \mathrm{pre}_\exists(Y_1)$$
$$Y_3 = Y_0 \cap \mathrm{pre}_\exists(Y_1)$$
$$= Y_0 \cap \mathrm{pre}_\exists(Y_0 \cap \mathrm{pre}_\exists(Y_0))$$

形式证明可对 i 应用归纳法得到。

于$[[E(\phi \cup \psi)]]$。简单地观察一下由G重复地作用在空集$\varnothing$上能得到什么状态就行了：$G^1(\varnothing) = [[\psi]]$ $\cup [[\phi]] \cap \text{pre}_\exists([[\varnothing]]) = [[\psi]] \cup ([[\phi]] \cap \varnothing) = [[\psi]] \cup \varnothing = [[\psi]]$，它是所有的状态$s_0 \in [[E(\phi \cup \psi)]]$，此处我们根据Until的选择$i=0$。现在

$$G^2(\varnothing) = [[\psi]] \cup ([[\phi]] \cap \text{pre}_\exists(G^1(\varnothing)))$$

$G^2(\varnothing)$的元素就是我们选择$i \leqslant 1$的$s_0 \in [[E(\phi \cup \psi)]]$。由数学归纳法，我们看到$G^{k+1}(\varnothing)$是所有状态$s_0$的集合，为了保证$s_0 \in [[E(\phi \cup \psi)]]$，我们选择$i \leqslant k$。因为这对所有$k$成立，我们看到$[[E(\phi \cup \psi)]]$不过就是所有集合$G^{k+1}(\varnothing)$的并（其中$k \geqslant 0$），但因为$G^{n+1}(\varnothing)$是$G$的不动点，我们看到这个并就是$G^{n+1}(\varnothing)$。　□

SAT_{EU}编码正确性证明类似于SAT_{EG}的情况。将行$Y := Y \cup (W \cap \text{pre}_\exists(Y))$变为$Y := \text{SAT}(\psi) \cup (W \cap \text{pre}_\exists(Y))$，且观察到这并不改变过程的结果，因为第一轮循环，$Y$是$\text{SAT}(\psi)$。由于$Y$总是递增，用$Y$或用$\text{SAT}(\psi)$做并没有什么差别。做了这个改变后，显然$\text{SAT}_{\text{EU}}$就是应用定理3.24计算的$G$的最小不动点。

我们通过一个例子说明关于函数F和G的上述结果。考虑图3-38中的系统。从计算集合$[[\text{EF}p]]$开始。由EF的定义，这就是$[[E(\top \cup p)]]$。故有$\phi_1 \overset{\text{def}}{=} \top$和$\phi_2 \overset{\text{def}}{=} p$。由图3-38得到$[[p]] = \{s_3\}$，当然有$[[\top]] = S$。于是，上述函数$G$等于$G(X) = \{s_3\} \cup \text{pre}_\exists(X)$。因为$[[E(\top \cup p)]]$等于$G$的最小不动点，需要对$\varnothing$迭代地作用$G$，直到这个过程稳定为止。首先，$G^1(\varnothing) = \{s_3\} \cup \text{pre}_\exists(\varnothing) = \{s_3\}$。其次，$G^2(\varnothing) = G(G^1(\varnothing)) = \{s_3\} \cup \text{pre}_\exists(\{s_3\}) = \{s_1, s_3\}$。第三，$G^3(\varnothing) = G(G^2(\varnothing)) = \{s_3\} \cup \text{pre}_\exists(\{s_1, s_3\}) = \{s_0, s_1, s_2, s_3\}$。第四，$G^4(\varnothing) = G(G^3(\varnothing)) = \{s_3\} \cup \text{pre}_\exists(\{s_0, s_1, s_2, s_3\}) = \{s_0, s_1, s_2, s_3\}$。因此，$\{s_0, s_1, s_2, s_3\}$是$G$的最小不动点，由定理3.20，它等于$[[E(\top \cup p)]]$。但这样就得到$[[E(\top \cup p)]] = [[\text{EF}p]]$。

我们要研究的另一个例子是计算集合$[[\text{EG}q]]$。由定理3.25，该集合是上述函数F的最大不动点，其中$\phi \overset{\text{def}}{=} q$。由图3-38，我们看到$[[q]] = \{s_0, s_4\}$，故$F(X) = [[q]] \cap \text{pre}_\exists(X) = \{s_0, s_4\} \cap \text{pre}_\exists(X)$。因为$[[\text{EG}q]]$等于$F$的最大不动点，需要对$S$迭代作用$F$，直到这个过程稳定下来。首先，$F^1(S) = \{s_0, s_4\} \cap \text{pre}_\exists(S) = \{s_0, s_4\} \cap S$，因为所有$s$都有某个$s'$，满足$s \to s'$。于是，$F^1(S) = \{s_0, s_4\}$。

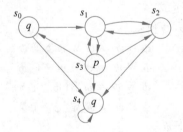

图3-38　一个系统，计算其不变量

其次，$F^2(S) = F(F^1(S)) = \{s_0, s_4\} \cap \text{pre}_\exists(\{s_0, s_4\}) = \{s_0, s_4\}$。因此，$\{s_0, s_4\}$是$F$的最大不动点，由定理3.25，它等于$[[\text{EG } q]]$。

3.8　习题

练习3.1

1. 若你还没有阅读2.7节，请阅读它，然后根据3.1节所提出的形式方法的分类准则，为

Alloy 及其约束分析器进行分类。

2. 访问并浏览网站⊖，找出你感兴趣的(任何原因)形式方法。然后根据3.1节的准则对其分类。

练习 3.2

1. 画出下列 LTL 公式的语法分析树：
   (a) F p ∧ G q→p W r
   (b) F(p→G r)∨¬ q U p
   (c) p W(q W r)
   (d) G F p→F(q ∨ s)

2. 考虑图 3-39 的系统。对下列所有公式 ϕ：
   (a) G a
   (b) a U b
   (c) a U X(a ∧¬ b)
   (d) X ¬ b ∧ G(¬ a ∨¬ b)
   (e) X(a ∧ b)∧ F(¬ a ∧¬ b)

   （i）找一条由初始状态 q_3 出发并满足 ϕ 的路径。

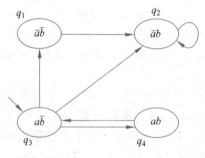

图 3-39　一个模型 $\mathcal{M}$

   （ii）确定 $\mathcal{M}$, $q_3 \vDash \phi$ 是否成立。

3. 用定义 3.6 中的语句证明下列等价：
$$\phi\ U\ \psi \equiv \phi\ W\ \psi \wedge F\ \psi$$
$$\phi\ W\ \psi \equiv \phi\ U\ \psi \vee G\ \phi$$
$$\phi\ W\ \psi \equiv \psi\ R(\phi \vee \psi)$$
$$\phi\ R\ \psi \equiv \psi\ W(\phi \wedge \psi)$$

4. 证明 $\phi\ U\ \psi \equiv \psi\ R(\phi \vee \psi) \wedge F\ \psi$。

5. 列出 LTL 公式 ¬ p U(F r ∨ G ¬ q→q W ¬ r)的所有子公式。

6. 从"道义"上讲，应该存在 W 的一个对偶。解释其含义应该是什么，然后基于这个含义的第一个字母为它选择一个符号。

7. 证明对所有模型的所有路径 π，π $\vDash \phi$ W ψ ∧ F ψ 蕴涵 π $\vDash \phi$ U ψ。即证明等价式(3-2)的剩下一半。

8. 回顾 1.5 节的算法 NNF，它计算命题逻辑公式的否定范式。将此算法扩展到 LTL：需要为附加的连接词 X，F，G 以及 U，R 和 W 添加程序语句。这些语句必须激活在本节中提出

⊖　www. afm. sbu. ac. uk 和 www. cs. indiana. edu/formal-methods-education/。

的语义等价。

练习 3.3

1. 考虑图 3-9 中的模型。

　*(a) 验证 G(req -> F busy) 在所有初始状态下成立。

　(b) 在该模型中的所有初始状态下，¬(reqU ¬busy) 是否成立?

　(c) 通过写 next(v)，NuSMV 能够参考一个声明变量 v 的下一个值。考虑由图 3-9 中的模型移去状态! req & busy 上的自循环所得到的模型。使用 NuSMV 的特性 next(…) 将这个修改的模型编码为具有规范 G(req -> F busy) 的一个 NuSMV 程序。然后运行它。

2. 验证评注 3.11。

*3. 画出由 ABP 程序描述的迁移系统。

　评注：ABP 程序有 28 个可达状态。（考察该程序，可以看到这些状态由 9 个布尔变量所描述，即 S.st, S.message1, S.message2, R.st, R.ack, R.expected, msg_ chan.output1, msg_ chan.output2 和 ack_ chan.output。因此，总共有 $2^9 =$ 512 个状态。然而，其中仅有 28 个能从初始状态出发，通过一条有限路径到达。）

　如果你从消息的内容抽象出来（例如将 S.message1 和 msg_ chan.output1 置为常量 0），那么就仅有 12 个可达状态。这就是要求你画出的系统。

练习 3.4

1. 写出下列 CTL 公式的语法分析树：

　*(a) EG r

　*(b) AG($q \rightarrow$ EG r)

　*(c) A[p U EF r]

　*(d) EF EG $p \rightarrow$ AF r，回顾约定 3.13

　(e) A[p U A[q U r]]

　(f) E[A[p U q]U r]

　(g) AG($p \rightarrow$ A[p U(¬$p \wedge$ A[¬p U q])])。

2. 请解释为什么下列式子不是合式 CTL 公式：

　*(a) F G r

　(b) X X r

　(c) A ¬ G ¬ p

　(d) F[r U q]

　(e) EX X r

　*(f) AEF r

　*(g) AF[(r U q)$\wedge$(p U r)]。

3. 叙述下列哪些字符串是合式 CTL 公式。对于那些合式 CTL 公式，画出语法分析树。对于那些不是合式公式的式子，说明原因。

　(a) ¬(¬p)$\vee$($r \wedge s$)

　(b) X q

　*(c) ¬ AX q

(d) $p \, \mathrm{U}(\mathrm{AX} \perp)$

*(e) $\mathrm{E}[(\mathrm{AX} \, q)\mathrm{U}(\neg(\neg p)\vee(\top \wedge s))]$

*(f) $(\mathrm{F} \, r)\wedge(\mathrm{AG} \, q)$

(g) $\neg(\mathrm{AG} \, q)\vee(\mathrm{EG} \, q)$。

*4. 列出公式 $\mathrm{AG}(p{\rightarrow}A[p \, \mathrm{U}(\neg p \wedge A[\neg p \, \mathrm{U} \, q])])$ 的所有子公式。

5. 在图 3-9 中模型的所有初始状态下，公式 $\mathrm{E}[\mathrm{req} \, \mathrm{U} \, \neg \mathrm{busy}]$ 是否成立？

6. 考虑图 3-40 中的系统 $\mathcal{M}$。

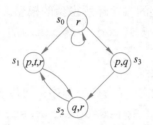

图 3-40   具有 4 个状态的模型

(a) 从状态 s_0 开始，将此系统展开成无限树，并画出长度到 4 为止的所有计算路径（= 该树的前四层）。

(b) 确定 $\mathcal{M}, s_0 \vDash \phi$ 和 $\mathcal{M}, s_2 \vDash \phi$ 是否成立，并给出你的理由，此处 ϕ 是 LTL 或 CTL 公式：

*(i) $\neg p{\rightarrow}r$

(ii) $\mathrm{F} \, t$

*(iii) $\neg \mathrm{EG} \, r$

(iv) $\mathrm{E}[t \, \mathrm{U} \, q]$

(v) $\mathrm{E} \, q$

(vi) $\mathrm{EF} \, q$

(vii) $\mathrm{EG} \, r$

(viii) $\mathrm{G}(r \vee q)$

7. 设 $\mathcal{M} = (S, \rightarrow, L)$ 是 CTL 的任意模型，且 $[[\phi]]$ 表示使得 $\mathcal{M}, s \vDash \phi$ 的所有 $s \in S$ 的集合。通过考察定义 3.15 的语句，证明下列集合等式。

*(a) $[[\top]] = S$

(b) $[[\perp]] = \varnothing$

(c) $[[\neg \phi]] = S - [[\phi]]$

(d) $[[\phi_1 \wedge \phi_2]] = [[\phi_1]] \cap [[\phi_2]]$

(e) $[[\phi_1 \vee \phi_2]] = [[\phi_1]] \cup [[\phi_2]]$

*(f) $[[\phi_1{\rightarrow}\phi_2]] = (S - [[\phi_1]]) \cup [[\phi_2]]$

*(g) $[[\mathrm{AX} \, \phi]] = S - [[\mathrm{EX} \, \neg \phi]]$

(h) $[[A(\phi_2 \, \mathrm{U} \, \phi_2)]] = [[\neg(\mathrm{E}(\neg \phi_1 \mathrm{U}(\neg \phi_1 \wedge \neg \phi_2))\vee \mathrm{EG} \, \neg \phi_2)]]$。

8. 考虑图 3-41 所示模型 $\mathcal{M}$。对下列 CTL 公式 ϕ，检测 $\mathcal{M}, s_0 \vDash \phi$ 和 $\mathcal{M}, s_2 \vDash \phi$ 是否成立：

(a) $\mathrm{AF} \, q$

(b) $\mathrm{AG}(\mathrm{EF}(p \vee r))$

(c) $\mathrm{EX}(\mathrm{EX} \, r)$

(d) AG(AF q)。

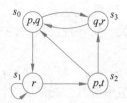

图 3-41　另一个有 4 个状态的模型

*9. LTL 中的时态算子 F, G 和 U 以及 CTL 中的时态算子 AU, EU, AG, EG, AF 和 EF 的含义使得"现在包括未来"。例如，EF p 关于一个状态是真的，如果 p 关于该状态已经是真的。人们经常需要对应的算子使得现在不包含将来。使用 3.4 节的语法的合适连接词，定义这样的(六个)修饰连接词作为 CTL 中的导出算子。

10. 下列 CTL 公式对中哪些是等价的？对那些不等价的公式对，给出一个模型，使得它是其中一个公式对的模型，但不是另一对公式的模型：

(a) EF ϕ 和 EG ϕ

*(b) EF $\phi \vee$ EF ψ 和 EF$(\phi \vee \psi)$

*(c) AF $\phi \vee$ AF ψ 和 AF$(\phi \vee \psi)$

(d) AF $\neg \phi$ 和 $\neg$ EG ϕ

*(e) EF $\neg \phi$ 和 $\neg$ AFϕ

(f) A$[\phi_1$ U A$[\phi_2$ U $\phi_3]]$ 和 A$[$A$[\phi_1$ U $\phi_2]$ U $\phi_3]$，提示：若先考虑仅有一条路径的模型，可能会使问题更简单些

(g) $\top$ 和 AG $\phi \rightarrow$ EG ϕ

*(h) $\top$ 和 EG $\phi \rightarrow$ AG ϕ

11. 找出代替? 的算子，使得下列等价成立：

*(a) AG$(\phi \wedge \psi) \equiv$ AG ϕ? AG ψ

(b) EF $\neg \phi \equiv \neg$?? ϕ。

12. 明确地陈述 3.4.5 节定义的 AR 等时态连接词的意义。

13. 证明 3.4.4 节的等价式(3-6)。

*14. 写出递归函数 TRANSLATE 的伪码，该函数以任意 CTL 公式 ϕ 作为输入，并且作为输出返回一个算子仅取自于集合 $\{\perp, \neg, \wedge, \text{AF}, \text{EU}, \text{EX}\}$ 的等价 CTL 公式 ψ。

练习 3.5

1. 只要可能，将下列性质用 CTL 和 LTL 表达出来。如果两种表达都不可能，尝试用 CTL*表达：

*(a) 只要 p 后跟随着 q(在有限步之后)，则系统进入一个"区间"，在该区间里没有 r，直到 t 出现。

(b) 在所有计算路径上，事件 p 先于 s 和 t。(你可以发现，先编码这个规范的否定会容易些。)

(c) 在 p 之后，q 永不为真。(此处，这个约束意味着应用于所有计算路径。)

(d) 在事件 q 和 r 之间，事件 p 永不为真。

（e）到满足 p 的状态的迁移最多发生两次。

 *（f）沿一条路径的所有第二状态，性质 p 为真。

2. 详细解释为什么 3.2 节和 3.4 节关于实际规范模式的 LTL 和 CTL 公式抓住了用直白语言所陈述的"非形式"性质的要点。

3. 考虑 LTL/CTL 公式的集合 $\mathcal{F} = \{F\,p \to F\,q,\ AF\,p \to AF\,q,\ AG(p \to AF\,q)\}$。
   （a）是否存在一个模型，使该模型中所有公式都成立？
   （b）对所有 $\phi \in \mathcal{F}$，是否存在一个模型，使得 ϕ 是 $\mathcal{F}$ 中满足该模型的唯一公式？
   （c）寻找一个模型，使得在该模型中，$\mathcal{F}$ 中的所有公式都不成立。

4. 考虑 CTL 公式 $AG(p \to AF(s \wedge AX(AF\,t)))$。根据事件 p，s 和 t 的发生顺序，解释它所表达的精确含义。

5. 将 1.5 节计算命题逻辑公式否定范式的 NNF 算法扩展到 CTL^*。因为 CTL^* 是通过两个语法范畴（状态公式和路径公式）定义的，这要求对应的 NNF 有两个分离的版本，按照 3.5 节所给出的 CTL^* 语法所反应的方式互相调用。

6. 找出能区别下列 CTL^* 公式对的迁移系统，即证明它们不是等价的：
   （a）AF G p 和 AF AG p
  *（b）AG F p 和 AG EF p
   （c）$A[(p\ U\ r) \vee (q\ U\ r)]$ 和 $A[(p \vee q)\ U\ r]$
  *（d）$A[X\,p \vee X\,X\,p]$ 和 $AX\,p \vee AX\,AX\,p$
   （e）$E[G\ F\ p]$ 和 EG EF p。

7. 在 3.5.1 节引入的从路径公式的带有布尔组合到简单 CTL 公式的转换是不完备的。为下列公式构造等价的 CTL 公式：
  *（a）$E[F\,p \wedge (q\ U\ r)]$
  *（b）$E[F\,p \wedge G\,q]$。
   按这种方式，我们处理所有形如 $E[\phi \wedge \psi]$ 的公式。形如 $E[\phi \vee \psi]$ 的公式可以重写为 $E[\phi] \vee E[\psi]$，而 $A[\phi]$ 可以写为 $\neg E[\neg \phi]$。利用这个转换将下列公式写成 CTL 公式：
   （c）$E[(p\ U\ q) \wedge F\,p]$
  *（d）$A[(p\ U\ q) \wedge G\,p]$
  *（e）$A[F\,p \to F\,q]$。

8. 这个练习的目的是证明在最后一节末尾所给出的关于 AW 的展开，即 $A[p\ W\ q] \equiv \neg E[\neg q\ U\ \neg(p \vee q)]$。
   （a）证明下列 LTL 公式是有效的（即在任意模型的任何状态下都是真的）：
       （i）$\neg q\ U(\neg p \wedge \neg q) \to \neg G\,p$
       （ii）$G\,\neg q \wedge F\,\neg p \to \neg q\ U(\neg p \wedge \neg q)$。
   （b）用德摩根定律和 LTL 等价 $\neg(\phi\ U\ \psi) \equiv (\neg\psi U(\neg\phi \wedge \neg\psi)) \vee \neg F\,\psi$ 展开 $\neg((p\ U\ q) \vee G\,p)$。
   （c）应用你的展开和上面的事实（i）和（ii），证明 $\neg((p\ U\ q) \vee G\,p) \equiv \neg q\ U\ \neg(p \wedge q)$，并由此证明以上的 AW 的展开是正确的。

练习 3.6

 *1. 对图 3-11 中所给出的迁移系统，验证 3.3.1 节给出的安全性、活性、无阻性、非严格顺序性公式。它们中哪一个需要图 3-10 中的 SMV 程序的公平性限制？

2. 对图 3-10 的 SMV 程序，尝试写一个 CTL 公式，使得它同时保证了无阻性和非严格顺序性。

*3. 利用标识算法检测图 3-7 中互斥模型中的公式 ϕ_1，ϕ_2，ϕ_3 和 ϕ_4。

4. 利用标识算法检测图 3-8 中互斥模型中的公式 ϕ_1，ϕ_2，ϕ_3 和 ϕ_4。

5. 证明式(3-8)在所有模型中都成立。你的证明是否要求对所有状态 s，都存在某个状态 s'，满足 $s \to s'$？

6. 考察标识算法的定义，解释如果你对公式 $p \wedge \neg p$ 应用它(任意模型，任意状态)会发生什么？

7. 修正 3.6 节的 SAT 伪码：为 AG ψ_1 写一个特殊例程，而不是用其他公式⊖重写它。

*8. 基于 3.6.1 节中给出的关于删除标识的描述，写出 SAT_{EG} 的伪码。

*9. 画出一个关于互斥的迁移系统，保证两个进程按严格顺序进入其关键段，并证明 ϕ_4 在其初始状态为假。

10. 使用状态与 CTL 公式之间⊨的定义，解释为什么 $s \vDash$ AG AF ϕ 意味着沿以 s 开始的所有路径，ϕ 无限多次为真。

*11. 证明 CTL 公式 ϕ 在一条计算路径 $s_0 \to s_1 \to s_2 \to \cdots$ 上的无限多个状态下为真，当且仅当对所有 $n \geq 0$，存在某个 $m \geq n$，使得 $s_m \vDash \phi$。

12. 对一些例子运行 NuSMV 系统。试着挑选出或删除某些公平性限制，如果可行，观察 NuSMV 生成的反例。NuSMV 非常容易运行。

13. 在一位信道中，有两个公平性约束。可以将其写为单一的形式：在 running 和长公式之间插入一个“&”，或者可以将长公式一分为二，并将三个公平性约束合并为一个。

一般地，单一的公平性约束 $\phi_1 \wedge \phi_2 \wedge \cdots \wedge \phi_n$ 和 n 个公平性约束 ϕ_1，ϕ_2，$\cdots$，ϕ_n 之间有何差别？写出一个带有公平性约束 a & b 的 SMV 程序，它不等价于两个公平性约束 a 和 b。(可以用四行 SMV 实际做到这一点。)

14. 解释用于表达进程不需按严格顺序进入其关键段的公式 ϕ_4 的构造。它是否依赖于安全性质 ϕ_1 成立的事实？

*15. 已知公平性约束由图 3-10 中的代码给出，计算图 3-11 的 E_CG $\top$ 标记。

练习 3.7

1. 考虑函数

H_1，H_2，H_3：$\mathcal{P}(\{1, 2, 3, 4, 5, 6, 7, 8, 9, 10\}) \to \mathcal{P}(\{1, 2, 3, 4, 5, 6, 7, 8, 9, 10\})$，

对所有 $Y \subseteq \{1, 2, 3, 4, 5, 6, 7, 8, 9, 10\}$，它们分别定义为

$$H_1(Y) \stackrel{\text{def}}{=} Y - \{1, 4, 7\}$$

$$H_2(Y) \stackrel{\text{def}}{=} \{2, 5, 9\} - Y$$

$$H_3(Y) \stackrel{\text{def}}{=} \{1, 2, 3, 4, 5\} \cap (\{2, 4, 8\} \cup Y)$$

*(a) 这些函数中哪些是单调的，哪些不是？对所有情形，给出你的答案的理由。

*(b) 对 $i = 1, 2, \cdots$，使用迭代 H_3^i 及定理 3.24，计算 H_3 的最小和最大不动点。

⊖　问题：你的例程更像 AF 的例程，还是像 3.6 节关于的 EG 的例程？为什么？

(c) H_2 是否有不动点?

(d) 回忆如下定义的 G: $\mathcal{P}(\{s_0, s_1\}) \to \mathcal{P}(\{s_0, s_1\})$:

$$G(Y) \stackrel{\text{def}}{=} \text{if } Y = \{s_0\} \text{ then } \{s_1\} \text{ else } \{s_0\}$$

用数学归纳法证明: 对所有奇数 $i \geq 1$, G^i 等于 G。对偶数 i, G^i 是什么样子?

*2. 设 A 和 B 是 S 的两个子集, 且 F: $\mathcal{P}(S) \to \mathcal{P}(S)$ 是单调函数。证明:

(a) F_1: $\mathcal{P}(S) \to \mathcal{P}(S)$ 是单调的, 其中 $F_1(Y) \stackrel{\text{def}}{=} A \cap F(Y)$;

(b) F_2: $\mathcal{P}(S) \to \mathcal{P}(S)$ 是单调的, 其中 $F_2(Y) \stackrel{\text{def}}{=} A \cup (B \cap F(Y))$。

3. 利用定理 3.25 和 3.26 计算下列集合(依赖的模型在图 3-42 中):

(a) $[[\text{EF } p]]$

(b) $[[\text{EG } q]]$

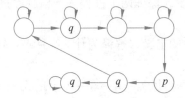

图 3-42 另一个系统, 计算其不变量

4. 应用函数 $F(X) = [[\phi]] \cup \text{pre}_\forall(X)$ 证明 $[[\text{AF } \phi]]$ 是 F 的最小不动点。由此论证过程 SAT_{AF} 是正确的及终止的。

*5. 也可以直接计算 $\text{AG } \phi$ 作为不动点。考虑函数 H: $\mathcal{P}(S) \to \mathcal{P}(S)$, $H(X) = [[\phi]] \cap \text{pre}_\forall(X)$。证明 H 是单调的, 且 $[[\text{AG } \phi]]$ 是 H 的最大不动点。使用这个思路写一个过程 SAT_{AG}。

6. 类似地, 作为一个不动点, 直接计算 $\text{A}[\phi_1 \text{ U } \phi_2]$, 用 K: $\mathcal{P}(S) \to \mathcal{P}(S)$, 其中 $K(X) = [[\phi_2]] \cup ([[\phi_1]] \cap \text{pre}_\forall(X))$。证明 K 是单调的, 且 $[[\text{A}[\phi_1 \text{ U } \phi_2]]]$ 是 K 的最小不动点。使用这个思路写一个过程 SAT_{AU}。使用该例程, 是否处理形如 $\text{AF } \phi$ 的所有调用?

7. 证明 $[[\text{A}[\phi_1 \text{ U } \phi_2]]] = [[\phi_2 \vee (\phi_1 \wedge \text{AX}(\text{A}[\phi_1 \text{ U } \phi_2]))]]$。

8. 证明 $[[\text{AG } \phi]] = [[\phi \wedge \text{AX}(\text{AG } \phi)]]$。

9. 证明 SAT_{EU} 和 SAT_{EG} 的代码中所有的重复语句总是终止的。使用这个事实非形式推理: 对一切有效的 CTL 公式 ϕ, 主程序 SAT 都终止。注意, 一些子句(如关于 AU)用更复杂的公式递归地调用 SAT。为什么这不影响终止性?

3.9 文献注释

时态逻辑是由哲学家 A. Prior 在 20 世纪 60 年代发明的; 他的逻辑与我们现在所说的 LTL 类似。时态逻辑对并行程序推理的首次应用由 A. Pnueli[Pnu81]给出。CTL 逻辑由 E. Clarke 和 E. A. Emerson(在 20 世纪 80 年代早期)所给出, CTL* 是由 E. A. Emerson 和 J. Halpern(在 1986 年)为统一 CTL 和 LTL 而提出。

CTL 模型检测由 E. Clarke 和 E. A. Emerson[CE81]以及 J. Quielle 和 J. Sifakis[QS81]提出。我们所描述的 LTL 模型检测方法由 M. Vardi 和 P. Wolper[VW84]所给出。这些思想的一些概述可在[CGL93]和[CGP99]中找到。关于 CTL 连接词适当集的定理是在[Mar01]中证

明的。

原始的 SMV 系统是由 K. McMillan[McM93]完成的，从卡耐基·梅隆大学[一]可获得源代码。NuSMV[二]是一个重新实现，由 Trento 的 A. Cimatti 和 M. Roveri 所开发，目的在于可定制和可扩展。在该站点上可以找到关于 NuSMV 的丰富文档。NuSMV 所支持的系统描述语言与 CMU SMV 基本上相同，但它有一个改进的用户接口以及种类更多的算法。例如，CMU SMV 只检验 CTL 规范，而 NuSMV 支持 LTL 和 CTL。NuSMV 实现了有界模式检测[BCCZ99]。Cadence SMV[三]是全新的模式检测器，重点在于用复合系统和抽象作为解决状态爆炸问题的方法。它也是由 K. McMillan 开发的，其描述性语言与原始的 SMV 相似，但有很多扩展。

M. Dwyer，G. Avrunin，J. Corbett 和 L. Dillon 维护着一个网站[四]，汇集了经常使用在各种框架下（诸如 CTL，LTL 以及正则表达式）的规范模式。

模式检测的当前研究课题包括：为了减少状态爆炸问题的影响，试图探索抽象、对称性和复合性[CGL94，Lon83，Dam96]。

适合异步系统使用的模式检测器 Spin 基于时态逻辑 LTL，可以在 Spin 的网站[五]上找到。一个基于进程代数 CSP 的称为 FDR2 的模式检测器也是可用的[六]。

爱丁堡 Concurrency Workbench[七]和北卡罗来纳的 Concurrency Workbench[八]是用于并发系统设计和分析的类似软件工具。一个用于并发软件验证的可定制且可扩展的模块模型检测框架的例子是 Bogor[九]。

关于反应系统验证方面有许多教科书，我们推荐[MP91，MP95，Ros97，Hol90]。本章中的 SMV 代码可以从 www.cs.bham.ac.uk/research/lics/下载。

[一]　www.cs.cmu.edu/~modelcheck/。

[二]　nusmv.irst.itc.it。

[三]　www-cad.eecs.berkeley.edu/~kenmcmil/。

[四]　patterns.projects.cis.ksu.edu/。

[五]　netlib.bell-labs.com/netlib/spin/whatispin.html。

[六]　www.fsel.com.fdr2_download.html。

[七]　www.dcs.ed.ac.uk/home/cwb。

[八]　www.cs.sunysb.edu/~cwb。

[九]　http://bogor.projects.cis.ksu.edu/。

程序验证

前一章的方法适合于验证通信进程的系统，这种系统中控制是主要问题，但没有复杂数据。我们依据的事实是这些(抽象后的)系统处于有限的状态。对于运行于单个处理器上的顺序程序(这是本章的主题)，这些假设是无效的。在这些情况下，程序可以操作非平凡数据，一旦允许类型为整数、表或树的变量，我们就进入了具有无限状态空间的机器领域。

根据上一章开始时所给出的验证方法分类，本章的方法是：

基于证明的。我们不会像模型检测时那样穷尽地检验系统可以进入的所有状态。在已知程序变量可以有无限多个交互值的情况下，这样的穷举检验是不可能的。取而代之，我们使用一种证明演算构造系统满足所需性质的一个证明。这与第 2 章中的情形类似，使用一种适当的证明演算，避免为证明一个矢列的有效性，必须检验一个谓词逻辑公式集的无限多个模型的问题。

半自动的。尽管在证明一个程序满足其规范时所涉及的很多步骤是机械的，但仍有某些步骤涉及一些智力因素，不能用计算机实施算法。如我们将看到的，经常有好的启发性思路帮助程序员完成这些任务。这与前一章的完全自动化形成了对比。

面向性质的。像前一章一样，我们检验程序的性质，而不是检验其行为的完全规范。

应用领域。本章的应用领域是顺序变换程序。"顺序"意味着假设程序运行在单一的处理器上，不存在并发问题。"变换"是指程序获得一个输入，经过一些计算后，期望在产生一个输出后能终止。例如，Java 中的对象方法经常是按这种风格编程的。这与前一章所关注的反应式系统形成对比，后者并不预期终止，而且与环境持续地进行交互。

开发前/后。在编写实施可识别(因此也是可规范的)任务的小程序片段代码的过程中可以使用本章的方法，故本章的方法可用于开发的过程中避免功能性错误。

4.1 为什么要规范和验证编码

规范和验证编码经常认为是强加给程序员的不受欢迎的工作，而且没有必要。支持验证的论据包括下列理由：

- **文档**：文档是程序规范的重要组成部分，程序文档化的过程可以提出或解决重要问题。形式规范的逻辑结构、写成一种适当的逻辑的公式，一般是用于在尝试写出使公式成立的实现过程中作为指导原则。
- **市场化时间**：在测试阶段调试大系统，代价昂贵且非常耗时，局部"修改"经常会在别处引来新的缺陷。经验表明，使用形式规范对软件进行验证，可以在计划阶段清除大多数错误并帮助澄清系统各个成分的作用及结构，从而显著地减少软件开发和维护的时间。
- **重析**(Refactoring)：经适当规范和验证过的软件更容易复用，因为我们对其工作有清晰的规范。
- **认证审计**：安全攸关的计算机系统——如核电站冷却系统或现代航天器驾驶舱的控制，要求其软件必须经过尽可能严格和形式化的规范和验证。商业攸关的程序(诸如银行使用的会计软件)要求在交付时应该保证正常的使用产生正确的执行。证明程序满足其规范就是这样一种保障。

软件工业从适当验证编码中能获得的益处依赖于生产它所需的额外费用以及有了它的好处。随着验证技术的改进，成本不断下降。随着软件复杂程度和社会对其依赖的程度不断提高，这种益处变得更加重要。因此，我们可以预见在未来几十年里，验证对工业的重要性将会继续增加。微软的新兴技术 A#在一种集成的室内开发环境中将程序验证、测试和模型检测技术结合了起来。

当前，很多公司面临着没有合适文档的遗留代码问题，通过修改这些代码以适应新的硬件和网络环境，以及不断变化的要求。常见的情况是：那些仍能记得某些特定代码段的初始程序员已经离开或去世。软件系统现在经常比人的寿命长，这要求持久的、透明的和便携的设计与实现过程。2000 年问题仅是一个例子。软件验证为这样的过程提供一些帮助。

4.2　软件验证的一种框架

假定你为一家软件公司工作，任务是编写用于解决复杂问题或进行计算的程序。典型地，这样的项目涉及一个外来客户，例如，一家实业公司。他们已经用普通语言为该任务写出了一个非形式的描述。在这种情况下，任务可以是一个电子账户数据库的开发和维护，包括所有可能的应用，如自动付账清算、客户服务等。由于这些非正式描述可能有含糊不清之处，最终导致严重的和代价昂贵的设计缺陷，所以有必要将该项目提出的所有需求浓缩为形式规范。这些形式规范通常是将现实世界的约束编码为某种类别的逻辑。于是，产生这样的软件的一个框架可以是：

- 将应用领域中需求的非形式描述 R 转化成某种符号逻辑中"等价的"公式 ϕ_R；
- 在你的公司提供的或由特殊客户所希望的编程环境中，编写一个能实现 ϕ_R 的程序 P；
- 证明程序 P 满足公式 ϕ_R。

这种模式是相当粗糙的。例如，约束可以是接口和数据类型的实际设计决策，或者在大项目中，规范可能"进化"，而且是部分"未知的"，但在尝试定义良好程序方法论的过程中不失为一种好的初次近似。可以想到，这样的一系列活动有若干变异。例如，作为一个程序员，可能只给你一个公式 ϕ_R，因此你对要解决的现实问题没有一点了解。从技术上讲，这不会引起什么问题，但能同时获得形式和非形式的描述经常是很方便的。此外，起草非形式需求 R 经常是客户和程序员之间互相交流的过程，而试图形式化 R 可以弄清楚含糊之处或非预期结论，从而对 R 进行修订。

因为不可能"验证"非形式需求 R 与形式描述 ϕ_R 之间是否等价，所以在非形式与形式描述的领域之间"来回往复"是必要的。R 作为自然语言片段的意义是建立在常识和关于现实领域的一般知识基础上的，经常基于启发式或定量推理。另一方面，逻辑公式 ϕ_R 的意义通过对 ϕ_R 的语法分析树进行结构归纳，用精确的数学、定性和复合的方式来定义，在前三章中有这方面的例子。

于是，寻求 R 的合适的形式化 ϕ_R 的过程需要极为细心，否则可能出现由 ϕ_R 规范的行为与 R 所描述的不同。更糟糕的是，需求 R 往往是不相容的，顾客对程序能为他确切地做些什么经常只有相当含糊的概念。因此，为应用领域的要求产生清晰、连贯的描述 R 已经成为成功编程的关键步骤。理想情况下，这个阶段应该由客户和项目经理们坐下来面对面交谈，或者通过电视会议达成。在本书中，对第一个问题只是隐含地提示，但你应该意识到它在实践中的重要性。

软件开发框架的下一个阶段涉及构造程序 P，其后的最后一项任务是验证 P 满足 ϕ_R。这里，与实际的过程相比，我们的框架仍然过于简化，因为证明 P 满足 ϕ_R 与构造合适的 P 经常是并驾齐驱的。证明与编程间的这种对应可以相当精确地进行阐释，但超出了本书的范围。

4.2.1   一种核心程序设计语言

我们准备研究的程序设计语言是大多数命令型编程语言的典型核心语言。如果忽略平凡的语法变化，它只是 Pascal，C，C++ 和 Java 的子集。我们的语言包括对整数值和布尔值变量的赋值、if 语句、while 语句和顺序合成。像 C 和 Java 这样的大型语言计算的所有事情也能用我们的语言计算，虽然也许不那么方便，因为它不包含任何对象、过程、线程或递归数据结构。尽管与全功能商业语言相比，它看起来不太现实，但它允许我们将讨论的焦点集中于形式程序验证过程上。我们的语言所缺失的特性可以在其基础上实现。这就是下面说法的理由：这些特性并不增加语言的能力，只是因为使用方便。验证使用这些特征的程序要求对我们这里提出的证明演算进行非平凡扩张。特别地，变量的动态辖域给程序验证方法提出了难题，但这超出了本书的范围。

我们的核心语言有三类语法论域：整数表达式、布尔表达式和命令，我们将后者视为程序。整型表达式以熟知的方式由变量 x，y，z，$\cdots$，数字 0，1，2，$\cdots$，-1，-2，$\cdots$，以及像加法（ + ）和乘法（ $*$ ）这样的基本运算建立起来。例如

$$5$$
$$x$$
$$4 + (x - 3)$$
$$x + (x * (y - (5 + z)))$$

都是合法的整数表达式。生成整数表达式的语法是

$$E ::= n \,|\, x \,|\, (-E) \,|\, (E + E) \,|\, (E - E) \,|\, (E * E) \tag{4-1}$$

其中 n 是 $\{\cdots, -2, -1, 0, 1, 2, \cdots\}$ 中的任意数字，x 是任意变量。注意，在"数学"中我们将乘法写为 $2 \cdot 3$，而用我们的核心语言则写成 $2 * 3$。

约定 **4.1**   在上述语法中，负号 $-$ 的绑定优先级比乘法 $*$ 高，而乘法比减法 $-$ 和加法 $+$ 高。

因为 if 语句和 while 语句中含有条件，所以我们还需要布尔表达式的语法论域 B。该语法用 Backus Naur 范式表示为

$$B ::= \mathrm{true} \,|\, \mathrm{false} \,|\, (!B) \,|\, (B\&B) \,|\, (B \,\|\, B) \,|\, (E < E) \tag{4-2}$$

用 ! 表示否定，& 表示合取，$\|$ 表示析取。这个语法可以根据上述定义的算子自由地扩张。例如，测试相等[⊖] $E_1 == E_2$，可以由 $!(E_1 < E_2) \& !(E_2 < E_1)$ 表达。只要方便，一般使用缩写记号。我们还将 $!(E_1 == E_2)$ 缩写成 $(E_1 != E_2)$。我们还假定约定 1.3 中陈述的关于逻辑算子的通常绑定优先级。布尔表达式建立在整数表达式之上，因为式（4-2）的最后一个子句提到了整数表达式。

有了整数和布尔表达式后，可以定义命令的语法论域。因为命令建立在使用赋值及控制结构的更简单的命令的基础上，所以你可以将命令看成实际的程序。我们为命令选择的语法为

⊖ 与 C 和 Java 语言一样，我们用单个等号 = 表示赋值，双重等号 == 表示相等。像 Pascal 这样的早期语言使用 := 表示赋值，简单用 = 表示相等。非常可惜，C 及其后继语言没有保留这个约定。对赋值来讲，= 是一个不好的符号，原因是赋值不是对称：如果我们将 $x = y$ 解释为赋值，则 x 变成 y，而这与 y 变成 x 不是一回事。尽管如此，如果理解成相等，则 $x = y$ 和 $y = x$ 是一回事。:= 中的两个点帮助提醒读者这是一个非对称的赋值操作而不是对称的相等断言。然而，现在普遍用符号 = 表示赋值，所以我们也将这样使用。

$$C ::= \text{x} = E \mid C;C \mid \text{if } B\{C\}\text{else}\{C\} \mid \text{while } B\{C\} \tag{4-3}$$

其中括号{和}用来标记 if 和 while 语句中代码块的范围，如在 C 和 Java 语言中一样。如果该块只有一条语句，括号可以省略。程序构造的直观含义如下：

1. 原子命令 x = E 是通常的赋值语句，它在当前存储状态下计算整数表达式 E 的值，然后用该计算的结果复写储存在 x 中的当前值。

2. 合成命令 $C_1.$ C_2 是命令 C_1 和 C_2 的顺序合成。开始在当前存储状态下执行 C_1。若执行终止，则在执行 C_1 的结果后的存储状态下执行 C_2。否则，如果 C_1 的执行不终止，运行 C_1，C_2 也不终止。顺序合成是控制结构的一个例子，因为它实现了在计算中控制流的一种特定策略。

3. 另一个控制结构是 $\text{if}(B)\{C_1\}\text{else}\{C_2\}$。它首先在当前存储状态下计算布尔表达式 B。若结果为真，则执行 C_1；若 B 的计算为假，则执行 C_2。

4. 第三个控制结构 while $B\{C\}$ 允许我们书写重复执行的语句。其含义为：

a. 在当前存储状态下计算布尔表达式 B 的值；

b. 若 B 计算为假，则命令终止；

c. 否则执行命令 C。若该执行终止，则用已更新的存储状态下重新计算的 B 值再次从步骤(a)开始。

while 语句的要点在于，只要计算出 B 的值为真，就重复执行命令 C。如果 B 永久不为假或者 C 的一次执行不终止，则 while 语句就不会终止。在我们的核心编程语言中，while 语句是非确定性的唯一真正来源。

例 4.2 自然数 n 的阶乘 $n!$ 归纳地定义为：

$$0! \stackrel{\text{def}}{=} 1$$

$$(n+1)! \stackrel{\text{def}}{=} (n+1) \cdot n! \tag{4-4}$$

例如，对 n 为 4 时展开这个定义，得到 $4! \stackrel{\text{def}}{=} 4 \cdot 3! = \cdots = 4 \cdot 3 \cdot 2 \cdot 1 \cdot 0! = 24$。下列程序 Fac1 意在计算 x 的阶乘⊖，并将结果存储在 y 中：

```
y = 1;
z = 0;
while (z != x) {
    z = z + 1;
    y = y * z;
}
```

在本章稍后将证明 Fac1 确实能做到这些。

4.2.2 霍尔三元组

由式(4-3)生成的程序片段开始在一个机器"状态"下运行。做了一些计算后，它可能终止。如果的确如此，则结果是另一个、通常是不同的状态。因为我们的编程语言没有任何过程或局部变量，机器的"状态"可以简单地表示为程序中所使用的变量值的向量。

对程序需求的形式规范 ϕ_R，我们应该用什么样的语法呢？因为我们感兴趣的是程序的输出，语言应该允许我们讨论在程序执行后的状态下的变量，使用算子，如 = 表示相等，< 表示小于。请注意 = 的使用。在编码中，它表示赋值指令。在逻辑公式中，它代表相等，而在程序代码中"相等"写为 ==。

例如，如果非形式需求 R 说的是我们应该：

计算数 y，其平方小于输入 x。

则一个合适的规范可以是 $y \times y < x$。若输入 x 是 -4 会如何呢？因为没有一个数的平方小于

⊖　请注意公式 x! = y 与代码段 x! = y 之间的差别：前者说 x 的阶乘等于 y，而后者是说 x 不等于 y。

负数，所以，不可能编写出一个对所有可能输入都能工作的程序。如果我们回头找客户说明这个问题，客户很可能回应说需求不过是程序对正数可以工作。即，客户修订了非形式需求，那么现在的需求为：

若输入 x 是正数, 计算一个平方小于 x 的数。

这意味着不仅能谈论程序运行后的状态，还要考虑程序运行前的状态。因此，将做的断言是三元组，典型的样子如

$$(|\phi|)P(|\psi|) \tag{4-5}$$

其(大概)意思是：

若程序 P 在一个满足 ϕ 的状态下运行, 则执行 P 的结果状态满足 ψ。

现在，计算平方小于 x 的数的程序 P 的规范看起来形式如下：

$$(|x > 0|)P(|y \cdot y < x|) \tag{4-6}$$

它意味着：若在满足 $x > 0$ 的状态下运行 P，则结果状态将是 $y \cdot y < x$。它并没有告诉我们在满足 $x \leqslant 0$ 的状态下运行 P 会发生什么，客户对非正的 x 值没作要求。于是，在这种情形下，程序员可以随意。只要程序在 $x > 0$ 时能正确工作，即使在 $x \leqslant 0$ 时产生"垃圾"，也满足规范。

下面，我们更精确地描述这些概念。

定义 4.3

1. 规范的 $(|\phi|)P(|\psi|)$ 的形式称为霍尔(Hoare)三元组，以计算机科学家 C. A. R. Hoare 的名字命名。

2. 在式(4-5)中，公式 ϕ 称为 P 的前置条件，ψ 称为 P 的后置条件。

3. 核心程序的一个存储或状态是将每个变量 x 指派为一个整数 $l(x)$ 的函数 l。

4. 对带有函数符号 $-$（一元的），$+$，$-$ 和 $*$（二元的）以及二元谓词符号 $<$ 和 $=$ 的谓词逻辑公式 ϕ，我们说状态 l 满足 ϕ，或者 l 是一个 ϕ 状态，写作 $l \vDash \phi$，当且仅当 2.4.1 节的 $\mathcal{M} \vDash_l \phi$ 成立，其中 l 视为一个查询表，模型 $\mathcal{M}$ 以所有整数作为集合 A，并用标准方式解释函数和谓词符号。

5. 对式(4-5)中的霍尔三元组，要求 ϕ 和 ψ 中的量词只约束未出现在程序 P 中的变量。

例 4.4   对满足 $l(x) = -2$，$l(y) = 5$，$l(z) = -1$ 的任意状态 l，关系

1. $l \vDash \neg \; (x + y < z)$ 成立，因为 $x + y$ 计算为 $-2 + 5 = 3$，z 计算为 $l(z) = -1$，而 3 不是严格小于 -1；

2. $l \vDash y - x * z < z$ 不成立，因为左边的表达式计算为 $5 - (-2) \cdot (-1) = 3$，而 3 不是严格小于 $l(z) = -1$；

3. $l \vDash \forall u(y < u \to y * z < u * z)$ 不成立，因为当 u 为 7 时，$l \vDash y < u$ 成立，但 $l \vDash y * z < u * z$ 不成立。

经常，我们不想对初始状态做任何约束。我们只希望：无论程序从什么状态开始，结果状态都应满足 ψ。此时，前置条件可设为 $\top$，如以前各章，它表示在任何状态下都为真的公式。

注意式(4-6)中的三元组并不能规范唯一的程序 P 或唯一的性能。例如，只做 $y = 0$ 的程序满足该规范，因为 $0 \cdot 0$ 小于任何正数，下面程序也满足该规范：

```
y = 0;
while (y * y < x) {
    y = y + 1;
    }
y = y - 1;
```

这个程序找出平方小于 x 的最大 y。这个 while 语句做的稍微有点过头，但随之在 while 语句之后修正了这一点。[⊖]

注意，这两个程序有不同的性能。例如，若 x 是 22，第一个程序计算出 $y = 0$，而第二

⊖ 我们可以用练习 4.1 的 3 的 repeat 语句来避免这种不雅致。

个得到 $y = 4$。但两者都满足规范。

接下来要发展一种证明的概念，证明程序 P 满足式 (4-5) 中的前置条件 ϕ 和后置条件 ψ 所给出的规范。还记得我们已经为命题逻辑和谓词逻辑发展了证明演算，证明可以通过研究待证公式的结构来完成。例如，为了证明蕴涵 $\phi \rightarrow \psi$，必须假定 ϕ 并设法证明 ψ，然后证明可以借助蕴涵-引入的证明规则来完成。我们准备发展的证明演算遵循类似的思路，但与以前研究过的逻辑不同，因为待证明的三元组是由两类不同内容构成：逻辑公式 ϕ 和 ψ 与一段代码 P。证明演算必须适当地考虑每一类情况。我们依然会保持复合的证明策略，只不过现在是关于 P 的结构应用该策略。注意，在大项目的验证中这是一个重要的优势，此时的代码建立在多个模块的基础上，使得某些部分的正确性于依赖其他部分的正确性。于是，你的代码可以调用由项目组其他成员准备编码的子程序，通过假定这些子程序满足其自身的规范，你总可以检验你的编码之正确性。在第 4.5 节中我们将探讨这个题目。

4.2.3　部分正确性和完全正确性

我们对三元组 $(|\phi|)P(|\psi|)$ 何时成立的解释是很不正规的。特别地，它没有提到如果 P 不终止我们会得到什么结论。事实上，有两种方法处理这种情况。部分正确性意味着我们不要求程序终止，而对完全正确性，我们坚持要求其终止。

定义 4.5（部分正确性）　如果对满足 ϕ 的所有状态，只要 P 实际终止，执行 P 后的结果状态就满足后置条件 ψ，我们说三元组 $(|\phi|)P(|\psi|)$ 在部分正确意义下满足。此时，关系 $\vDash_{par}(|\phi|)P(|\psi|)$ 成立。我们称 $\vDash_{par}$ 为部分正确性的满足关系。

于是，仅当程序 P 对一个满足 ϕ 的输入终止时，我们才坚持 ψ 在结果状态下为真。部分正确性是一个相当弱的要求，因为任何不终止的程序都满足其规范。特别地，程序

```
while true { x = 0; }
```

无休止地"循环"永不终止，满足所有规范，因为部分正确性只是说如果程序终止则必须发生。

另一方面，为使其满足一个规范，完全正确性要求程序终止。

定义 4.6（完全正确性）　我们说三元组 $(|\phi|)P(|\psi|)$ 在完全正确意义下满足，如果在满足前置条件 ϕ 的所有状态下执行程序 P，P 肯定终止，而且结果状态满足后置条件 ψ。此时，我们说关系 $\vDash_{tot}(|\phi|)P(|\psi|)$ 成立，并称 $\vDash_{tot}$ 为完全正确性的满足关系。

在完全正确性的意义下，对所有输入永远"循环"的程序不满足任何规范，显然，完全正确性比部分正确性更有用，因此，读者会迷惑为什么还要引入部分正确性。证明完全正确性通常可由先证明部分正确性、然后证明可终止获益。所以，尽管我们主要对证明完全正确性感兴趣，但经常必须或希望可以将其分解为部分正确性和可终止两个分离的证明。本章的大部分内容专注于部分正确性证明，但在第 4.4 节中会回到终止问题。

在投入为部分正确性和完全正确性建立合理及完备的证明演算之前，先简要地给出一些我们希望证明的规范类型的典型例子。

例 4.7

1. 设 Succ 是程序

```
a = x + 1;
if (a - 1 == 0) {
    y = 1;
} else {
    y = a;
}
```

程序 Succ 在部分正确性和完全正确性的意义下满足规范$(\mid\top\mid)\text{Succ}(\mid y=(x+1)\mid)$，因此，若将 x 视为输入，y 视为输出，则 Suss 计算后继函数。注意这个代码远不是最优的。事实上，它是实现后继函数的一种相当绕远的方法。尽管非最佳，我们的证明规则需要能够证明这个程序的性能。

2. 只有 x 最初非负时，例 4.2 中的程序 Fac1 才能终止，为什么？考察一下期待能够证明 Fac1 的哪些性质。

我们应该能证明 $\vDash_{\text{tot}}(\mid x\geq 0\mid)\text{Fac1}(\mid y=x!\mid)$ 成立。只要 $x\geq 0$，则 Fac1 以结果 $y=x!$ 终止。然而，更强的陈述 $\vDash_{\text{tot}}(\mid\top\mid)\text{Fac1}(\mid y=x!\mid)$ 成立应该是不可证的，因为对负的 x 值，Fac1 不终止。

关于部分正确性，陈述 $\vDash_{\text{par}}(\mid x\geq 0\mid)\text{Fac1}(\mid y=x!\mid)$ 和 $\vDash_{\text{par}}(\mid\top\mid)\text{Fac1}(\mid y=x!\mid)$ 都应该是可证的，因为它们成立。

定义 4.8

1. 若三元组$(\mid\phi\mid)P(\mid\psi\mid)$ 的部分正确性可以用本章所开发的部分正确性演算所证明，则我们称矢 $\vdash_{\text{par}}(\mid\phi\mid)P(\mid\psi\mid)$ 是有效的。

2. 类似地，若三元组$(\mid\phi\mid)P(\mid\psi\mid)$ 的完全正确性可以用本章所开发的完全正确性演算所证明，则我们称矢列 $\vdash_{\text{tot}}(\mid\phi\mid)P(\mid\psi\mid)$ 是有效的。

于是，若 P 是部分正确的，则 $\vDash_{\text{par}}(\mid\phi\mid)P(\mid\psi\mid)$ 成立，而 $\vdash_{\text{par}}(\mid\phi\mid)P(\mid\psi\mid)$ 有效意味着通过我们的演算可以证明 P 是部分正确的。前者意味着它实际上是正确的，而后者意味着根据我们的演算可以证明它是正确的。

如果我们的演算有好处，那么关系 $\vdash_{\text{par}}$ 应该包含在 $\vDash_{\text{par}}$ 中！更确切地说演算是合理的，如果只要告诉我们某件事情可以证明，那么该事情就确实为真。因此，如果告诉我们假的事情不能被证明，那么它就是合理的。形式地讲，我们说 $\vdash_{\text{par}}$ 是合理的，如果对所有 ϕ，ψ 和 P，

只要$\vdash_{\text{par}}(\mid\phi\mid)P(\mid\psi\mid)$ 有效，则$\vDash_{\text{par}}(\mid\phi\mid)P(\mid\psi\mid)$ 成立

类似地，称 $\vdash_{\text{par}}$ 是合理的，如果对所有 ϕ，ψ 和 P，

只要$\vdash_{\text{tot}}(\mid\phi\mid)P(\mid\psi\mid)$ 有效，则$\vDash_{\text{tot}}(\mid\phi\mid)P(\mid\psi\mid)$ 成立

我们说一种演算是完备的，如果它能够证明为真的所有事情。形式上讲，$\vdash_{\text{par}}$ 是完备的，如果对所有 ϕ，ψ 和 P，

只要$\vDash_{\text{par}}(\mid\phi\mid)P(\mid\psi\mid)$ 成立，则$\vdash_{\text{par}}(\mid\phi\mid)P(\mid\psi\mid)$ 有效。

关于 $\vdash_{\text{tot}}$ 的完备性是类似的。

在第 1 章和第 2 章中，我们说合理性相对容易证明，因为典型的情况是各个证明规则的合理性可以独立于其他规则加以确立。另一方面，完备性较难证明，因为它依赖于证明规则的整个集合的相互协作。对本章中引入的程序逻辑同样的情形依然成立。确立合理性不过是依次考虑所有规则，见练习 4.4 的 3，而确立其（相对）完备性更难些，而且超出了本书范围。

4.2.4　程序变量和逻辑变量

到目前为止，我们所看到的待验证程序中的变量称为程序变量，它们也可以出现在规范的前置条件和后置条件中。有时，为了叙述规范，需要使用不出现在程序中的其他变量。

例 4.9

1. 阶乘程序的另一种版本可以是如下的 Fac2：

```
y = 1;
while (x != 0) {
  y = y * x;
  x = x - 1;
  }
```

与前一版本不同，该程序"消耗"输入 x。尽管如此，它仍然能正确地计算 x 的阶乘，并将值存储在 y 中。而我们想将其表示为霍尔三元组。然而，将其写成 $(|x \geq 0|) \text{Fac2} (|y = x!|)$ 不是一个好主意，如果程序终止，x 将为 0，而 y 是 x 初始值的阶乘。

我们需要一种方法记住 x 的初始值，以应付它可以被程序修改这个事实。逻辑变量正好能做到：在规范 $(|x = x_0 \wedge x \geq 0|) \text{Fac2} (|y = x_0!|)$ 中，x_0 是逻辑变量，将其视为被前置条件中的全称量词所约束。因此，这个规范的含义是：对所有整数 x_0，如果 x 等于 x_0，$x \geq 0$，且运行该程序终止，那么，结果状态满足 y 等于 $x_0!$。这种方法能起作用，因为 x_0 不出现在 Fac2 中，所以它不能被 Fac2 所修改。

2. 考虑程序 Sum：

```
z = 0;
while (x > 0) {
    z = z + x;
    x = x - 1;
}
```

这个程序将前 x 个整数相加，并将结果存储在 z 中。于是，$(|x = 3|) \text{Sum} (|z = 6|)$，$(|x = 8|) \text{Sum} (|z = 36|)$ 等等。由定理 1.31 我们知道，对所有 $x \geq 0$，$1 + 2 + \cdots + x = x(x + 1)/2$，因此程序终止时 z 为 $x_0(x_0 + 1)/2$，其中 x_0 是 x 的初始值，我们希望用霍尔三元组来表达这个结果。于是，我们写

$$(|x = x_0 \wedge x \geq 0|) \text{Sum} (|z = x_0(x_0 + 1)/2|)$$

这些例子中像 x_0 这样的变量就叫作逻辑变量，因为它们只出现在构成前置条件和后置条件的逻辑公式中，而不出现在待验证的代码中。系统的状态为每个程序变量给一个值，但对逻辑变量则不然。逻辑变量起的作用与第 2 章中关于 $\forall i$ 和 $\exists e$ 规则的哑变量类似。

定义 4.10 对于霍尔三元组 $(|\phi|) P (|\psi|)$，其逻辑变量的集合是在 ϕ 或 ψ 中自由但不出现在 P 中的变量。

4.3 部分正确性的证明演算

我们现在提出的证明演算可追溯到 R. Floyd 和 C. A. R. Hoare。在下一小节中，对命令的每个语法语句给出证明规则。我们可以继续直接使用这些证明规则，但其实将其表述为一种更适合构造证明的不同形式（称为证明布景，proof tableaux）会更加方便。这是在随后一节中要做的事。

4.3.1 证明规则

图 4-1 给出了演算的证明规则。应该解释为允许从形如 $(|\phi|) P (|\psi|)$ 的简单断言过渡到更复杂断言的规则。赋值规则是一个公理，因为它没有前提。这允许我们凭空构造一些三元组，使证明继续。完整的证明是树，见图 4-2 的例子。

$$\frac{(|\phi|) C_1 (|\eta|) \quad (|\eta|) C_2 (|\psi|)}{(|\phi|) C_1 ; C_2 (|\psi|)} \text{复合}$$

$$\frac{}{(|\psi[E/x]|) x = E (|\psi|)} \text{赋值}$$

$$\frac{(|\phi \wedge B|) C_1 (|\psi|) \quad (|\phi \wedge \neg B|) C_2 (|\psi|)}{(|\phi|) \text{if } B \{C_1\} \text{else} \{C_2\} (|\psi|)} \text{If 语句}$$

$$\frac{(|\psi \wedge B|) C (|\psi|)}{(|\psi|) \text{while } B \{C\} (|\psi \wedge \neg B|)} \text{部分 While}$$

$$\frac{\vdash_{AR} \phi' \rightarrow \phi \quad (|\phi|) C (|\psi|) \quad \vdash_{AR} \psi \rightarrow \psi'}{(|\phi'|) C (|\psi'|)} \text{蕴涵}$$

图 4-1 霍尔三元组部分正确性的证明规则

复合。给定程序片段 C_1 和 C_2 的规范，比如

$$(|\phi|)C_1(|\eta|) \text{ 和 } (|\eta|)C_2(|\psi|)$$

其中 C_1 的后置条件也是 C_2 的前置条件，图 4-1 中关于顺序复合的证明规则允许我们导出关于 C_1；C_2 的一个规范，即

$$(|\phi|)C_1;C_2(|\psi|)$$

于是，如果知道 C_1 将 ϕ 状态变为 η 状态，C_2 将 η 状态变为 ψ 状态，那么顺序运行 C_1 和 C_2，就会将 ϕ 状态变为 ψ 状态。

在程序验证中使用图 4-1 的证明规则时，必须自底向上阅读。例如，为了证明 $(|\phi|)C_1$；$C_2(|\psi|)$，需要找到一个合适的 η，并证明 $(|\phi|)C_1(|\eta|)$ 和 $(|\eta|)C_2(|\psi|)$。如果 C_1；C_2 对满足 ϕ 的输入运行而且需要证明执行完后存储满足 ψ，那么我们希望将该问题分成两个问题来证明。C_1 执行完后，有一个满足 η 的存储，将其看作是 C_2 的输入，应该得到一个满足 ψ 的输出。我们称 η 为中间条件（midcondition）。

赋值。赋值的规则没有前提，因此是我们逻辑中的一条公理。如果希望证明在赋值 $x = E$ 之后的状态下 ψ 成立，必须证明在赋值前 $\psi[E/x]$ 成立。$\psi[E/x]$ 的定义 2.2.4 节，记将 ψ 中所有自由出现的 x 都用 E 替换而得到的公式。我们把斜线读作"代替"；于是，$\psi[E/x]$ 就是用 E 代替 x 后的 ψ。为了理解这个规则也许还需要一些解释。

- 初看起来，这个规则似乎是反着叙述的。人们可能期待：若 ψ 在一个状态下成立，且在此状态下实施赋值 $x = E$，则在结果状态下 $\psi[E/x]$ 肯定成立，即：用 E 代替 x。这是错误的。赋值 $x = E$ 的确将 x 在初始状态下的值用 E 代替了，但并不意味着将在关于初始状态的一个条件下 x 的出现都用 E 代替。

  例如，设 ψ 是 $x = 6$ 且 E 为 5，则 $(|\psi|)x = 5(|\psi[x/E]|)$ 不成立：给定一个使 x 等于 6 的状态，执行 $x = 5$，产生一个 x 等于 5 的状态。但 $\psi[x/E]$ 是公式 $5 = 6$，在任何状态下都不成立。

  理解赋值规则的正确方式是考虑为了证明 ψ 在结果状态下成立，关于初始状态必须要证明什么。由于一般情况下，ψ 会说些有关 x 值的事情，无论关于该值说的是什么都必须是 E，因为在结果状态下 x 的值为 E。于是，用 E 代替 x（无论 ψ 关于 x 说什么都适用于 E）的 ψ 在初始状态下必须为真。

- 在验证过程中，反向应用公理 $(|\psi[E/x]|)x = E(|\psi|)$ 比正向应用要好得多。也就是说，若知道 ψ 并希望找到使得 $(|\phi|)x = E(|\psi|)$ 的 ϕ 很容易。只需简单令 ϕ 是 $\psi[E/x]$。但是，如果知道 ϕ 并想找到使得 $(|\phi|)x = E(|\psi|)$ 的 ψ，则没有容易的方法得到一个合适的 ψ。当我们考察如何构造证明时，赋值和复合规则的这种反向特性将很重要。我们将从程序结尾到开始来构建证明。

- 若我们按这种反向方式使用这个公理，则其应用完全是机械的。它只涉及替换。这意味着可以让计算机来做。遗憾的是，这并不适用于所有规则。例如，while 语句规则的应用就需要有些创造性。因此，在实施证明过程中，计算机最多只能在完成机械步骤上帮助我们，诸如赋值公理的应用，而把那些需要创造性的步骤留给程序员。

- 观察由 ψ 计算 $\psi[E/x]$ 时，我们替换了 x 在 ψ 中的所有自由出现。如例 2.9，不会出现由约束出现造成的问题，只要前置条件和后置条件中的量词只作用于逻辑变量。出于明显的理由，推荐在实践中这样做。

例 4.11

1. 假设 P 是程序 $x = 2$。以下是赋值公理的实例：

   a. $(|2 = 2|)P(|x = 2|)$

   b. $(|2 = 4|)P(|x = 4|)$

   c. $(|2 = y|)P(|x = y|)$

   d. $(|2 > 0|)P(|x > 0|)$

这些语句都是正确的陈述。反向阅读，我们发现它们的意义是：

a. 若想证明在赋值 $x=2$ 后 $x=2$，则必须能够证明在此之前 $2=2$。当然，2 等于 2，故证明它应该不会有什么问题。

b. 若想证明赋值后 $x=4$，使其能工作的仅有方法是 $2=4$；但这不成立。更一般地，对任何 E 和 ψ，$(|\perp|)x=E(|\psi|)$ 都成立。为什么？

c. 若想证明在赋值后 $x=y$，需要证明在赋值前 $2=y$。

d. 为了证明 $x>0$，在执行 P 之前最好有 $2>0$。

2. 假设 P 是 $x=x+1$。通过选择各种后置条件，得到赋值公理的以下实例：

a. $(|x+1=2|)P(|x=2|)$

b. $(|x+1=y|)P(|x=y|)$

c. $(|x+1+5=y|)P(|x+5=y|)$

d. $(|x+1>0 \wedge y>0|)P(|x>0 \wedge y>0|)$。

注意通过实施代换所得到的前置条件经常可以简化。下面关于蕴涵的证明规则允许这种简化，为使前置条件能为人类顾客所理解，这样的化简是需要的。

if 语句。if 语句的证明规则允许我们证明形如

$$(|\phi|)\ \text{if}\ B\{C_1\}\ \text{else}\ \{C_2\}(|\psi|)$$

的三元组，通过将其分解成两个三元组，分别对应于 B 计算为真和假的子目标。典型情况下，前置条件 ϕ 没有告诉我们关于布尔表达式 B 的值的任何事情，因此我们必须考虑两种情况。若在开始进入的状态下 B 为真，则执行 C_1，因此 C_1 必须将 ϕ 状态变换为 ψ 状态；另一种情况是，若 B 为假，则执行 C_2 并由 C_2 来做这项工作。于是，我们必须证明 $(|\phi \wedge B|)C_1(|\psi|)$ 和 $(|\phi \wedge \neg B|)C_2(|\psi|)$。注意，前置条件分别被 B 是真和假的知识所增强。对完成各自的子证明，这个附加信息经常是关键的。

while 语句。图 4-1 给出的 while 语句的规则无疑是最复杂的，原因是在我们的语言中 while 语句是最复杂的构造。它是仅有的"循环"命令，即执行同一段代码若干次。此外，不如 Java 语言中的 for 语句，一般我们不能预测 while 语句将循环多少次，或者根本就不知道它是否可以终止。

关于部分 while 证明规则中的关键因素是"不变量" ψ。一般地，命令 while$(B)\{C\}$ 的程序体 C 会改变它所操作的变量的值；但不变量表达了在 C 的任何执行下都保持不变的值之间的一个关系。在这个证明规则中，ψ 表达了这个不变量，规则前提 $(|\phi \wedge B|)C(|\psi|)$ 叙述：若在执行 C 之前，ψ 和 B 为真，且 C 终止，则执行后 ψ 为真。部分 while 的结论表明，无论程序体 C 执行多少次，如果开始时 ψ 为真，且 while 语句终止，那么结束时 ψ 仍为真。此外，因为 while 语句终止了，故 B 将为假。

蕴涵。演算中所需要的最后一个规则是图 4-1 的蕴涵规则。若我们证明了 $(|\phi|)P(|\psi|)$，而且有一个蕴涵 ϕ 的公式 ϕ'，以及另一个 ψ 所蕴涵的公式 ψ'，则应该也能证明 $(|\phi'|)P(|\psi'|)$。矢列 $\vdash_{AR}\phi \rightarrow \phi'$ 是有效的，当且仅当存在用谓词逻辑的自然演绎演算所作的 ϕ' 的一个证明，其中 ϕ 和标准算术定律是前提[例如 $\forall x(x=x+0)$]。注意，蕴涵规则允许前置条件被加强(于是，可以作超过需求的假设)，而后置条件被减弱(即我们得到的结论比能得到的少)。如果我们试图颠倒过来做，即减弱前置条件或加强后置条件，那么我们会得到不正确的结论——见练习 4.3 的 9(a)。

蕴涵规则在程序逻辑和谓词逻辑的一种适当扩充之间起到了连接作用。它允许我们将经算术基本事实扩充后的(为了做整数表达式的推理这是必需的)谓词逻辑中的证明导入，使

之成为程序逻辑中的证明。

4.3.2 证明布景

图 4-1 给出的证明规则的形式在实例中应用起来并不容易。为说明这一点，图 4-2 中表述了一个证明的例子。它是三元组 $(\,|\top|\,)\,\mathrm{Fac1}\,(\,|y = x!|\,)$ 的一个证明，其中 Fac1 是例 4.2 中给出的阶乘程序。这个证明缩写了规则名，省略了赋值规则的横线和名称，以及蕴涵规则所有应用的关于 $\vdash_{\mathrm{AR}}$ 的矢列。我们还没有为读者提供足以自己完成证明的信息，但读者至少可以使用图 4-1 中的规则来检验该证明中的所有规则实例是否可允许的，即是否与所要求的模式相匹配。

显然这种形式的证明使用起来很笨拙。证明式会变得很宽，许多信息从一行复制到下一行。用这种方法证明比 Fac1 更长的程序的性质将非常困难。由于同样的原因，在第 1、2、5 章中，我们放弃了证明的树表示。顺序复合规则建议了一种表示程序逻辑证明更方便的方法，称为证明布景（proof tableaux）。我们可以将核心编程语言的任何程序看成一个序列

$$C_1;$$
$$C_2;$$
$$\vdots$$
$$C_n$$

其中命令 C_i 都不是更小程序的复合，即上述所有 C_i 或者是赋值语句，或者是 if 语句或者 while 语句。当然，允许 if 语句和 while 语句有嵌套的复合。

设 P 代表程序 $C_1;\ C_2;\ \cdots;\ C_{n-1};\ C_n$。假定要证明：对前置条件 ϕ_0，后置条件 ϕ_n，矢列 $\vdash_{\mathrm{par}}(\,|\phi_0|\,)\,P\,(\,|\phi_n|\,)$ 有效。那么，可以将此问题分成更小的问题，尝试寻找公式 $\phi_j(0 < j < n)$，证明对 $i = 0, 1, \cdots, n-1$，$\vdash_{\mathrm{par}}(\,|\phi_i|\,)\,C_{i+1}\,(\,|\phi_{i+1}|\,)$ 有效。我们应该设计一种证明演算，表示通过公式与代码的交织给出 $\vdash_{\mathrm{par}}(\,|\phi_0|\,)\,P\,(\,|\psi_n|\,)$ 的一个证明，如下所示：

$$(\,|\phi_0|\,)$$
$$C_1;$$
$$(\,|\phi_1|\,) \qquad \text{justification}$$
$$C_2;$$
$$\vdots$$
$$(\,|\phi_{n-1}|\,) \qquad \text{justification}$$
$$C_n;$$
$$(\,|\phi_n|\,) \qquad \text{justification}$$

针对每个公式，写出一个理由，其本质将很快澄清。于是，证明布景由程序代码与公式交织构成，我们称为中间条件，在写有它们的位置上应该成立。

每个迁移

$$(\,|\phi_i|\,)$$
$$C_{i+1}$$
$$(\,|\phi_{i+1}|\,)$$

$$(|y\cdot(z+1)=(z+1)!|)\ \text{z = z+1}\ (|y\cdot z=z!|)$$

$$\frac{(|y=z!\wedge z\neq x|)\ \text{z = z+1}(|y\cdot z=z!|)\quad (|y\cdot z=z!|)\ \text{y = y*z}\ (|y=z!|)}{\quad}{}^{c}$$

$${}_{i}$$

$$\frac{(|y=z!\wedge z\neq x|)\ \text{z = z+1; y = y*z}(|y=z!|)}{(|y=z!|)\text{while (z != x) }\{\text{z = z+1; y = y*z}\}(|y=z!\wedge z=x|)}{}^{w}$$

$${}_{i}$$

$$(|y=1\wedge z=0|)\text{while (z != x) }\{\text{z = z+1; y = y*z}\}(|y=x!|)\ {}^{c}$$

$$(|1=1|)\text{y = 1}(|y=1|)$$

$$\frac{(|y=1\wedge 0=0|)\text{z = 0}(|y=1\wedge z=0|)}{\quad}$$

$$\frac{(|\top|)\text{y = 1}(|y=1|)\quad (|y=1|)\text{z = 0}(|y=1\wedge z=0|)}{\quad}{}^{c}$$

$${}_{i}$$

$$(|\top|)\text{y = 1; z = 0}(|y=1\wedge z=0|)\ {}^{i}$$

$$(|\top|)\text{y = 1; z = 0; while (z != x) }\{\text{z = z+1; y = y*z}\}(|y=x!|)$$

图 4-2　树形表示的 Fac1 的部分正确性证明

都要用到图 4-1 中的一个规则，取决于 C_{i+1} 是赋值、if 语句还是 while 语句。注意，这种证明记号使图 4-1 中的复合证明规则不明显出现。

应该如何寻找中间公式 ϕ_i 呢？原则上，似乎可以从 ϕ_0 开始，应用 C_1 得到 ϕ_1，并继续向下进行。然而，由于赋值规则是反向起作用的，因此，从 ϕ_n 开始向上进行会更方便，应用 C_n 得到 ϕ_{n-1}，等等。

定义 4.12   从 C_{i+1} 和 ϕ_{i+1} 得到 ϕ_i 的过程称为给定后置条件 ϕ_{i+1}，计算 C_{i+1} 的最弱前置条件。也就是说，寻找逻辑上最弱的公式，它在开始执行 C_{i+1} 时为真足以保证 ϕ_{i+1}⊖。

关于 $(|\phi|)C_1; \cdots; C_n(|\psi|)$ 的证明布景的典型构造如下：从后置条件 ψ 开始，通过 C_n 将其向上推，然后是 C_{n-1}，$\cdots$，直到在最顶端出现一个公式 ϕ'。理想情况下，公式 ϕ' 代表保证 ψ 成立的最弱前置条件，如果复合程序 $C_1; C_2; \cdots; C_{n-1}; C_n$ 执行后终止。然后，检验最弱前置条件 ϕ' 是否能由已知的前置条件 ϕ 得到。于是，求助于图 4-1 中的蕴涵规则。

在讨论如何寻找 while 语句的不变量之前，先考察一下赋值和 if 语句，看看如何计算它们的最弱前置条件。

赋值。赋值公理很容易改写为适合证明布景的形式。于是，我们将其写成：

$$(|\psi[E/x]|)$$
$$x = E$$
$$(|\psi|) \qquad\qquad 赋值$$

理由是针对 ψ 所写的，一旦证明被构造出来，我们希望能正向阅读它。构造本身是反向进行的，因为这种方式使赋值公理更易使用。

蕴涵。布景形式的蕴涵规则允许我们在公式 ϕ_1 下面直接写出另一个公式 ϕ_2，其间没有代码，只要在矢列 $\vdash_{AR}\phi_1\rightarrow\phi_2$ 有效的意义下 ϕ_1 蕴涵 ϕ_2。于是，蕴涵规则起到了带算术的谓词逻辑与程序逻辑间接口的作用。这是一个令人惊讶而关键的洞察。部分正确性证明演算是一个混合系统，它只能通过蕴涵证明规则与另一个证明演算接口。

本章的重点在于程序逻辑，当使用蕴涵规则时，通常都不明确写出谓词逻辑中蕴涵的证明。大多数情况下，我们遇到的典型蕴涵都很容易验证。

蕴涵规则经常用于简化由应用其他规则所生成的公式。在通过整个程序将后置条件向上推以使最弱前置条件 ϕ' 出现的过程中也用到了蕴涵规则。我们使用蕴涵规则证明给定的前置条件蕴涵最弱前置条件。我们来看一些说明这种情况的例子。

例 4.13

1. 我们证明 $\vdash_{par}(|y=5|)x=y+1(|x=6|)$ 是有效的：

$$(|y=5|)$$
$$(|y+1=6|) \qquad\qquad 蕴涵$$
$$x=y+1;$$
$$(|x=6|) \qquad\qquad 赋值$$

证明由底向上构造。从 $(|x=6|)$ 开始，使用赋值公理，通过 $x=y+1$ 向上推。这意味着 x 的所有出现都用 $y+1$ 代替，产生结果 $(|y+1=6|)$。现在，将其与已知的前置条件 $(|y=5|)$ 比较。已知的前置条件和算术事实 $5+1=6$ 蕴涵它，故完成了证明。

⊖ ϕ 比 ψ 弱意味着在用算术基本事实扩充的谓词逻辑中，ϕ 为 ψ 所蕴涵：矢列 $\vdash_{AR}\psi\rightarrow\phi$ 是有效的。我们想要最弱的公式，因为我们希望为前面的代码提出尽可能少的约束。在某些情况下，特别是涉及 while 语句的情况，也许不可能抽取出逻辑上最弱的公式。我们只需要一个充分弱的公式，使我们能完成手头的证明就行了。

尽管证明是自底向上构造的，但其理由由上往下读也有意义。第一行蕴涵第二行，而第四行由第二行通过其间的赋值得到。

2. 我们证明 $\vdash_{par}(\,|\,y<3\,|\,)\,y=y+1\,(\,|\,y<4\,|\,)$ 的有效性：

$$(\,|\,y<3\,|\,)$$
$$(\,|\,y+1<4\,|\,) \qquad 蕴涵$$
$$y=y+1;$$
$$(\,|\,y<4\,|\,) \qquad\qquad 赋值$$

注意，蕴涵总是参考其紧挨着的前一行。如前面提到过，程序逻辑中的证明一般结合了两种逻辑层次：第一层直接与程序构造（如赋值语句）有关的证明规则；第二层次是通常的推导（由第1、2章我们已经熟悉这种推导）加上算术事实，此处，$y<3$ 蕴涵 $y+1<3+1=4$。

为了一些与给定代码毫无关系的原因，可以用通常的逻辑和算术蕴涵把某个条件 ϕ 变为 ϕ 所蕴涵的任何条件 ϕ'。在上述例子中，ϕ 是 $y<3$，它所蕴涵的公式 ϕ' 是 $y+1<4$。矢列 $\vdash_{AR}(y<3)\rightarrow(y+1<4)$ 有效的根源在于关于整数以及其上定义的关系 $<$ 的一般事实。完整的形式证明需要将附属于蕴涵规则所有实例的证明都分离出来。如已经说过的那样，这里我们这样做，因为本章重点在于直接处理代码的证明。

3. 对于赋值语句的顺序复合

$$z=x;$$
$$z=z+y;$$
$$u=z;$$

我们的目标是证明：在这个赋值序列终止后，u 存储 x 与 y 的和。用 P 表示上述代码，于是，要证明 $\vdash_{par}(\,|\,\top\,|\,)\,P\,(\,|\,u=x+y\,|\,)$。

按如下方式构造证明：从后置条件 $u=x+y$ 开始，按相反的次序，使用赋值规则，将其通过赋值向上推。

——通过 $u=z$ 往上推涉及将 u 的所有出现用 z 代替，得到结果 $z=x+y$。于是，有证明段

$$(\,|\,z=x+y\,|\,)$$
$$u=z;$$
$$(\,|\,u=x+y\,|\,) \qquad 赋值$$

——通过 $z=z+y$ 将 $z=x+y$ 向上推涉及将 z 替换成 $z+y$，得到结果 $z+y=x+y$。

——通过 $z=x$ 将该结果向上推涉及用 x 替换 z，得到结果 $x+y=x+y$。现在证明如下：

$$(\,|\,x+y=x+y\,|\,)$$
$$z=x;$$
$$(\,|\,z+y=x+y\,|\,) \qquad 赋值$$
$$z=z+y;$$
$$(\,|\,z=x+y\,|\,) \qquad\qquad 赋值$$
$$u=z;$$
$$(\,|\,u=x+y\,|\,) \qquad\qquad 赋值$$

于是出现的最弱前置条件是 $x+y=x+y$。必须验证这可由已知的前置条件 $\top$ 得出。这意味着验证满足 $\top$ 的任何状态也满足 $x+y=x+y$。好了，所有状态都满足 $\top$，但也满足 $x+y=x+y$，因此，矢列 $\vdash_{AR}\top\rightarrow(x+y=x+y)$ 是有效的。

最终完整的证明如下：

$$(\,|\,\top\,|\,)$$
$$(\,|\,x+y=x+y\,|\,) \qquad 蕴涵$$
$$z=x;$$
$$(\,|\,z+y=x+y\,|\,) \qquad 赋值$$

$$z = z + y;$$
$$(\,|\,z = x + y\,|\,) \qquad \text{赋值}$$
$$u = z;$$
$$(\,|\,u = x + y\,|\,) \qquad \text{赋值}$$

现在我们可以从上往下读。

赋值公理的应用需小心。我们描述两个因粗心不正确地使用规则，可能导致的缺陷。

- 考虑"证明"的例子：

$$(\,|\,x + 1 = x + 1\,|\,)$$
$$x = x + 1;$$
$$(\,|\,x = x + 1\,|\,) \qquad \text{赋值}$$

它不正确地使用了赋值规则。匹配赋值公理的模式意味着 ψ 必须是 $x = x + 1$，表达式 E 是 $x + 1$，且 $\psi[E/x]$ 是 $x + 1 = x + 1$。然而，$\psi[E/x]$ 是通过将 x 在 ψ 中的所有出现都替换成 E 得到的，于是，$\psi[E/x]$ 必须等于 $x + 1 = x + 1 + 1$。因此，正确的证明为：

$$(\,|\,x + 1 = x + 1 + 1\,|\,)$$
$$x = x + 1;$$
$$(\,|\,x = x + 1\,|\,) \qquad \text{赋值}$$

这证明 $\vdash_{\text{par}} (\,|\,x + 1 = x + 1 + 1\,|\,) x = x + 1 (\,|\,x = x + 1\,|\,)$ 是有效的。

顺便说一句，这个正确的证明不是很有用。该三元组若在一个状态下 $x + 1 = (x + 1) + 1$ 成立，且执行赋值 $x = x + 1$ 并终止，则结果的状态满足 $x = x + 1$；但是，因为前置条件 $x + 1 = x + 1 + 1$ 永远不为真，这个三元组没有告诉我们关于赋值的任何有用的信息。

- 不正确使用赋值证明规则的另一种方式是在 $\psi[E/x]$ 和 $x = E$ 之间允许出现多余的赋值，如在下列"证明"中

$$(\,|\,x + 2 = y + 1\,|\,)$$
$$y = y + 1000001;$$
$$x = x + 2;$$
$$(\,|\,x = y + 1\,|\,) \qquad \text{赋值}$$

这不是赋值规则的正确应用，因为第 2 行出现了一个多余的赋值，正好在第 4 行的推理要用的实际赋值之前。附加的赋值使这个推理变得不合理：第 2 行改写了 y 的当前值，而第 1 行的方程要参考这个值。显然，$x + 2 = y + 1$ 不再为真。因此，只有在前置条件 $\psi[E/x]$ 与赋值 $x = E$ 之间没有附加代码时，才能使用赋值的证明规则。

If 语句。 现在我们考虑如何将后置条件通过一条 if 语句向上推。假定已知一个条件 ψ 和程序段 $\text{if}(B)\{C_1\}\text{else}\{C_2\}$。我们希望计算最弱的 ϕ，使得

$$(\,|\,\phi\,|\,)\text{if}(B)\{C_1\}\text{else}\{C_2\}(\,|\,\psi\,|\,)$$

这个 ϕ 可以计算如下：

1. 通过 C_1 将 ψ 向上推，称结果为 ϕ_1（注意，因为 C_1 可能是其他命令序列，这会涉及使用别的规则。若 C_1 包括另一条 if 语句，则这一步涉及对 if 语句规则的"递归调用"。）

2. 类似地，通过 C_2 将 ψ 向上推，称结果为 ϕ_2。

3. 令 ϕ 是 $(B \rightarrow \phi_1) \wedge (\neg B \rightarrow \phi_2)$。

例 4.14 我们来看这个证明规则工作于本章前面给出的关于 Succ 的非最优代码上的情况。下面还是这个代码：

```
a = x + 1;
if (a - 1 == 0) {
  y = 1;
} else {
  y = a;
}
```

证明 $\vdash_{par} (|\top|) \text{Succ} (|y = x + 1|)$ 是有效的。注意这个程序是赋值和 if 语句的顺序复合。于是，需要得到一个合适的中间条件，放置在 if 语句和赋值之间。

通过 if 语句的两个分支将后置条件 $y = x + 1$ 向上推，得到

- ϕ_1 是 $1 = x + 1$；
- ϕ_2 是 $a = x + 1$。

借助于 **If** 语句规则的一个稍微不同的版本

$$\frac{(|\phi_1|) C_1 (|\psi|) \quad (|\phi_2|) C_2 (|\psi|)}{(|(B \to \phi_1) \wedge (\neg B \to \phi_2)|) \text{if } B \{C_1\} \text{else} \{C_2\} (|\psi|)} \text{If 语句} \qquad (4\text{-}7)$$

得到中间条件 $(a - 1 = 0 \to 1 = x + 1) \wedge (\neg (a - 1 = 0) \to a = x + 1)$。

然而，这个规则可由到目前为止已经讨论过的证明规则导出，见练习 4.3 的 9(c)。现在，部分证明看起来如下：

$$(|\top|)$$
$$(|?|) \hspace{6cm} ?$$
$$a = x + 1;$$
$$(|(a - 1 = 0 \to 1 = x + 1) \wedge (\neg(a - 1 = 0) \to a = x + 1)|) \hspace{1cm} ?$$
$$\text{if}(a - 1 == 0)\{$$
$$\hspace{1.5cm}(|1 = x + 1|) \hspace{5cm} \text{if 语句}$$
$$\hspace{1.5cm}y = 1;$$
$$\hspace{1.5cm}(|y = x + 1|) \hspace{5cm} \text{赋值}$$
$$\}\text{else}\{$$
$$\hspace{1.5cm}(|a = x + 1|) \hspace{5cm} \text{if 语句}$$
$$\hspace{1.5cm}y = a;$$
$$\hspace{1.5cm}(|y = x + 1|) \hspace{5cm} \text{赋值}$$
$$\}$$
$$(|y = x + 1|) \hspace{6cm} \text{语句}$$

继续这个例子，将 if 语句上面的长公式通过赋值向上推，得到

$$(x + 1 - 1 = 0 \to 1 = x + 1) \wedge (\neg (x + 1 - 1 = 0) \to x + 1 = x + 1) \qquad (4\text{-}8)$$

我们需要证明它为给定的前置条件 $\top$ 所蕴涵，即它在任何状态下都为真。事实上，简化式 (4-8) 给出

$$(x = 0 \to 1 = x + 1) \wedge (\neg (x = 0) \to x + 1 = x + 1)$$

和两个合取项，因此它们的合取式显然都是有效蕴涵。现在上面的证明可完成如下：

$$(|\top|)$$
$$(|(x + 1 - 1 = 0 \to 1 = x + 1) \wedge (\neg(x + 1 - 1 = 0) \to x + 1 = x + 1)|) \hspace{1cm} \text{蕴涵}$$
$$a = x + 1;$$
$$(|(a - 1 = 0 \to 1 = x + 1) \wedge (\neg(a - 1 = 0) \to a = x + 1)|) \hspace{1.5cm} \text{赋值}$$
$$\text{if}(a - 1 == 0)\{$$
$$\hspace{1.5cm}(|1 = x + 1|) \hspace{5cm} \text{if 语句}$$
$$\hspace{1.5cm}y = 1;$$
$$\hspace{1.5cm}(|y = x + 1|) \hspace{5cm} \text{赋值}$$
$$\}\text{else}\{$$

$$(\, | \, a = x + 1 \, | \,) \qquad\qquad\qquad\qquad\qquad\qquad\qquad\qquad\qquad \text{if 语句}$$

$$y = a ;$$

$$(\, | \, y = x + 1 \, | \,) \qquad\qquad\qquad\qquad\qquad\qquad\qquad\qquad\qquad\qquad \text{赋值}$$

$$\}$$

$$(\, | \, y = x + 1 \, | \,) \qquad\qquad\qquad\qquad\qquad\qquad\qquad\qquad\qquad\qquad \text{if 语句}$$

while 型语句。 回顾图 4-1 中的 while 语句的部分正确性证明规则是以下列形式表述的，此处用 η 代替 ψ：

$$\frac{(\, | \, \eta \wedge B \, | \,) C (\, | \, \eta \, | \,)}{(\, | \, \eta \, | \,) \text{while} B \{ C \} (\, | \, \eta \wedge \neg B \, | \,)} \ \text{部分 while} \qquad\qquad (4\text{-}9)$$

在考察如何用证明布景表示部分 **while** 之前，先详细看看这个证明规则背后的思想。公式 η 选为 while 语句的程序体 C 的不变量：只要布尔卫式 B 为真，若在 C 开始之前 η 为真，且 C 终止，则最后它也为真。这就是前提 $(\, | \, \eta \wedge B \, | \,) C (\, | \, \eta \, | \,)$ 要表达的意思。

现在假定 while 语句从一个满足 η 的状态开始执行一次可终止的运行，且式 (4-9) 的前提成立。

- 若我们开始运行 while 语句时 B 为假，则 C 根本不执行。没有发生改变 η 真值的任何事情，故 while 语句以 $\eta \wedge \neg B$ 结束。
- 若开始运行 while 语句时 B 为真，则执行 C。由式 (4-9) 中规则的前提，在执行完 C 后，η 为真。
  —若现在 B 为假，停止于 $\eta \wedge \neg B$。
  —若 B 为真，再执行 C，η 重新确立。按这种方式，无论执行 C 多少次，每次 C 执行完之后，η 都会重新确立。这个 while 语句终止，当且仅当在 C 执行了有限次（包括 0 次）后，B 为假，这种情况下，有 $\eta \wedge \neg B$。

这段论述表明：部分 **while** 关于部分正确性的满足关系是合理的，意思是使用它所证明的任何事情都是真的。然而，如其表述，它只能允许证明形如 $(\, | \, \eta \, | \,) \text{while} (B) \{ C \}$ $(\, | \, \eta \wedge \neg B \, | \,)$ 的事情，即后置条件和前置条件与 $\neg B$ 的合取相同的三元组。假定对某个不与上述方式相关联的 ϕ 和 ψ，我们要证明

$$(\, | \, \phi \, | \,) \text{while} (B) \{ C \} (\, | \, \psi \, | \,) \qquad\qquad (4\text{-}10)$$

在这样的场合，如何使用部分 **while** 呢？

答案是必须找到一个合适的 η，使得

1. $\vdash_{\text{AR}} \phi \to \eta$
2. $\vdash_{\text{AR}} \eta \wedge \neg B \to \psi$
3. $\vdash_{\text{par}} (\, | \, \eta \, | \,) \text{while} (B) \{ C \} (\, | \, \eta \wedge \neg B \, | \,)$

都是有效的，此处最后一个是由部分 **while** 所证明的。然后，由蕴涵规则推断出式 (4-10) 是一个有效的部分正确性三元组。

因而，问题的关键是找到合适的不变量 η。为了使用部分 **while** 证明规则，这是一个必需的步骤，一般需要智慧和创造性。这与 if 语句和赋值证明规则的情形形成鲜明对比，后者在本质上纯粹是机械的，其使用不过是上推符号，并不需要任何更深的思考。

找出合适的不变量需要仔细考虑 while 语句真正做些什么。事实上，已故著名计算机科学家 E. Dijkstra 曾说过，理解 while 语句等价于了解其关于该 while 语句的已知前置条件和后置条件的不变量。

这是因为一个合适的不变量可以解释为由该 while 语句所实施的预期计算直到当前的执行步骤都是正确的。然后得到，当执行终止时，整个计算都是正确的。我们将不变量形式化

并研究如何寻找它们。

定义 4.15　while 语句 while$(B)\{C\}$ 的不变量是使得 $\vDash_{par}(\lfloor\eta\wedge B\rfloor)C(\lfloor\eta\rfloor)$ 成立的一个公式 η；即对所有状态 l，若 η 和 B 在 l 下为真，且 C 从状态 l 开始执行并终止，则在结果状态下 η 仍为真。

注意，在 C 的执行过程中，η 不必持续为真。一般情况下，它也不会一直为真。我们所需要的是：若在执行 C 之前它为真，则（如果）当 C 终止时它也为真。

任何给定的 while 语句都有若干不变量。例如，对任何 while 语句，$\top$ 是一个不变量，$\bot$ 也是，因为蕴涵"若 $\bot\wedge B$ 为真，则…"的前提是假的，所以该蕴涵为真。公式 $\neg B$ 也是 while(B)do$\{C\}$ 的一个不变量；但是这些不变量中的大多数对我们都没有用，因为要寻找使得矢列 $\vdash_{AR}\phi\rightarrow\eta$ 和 $\vdash_{AR}\eta\wedge\neg B\rightarrow\psi$ 都有效的一个不变量 η，其中 ϕ 和 ψ 是 while 语句的前置条件和后置条件。通常，这是从所有可能的不变量（不考虑逻辑等价）中仅挑选出一个。

一个有用的不变量表达了 while 语句的程序体所操作的变量之间的一种关系，该关系为程序体的执行所保持，尽管变量本身的值可能会改变。该不变量经常可以通过构造执行中的 while 语句的迹来找到。

例 4.16　考虑 4.2.1 节的程序 Fac1。为方便讨论，我们注释了位置标号：

```
    y = 1;
    z = 0;
l1: while (z != x) {
        z = z + 1;
        y = y * z;
l2: }
```

假定程序从一个 x 等于 6 的状态下开始执行。当程序流在位置 l1 第一次遇到 while 语句时，z 等于 0 且 y 等于 1，故条件 $z\neq x$ 为真且程序体被执行。随后在位置 l2，z 等于 1，y 等于 1 且布尔卫式仍为真，故程序体又被执行。按这种方式继续，得到下列迹：

迭代次数	z 在 l1 处的值	y 在 l1 处的值	B 在 l1 处的值
0	0	1	真
1	1	1	真
2	2	2	真
3	3	6	真
4	4	24	真
5	5	120	真
6	6	720	假

当布尔卫式变为假时，程序停止执行。

容易看出这个例子的不变量为"$y=z!$"。每次 while 语句程序体完成运行后，这个事实都为真，即使 y 和 z 的值都已经改变。此外，这个不变量有所需要的性质。这些性质是：

- 足够弱，以至能被 while 语句的前置条件所蕴涵，基于初始赋值和前置条件 $0!\overset{\text{def}}{=}1$，我们很快会发现 while 语句的前置条件是 $y=1\wedge z=0$。
- 但也足够强，与布尔卫式的否定一道，蕴涵后置条件"$y=x!$"。

也就是说，矢列

$$\vdash_{AR}(y=1\wedge z=0)\rightarrow(y=z!)\quad\text{和}\quad\vdash_{AR}(y=z!\wedge x=z)\rightarrow(y=x!)\quad(4\text{-}11)$$

是有效的。

如此例所示，一个合适的不变量经常通过考察后置条件的逻辑结构而发现。图 4-2 就是使用这个不变量给出了阶乘例子的树形式的完整证明。

在证明布景中如何使用 while 规则呢？需要考虑如何将任意后置条件 ψ 通过 while 语句向上推，直到满足前置条件 ϕ。步骤是：

1. 猜测公式 η，希望它是一个合适的不变量。

2. 尝试证明 $\vdash_{AR} \eta \wedge \neg B \to \psi$ 和 $\vdash_{AR} \phi \to \psi$ 是有效的，其中 B 是 while 语句的布尔卫式。若两个证明都成功了，转到 3。否则（若至少有一个证明失败），回到 1。

3. 通过 while 语句的程序体 C 将 η 向上推；这涉及使用其他规则（由 C 的形式决定）。将出现的公式命名为 η'。

4. 尝试证明 $\vdash_{AR} \eta \wedge B \to \eta'$ 是有效的。这证明 η 的确是不变量。若你成功了，转到 5。否则回到 1。

5. 现在，在 while 语句的上面写出 η，在 η 的上面写出 ϕ。基于第 2 步中 $\vdash_{AR} \phi \to \eta$ 有效性的成功证明，用一个蕴涵实例注释 η。任务完成！

例 4.17 我们继续阶乘的例子。将 $y = x!$ 通过 while 语句向上推得到部分证明。于是，验证假设 $y = z!$ 是一个不变量如下：

```
y =1;
z =0;
  (|y = z!|)                                    ?
while(z! =x){
      (|y = z! ∧ z≠x|)                          不变量假设∧卫式
      (|y · (z +1) = (z +1)!|)                  蕴涵
  z = z +1;
      (|y · z = z!|)                            赋值
  y = y * z;
      (|y = z!|)                                赋值
}
  (|y = x!|)                                    ?
```

$y = z!$ 是否为合适的不变量依赖于三件事情：

- 能够证明它确实为不变量，即 $y = z!$ 蕴涵 $y \cdot (z+1) = (z+1)!$。的确如此，只要在 $y = z!$ 的两边都乘以 $z+1$，并求助于例 4.2 中的 $(z+1)!$ 的归纳定义即可。

- 能够证明 η 足够强，与布尔卫式的否定一起蕴涵后置条件。这也成立，因为 $y = z!$ 和 $x = z$ 蕴涵 $y = x!$。

- 能够证明 η 足够弱，能为 while 语句之前的代码所确立。这正是我们不断将结果通过 while 语句之前的代码向上推所证明的。

继续，通过 $z = 0$ 推 $y = z!$ 得到结果 $y = 0!$，而通过 $y = 1$ 再推 $y = 0!$ 得到 $1 = 0!$。后者在所有状态下都成立，因为 $0!$ 定义为 1，故它为 $\top$ 所蕴涵；我们的完整证明是：

```
(|⊤|)
(|1 = 0!|)                                      蕴涵
y =1;
(|y = 0!|)                                      赋值
z =0;
```

$(\,|\,y = z!\,|\,)$	赋值

```
while(z! = x){
```

$(\,|\,y = z!\ \wedge z \neq x\,|\,)$	不变量假设∧卫式
$(\,|\,y \cdot (z+1) = (z+1)!\,|\,)$	蕴涵

```
    z = z + 1;
```

$(\,|\,y \cdot z = z!\,|\,)$	赋值

```
    y = y * z;
```

$(\,|\,y = z!\,|\,)$	赋值

```
}
```

$(\,|\,y = z!\ \wedge \neg(z \neq x)\,|\,)$	部分 while
$(\,|\,y = x!\,|\,)$	蕴涵

4.3.3　案例研究：最小和截段

通过验证计算整数数组最小和截段的程序，我们再次实践 while 语句的证明规则。为此，我们用整数数组扩充核心程序设计语言[⊖]。例如，可以声明数组：

```
int a[n];
```

它的名字为 a，而其内容可由 a[0]，a[1]，…，a[n−1]访问，其中 n 是某个常数。一般地，我们允许用任何整数表达式 E 计算内容索引，如 a[E]。确保由 E 计算出的值总在数组界限之内是程序员的责任。

定义 4.18　设 $a[0]$，…，$a[n-1]$ 是数组 a 的整数值。a 的截段是一个连续的片段 $a[i]$，…，$a[j]$，其中 $0 \leqslant i \leqslant j < n$。我们写 $S_{i,j}$ 表示这个片段的和：$a[i] + a[i+1] + \cdots + a[j]$。最小和截段是 a 的截段 $a[i]$，…，$a[j]$，使得该截段的和 $S_{i,j}$ 小于或等于 a 的任何其他截段 $a[i']$，…，$a[j']$ 的和 $S_{i',j'}$。

例 4.19　用整数数组[−1，3，15，−6，4，−5]为例说明这些概念。[3，15，−6]和[−6]都是截段，但[3，−6，4]不是，因为丢掉了 15。这个特殊数组的一个最小和截段是[−6，4，−5]，其和为 −7；此时，它是仅有的最小和截段。

一般情况下，最小和截段不必唯一。例如，数组[1，−1，3，−1，1]有两个最小和截段[1，−1]和[−1，1]，最小和都是 0。

现在面临的任务是：

- 用经整数数组扩充的核心编程语言编写一个程序 Min_ Sum，它计算给定数组的最小和截段的和；
- 将该问题的非形式需求(前一任务中已经给出)变换为关于程序 Min_ Sum 行为的形式规范；
- 使用部分正确性证明演算证明 Min_ Sum 满足这些形式规范，只要它终止。

有一个明显的程序可以做这项工作：列出给定数组的所有可能的截段，然后遍历这些截段的列表，计算每个截段的和，并将当前的最小和保存在一个存储位置中。以数组[−1，3，−2]为例，结果的截段列表为：

$$[-1],[-1,3],[-1,3,-2],[3],[3,-2],[-2]$$

我们看到只有最后一个截段[−2]产生最小和 −2。这个思想可以很容易用我们的核心编程语言进行编码，但它有一个严重缺陷：给定长度为 n 的数组，其截段个数与 n 的平方成正

⊖　在随后的程序 Min_ Sum 中，我们仅从数组中读取数据。向数组中写入数据会带来另外的问题，因为一个数组元素可以有几个语法上不同的名称，而这些必须为演算所考虑。

比。如果我们还必须计算所有截段的和，那么我们的任务在最坏情形下的时间复杂度为 $n \cdot n^2 = n^3$。从计算观点看，要付出的代价太昂贵，所以，我们应该更仔细地考察这个问题，看是否能做得更好些。

我们是否能仅遍历数组一次，就可以用与 n 成正比的时间内计算出所有截段的最小和？直觉上看，这似乎很困难，如果通过数组时仅存储当前看到的最小和，由于途中可能会遇到一些大正数，我们也许会错过以后出现的某些大负数的机会。例如，假定数组是

$$[-8,3,-65,20,45,-100,-8,17,-4,-14]$$

我们应该解决 $-8+3-65$ 呢，还是试图利用 -100 的优势呢？记住：我们只能遍历数组一次。在这个例子中，整个数组是给出最小和的截段，但很难看出一个程序如何能仅遍历数组一次就可以探测到这一点。

解决方法是通过数组时存储两个值：到目前为止所见到的最小和（以下程序中的 s）以及到目前为止所见到的以数组中当前位置结束的所有截段的最小和（下面的 t）。下面的程序准备做到这一点。

```
k = 1;
t = a[0];
s = a[0];
while (k != n) {
    t = min(t + a[k], a[k]);
    s = min(s,t);
    k = k + 1;
}
```

其中 min 是计算两个参量最小值的函数，见练习 4.3 的 10 中的说明。变量 k 取遍数组的索引范围，而 t 存储以 $a[k]$ 结尾的截段的最小和。只要程序的控制流转向计算其 while 语句的布尔表达式。每考察一个新值，要么将其加到当前的最小和上，要么决定开始一个新截段以得到更小的和。变量 s 存储到目前为止看到的最小和；它计算到目前为止所看到的上一步的最小值或者是以当前节点结束的截段的最小和。

如你所见，从直观上看，这个程序正确并不明显，使用部分正确性演算证明其正确才是保证。然而，为了找出所有错误，仅用几个例子来测试程序是不够的，读者也不会确信这个程序在所有情况下的确能计算出最小和截段。因此，我们尝试使用本章引入的部分正确性演算来证明它。

我们将程序的需求形式化为两个规范$^{\ominus}$，写成霍尔三元组。

S1. $(|\top|)\mathrm{Min\_\ Sum}(|\forall i,j(0 \le i \le j < n \to s \le S_{i,j})|)$.

　　它是说：在程序终止后，s 小于或等于数组的任何截段的和。注意，i 和 j 是逻辑变量，不作为程序变量出现。

S2. $(|\top|)\mathrm{Min\_\ Sum}(|\exists i,j(0 \le i \le j < n \land s = S_{i,j})|)$,

它说存在一个截段，其和为 s。

若存在一个和为 x 的截段而且没有和比 s 小的截段，则 s 就是最小和截段的和。**S1** 和 **S2** 的"合取"给出我们想要的性质。

我们先证明 **S1**。从寻找合适的不变量开始。如常，不变量的下列特征是有用的向导：

- 不变量表达了这样的事实：到目前为止由 while 语句所实施的计算是正确的。

$\ominus$ 记号 $\forall i, j$ 是 $\forall i\ \forall j$ 的缩写，关于 $\exists i, j$ 是类似的。

- 典型地，不变量与期望的 while 语句的后置条件有相同的形式。
- 不变量表达了 while 语句所操作的变量之间的一种关系，每次执行 while 语句的程序体，这些变量都会被重建。

此时，一个合适的不变量似乎是

$$\text{Inv1}(s,k) \stackrel{\text{def}}{=} \forall i,j(0 \leqslant i \leqslant j < k \to s \leqslant S_{i,j}) \tag{4-12}$$

因为它说 s 小于或等于到当前计算阶段（用 k 表示）为止观察到的最小和。注意，它与期望的后置条件一样的形式。我们用 k 代替 n，因为 k 最后的值是 n。注意在公式中 i 和 j 受量词所约束，因为它们是逻辑变量，而 k 是程序变量。这说明了记号 $\text{Inv1}(s, k)$ 的合理性，它突出了公式只有作为自由变量出现的程序变量 s, k，类似于第 2 章中 Alloy 的 fun 语句的用法。

如果用这个不变量开始产生证明布景，很快就会发现它还没有强到足以作此项工作。直观上看，因为它忽略了 t 的值。t 存储了刚好在 $a[k]$ 前结束的所有截段的最小和，这个和在程序背后的思路中是关键的。表达了到当前计算阶段为止 t 正确的一个合适的不变量是

$$\text{Inv2}(t,k) \stackrel{\text{def}}{=} \forall i(0 \leqslant i < k \to t \leqslant S_{i,k-1}) \tag{4-13}$$

它说 t 不大于以 $a[k-1]$ 结束的任何截段的和。我们的不变量是这些公式的合取，即

$$\text{Inv1}(s,k) \wedge \text{Inv2}(t,k) \tag{4-14}$$

图 4-3 给出了关于 Min_ Sum 的 **S1** 的完整证明布景。这个布景按如下步骤构建：

- 证明候选不变量式(4-14)的确是不变量。这涉及将其通过 while 语句的程序体向上推，并证明显现出的公式可由不变量和布尔卫式得到。这个非平凡蕴涵在推论 4.20 的证明中予以说明。
- 证明不变量与布尔卫式的否定足以证明所需的后置条件。这是证明布景中的最后一个蕴涵。
- 证明不变量由 while 语句前的代码所确定。只需将其通过三个初始赋值向上推，并验证结果的公式为规范的前置条件（此处为⊤）所蕴涵。

```
    (|⊤|)
    (|Inv1(a[0], 1)∧Inv2(a[0], 1)|)                            蕴涵
  k = 1;
    (|Inv1(a[0], k)∧Inv2(a[0], k)|)                            赋值
  t = a[0];
    (|Inv1(a[0], k)∧Inv2(t, k)|)                               赋值
  s = a[0];
    (|Inv1(s, k)∧Inv2(t, k)|)                                  赋值
  while(k! = n){
      (|Inv1(s, k)∧Inv2(t, k)∧k≠n|)                            不变量假设∧卫式
      (|Inv1(min(s, min(t+a[k], a[k])), k+1)∧Inv2(min(t+a[k],
      a[k]), k+1)|)                                            蕴涵(引理 4.20)
    t = min(t +a[k], a[k]);
      (|Inv1(min(s, t), k+1)∧Inv2(t, k+1)|)                    赋值
    s = min(s, t);
      (|Inv1(s, k+1)∧ Inv2(t, k+1)|)                           赋值
    k = k +1;
      (|Inv1(s, k)∧Inv2(t, k)|)                                赋值
  }
    (|Inv1(s, k)∧Inv2(t, k)∧¬¬(k = n)|)                        部分 while
    (|Inv1(s, n)|)                                             蕴涵
```

图 4-3　关于 Min_ Sum 的规范 S1 的布景证明

在构造证明布景时，像本例一样经常会出现两个公式。我们必须证明第一个公式蕴涵第二个。有时这是容易的，因而只需注意布景中的蕴涵。例如，容易看到 $\top$ 蕴涵 $\text{Inv1}(a[0], 1) \wedge \text{Inv2}(a[0], 1)$：为使 $\text{Inv1}(a[0], k)$ 和 $\text{Inv2}(a[0], k)$ 中的假设为真，k 为 1 迫使 i, j 必须为 0。但这意味着其结论也为真。然而，证明不变量假设蕴涵由 while 语句程序体所计算出的前置条件这一任务揭示了此程序的复杂性和创造性，故其理由需要离线来考虑：

引理 4.20　设 s, t 是任意整数，n 是数组 a 的长度，而 k 是范围在 $0 < k < n$ 中的数组的索引。则 $\text{Inv1}(s, k) \wedge \text{Inv2}(t, k) \wedge k \neq n$ 蕴涵

1. $\text{Inv1}(\min(s, \min(t + a[k], a[k])), k+1)$ 和
2. $\text{Inv2}(\min(t + a[k], a[k]), k+1)$

证明

1. 任取满足 $0 \leq i < k+1$ 的 i，将证明 $\min(t + a[k], a[k]) \leq S_{i,k}$。若 $i < k$，则 $S_{i,k} = S_{i,k-1} + a[k]$，故必须证 $\min(t + a[k], a[k]) \leq S_{i,k-1} + a[k]$，我们知道 $t \leq S_{i,k-1}$，所以两边加上 $a[k]$ 就得到了结果。否则，$i = k$，$S_{i,k} = a[k]$，故结果成立。

2. 任取满足 $0 \leq i \leq j < k+1$ 的 i, j，证明 $\min(s, t + a[k], a[k]) \leq S_{i,j}$。若 $i \leq j < k$，结果是直接的。否则 $i \leq j = k$，结果由引理的第一部分得到。　□

4.4　完全正确性的证明演算

在上一节中，我们发展了证明三元组 $(|\phi|)P(|\psi|)$ 的部分正确性的一种演算。在这个框架中，证明伴随着一定的放弃：仅当程序 P 执行终止时，$\vdash_{par}(|\phi|)P(|\psi|)$ 的证明才能告诉我们该执行的一些信息。若 P 不确定地"循环"，部分正确性不能说明任何问题。本节中，我们将部分正确性的证明进行扩充，使之也可以证明程序终止。在上一节中，我们已经指出只有语法构造 while $B\{C\}$ 会引起非确定性。

因此，除了 while 语句外，完全正确性证明演算的所有规则与部分正确性证明演算的相同。

while 语句的完全正确性证明由两部分构成：部分正确性的证明以及给定 while 语句可终止的证明。通常，先证明部分正确性是个好主意，因为这经常为可终止的证明提供有益的启示。然而，对某些程序来说，证明部分正确性要求终止证明作为前提，如练习 4.4 的 1(d) 中可看到。

终止证明通常具有以下形式。识别一个整数表达式，可以证明每次执行所讨论的 while 语句的程序体之后，其值都会减小，但总是非负的。若我们可找到满足这些性质的表达式，就能得到该 while 语句一定终止的结论，因为这个表达式在变成 0 之前只能递减有限次，原因是在 0 和表达式的初值之间只有有限个整数值。

这样的整数表达式称为变体（variant）。以例 4.2 的程序 Fac1 为例，适当的变体是 $x - z$。每次执行 while 语句的程序体，该表达式的值都会减少。当它为 0 时，while 语句终止。

我们可以将这种直觉结合到下列完全正确性规则中，它取代了关于 while 语句的规则：

$$\frac{(|\eta \wedge B \wedge 0 \leq E = E_0|)C(|\eta \wedge 0 \leq E < E_0|)}{(|\eta \wedge 0 \leq E|)\text{while } B\{C\}(|\eta \wedge \neg B|)} \quad \text{完全 while} \qquad (4\text{-}15)$$

在这个规则中，E 是值随程序体 C 的每次执行而减少的表达式。这编码为：若在 C 执行前，其值等于逻辑变量 E_0 的值，则执行后它严格小于 E_0，不过它仍然非负。像以前一样，η 是不变量。

在布景中使用完全 while 规则的方式与部分 while 的类似，但要注意现在必须要证明规则的程序体 C 满足

$$(\,|\,\eta \wedge B \wedge 0 \leqslant E = E_0\,|\,)\,C(\,|\,\eta \wedge 0 \leqslant E < E_0\,|\,)$$

当我们将 $\eta \wedge 0 \leqslant E < E_0$ 通过程序体向上推时，必须证明顶上出现的公式为 $\eta \wedge B \wedge 0 \leqslant E = E_0$ 所蕴涵，而且整个 while 语句的最弱前置条件(写在该语句之上)是 $\eta \wedge 0 \leqslant E$。

通过证明 $\vdash_{\text{tot}} (\,|\,x \geqslant 0\,|\,)\,\text{Fac1}\,(\,|\,y = x!\,|\,)$ 有效来说明这个规则，此处 Fac1 由例 4.2 给出如下：

```
y = 1;
z = 0;
while (x != z) {
    z = z + 1;
    y = y * z;
}
```

前面已经提到过，$x - z$ 是一个合适的变体。部分正确性证明的不变量 $(y = z!)$ 仍保留。我们得到完全正确性的下列完整证明：

$(\,|\,x \geqslant 0\,|\,)$	
$(\,|\,1 = 0! \wedge 0 \leqslant x - 0\,|\,)$	蕴涵
$y = 1;$	
$(\,|\,y = 0! \wedge 0 \leqslant x - 0\,|\,)$	赋值
$z = 0;$	
$(\,|\,y = z! \wedge 0 \leqslant x - z\,|\,)$	赋值
$\text{while}(x\,!\, = z)\{$	
$\quad(\,|\,y = z! \wedge x \neq z \wedge 0 \leqslant x - z = E_0\,|\,)$	不变量假设 $\wedge$ 卫式
$\quad(\,|\,y \cdot (z+1) = (z+1)! \wedge 0 \leqslant x - (z+1) < E_0\,|\,)$	蕴涵
$\quad z = z + 1;$	
$\quad(\,|\,y \cdot z = z! \wedge 0 \leqslant x - z < E_0\,|\,)$	赋值
$\quad y = y * z;$	
$\quad(\,|\,y = z! \wedge 0 \leqslant x - z < E_0\,|\,)$	赋值
$\}$	
$(\,|\,y = z! \wedge x = z\,|\,)$	完全 while
$(\,|\,y = x!\,|\,)$	蕴涵

因此，$\vdash_{\text{tot}} (\,|\,x \geqslant 0\,|\,)\,\text{Fac1}\,(\,|\,y = x!\,|\,)$ 是有效的。顺序做两点评注：

- 注意，为保证刚好在 while 语句执行前 $0 \leqslant x - z$ 这个事实，前置条件 $x \geqslant 0$ 是关键的，它蕴涵了证明所计算出的前置条件 $1 = 0! \wedge 0 \leqslant x - 0$。事实上，若 x 开始时为负数，则 Fac1 不终止。
- while 语句的程序体内蕴涵的应用是有效的，但关键在于使用了布尔卫式为真的事实。这个例子表明在关于 while 语句的每次迭代的正确性推理中，都需要 while 语句的布尔卫式。

我们可能想知道是否存在这样一个程序，给定一个 while 型语句和前置条件作为输入，该程序可以确定是否该 while 语句对初始状态满足前置条件的所有运行都终止。可以证明不存在这样的程序。这也提示了有用表达式 E 的自动抽取也不能实现。像本书中讨论的大多数其他这类普遍问题一样，决策或提取过程的完全机械化的愿望是不能实现的。因此，寻找可以起作用的变体 E 是一项需要技能、直觉和实践的创造性工作。

我们考虑一个示例性程序 Collatz，它传达出在寻找合适的终止变体 E 时可能面临的挑战：

```
c = x;
while (c != 1) {
  if (c % 2 == 0) { c = c / 2; }
  else { c = 3*c + 1; }
}
```

这个程序将 x 的初始值记录在 c 中，然后重复一个 if 语句，直到（如果）c 的值等于 1。if 语句测试 c 是否为偶数（可被 2 整除）。若是偶数，c 存储当前值被 2 除后的值；若不是偶数，c 存储"当前值的三倍加 1"。表达式 c/2 表示整数除，故 11/2 的结果是 5，与 10/2 一样。

为得到对此算法的一些感觉，考虑 x 的值是 5 时的执行轨迹：c 值的变化为 5 16 8 4 2 1。另一个例子：若 x 的初始值是 172，c 值的演化是

172 86 43 130 65 196 98 49 148 74 37 112 56 28 14 7 22
11 34 17 52 26 13 40 20 10 5 16 8 4 2 1

为到达终止状态（c 的值等于 1）需要重复执行 32 次 while 语句。注意，这个迹是如何到达 5 的，从这里开始继续，好像 5 就是 x 的初值。

对 x 的初始值 123456789，用 +（其值在 else 分支中增加）和 −（其值在 if 分支中减小）抽象出 c 值的演化：

```
+ - - - - - - - - + - + - - + - + - + - + - + - + - - - - -
- + - + - + - - + - - + - + - + - + - + - + - - + - - + - - +
- + - - + - + - + - + - + - - + - + - + - + - + - - + - - -
+ - + - + - + - + - + - + - + - + - + - + - + - + - + - + -
- - + - + - + - + - + - + - + - + - + - + - + - + - + - + +
- + - + - - + - - -
```

为达到终止状态 while 语句需要迭代 177 次。虽然仍能保证某些程序终止，但上述与变体相伴的 + 和 − 的不规则模式使得证明 Collatz 对 x 为正初始值的所有执行都可终止看起来非常困难（即使不是不可能的）。

最后，我们考虑一个真正的大整数：

```
32498723462509735034567279652376420563047563456356347563\\
96598734085384756074086560785607840745067340563457640875\\
62984573756306537856405634056245634578692825623542135761\\
9519765129854122965424895465956457
```

此处 \\ 表示数字的连接。尽管这的确是一个非常大的数，但 Collatz 程序只需 4940 次迭代就可以终止。遗憾的是，没有人知道能用于证明 $\vdash_{tot}(\lfloor 0 < x \rfloor)$ Collatz $(\lfloor \top \rfloor)$ 有效的该程序的合适变体。注意到用 $\top$ 作后置条件强调了该霍尔三元组只关心程序终止之类的事情。具有讽刺意味的是，也没有人知道使 Collatz 不终止的 x 大于 0 的初始值。事实上，事情比表面看起来的更微妙：若在 Collatz 中用一个关于 c 的不同的线性表达式代替 3 * c + 1，则程序可能不终止，尽管满足前置条件 $0 < x$；见练习 4.4 的 6。

4.5 合同编程

对有效的矢列 $\vdash_{tot}(\lfloor \phi \rfloor) P(\lfloor \psi \rfloor)$，三元组 $(\lfloor \phi \rfloor) P(\lfloor \psi \rfloor)$ 可以看作程序 P 的提供者与消费者之间的合同。提供者坚持要求消费者只能在满足 ϕ 的初始状态下运行 P。此时，提供者向消费者承诺运行的最终状态满足 ψ。对有效矢列 $\vdash_{par}(\lfloor \phi \rfloor) P(\lfloor \psi \rfloor)$，后者的保证只适用于运行终止的情况。

对于命令式编程，霍尔三元组的有效性可解释为对方法或过程调用合同的确认。例如，在下述方法的程序体中：

```
int factorial (x: int) { ... return y; }
```

程序段 Fac1 可以是… 。该方法的代码可以用其合同假设和保证来注释。在编译过程中，

甚至在运行时（如 Eiffel 语言），这些注释可由人工进行脱机检验。图 4-4 给出了方法 factorial 合同的一种可能格式。

```
method name:          factorial
input:                x ofType int
assumes:              0 <= x
guarantees:           y = x!
output:               ofType int
modifies only:        y
```

图 4-4　方法 factorial 的一个合同

关键词 assumes 叙述了所有前置条件，关键词 guarantees 列出所有后置条件。关键词 modifies only 说明在方法执行过程中哪些程序变量可以改变其值。

我们看看为什么这样的合同会有用。假定你的老板让你写一个计算 $\binom{n}{k}$ 的方法，$\binom{n}{k}$ 读作"n 选 k"，是组合学的一个概念，例如，$1/\binom{49}{6}$ 是你从总共 49 个数中选中所有 6 个彩票号码的机会。你的老板还告诉你

$$\binom{n}{k} = \frac{n!}{k! \cdot (n-k)!} \tag{4-16}$$

成立。方法 factorial 及其合同（图 4-4）可供你随意使用。应用式（4-16），你可以很快算出一些值，如 $\binom{5}{2} = 5!/(2! \cdot 3!) = 10$，$\binom{10}{6} = 1$，以及 $\binom{49}{6} = 13983816$。然后，你写一个方法 choose，调用 factorial 方法，例如，你可以写：

```
int choose(n : int, k : int) {
    return factorial(n) / (factorial(k) * factorial (n - k));
}
```

这个方法体仅由一个 return 语句构成，它三次调用 factorial 方法，然后根据式（4-16）计算出结果。到目前为止一切都好。但合同编程不仅与写程序有关，它还与写程序的合同有关。choose 的静态信息，例如其名称，迅速填入合同。但是前置条件（assumes）和后置条件（guarantees）怎么办呢？

至少必须叙述前置条件，以确保在方法体内的所有方法调用都满足它们的前置条件。在这个例子中，我们只调用了 factorial，其前置条件为它的输入值非负。因此，要求 n，k，$n-k$ 都是非负的。后者说 n 不小于 k。

choose 的后置条件如何呢？因为方法体没有声明局部变量，我们用 result 标记这个方法的返回值。后置条件叙述的是 result 等于 $\binom{n}{k}$，假定对前置条件 $0 \leq k$，$0 \leq n$ 和 $k \leq n$ 而言，你老板的方程（4-16）是正确的。因此，关于 choose 的合同为：

```
method name:          choose
input:                n ofType int, k ofType int
assumes:              0 <= k, 0 <= n, k <= n
guarantees:           result = 'n choose k'
output:               ofType int
modifies only local variables
```

由此我们获悉，合同编程使用合同：

1. 作为方法的假设-保证抽象接口；

2. 说明方法的头信息、输出类型、方法修改哪些变量(如果对方法的调用是"合法的"),以及对所有"合法的"调用,输出应该满足的条件;

3. 能够如下证明方法 m 的合同 C 的有效性,确保由方法 m 体内对方法的所有调用满足这些方法的前置条件,应用所有这些调用满足各自的后置条件。

因此,合同编程给出一种通过合同进行程序确认(program validation by contract)的方法。按照与本章非常类似的风格证明霍尔三元组(|assume|) method (|guarantee|),除了对程序体内的所有方法调用外,我们可以假定它们的霍尔三元组是正确的。

例 4.21 在对图 4-3 中计算数组所有截段最小和的程序进行验证时,已经使用了通过合同进行程序确认的方法。我们集中于下列证明片段:

$$(|\mathrm{Inv1}(\min(s, \min(t+a[k], a[k])), k+1) \wedge \mathrm{Inv2}(\min(t+a[k], a[k]), k+1)|)$$

$$t = \min(t+a[k], a[k]); \qquad\qquad\qquad \text{蕴涵(引理 4.20)}$$

$$(|\mathrm{Inv1}(\min(s, t), k+1) \wedge \mathrm{Inv2}(t, k+1)|) \qquad\qquad \text{赋值}$$

$$s = \min(s, t);$$

$$(|\mathrm{Inv1}(s, k+1) \wedge \mathrm{Inv2}(t, k+1)|) \qquad\qquad\qquad \text{赋值}$$

最后一行用作通过赋值 s = min(s, t)向上推的后置条件。但是 min(s, t)是一个方法调用,其保证规范为"result 等于 $\min(s, t)$",其中 $\min(s, t)$是取 s, t中最小者的数学记号。于是,规则赋值并没有代替方法调用 min(s, t)的语法(对 s 在 $\mathrm{Inv1}(s, k+1) \wedge \mathrm{Inv2}(t, k+1)$中的所有出现),而是将所有这样的 s 变成方法调用 min(s, t)的保证 $\min(s, t)$——通过合同进行程序确认在起作用! 类似的评注也适用于赋值 t = min(t + a[k],a[k])。

为避免循环推理,通过合同进行程序确认必须明智地使用。如果每个方法是一个图中的节点,从方法 n 到方法 m 画一条边,当且仅当 n 的程序体内有对方法 m 的调用。为使通过合同进行程序确认成为合理的,我们要求这个方法 - 相关图中不能有回路。

4.6 习题

练习 4.1

*1. 如果你自己写过计算机程序,对曾用过的每种编程语言,收集一些可能改进程序正确工作的软件开发环境特性的列表(编译器、编辑器、连接器和运行时间环境等)。尝试为每个特性的效力进行分级。

2. 重复前一个练习,列出并分级那些可能降低编写正确和可靠程序可能的特性。

练习 4.2

*1. 在什么情况下 if (B) {C_1} else {C_2} 不能终止?

*2. 我们的语言中所没有的一条熟知命令是 for 语句。例如,它可以用于求数组元素的和,编程如下:

```
s = 0;
for (i = 0; i <= max; i = i+1) {
    s = s + a[i];
}
```

该程序完成初始赋值 s = 0 后,先执行 i = 0,然后执行程序体 s = s + a[i]并连续地递增 i = i + 1,直到 i <= max 变为假。解释一下如何用核心语言将 for $(C_1; B;$

C_2）$\{C_3\}$ 定义为导出程序。

3. 假定需要一种语言构造 repeat $\{C\}$ until(B)，它重复 C 直到 B 变为真。即：

　i. 在存储的当前状态下执行 C；

　ii. 在存储的结果状态下计算 B；

　iii. 若 B 为假，程序从（i）重新开始；否则程序 repeat $\{C\}$ until (B) 终止。

　这种结构有时允许编写出比用相应的 while 语句更优雅的代码。

　（a）将 repeat C until B 定义为核心语言的导出表达式。

　（b）是否可用经 for 语句扩展的核心语言定义 repeat 的每个表达式？（可能需要不做任何操作的空命令 skip。）

练习 4.3

1. 对例 4.4 的任意状态 l，确定下列哪些关系成立，说明你的答案。

　*（a）$l \vDash (x+y<z) \rightarrow \neg(x*y=z)$

　（b）$l \vDash \forall u(u<y) \vee (u*z<y*z)$

　*（c）$l \vDash x+y-z < x*y*z$。

*2. 对任意 ϕ，ψ 和 P，只要关系 $\vDash_{tot}(|\phi|)P(|\psi|)$ 成立，$\vDash_{par}(|\phi|)P(|\psi|)$ 就成立，解释原因。

3. 设关系 $P \vdash l \leadsto l'$ 成立，当且仅当 P 在状态 l 下执行终止，输出于状态 l'。使用形式判断 $P \vdash l \leadsto l'$ 与关系 $l \vDash \phi$ 一起符号地定义 $\vDash_{tot}$ 和 $\vDash_{par}$。

4. 将部分正确性证明分离的另一原因在于某些程序段具有 while(true)$\{C\}$ 的形式。举出在应用编程中的这种程序段的有用例子。

*5. 使用赋值的证明规则以及适当的逻辑蕴涵证明下列公式的有效性：

　（a）$\vdash_{par}(|x>0|)y=x+1(|y>1|)$

　（b）$\vdash_{par}(|\top|)y=x;\ y=x+x+y(|y=3 \cdot x|)$

　（c）$\vdash_{par}(|x>1|)a=1;\ y=x;\ y=y-a(|y>0 \wedge x>y|)$。

*6. 写一个程序 P，使得

　（a）$(|\top|)P(|y=x+2|)$

　（b）$(|\top|)P(|z>x+y+4|)$。

　在部分正确性下成立。然后证明的确如此。

7. 对 4.3.2 节的证明中蕴涵的所有实例，说明其相应的矢列 $\vdash_{AR}$。

8. 有一种安全的方法能将赋值的证明规则形式放宽：只要 E 中出现的变量在断言 $\psi[E/x]$ 和赋值 $x=E$ 之间没有被更新，就可以在该赋值的后面得到结论 ψ。解释为什么这样的证明规则是合理的。

9. （a）通过举例证明，蕴涵规则的"反向"版本：

$$\frac{\vdash_{AR} \phi \rightarrow \phi' \quad (|\phi|)C(|\psi|) \quad \vdash_{AR} \psi' \rightarrow \psi}{(|\phi'|)C(|\psi'|)}\text{反向蕴涵}$$

　对于部分正确性不是合理的。

　（b）解释为什么式（4-7）中修改的 **if** 语句规则关于部分以及完全满足关系都是合理的。

　*（c）证明：在一个证明中修改的 **if** 语句规则的任何实例都可以被原始 **if** 语句的一个实例和蕴涵规则的实例代替。其逆也是真的吗？

*10. 证明矢列 $\vdash_{par}(\,|\top\,|\,)P(\,|z=\min(x,\,y)\,|\,)$ 的有效性，其中 $\min(x,\,y)$ 是 x 和 y 的最小数。例如，$\min(7,\,3)=3$，P 的代码如下：

```
if (x > y) {
    z = y;
} else {
    z = x;
}
```

11. 对下列每个规范，写出 P 的代码，并证明规范化的输入/输出行为的部分正确性：

*(a) $(\,|\top\,|\,)P(\,|z=\max(w,\,x,\,y)\,|\,)$，其中 $\max(w,\,x,\,y)$ 表示 w，x 和 y 中的最大数。

*(b) $(\,|\top\,|\,)P(\,|\,((x=5)\rightarrow(y=3))\wedge((x=3)\rightarrow(y=-1))\,|\,)$。

12. 不使用修改过的 if 语句证明规则，证明矢列 $\vdash_{par}(\,|\top\,|\,)\text{Succ}(\,|y=x+1\,|\,)$ 的有效性。

*13. 证明 $\vdash_{par}(\,|x>0\,|\,)\text{Copy1}(\,|x=y\,|\,)$ 是有效的，此处 Copy1 表示如下的代码：

```
a = x;
y = 0;
while (a != 0) {
    y = y + 1;
    a = a - 1;
}
```

*14. 证明 $\vdash_{par}(\,|y\geq 0\,|\,)\text{Multi1}(\,|z=x\cdot y\,|\,)$ 是有效的，其中 Multi1 为：

```
a = 0;
z = 0;
while (a != y) {
    z = z + x;
    a = a + 1;
}
```

15. 证明 $\vdash_{par}(\,|y=y_0\wedge y\geq 0\,|\,)\text{Multi2}(\,|z=x\cdot y_0\,|\,)$ 是有效的，其中 Multi2 为：

```
z = 0;
while (y != 0) {
    z = z + x;
    y = y - 1;
}
```

16. 证明 $\vdash_{par}(\,|x\geq 0\,|\,)\text{Copy2}(\,|x=y\,|\,)$ 是有效的，其中 Copy2 为：

```
y = 0;
while (y != x) {
    y = y + 1;
}
```

17. 假定程序 Div 计算整数 x 被 y 除后的被除数，这定义成唯一整数 d，使得存在整数 r（余数）满足 $r<y$ 及 $x=d\cdot y+r$。例如，若 $x=15$，$y=6$，则 $d=2$，因为 $15=2\cdot6+3$，其中 $r=3<6$。设 Div 由下列代码给出：

```
r = x;
d = 0;
while (r >= y) {
    r = r - y;
    d = d + 1;
}
```

证明 $\vdash_{par}(\,|\neg(y=0)\,|\,)\text{Div}(\,|\,(x=d\cdot y+r)\wedge(r<y)\,|\,)$ 是有效的。

*18. 证明 $\vdash_{par}(\,|x\geq 0\,|\,)\text{Downfac}(\,|y=x!\,|\,)$ 是有效的[⊖]，其中 Downfac 是：

⊖　你可能必须加强不变量。

```
a = x;
y = 1;
while (a > 0) {
  y = y * a;
  a = a - 1;
}
```

19. 能否证明⊢$_{par}$(｜⊤｜)Copy1(｜$x=y$｜)的有效性，为什么？

20. 设 P 中的所有 while 语句 while(B){C} 在程序体的结尾处用候选不变量 η 注释，在程序体的开始处用 $\eta \wedge B$ 注释。

　　(a) 解释⊢$_{par}$(｜ϕ｜)P(｜ψ｜)的证明如何自动归结为证明某个⊢$_{AR}\psi_1 \wedge \cdots \wedge \psi_n$ 的有效性。

　　(b) 对例 4.17 中的证明，识别这样一个矢列⊢$_{AR}\psi_1 \wedge \cdots \wedge \psi_n$。

21. 给定 $n=5$，对以下数组验证 Min_ Sum 的正确性：

　　*(a) $[-3, 1, -2, 1, -8]$

　　(b) $[1, 45, -1, 23, -1]$

　　*(c) $[-1, -2, -3, -4, 1097]$。

22. 若在 Min_ Sum 的 while 语句中交换第一个与第二个赋值，使得先赋值给 s，然后赋值给 t，该程序还正确吗？给出你的回答理由。

*23. 证明关于 Min_ Sum 的 **S2** 的部分正确性。

24. 程序 Min_ Sum 并没有揭示在哪里可以找到输入数组的最小和截段。修改 Min_ Sum 使之能完成这个任务。你能只遍历数组一次就做到这一点吗？

25. 考虑霍尔三元组的证明规则

$$\frac{(｜\phi｜)C(｜\psi_1｜) \quad (｜\phi｜)C(｜\psi_2｜)}{(｜\phi｜)C(｜\psi_1 \wedge \psi_2｜)}\text{合取}$$

　　(a) 证明这个证明规则关于⊨$_{par}$是合理的。

　　(b) 由 4.3.1 节的规则导出这个证明规则。

　　(c) 解释如何使用这个规则(或其导出形式)确立 Min_ Sum 的全部正确性。

26. 最大和问题是计算数组所有截段的最大和。

　　(a) 修改 4.3.3 节的程序，使之能计算这些截段的最大和。

　　(b) 证明修改后程序的部分正确性。

　　(c) 图 4-3 中给出的正确性证明的哪些方面可以"复用"？

练习 4.4

1. 证明下列完全正确矢列的有效性：

　　*(a) ⊢$_{tot}$(｜$x \geqslant 0$｜)Copy1(｜$x=y$｜)

　　*(b) ⊢$_{tot}$(｜$y \geqslant 0$｜)Multi1(｜$z = x \cdot y$｜)

　　(c) ⊢$_{tot}$(｜$(y=y_0) \wedge (y \geqslant 0)$｜)Multi2(｜$z = x \cdot y_0$｜)

　　*(d) ⊢$_{tot}$(｜$x \geqslant 0$｜)Downfac(｜$y = x!$｜)

　　*(e) ⊢$_{tot}$(｜$x \geqslant 0$｜)Copy2(｜$(x=y)$｜)，你的不变量在保证正确性方面是否有现成的部分？

　　(f) ⊢$_{tot}$(｜$\neg(y=0)$｜)Div(｜$(x = d \cdot y + r) \wedge (r < y)$｜)。

2. 证明关于 Min_ Sum 的 **S1** 和 **S2** 的完全正确性。

3. 证明⊢$_{par}$关于⊨$_{par}$是合理的。如 1.4.3 节，只要假设证明规则的前提是⊨$_{par}$的实例就够了。

然后，需要证明它们各自的结论必须也是 $\vDash_{par}$ 的实例。

4. 证明 $\vdash_{tot}$ 关于 $\vDash_{tot}$ 是合理的。

5. 用你选择的编程语言实现程序 Collatz，使 x 的值是程序输入，c 的最终值为输出。对一定范围的输入测试你的程序。在不致引起异常或放弃核心任务的前提下，使程序终止的最大整数是什么？

6. 整数集上的函数 $f: \mathbb{I} \to \mathbb{I}$ 是仿射的，当且仅当存在整数 a，b，对所有 $x \in \mathbb{I}$，$f(x) = a \cdot x + b$。程序 Collatz 的 else 分支将 c 赋以值 $f(c)$，其中 f 是满足 $a=3$，$b=1$ 的仿射函数。

   (a) 写出 Collatz 的参数化实现，开始可以静态地指定或者通过键盘输入 a 和 b 的值，使得 else 分支使 c 赋值 $f(c)$。

   (b) 确定对哪些数对 $(a, b) \in \mathbb{I} \times \mathbb{I}$，集合 $\text{Pos} \overset{\text{def}}{=} \{x \in \mathbb{I} \mid 0 < x\}$ 在仿射函数 $f(x) = a \cdot x + b$ 下是不变的：对所有 $x \in \text{Pos}$，$f(x) \in \text{Pos}$。

   *(c) 找出一个仿射函数，它保持 Pos 不变，但对集合 $\text{Odd} \overset{\text{def}}{=} \{x \in \mathbb{I} \mid \exists y \in \mathbb{I}: x = 2 \cdot y + 1\}$ 则不然，使得存在一个取自 Pos 的输入，对此输入执行修改后的 Collatz 程序最终进入循环，因此不终止。

练习 4.5

1. 形如 boolean certify_ V(c: Certificate) 的方法返回 true，当且仅当证书 c 被验证器 V 判断为有效，方法 certify_ V 在类 V 中。

   *(a) 讨论合同编程如何用于代表另一个验证器对证书的判断。

   *(b) 若结果方法的相关图是循环的，那么从上下文中你能看出什么潜在的问题吗？

*2. 考虑名为 withdraw 的方法：

```
boolean withdraw(amount: int) {
  if (amount < 0 && isGood(amount))
    { balance = balance - amount;
      return true;
    } else { return false; }
}
```

它试图从方法 withdraw 所在的类的整数字段 balance 中提取出 amount。该方法使用了另一个方法 isGood，它返回 true 当且仅当 balance 的值大于或等于 amount 的值。

   (a) 为方法 isGood 写一个合同。

   (b) 使用这个合同证明 withdraw 的下列合同的有效性：

```
method name:          withdraw
input:                amount of Type int
assumes:              0 <= balance
guarantees:           0 <= balance
output:               of Type boolean
modifies only:        balance
```

注意这个合同的前置和后置条件是相同的，并参考方法对象的一个字段。在有效的基础上，该合同确立了对 withdraw 的所有调用保持（"对象不变量"）0 <= balance 不变。

4.7 文献注释

关于命令式 while 语言所写的程序的部分及完全正确性的程序逻辑的一个早期说明可在 [Hoa69] 中找到。教材 [Dij76] 含有对最弱前置条件的形式处理。Backhouse 的书 [Bac86] 描述了程序逻辑和最弱前置条件，并包含大量的例子和练习。比本章更加完备地阐述程序验证的其他书籍有［AO91，Fra92］。这些书还扩展了基本核心语言，包括诸如过程及并行等特征。写入数组问题和数组单元别名问题在［Fra92］中有描述。描述最小和片段问题的原始论文是［Gri82］。［Tur91］适当地介绍了函数式编程的数学基础。某些网站处理了软件责任以及适用于计算机程序的知识产权的可能标准[⊖]。教科书［Ten91，Sch94］讨论了通过对本章开始提出的核心语言的一致扩张进行系统编程语言设计的问题。［Pau91］是关于可免费获得的新泽西标准 ML 语言的一部教科书。

⊖　www. opensource. org 和 www. sims. berkeley. edu/ ~ pam/ papers. html。

模态逻辑与代理

5.1 真值的模式

在命题逻辑或谓词逻辑中,任何模型的公式不是真就是假。命题逻辑和谓词逻辑不允许其他可能性。然而,从很多观点看,这是不适当的。例如,在自然语言中,我们经常区分不同的真值"模式",诸如必然为真,知道为真,相信为真以及将来为真。例如,考虑下面的句子:

乔治·W·布什是美国总统。

尽管当前是真的,但在将来的某一时刻将不是真的。同样,句子

太阳系有九大行星。

是真的,或许在未来永远为真,但就行星的数目而言,却不一定是真的。然而,句子

27 的立方根是 3。

不但是真的,也必然是真的,而且将来也是真的。然而,它并不具有全部真值模式。某些人(例如小孩)可能并不知道它是真的,也可能有些人(如果他们弄错了)不相信其为真。

在计算机科学中,对真值模式的推理经常是很有用的。在第 3 章中,我们研究了 CTL 逻辑,这种逻辑不仅能识别未来不同点上的真值,还能区分不同未来的真值。于是,时态逻辑是模态逻辑的一个特例。CTL 的模态词允许我们表达大量的系统计算行为。模态对于计算机科学其他领域中的建模也是极其有用的。例如在人工智能中,发展了有若干相互作用代理的情境。每个代理可能有关于环境的不同知识以及关于其他代理的知识。在本章中,我们将深入考察用于知识推理的模态逻辑。

为表达这些不同真值模式中的一种或几种,模态逻辑增加了一元连接词。最简单的模态逻辑只处理单个概念——比如知识、必然或时间。更复杂的模态逻辑则具有用来表达同样的逻辑中几种真值模式的连接词;在本章的最后部分,我们将会看到其中的几种。

本章中,采取逻辑工程(logic engineering)的方法提出下列问题:给定一种特殊的真值模式,如何开发一种能表达并形式化其概念的逻辑?为回答这个问题,需要确定逻辑应该具有什么性质以及它应该能够表达什么样的推理实例。我们研究的主要案例是多代理系统中知识(knowledge in a multi-agent system)的逻辑。不过首先,我们考虑基本模态逻辑的语法和语义。

5.2 基本模态逻辑

5.2.1 语法

基本模态逻辑的语言是带有两个额外连接词□和◇的命题逻辑语言。像否定(¬)一样,它们是一元连接词,只用于单个公式。同第 1 章和第 3 章,用 p, q, r, p_3, …来表示原子公式。

定义 5.1 基本模态逻辑公式 ϕ 由下列 Backus Naur 范式(BNF)定义:

$$\phi ::= \bot \mid \top \mid p \mid (\neg \phi) \mid (\phi \wedge \phi) \mid (\phi \vee \phi) \mid (\phi \rightarrow \phi) \mid (\phi \leftrightarrow \phi) \mid (\Box \phi) \mid (\Diamond \phi) \tag{5-1}$$

其中 p 是任意原子公式。

$(p \wedge \Diamond(p \rightarrow \Box \neg r))$ 和 $\Box((\Diamond q \wedge \neg r) \rightarrow \Box p)$ 是基本模态公式的例子，其语法分析树如图 5-1 所示。下列字符串不是公式，因为不能用式 (5-1) 的语法构造出 $(p \Box \rightarrow q)$ 和 $(p \rightarrow \Diamond(q \Diamond r))$。

约定 5.2　与第 1 章相同，假定一元连接词（$\neg$、$\Box$ 和 $\Diamond$）的绑定优先级最高，其次是 $\wedge$ 和 $\vee$，然后是 $\rightarrow$ 和 $\leftrightarrow$。

这个约定允许去掉很多组括号，只是为避免含混不清或者忽略这些优先级时才保留它们。例如 $\Box((\Diamond q \wedge \neg r) \rightarrow \Box p)$ 可写成 $\Box(\Diamond q \wedge \neg r \rightarrow \Box p)$。然而，我们不能再省略剩下的括号，因为 $\Box \Diamond q \wedge \neg r \rightarrow \Box p$ 有一棵与图 5-1 截然不同的语法分析树（见图 5-2）。

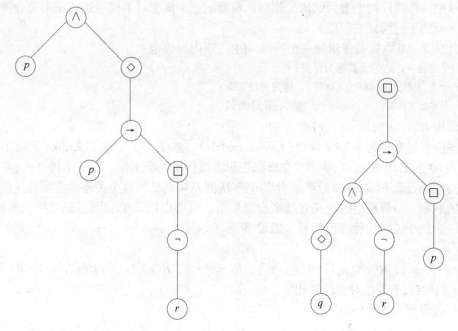

图 5-1　$(p \wedge \Diamond(p \rightarrow \Box \neg r))$ 和 $\Box((\Diamond q \wedge \neg r) \rightarrow \Box p)$ 的语法分析树

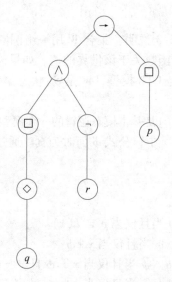

图 5-2　$\Box \Diamond q \wedge \neg r \rightarrow \Box p$ 的语法分析树

在基本模态逻辑中，□和◇读作"矩形"（box）和"菱形"（diamond），当用模态逻辑表达不同的真值模式时，可以更恰当地称呼它们。例如，在研究必然性和可能性的逻辑中，□读作"必然"，◇读作"可能"；在代理 Q 的知识逻辑中，□读作"代理 Q 知道"，◇读作"与代理 Q 的知识相一致"，或更口语化地读作"对 Q 所知道的所有知识"。我们将在本章的后面部分看到这些读法为什么是恰当的。

5.2.2 语义

对于命题逻辑公式而言，一个模型不过是对出现在该公式中的每个原子命题赋真值——在第一章中，称这样的模型为赋值。然而，模型的这个概念对于模态逻辑是不充分的，因为要区分真值的不同模式或程度。

定义 5.3   基本模态逻辑的一个模型 $\mathcal{M}$ 由三项内容确定：

1. 一个集合 W，它的元素称为世界；
2. 一个 W 上的关系 $R(R \subseteq W \times W)$，称为可达关系；
3. 一个函数 $L: W \to \mathcal{P}(\text{Atoms})$，称为标识函数。

我们用 $R(x, y)$ 表示 (x, y) 在 R 中。

这些模型经常称为 Kripke 模型（Kripke models），这是为了纪念 S. Kripke 发明了这些模型并且在 20 世纪 50 年代和 60 年代在模态逻辑方面做了大量工作。直观上讲，$w \in W$ 代表一种可能的世界，而 $R(w, w')$ 意味着世界 w' 可从世界 w 到达。这个关系的实际特性依赖于想要建模的事物。尽管模型的定义看起来相当复杂，但可以用简单的图形记号描绘有限模型。我们用一个例子说明这种图形记号。假设 W 等于 $\{x_1, x_2, x_3, x_4, x_5, x_6\}$，且关系 R 给出如下：

· $R(x_1, x_2)$, $R(x_1, x_3)$, $R(x_2, x_2)$, $R(x_2, x_3)$, $R(x_3, x_2)$, $R(x_4, x_5)$, $R(x_5, x_4)$, $R(x_5, x_6)$，且没有其他对通过 R 相关。

进而假设标识函数作用如下：

x	x_1	x_2	x_3	x_4	x_5	x_6
$L(x)$	$\{q\}$	$\{p, q\}$	$\{p\}$	$\{q\}$	$\varnothing$	$\{p\}$

那么，这个 Kripke 模型可用图 5-3 说明。集合 W 用一组圆圈画出，圆圈之间的箭头显示了关系 R。每个圆圈内部写有标识函数关于该世界的值。如果你已经读过第 3 章，那么你可能已经注意到 Kripke 模型结构也是 CTL 模型，W 是 S（状态集合）；R 是 →（状态迁移关系）；而 L 是标识函数。

定义 5.4   设 $\mathcal{M} = (W, R, L)$ 是基本模态逻辑的一个模型。假设 $x \in W$ 且 ϕ 是如式（5-1）的一个公式。我们将定义在世界 x 中，公式 ϕ 何时为真。通过对 ϕ 结构归纳，定义满足关系 $x \Vdash \phi$ 来完成这个定义：

$$x \Vdash \top$$
$$x \nVdash \bot$$
$$x \Vdash p \text{ 当且仅当 } p \in L(x)$$
$$x \Vdash \neg\phi \text{ 当且仅当 } x \nVdash \phi$$
$$x \Vdash \phi \wedge \psi \text{ 当且仅当 } x \Vdash \phi \text{ 且 } x \Vdash \psi$$
$$x \Vdash \phi \vee \psi \text{ 当且仅当 } x \Vdash \phi, \text{或者} x \Vdash \psi$$

$x \Vdash \phi \rightarrow \psi$ 当且仅当只要有 $x \Vdash \phi$，则有 $x \Vdash \psi$

$x \Vdash \phi \leftrightarrow \psi$ 当且仅当（$x \Vdash \phi$ 当且仅当 $x \Vdash \psi$）

$x \Vdash \Box\psi$ 当且仅当对满足 $R(x,y)$ 的每个 $y \in W$，有 $y \Vdash \psi$

$x \Vdash \Diamond\psi$ 当且仅当存在 $y \in W$，使得 $R(x,y)$ 且 $y \Vdash \psi$

当 $x \Vdash \phi$ 成立时，我们说"x 满足 ϕ"，或"ϕ 在世界 x 中为真"。如果想强调 $x \Vdash \phi$ 在模型 $\mathcal{M}$ 中成立，则记 $\mathcal{M}, x \Vdash \phi$。

前两个句子不过表示了 $\top$ 总是真、而 $\bot$ 总是假这个事实。其次，我们看 $L(x)$ 是在 x 为真的全体原子公式的集合。关于布尔连接词（$\neg$，$\wedge$，$\vee$，$\rightarrow$ 和 $\leftrightarrow$）的句子也应是直接的：它们意味着在当前世界 x 中应用这些连接词通常的真值表语义。感兴趣的情形是关于 $\Box$ 和 $\Diamond$ 的句子。为使 $\Box\phi$ 在 x 为真，要求在由 x 通过 R 可达的所有世界中，ϕ 为真。对 $\Diamond\phi$ 来说，要求至少存在一个 ϕ，在其中为真的可达世界。因此，$\Box$ 和 $\Diamond$ 有点像谓词逻辑中的量词 $\forall$ 和 $\exists$，只是不以变量作为参量。这个事实使得它们在概念上比量词简单得多。模态算子 $\Box$ 和 $\Diamond$ 也很像 CTL 中的 AX 和 EX，见 3.4.1 节。注意 $\phi_1 \leftrightarrow \phi_2$ 的含义与 $(\phi_1 \rightarrow \phi_2) \wedge (\phi_2 \rightarrow \phi_1)$ 的含义是一致的，称为"当且仅当"。

定义 5.5　如果该模型中的每个世界都满足该公式，称基本模态逻辑的模型 $\mathcal{M} = (W, R, L)$ 满足一个公式。于是，写 $\mathcal{M} \models \phi$ 当且仅当对每个 $x \in W$，$x \Vdash \phi$。

例 5.6　考虑图 5-3 中的 Kripke 模型。我们有：

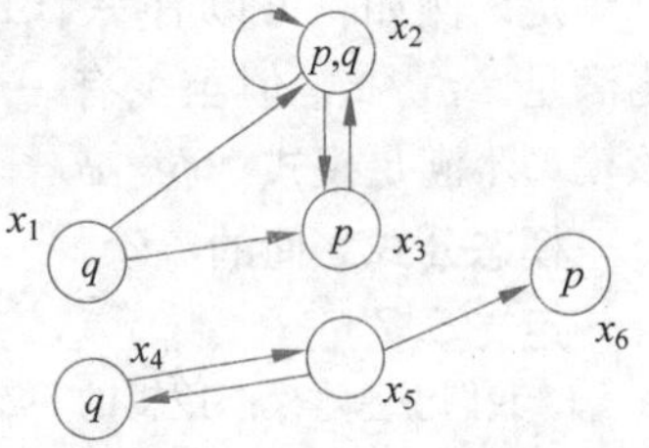

图 5-3　一个 Kripke 模型

- $x_1 \Vdash q$，因为 $q \in L(x_1)$。
- $x_1 \Vdash \Diamond q$，因为有一个从 x_1 可达的世界（即 x_2）满足 q。用数学记号：$R(x_1, x_2)$，且 $x_2 \Vdash q$。
- 然而，$x_1 \nVdash \Box q$。这是因为 $x_1 \Vdash \Box q$ 是说从 x_1 可达的所有世界（即 x_2 和 x_3）都满足 q；但 x_3 不满足 q。
- $x_5 \nVdash \Box p$ 且 $x_5 \nVdash \Box q$。此外，$x_5 \nVdash \Box p \vee \Box q$。然而，$x_5 \Vdash \Box(p \vee q)$。

为看到这些事实，注意由 x_5 可达的世界是 x_4 和 x_6。因为 $x_4 \nVdash p$，我们有 $x_5 \nVdash \Box p$；又因为 $x_6 \nVdash q$，我们有 $x_5 \nVdash \Box q$。因此，得到 $x_5 \nVdash \Box p \vee \Box q$。然而，$x_5 \Vdash \Box(p \vee q)$ 成立，因为在 x_4 和 x_6 中的任何一个，我们都能找到 p 或 q。

- 满足 $\Box p \rightarrow p$ 的世界是 x_2，x_3，x_4，x_5 和 x_6；对 x_2，x_3 和 x_6，因为它们已经满足 p，也如此；对于 x_4，上述事实为真，因为它不满足 $\Box p$。有 $R(x_4, x_5)$，而 x_5 不满足 p；类似的推理也适用于 x_5。至于 x_1，它不能满足 $\Box p \rightarrow p$，因为它满足 $\Box p$，但不满足 p 本身。

在模态逻辑中，像 x_6 那样的世界值得我们特别关注：从它出发没有可达的世界。注意到无论 ϕ 是什么，都有 $x_6 \nVdash \Diamond\phi$，因为 $\Diamond\phi$ 说的是："有一个满足 ϕ 的可达世界"。特别地，"有一个可达世界"，而在 x_6 的情形没有。即使当 ϕ 是 $\top$ 时，仍有 $x_6 \nVdash \Diamond\top$。因此，尽管每个世界均满足 $\top$，但却未必满足 $\Diamond\top$。事实上，$x \Vdash \Diamond\top$ 成立，当且仅当 x 至少有一个可达世界。

在没有可达世界的世界中，对于 $\Box\phi$ 的满足存在一种对偶情况。无论 ϕ 是什么，我们发现 $x_6 \Vdash \Box\phi$ 总成立。这是因为 $x_6 \Vdash \Box\phi$ 说的是在所有从 x_6 可达的世界中 ϕ 为真。没有这样的世界，故 ϕ 在所有这样的世界中也就平凡地为真：只不过是因为没有什么需要验证的。"对所有可达世界"这种解释可能令人惊讶，但它确保了以下所说的关于矩形和菱形模态词的德·摩根定律成立。甚至 $\Box\bot$ 在 x_6 也为真。如果你想使某人确信 $\Box\bot$ 在 x_6 不真，你必须证明存在一个从 x_6 可达的世界，在那个世界中 $\bot$ 不真。但你做不到，因为从 x_6 没有可达世界。因此，尽管在每个世界中⊥都是假的，□⊥却可能非假。事实上，$x \Vdash \Box\bot$ 成立，当且仅当 x 没有可达世界。

公式与公式模式　给定原子公式集，式(5-1)中的语法精确地规定了基本模态逻辑的公式。例如，$p \to \Box \Diamond p$ 是这样的一个公式。有时，谈论有相同"形状"的整个公式族是有用的，此处称为公式模式(formula schemes)。例如，$\phi \to \Box \Diamond \phi$ 是一个公式模式。任何具有某个特定公式模式的形状的公式称为该模式的一个实例。例如，

- $p \to \Box \Diamond p$
- $q \to \Box \Diamond q$
- $(p \wedge \Diamond q) \to \Box \Diamond (p \wedge \Diamond q)$

都是模式 $\phi \to \Box \Diamond \phi$ 的实例。命题逻辑的公式模式的一个例子是 $\phi \wedge \psi \to \psi$。我们可以把公式模式看成一棵待规定的语法分析树，该树的一些特定部分仍然需要提供。例如，图 5-4 中可找到 $\phi \to \Box \Diamond \phi$ 的语法分析树。

从语义上看，一个模式可以视为其所有实例的合取，因为一般有无限多个这样的实例，在语法上是无法实现的。我们说一个世界/模型满足一个模式，如果它满足其所有实例。注意，在 Kripke 模型中，满足实例并不蕴涵整个模式都满足。例如，可以有一个 Kripke 模型，其中的所有世界均满足 $\neg p \vee q$，但至少有一个世界不满足 $\neg q \vee p$。因此，该模型不满足模式 $\neg \phi \vee \psi$。

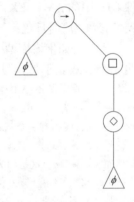

图 5-4　公式模式 $\phi \to \Box \Diamond \phi$ 的
语法分析树

模态公式之间的等价

定义 5.7

1. 我们说基本模态逻辑的一个公式集 Γ 语义地导出基本模态逻辑公式 ψ，如果对任何模型 $M = (W, R, L)$ 中的任何世界 x，只要对所有 $\phi \in \Gamma$ 均满足 $x \Vdash \phi$，就有 $x \Vdash \psi$。在这种情况下，我们说 $\Gamma \vDash \psi$ 成立。

2. 我们说 ϕ 和 ψ 是语义等价的，如果 $\phi \vDash \psi$ 和 $\psi \vDash \phi$ 成立。我们将语义等价记为 $\phi \equiv \psi$。

注意，$\phi \equiv \psi$ 成立，当且仅当任何模型中的任何世界，只要满足其中一个就满足另一个。与命题逻辑对应的情况相仿，语义等价的定义基于语义推导。然而，模态逻辑语义推导的基础概念是相当不同的，如我们将很快看到的。

命题逻辑中的任何等价也是模态逻辑中的等价。事实上，如果我们取命题逻辑中的任何等价，并将原子一致地代换成任意模态逻辑公式，结果还是模态逻辑中的等价。例如，取等价的公式 $p \to \neg q$ 和 $\neg(p \wedge q)$，现在实施代换

$$p \mapsto \Box p \wedge (q \to p)$$

$$q \mapsto r \mapsto \Diamond(q \vee p)$$

这个替换的结果是一对公式

$$\Box p \wedge (q \to p) \to \neg(r \to \Diamond(q \vee p))$$

$$\neg((\Box p \wedge (q \to p)) \wedge (r \to \Diamond(q \vee p)))　\qquad(5\text{-}2)$$

它们作为基本模态逻辑的公式是等价的。

我们已经注意到□是关于可达世界的全称量词，而◇是相应的存在量词。鉴于这些事实，发现德·摩根定律也适用于□和◇也就不足为奇了：

$$\neg \Box \phi \equiv \Diamond \neg \phi \text{ 且} \neg \Diamond \phi \equiv \Box \neg \phi$$

此外，$\Box$ 关于 $\wedge$ 满足分配律，$\Diamond$ 关于 $\vee$ 满足分配律：

$$\Box(\phi \wedge \psi) \equiv \Box \phi \wedge \Box \psi \text{ 且} \Diamond(\phi \vee \psi) \equiv \Diamond \phi \vee \Diamond \psi$$

这些等价密切对应于 2.3.2 节中讨论的量词等价。发现下述结论也毫不奇怪：$\Box$ 关于 $\vee$ 不是分配的、$\Diamond$ 关于 $\wedge$ 不是分配的，即在 $\Box(\phi \vee \psi)$ 与 $\Box \phi \vee \Box \psi$ 之间，或 $\Diamond(\phi \wedge \psi)$ 与 $\Diamond \phi \wedge \Diamond \psi$ 之间没有等价。例如，在例 5.6 的第 4 项中，有 $x_5 \Vdash \Box(p \vee q)$ 和 $x_5 \nVdash \Box p \vee \Box q$。

注意，如前面已经看到的，$\Box \top$ 等价于 $\top$，但不等价于 $\Diamond \top$。类似地，$\Diamond \bot \equiv \bot$，但它们不等价于 $\Box \bot$。

另一个等价是 $\Diamond \top \equiv \Box p \rightarrow \Diamond p$。假定 $x \Vdash \Diamond \top$，即 x 有一个可达世界比如说 y，并假设 $x \Vdash \Box p$，则 $y \Vdash p$，所以 $x \Vdash \Diamond p$。反之，假定 $x \Vdash \Box p \rightarrow \Diamond p$，必须证明它满足 $\Diamond \top$。我们来区分 $x \Vdash \Box p$ 和 $x \nVdash \Box p$ 的情形。对前一种情况，由 $x \Vdash \Box p \rightarrow \Diamond p$ 得到 $x \Vdash \Diamond p$，因此 x 一定有可达的世界；对后一种情况，为了避免满足 $\Box p$，x 也一定有可达世界。不管哪种情况，x 都有可达世界，即 x 满足 $\Diamond \top$。自然，这一论证对任何公式 ϕ 都有效，而不仅是对原子 p。

有效公式

定义 5.8   基本模态逻辑的公式 ϕ 称为有效，如果它在任何模型的任何世界中都为真，即当且仅当 $\vDash \phi$ 成立。

任何命题重言式是有效公式，因此它的任何代换实例也是有效公式。一个公式的代换实例就是将该公式中的原子（像式 (5-2) 那样）统一地代换为其他公式所得到的结果。例如，因为 $p \vee \neg p$ 是一个重言式，实施代换 $p \mapsto \Box p \wedge (q \rightarrow p)$ 给出有效公式 $(\Box p \wedge (q \rightarrow p)) \vee \neg(\Box p \wedge (q \rightarrow p))$。

如上述等价所期待的，下面这些公式是有效的：

$$\neg \Box \phi \leftrightarrow \Diamond \neg \phi$$
$$\Box(\phi \wedge \psi) \leftrightarrow \Box \phi \wedge \Box \psi \qquad (5\text{-}3)$$
$$\Diamond(\phi \vee \psi) \leftrightarrow \Diamond \phi \vee \Diamond \psi$$

为证明第一个公式是有效的，做如下推理。假设 x 是模型 $\mathcal{M} = (W, R, L)$ 中的一个世界。证明 $x \Vdash \neg \Box \phi \leftrightarrow \Diamond \neg \phi$，即 $x \Vdash \neg \Box \phi$ 当且仅当 $x \Vdash \Diamond \neg \phi$。应用定义 5.4，

$x \Vdash \neg \Box \phi$

当且仅当 $x \Vdash \Box \phi$ 不成立

当且仅当对满足 $R(x, y)$ 的所有 y，$y \Vdash \phi$ 不成立

当且仅当存在某个满足 $R(x, y)$ 的 y，不满足 $y \Vdash \phi$

当且仅当存在某个满足 $R(x, y)$ 的 y，且 $y \Vdash \neg \phi$

当且仅当 $x \Vdash \Diamond \neg \phi$。

另外两个公式的有效性也是类似的例行证明，故留作练习。

另一个可看作有效的重要公式如下：

$$\Box(\phi \rightarrow \psi) \wedge \Box \phi \rightarrow \Box \psi$$

有时这个公式写成不太直观的等价形式 $\Box(\phi \rightarrow \psi) \rightarrow (\Box \phi \rightarrow \Box \psi)$。在大多数关于模态逻辑的书中，这个公式模式称为 K，以纪念逻辑学家 S. Kripke，前面我们已经提到，他发明了定义 5.4 中所谓的"可能世界语义"（见图 5-5）。

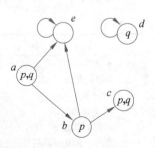

图 5-5   另一个 Kripke 模型

为看出 K 是有效的，再次假设有模型 $\mathcal{M} = (W, R, L)$ 中的某个世界 x。我们需要证明 $x \Vdash \Box(\phi \to \psi) \wedge \Box \phi \to \Box \psi$。仍然参考定义 5.4，假定 $x \Vdash \Box(\phi \to \psi) \wedge \Box \phi$，尝试证明 $x \Vdash \Box \psi$：

$x \Vdash \Box(\phi \to \psi) \wedge \Box \phi$

当且仅当 $x \Vdash \Box(\phi \to \psi)$ 且 $x \Vdash \Box \phi$

当且仅当对所有满足 $R(x, y)$ 的 y，有 $y \Vdash \phi \to \psi$ 和 $y \Vdash \phi$ 蕴涵对所有满足 $R(x, y)$ 的 y，有 $y \Vdash \psi$

当且仅当 $x \Vdash \Box \psi$。

在基本模态逻辑中，再没有其他有趣的有效公式了。稍后，我们将在扩展的模态逻辑中看到另外一些有趣的有效公式。

5.3　逻辑工程

考察了基本模态逻辑的框架后，现在我们转向本章，开始讨论如何将真值的不同模式形式化的问题。基本框架是相当概括的，可以按各种方式加以细化，以得到适合期望的应用的属性。逻辑工程就是将工程逻辑适合新应用的学科。它是潜在的、非常广泛的学科，涉及逻辑、计算机科学和数学的所有分支。然而，在本章仅限于特殊的模态逻辑工程。

我们将考虑如何重塑(re-engineer)基本模态逻辑，以适合 $\Box \phi$ 的下列含义：

- ϕ 必然真
- ϕ 将总是真
- 应该是 ϕ
- 代理 Q 相信 ϕ
- 代理 Q 知道 ϕ
- 在程序 P 的任何执行后，ϕ 成立。

因为模态逻辑自动给出连接词 $\Diamond$(等价于 $\neg \Box \neg$)，我们可以找出系统中 $\Diamond$ 的对应含义。例如，"非 ϕ 未必真"意味着 ϕ 可能是真的。可按下面步骤得出上述结论：

$$\phi \text{ 未必真} = \text{非} \phi \text{ 可能}(\text{真})。$$

因此，

$$\text{非} \phi \text{ 未必真} = \text{非非} \phi \text{ 可能}(\text{真}) = \phi \text{ 可能}(\text{真})$$

把上述步骤用于 $\Box \phi$ 的含义"代理 Q 知道 ϕ"。那么，$\Diamond \phi$ 读作：

代理 Q 不知道非 ϕ = 就 Q 的知识而言，可能是 ϕ

= ϕ 与代理 Q 所知道的相容

= 就代理 Q 的全部所知，ϕ(为真)。

对其他模式，$\Diamond$ 的含义在表 5-1 中给出。

表 5-1　对 $\Box$ 的每种含义，相应的 $\Diamond$ 的含义

$\Box \phi$	$\Diamond \phi$
ϕ 必然真	ϕ 可能为真
ϕ 将总是真	ϕ 在未来某时(为真)
应该是 ϕ	允许是 ϕ
代理 Q 相信 ϕ	ϕ 与 Q 的信念相一致
代理 Q 知道 ϕ	就 Q 的全部所知，ϕ(为真)
程序 P 的任意执行后，ϕ 成立	程序 P 的某次执行后，ϕ 成立

5.3.1　有效公式储备

在上一节中，我们看到了基本模态逻辑的一些有效公式，像公理模式 K：$\Box(\phi\to\psi)\to$ $(\Box\phi\to\Box\psi)$ 以及式(5-3)中的模式。很多其他公式，如

- $\Box p\to p$
- $\Box p\to\Box\Box p$
- $\neg\Box p\to\Box\neg\Box p$
- $\Diamond\top$

都不是有效的。例如，对上述的每个公式，图 5-3 所示的 Kripke 模型中都存在一个不满足该公式的世界。世界 x_1 满足 $\Box p$，但不满足 p，因此不满足 $\Box p\to p$。如果把 $R(x_2, x_1)$ 添加到模型中，则 x_1 仍满足 $\Box p$，但不满足 $\Box\Box p$。因此，x_1 不满足 $\Box p\to\Box\Box p$。如果将 $L(x_4)$ 改为 $\{p, q\}$，那么 x_4 不满足 $\neg\Box p\to\Box\neg\Box p$，因为它满足 $\neg\Box p$。但它不满足 $\Box\neg\Box p$，所以路径 $R(x_4, x_5)R(x_5, x_4)$ 可作为一个反例。最后，x_6 不满足 $\Diamond\top$，因为这个公式说的是有一个满足 $\top$ 的可达世界，而实际并非如此。

然而，如果建构一种把握必然性概念的逻辑，必须使 $\Box p\to p$ 是有效的，因为任何必然为真（necessarily true）的事情也一定是真的。类似地，在 $\Box p$ 的含义为"代理 Q 知道 p"的情况下，期望 $\Box p\to p$ 是有效的，因为任何已知的事物一定也是真的。我们不能*知道*某件假的事情。然而，我们可以*相信*假的东西，因此，在信念逻辑的情形，我们不能期望 $\Box p\to p$ 是有效的。

逻辑工程的部分工作就是确定什么样的公式模式应该有效，并且勾勒出恰好使这些公式模式为有效的逻辑。

表 5-2 显示了对□的六种有趣的解读和八个公式模式。对每种解读和每个公式模式，我们决定是否应该期望这种模式有效。注意，只有当 ϕ 和 ψ 的所有情形，公式模式都应该有效时，我们才打一个对钩。如果一个公式模式对某些情况可能有效，而对另外一些情况不然，那么我们就打一个叉。

表 5-2　关于□的这些解读，哪些公式模式应该成立

□φ	□φ→φ	□φ→□□φ	◇φ→□◇φ	◇⊤	□φ→◇φ	□φ∨□¬φ	□(φ→ψ)∧□φ→□ψ	□φ∧◇ψ→◇(φ∧ψ)
φ 必然真	✓	✓	✓	✓	✓	✗	✓	✗
φ 将总是真	✗	✓	✗	✗	✗	✓	✓	✗
应该是 φ	✗	✓	✗	✗	✗	✗	✓	✗
代理 Q 相信 φ	✗	✓	✓	✗	✗	✗	✓	✗
代理 Q 知道 φ	✓	✓	✓	✓	✓	✗	✓	✗
程序 P 的任意执行后，φ 成立	✗	✗	✗	✗	✗	✗	✗	✗

表 5-2 有许多值得关注的要点。首先，观察到一些位置上应该标对钩还是叉是很有争议的。为了化解含义含混之处，需要将正试图形式化的真值概念叙述得精确些。

必然性。 当我们问自己 $\Box\phi\to\Box\Box\phi$ 和 $\Diamond\phi\to\Box\Diamond\phi$ 是否应该有效时，似乎依赖于我们所参考的必然概念。如果必然必定是必然的，则这些公式是有效的。如果处理的是*物理必然*（physical necessity），那么相当于：宇宙定律本身是否必然？即：它能否得到其自身应该是宇宙的定律？答案看起来是否定的。然而，如果我们指的是*逻辑必然*（logical necessity），那

我们的答案似乎应该是肯定的，因为逻辑定律被认为是那些真值不能被否认的论断。我们在上表中各行的填充是以逻辑必然的理解为基础的。

未来总是。 必须把未来是否包含现在精确化。这恰好是公式 $\Box\phi\to\phi$ 所陈述的。未来是否包括现在只是一个约定。在第 3 章中，我们看到 CTL 采用了"未来包括现在"的约定。因此，为了体现多样性，我们假定在表格的这一行中未来不包括现在。这意味着 $\Box\phi\to\phi$ 不成立。那么 $\Diamond\top$ 呢？它是说存在一个未来世界，使 $\top$ 为真。特别地，应该存在一个未来世界，即时间没有尽头。我们是否把这视为真或假精确地依赖于我们试图建模的"未来"概念。在第 3 章的 CTL 中，假定了 $\Diamond\top$ 的有效性，因为这导致模型检测算法的更简单表示，但也可以选择其他方法进行建模，如表 5-2。

应该。 此时，公式 $\Box\phi\to\Box\Box\phi$ 和 $\Diamond\phi\to\Box\Diamond\phi$ 叙述的是我们接受的道德准则是道德本身强制于我们的。这看起来不符合事实。例如，我们可以相信"我们系安全带是应该的"，但这并不强迫我们相信"我们系安全带应该是应该的"。然而，凡应该如此的事情都应允许如此。因此，$\Box\phi\to\Diamond\phi$。

信念。 要确定是否有 $\Diamond\top$，我们将其表达为 $\neg\Box\bot$，因为它们是语义等价的。它说的是代理 Q 不相信任何矛盾。我们必须明确，是否在建模人类，带有所有的怪僻以及经常明显是矛盾的信念的人类；或者是否在建模在逻辑上是万能的理想化代理，即它们能得出关于信念的逻辑结论。我们趋向于建模后一概念。当我们考虑，比如 $\Diamond\phi\to\Box\Diamond\phi$ 时，也会出现同样的问题：我们将其重写为 $\neg\Box\psi\to\Box\neg\Box\psi$。它说的是：如果代理 Q 不相信某件事情，那么他相信他不相信它。公式 $\Box\phi\lor\Box\neg\phi$ 的有效性将意味着 Q 对每件事情都有一种观点。我们认为这不太可能。那么 $\Diamond\phi\land\Diamond\psi\to\Diamond(\phi\land\psi)$ 呢？我们将其重写为 $\neg\Diamond(\phi\land\psi)\to\neg(\Diamond\phi\land\Diamond\psi)$，即 $\Box(\neg\phi\lor\neg\psi)\to(\Box\neg\phi\lor\Box\neg\psi)$ 或者，如果我们将否定包含在 ϕ 和 ψ 中，即公式 $\Box(\phi\lor\psi)\to(\Box\phi\lor\Box\psi)$。这似乎不是有效的，因为代理 Q 可能处于：他或她相信在红盒子里或绿盒子里有一把钥匙，却无须相信钥匙在红盒子里，也无须相信钥匙在绿盒子里。

知识。 看起来只有表 5-2 中的第一个公式与信念有所不同，尽管代理 Q 可以有错误的信念，但它只能*知道*哪个是真。在知识的情形，公式 $\Box\phi\to\Box\Box\phi$ 和 $\neg\Box\psi\to\Box\neg\Box\psi$ 分别称为**正反省**（positive introspection）和**负反省**（negative introspection），因为它们叙述的是代理可以对其知识进行反省。如果她知道某件事情，她知道她知道它；而如果她不知道某件事，她也知道她不知道它。显然，这表示了**理想化知识**，因为大多数人类，即便绞尽脑汁、筋疲力尽，也不会满足这些属性。公式模式 K 在知识逻辑中有时指为**逻辑万能**（logical omniscience），因为它说代理的知识在逻辑推论下是封闭的。这意味着代理知道他所知道的任何事情的所有结论，很遗憾（或者是幸运？），这只对理想化的代理而非人类为真。

程序执行。 此时，我们的公式看起来成立的并不多。模式 $\Box\phi\to\Box\Box\phi$ 说运行程序两次与运行一次是相同的，这对从你银行账户上提款的程序来说显然是错误的。公式 $\Diamond\top$ 说的是存在一次可以终止的程序运行；这对某些程序是不真的。

在上一节中，公式模式 $\Diamond\top$ 和 $\Box\phi\to\phi$ 视为等价的，我们确实看到它们得到相同的对钩和叉。我们也可以证明 $\Box\phi\to\phi$ 可推导出 $\Diamond\top$，即 $(\Box\phi\to\phi)\to\Diamond\top$ 是有效的。所以，只要前者得到一个对钩，后者应该也是对钩。正如可对表 5-2 进行的验证，事实确实如此。

5.3.2 可达关系的重要性质

到现在为止已经就 $\Box$ 的不同解读，确定什么公式应该有效的水平下塑造了逻辑。我们还可以在 Kripke 模型的水平塑造逻辑。对 □ 的六种解读中的每一个，都有可达关系 R 相应的解读，这种解读提示 R 将具有特定的性质，如自反性和传递性。

我们从必然开始。定义 5.4 的句子

$$x \Vdash \Box \psi \text{ 当且仅当对每个满足 } R(x,y) \text{ 的 } y \in W, \text{有 } y \Vdash \psi$$
$$x \Vdash \Diamond \psi \text{ 当且仅当存在一个满足 } R(x,y) \text{ 的 } y \in W, \text{且 } y \Vdash \psi$$

告诉我们：在 x 处 φ 必然为真，如果 φ 在以某种方式从 x 可达的所有世界 y 中为真；但以何种方式可达？直观上看，如果 φ 在所有可能世界中为真，φ 必然真，所以 $R(x, y)$ 应解释为：根据 x 处的信息，y 是一个可能的世界。

在知识的情形，我们认为 $R(x, y)$ 说的是：根据代理 Q 在 x 的知识，y 可能是实际的世界。换言之，如果实际的世界是 x，那么代理 Q（不是万能的）不能排除它是 y 的可能性。如果把这个定义插入上面关于 $x \Vdash \Box \phi$ 的句子中，我们发现代理 Q 知道 φ，当且仅当就他全部所知，在所有可能是实际世界的世界中，φ 为真。对 □ 的六种解读的每一种，R 的含意如表 5-3 所示。

表 5-3　对 □ 的每种解读，给出 R 的含义

□ φ	$R(x, y)$
φ 必然真	根据在 x 处的信息，y 是可能世界
φ 总是真	y 是 x 的一个未来世界
应该是 φ	根据在 x 处的信息，y 是一个可接受的世界
代理 Q 相信 φ	根据 Q 在 x 处的信念，y 可能是实际的世界
代理 Q 知道 φ	根据 Q 在 x 处的知识，y 可能是实际的世界
P 的任何执行后，φ 成立	P 在 x 处执行后，y 是一个可能的结果状态

回顾一下，给定的二元关系 R 可以是：
- 自反的：如果对每个 $x \in W$，有 $R(x, x)$；
- 对称的：如果对每个 $x, y \in W$，有 $R(x, y)$ 蕴涵 $R(y, x)$；
- 串行的：如果对每个 x，存在一个 y，使得 $R(x, y)$；
- 传递的：如果对每个 $x, y, z \in W$，有：$R(x, y)$ 和 $R(y, z)$ 蕴涵 $R(x, z)$；
- 欧几里得的：如果对满足 $R(x, y)$ 和 $R(x, z)$ 的每个 $x, y, z \in W$，有 $R(y, z)$；
- 函数的：如果对每个 x，存在唯一的 y 满足 $R(x, y)$；
- 前向线性的：如果对每个 $x, y, z \in W$，有 $R(x, y)$ 和 $R(x, z)$ 一起蕴涵 $R(y, z)$ 或者 $y = z$，或者 $R(z, y)$；
- 完全的：如果对每个 $x, y \in W$，有 $R(x, y)$ 或 $R(y, x)$；
- 等价关系：如果它是自反的、对称的和传递的。

现在，我们考虑如下问题：根据对 R 的不同解读，我们期望 R 具有这些属性中的哪些？

例 5.9　如果 □ φ 意味着"代理 Q 知道 φ"，那么 $R(x, y)$ 的含义是：根据 Q 在 x 处的知识，y 是实际世界。

- R 应该是自反的吗？这就是说：根据 Q 在 x 处的知识，x 可以是实际的世界。换言之，Q 不能知道与真实情况不同的事物，即 Q 不能有假的知识。我们期望 R 具备的一个属性。此外，它似乎依赖于同样的直觉，即假知识的不可能性，因为公式 $\Box \phi \rightarrow \phi$ 的有效性。事实上，如我们稍后将看到的，这个公式的有效性和自反性是密切相关的。
- R 应该是传递的吗？就是说：如果根据 Q 在 x 处的知识，y 是可能的，且根据它在 y 处的知识，z 是可能的，那么根据在 x 处的知识，z 是可能的。

因此，这看来是真的。因为假设它不真，即在 x 处，她知道某件事情使 z 不能成为真实世界。那么，在 x 处她将知道她知道这件事。因此，她将知道在 y 处的某件事情使 z 不能成为真实世界；这与我们的前提矛盾。

在这个论述中，依赖于正内省，即公式 $\Box\phi\to\Box\Box\phi$。同样，很快就会看到，R 是传递的与这个公式的有效性之间有密切的对应。

5.3.3 对应理论

在上一节中我们看到：在 $\Box\phi\to\phi$ 的有效性与可达关系 R 的自反性之间似乎有对应。它们之间的联系是：二者都依赖于以下直觉：代理所知的任何事物都是真的。此外，在 $\Box\phi\to\Box\Box\phi$ 与 R 的传递性之间似乎也有对应；两者看来都断言了正内省的性质，即知道的事物是知道已经知道的。

本节中我们将看到，在这些公式和 R 的性质之间有精确的数学关系。事实上，每个公式模式都对应有 R 的一个性质。从逻辑工程的观点看，看到这个关系是非常重要的，因为它帮助我们理解所研究的逻辑。例如，如果你相信正在塑造的模态逻辑系统中一个特定的公式模式应该被接受，那么值得考察 R 的对应性质并检验该性质对应用也有意义。再者，某些公式的意义看起来难以理解，因此考察 R 的对应性质可能有所帮助。

为了陈述公式模式与其对应性质之间的关系，需要（模态）标架的概念。

定义 5.10　标架 $\mathcal{F}=(W,R)$ 是一个世界的集合 W 和 W 上的二元关系 R。

标架就像 Kripke 模型（定义 5.3）一样，差别仅在于没有标识函数。通过忘掉标识函数就可以从任何模型中抽取一个标架。例如，图 5-6 显示了从图 5-3 的 Kripke 模型抽取的标架。标架不过是世界的一个集合和它们之间的一个可达关系。它没有关于在不同世界里哪些原子公式为真的信息。然而，有时说标架作为一个整体使一个公式有效。其定义如下。

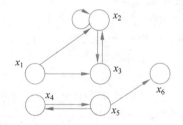

图 5-6　图 5-3 中模型的标架

定义 5.11　标架 $\mathcal{F}=(W,R)$ 使基本模态逻辑公式 ϕ 有效，如果对每个标识函数 $L:W\to\mathcal{P}(\mathrm{Atoms})$ 及每个 $w\in W$，关系 $\mathcal{M},w\Vdash\phi$ 成立，其中 $\mathcal{M}=(W,R,L)$，根据定义 5.4，$\mathcal{M},w\Vdash\phi$。此时，我们说 $\mathcal{F}\vDash\phi$ 成立。

可以证明：如果一个标架使一个公式有效，那么它也使该公式的每个代换实例有效。反之，如果标架使一个公式模式的一个实例有效，那么它也使该模式有效。这与模型形成了鲜明的对照。例如，图 5-3 的模型使 $p\vee\Diamond p\vee\Diamond\Diamond p$ 有效，但不使 $\phi\vee\Diamond\phi\vee\Diamond\Diamond\phi$ 的每个实例有效，比如 x_6 不使 $q\vee\Diamond q\vee\Diamond\Diamond q$ 有效。因为标架不包括关于原子命题真假的任何信息，所以它们不能区分不同的原子。因而，如果标架使一个公式有效，则它也使采用 $\phi,\psi,\cdots$ 替换该公式的原子 $p,q,\cdots$ 所得到的公式模式有效。

例 5.12　考虑图 5-7 中的标架 $\mathcal{F}$。

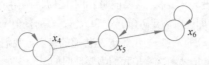

图 5-7　另一个标架

1. $\mathcal{F}$ 使公式 $\square p \rightarrow p$ 有效。为看到这一点，必须考虑该标架的任意标识函数，共有 8 种这样的标识函数，因为在三种世界中的每个世界里，p 都可能为真或为假，证明对每个标识函数，每个世界都满足该公式。我们不实际证明，而是给出一个通用的论述：设 x 是任何世界，假定 $x \Vdash \square p$，证明 $x \Vdash p$。我们知道 $R(x, x)$，因为图中的每个 x 都是从自身可达的；故由定义 5.4 中关于 $\square$ 的句子，得到 $x \Vdash p$。

2. 因此，我们的标架 $\mathcal{F}$ 使这种形状的任何公式有效，即它使公式模式 $\square \phi \rightarrow \phi$ 有效。

3. 这个标架不使公式 $\square p \rightarrow \square \square p$ 有效。因为假设取图 5-8 的标识函数，那么 $x_4 \Vdash \square p$，但 $x_4 \nVdash \square \square p$。

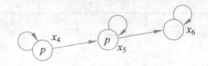

图 5-8　一个模型

如果考虑为什么图 5-7 的标架使 $\square p \rightarrow p$ 有效而不使 $\square p \rightarrow \square \square p$ 有效，你也许会猜到下面的定理：

定理 5.13　设 $\mathcal{F} = (W, R)$ 是一个标架。

1. 下列叙述是等价的：

—R 是自反的；

—$\mathcal{F}$ 使 $\square \phi \rightarrow \phi$ 有效；

—$\mathcal{F}$ 使 $\square p \rightarrow p$ 有效。

2. 下列叙述是等价的：

—R 是传递的；

—$\mathcal{F}$ 使 $\square \phi \rightarrow \square \square \phi$ 有效；

—$\mathcal{F}$ 使 $\square p \rightarrow \square \square p$ 有效。

证明　第 1 项和第 2 项要求证明三件事：（a）若 R 有性质，则标架使公式模式有效；（b）若标架使公式模式有效，则它使其实例有效；（c）若标架使公式实例有效，则 R 有该性质。

1.（a）假定 R 是自反的。设 L 是一个标识函数，那么 $\mathcal{M} = (W, R, L)$ 是基本模态逻辑的一个模型。需要证明 $\mathcal{M} \models \square \phi \rightarrow \phi$。这意味着需要证明：对任何 $x \in W$，$x \Vdash \square \phi \rightarrow \phi$。因此，选取任意 x。使用定义 5.4 关于蕴涵的句子。假定 $x \Vdash \square \phi$，因为 $R(x, x)$，由定义 5.4 关于 $\square$ 的句子，直接可得 $x \Vdash \phi$。所以，证明了 $x \Vdash \square \phi \rightarrow \phi$。

（b）只需令 ϕ 为 p。

（c）假定标架使 $\square p \rightarrow p$ 有效。任取 x，要证明 $R(x, x)$。取一个标识函数 L，使得 $p \notin L(x)$，且对除 x 外的所有世界 y，$p \in L(y)$。用反证法。假设没有 $R(x, x)$，则 $x \Vdash \square p$，因为从 x 可达的所有世界都满足 p，理由是除 x 外的所有世界都满足 p，但因 $\mathcal{F}$ 使 $\square p \rightarrow p$ 有效，由此得到 $x \Vdash \square p \rightarrow p$。因此，将 $x \Vdash \square p$ 与 $x \Vdash \square p \rightarrow p$ 结合就得到 $x \Vdash p$。这与假设没有 $R(x, x)$ 相矛盾，因为我们说过 $p \notin L(x)$。于是在我们的标架中必须有 $R(x, x)$。

2.(a)假定 R 是传递的。设 L 是标识函数且 $\mathcal{M}=(W, R, L)$。需要证明 $\mathcal{M}\Vdash\square\,\phi\rightarrow\square\square\,\phi$。即对任何 $x\in W$,证明 $x\Vdash\square\,\phi\rightarrow\square\square\,\phi$。假设 $x\Vdash\square\,\phi$,需要证明 $x\Vdash\square\square\,\phi$。利用定义 5.4 关于 $\square$ 的句子,也就是任何满足 $R(x, y)$ 的 y 都满足 $\square\,\phi$。即,对满足 $R(x, y)$ 和 $R(y, z)$ 的任何 y, z,有 $z\Vdash\phi$。

假设有满足 $R(x, y)$ 和 $R(y, z)$ 的 y 和 z。由于 R 是传递的事实,我们得到 $R(x, z)$。因为已经假设了 $x\Vdash\square\,\phi$,所以由 $\square$ 的含义,得到 $z\Vdash\phi$。这就是我们需要证明的。

(b)仍令 ϕ 为 p。

(c)假设标架使 $\square\,p\rightarrow\square\square\,p$ 有效。任取满足 $R(x, y)$ 和 $R(y, z)$ 的 x, y 和 z,要证明 $R(x, z)$。

定义一个标识函数 L,使得 $p\notin L(z)$,且对除 z 外的所有世界 w, $p\in L(w)$。假定没有 $R(x, z)$,则 $x\Vdash\square\,p$,因为对所有 $w\neq z$, $w\Vdash p$。应用公理 $\square\,p\rightarrow\square\square\,p$,得到 $x\Vdash\square\square\,p$。故 $y\Vdash\square\,p$ 成立,因为有 $R(x, y)$。后者及 $R(y, z)$ 可产生 $z\Vdash p$,矛盾。于是,必须有 $R(x, z)$。 □

表 5-4 完成了这幅图景,对于一个公式族,它表示 R 的对应性质。这张表的数学意义如下:

表 5-4   对应某些公式的 R 的性质

名 称	公 式 模 式	R 的性质
T	$\square\,\phi\rightarrow\phi$	自反的
B	$\phi\rightarrow\square\diamond\phi$	对称的
D	$\square\,\phi\rightarrow\diamond\phi$	串行的
4	$\square\,\phi\rightarrow\square\square\,\phi$	传递的
5	$\diamond\phi\rightarrow\square\diamond\phi$	欧几里得
	$\square\,\phi\leftrightarrow\diamond\phi$	函数的
	$\square(\phi\wedge\square\,\phi\rightarrow\psi)\vee\square(\psi\wedge\square\,\psi\rightarrow\phi)$	前向线性的

定理 5.14   标架 $\mathcal{F}=(W, R)$ 使表 5-4 中的一个公式模式有效,当且仅当 R 具有表中的对应性质。

表中左边一列的公式名称源自历史,已保留下来在书籍中仍广泛使用。

5.3.4   一些模态逻辑

本节的逻辑工程方法鼓励我们根据应用,选择公式模式的集合 $\mathcal{L}$ 来设计逻辑。一种模态逻辑将通过设定公式模式的一个集合 $\mathcal{L}$ 来定义。对于给定的应用,我们可以考虑的公式模式的一些例子包括在表 5-2 和表 5-4 中。

定义 5.15   设 $\mathcal{L}$ 是模态逻辑的公式模式的集合,$\Gamma\cup\{\psi\}$ 是基本模态逻辑公式的集合。

1. 集合 Γ 在代换实例下是封闭的,当且仅当只要 $\phi\in\Gamma$,ϕ 的任何代换实例也在 Γ 中。

2. 设 $\mathcal{L}_c$ 是包含 $\mathcal{L}$ 的所有实例的最小集合。

3. 在 $\mathcal{L}$ 中 Γ 可语义推导出 ψ,当且仅当对其标架使 $\mathcal{L}$ 有效的所有模型以及对模型中的所有世界 x,若 x 满足 Γ 则 x 满足 ϕ。此时,说 $\Gamma\vDash_{\mathcal{L}}\psi$ 成立。

注意,对 $\mathcal{L}=\varnothing$,这个定义与定义 \ ref{mod:sement}(定义 5.15)之一是相容的,因为对标架的要求是空的。对逻辑工程,我们要求模态逻辑 $\mathcal{L}$ 满足:

- 关于代换实例封闭;否则,我们就不能由可达关系的性质来刻画 $\mathcal{L}_c$;
- 在下列意义下是相容的:存在标架 $\mathcal{F}$,使得对所有 $\phi\in\mathcal{L}$,$\mathcal{F}\vDash\phi$ 成立;否则,对所有 Γ 和 ψ,$\Gamma\vDash_{\mathcal{L}}\psi$ 成立!在逻辑工程的大多数应用中,相容性是容易确立的。
- 在必然下封闭,即对 $\mathcal{L}$ 中的每个公式 ϕ,我们有 $\square\,\phi$ 在 $\mathcal{L}$ 中。

• 在假言三段论下封闭，即对 $\mathcal{L}$ 中的每个公式 ϕ 和 $\phi \rightarrow \psi$，我们有 ψ 在 $\mathcal{L}$ 中。

我们现在研究几种重要的模态逻辑，它们用公式模式的一个相容集合 $\mathcal{L}$ 扩展基本模态逻辑。

模态逻辑 K   最弱的模态逻辑没有任何选定的公式模式（像表 5-2 和表 5-4）。故 $\mathcal{L} = \varnothing$，而这种模态逻辑称为 K，因为它满足公式模式 K 的所有实例；具有这个性质的模态逻辑称为正规的（normal），本书中研究的所有模态逻辑都是正规的。

模态逻辑 KT45   一个熟知的模态逻辑是 KT45，在技术文献中也称为 S5。其中 $\mathcal{L} = \{T, 4, 5\}$，T、4 和 5 来自表 5-4。这个逻辑用于知识推理。$\square \phi$ 的含义是：代理 Q 知道 ϕ。表 5-4 分别告诉我们：

T. 真：代理 Q 仅知道真的事情。

4. 正内省：如果代理 Q 知道某事，那么她知道她知道它。

5. 负内省：如果代理 Q 不知道某事，那么她知道她不知道它。

在这个应用中，公式模式 K 意味着逻辑万能：代理的知识关于逻辑推论是封闭的。注意这些性质代表了知识的理想化。人类知识没有这样的性质！即使计算机代理也可能不具有全部这些性质。在文献中，为定义更接近现实的知识逻辑有不少尝试，但此处不考虑。

逻辑 KT45 的语义必须只考虑自反的（T）、传递的（4）和欧几里得（5）的关系 R。

事实 5.16   一个关系是自反的、传递的和欧几里得的，当且仅当它是自反的、传递的和对称的，即它是一个等价关系。

与 K 相比，KT45 中合成模态词的本质不同的方式少，从这个意义上讲，KT45 比 K 更简单。

定理 5.17   在 KT45 中，模态算子和否定的任何序列都等价于下列之一：$-$，$\square$，$\diamond$，$\neg$，$\neg\square$ 和 $\neg\diamond$，其中 $-$ 表示任何否定或模态词都没有。

模态逻辑 KT4   模态逻辑 KT4，即 $\mathcal{L}$ 等于 $\{T, 4\}$，在文献中也称为 S4。对应理论告诉我们其模型恰好是 Kripke 模型 $\mathcal{M} = (W, R, L)$，其中 R 是自反的和传递的。这样的结构在计算机科学中经常是很有用的。例如，如果 ϕ 代表一段代码的类型（ϕ 可以是 int × int → bool）显示某代码需要一对整数作为输入并输出一个布尔值，那么，$\square \phi$ 可以代表类型 ϕ 的驻留代码（residual code）。于是，在当前的世界 x 中这段代码可以不被执行，但可以保存（驻留）用于后面的计算阶段执行。那么，公式模式 $\square \phi \rightarrow \phi$ 和公理 T 意味着代码可立即执行；而公式模式 $\square \phi \rightarrow \square \square \phi$ 和公理 4 则允许代码保持驻留状态，即可以在未来计算阶段反复延迟它的执行。这样的类型系统在代码的具体化及部分赋值中有重要应用。感兴趣的读者可参考本章末的文献注记。

定理 5.18   在 KT4 中，模态算子和否定的任何序列等价于下列之一：$-$，$\square$，$\diamond$，$\square\diamond$，$\diamond\square$，$\square\diamond\square$，$\neg$，$\neg\square$，$\neg\diamond$，$\neg\square\diamond$，$\neg\diamond\square$，$\neg\square\diamond\square$ 和 $\neg\diamond\square\diamond$。

直觉主义命题逻辑   在第 1 章给出了命题逻辑的一个自然演绎系统，它关于以真值表为基础的语义推导是合理及完备的。我们还指出：在特定的计算场合下，证明规则 PBC，LEM 和 $\neg\neg$ e 是有疑义的。如果在自然演绎证明中不允许使用这些证明规则，我们得到一种逻辑及其证明论，这种逻辑称为直觉主义命题逻辑（intuitionistic propositional logic）。到目前为止，一切都好，但不太清楚这样一种逻辑可以有什么样的语义、合理性和完备性。KT4 的特定模型能够很好地胜任这项工作。回顾对应理论蕴涵 KT4 的模型 $\mathcal{M} = (W, R, L)$ 中的 R 是自反和传递的。对直觉主义命题逻辑的模型,我们只需附加一个要求:它的标记函数 L 关于 R 是单调的,即 $R(x, y)$ 蕴涵 $L(x)$ 是 $L(y)$ 的一个子集。这建模了如下现象:在从给定的世界可达的所有世界中,正原子公式的真值将一直保持不变。

定义 5.19   直觉主义命题逻辑的模型是 KT4 的一个模型 $\mathcal{M} = (W, R, L)$,使得 $R(x, y)$ 总蕴涵 $L(x) \subseteq L(y)$。给定如式(1-3)中的命题逻辑公式,我们像定义(5.4)一样定义 $x \Vdash \phi$,关于 $\rightarrow$ 和 $\neg$ 的句子除外。对于 $\phi_1 \rightarrow \phi_2$,我们定义 $x \Vdash \phi_1 \rightarrow \phi_2$,当且仅当对满足 $R(x, y)$ 的所有 y,只要 $y \Vdash \phi_1$,就有 $y \Vdash \phi_2$。对于 $\neg \phi$,我们定义 $x \Vdash \neg \phi$,当且仅当对满足 $R(x, y)$ 的所有 y,我们有 $y \nVdash \phi$。

作为一个例子,考虑模型 $W = \{x, y\}$ 满足可达关系 $R = \{(x, x), (x, y), (y, y)\}$。事实上 R 是自反的和传递的。对于满足 $L(x) = \varnothing$,$L(y) = \{p\}$ 的标识函数 L,我们断言 $x \nVdash p \vee \neg p$(记得 $p \vee \neg p$ 是 LEM 的一个实例,在第 1 章用完全自然演绎演算证明了这一点)。我们没有 $x \Vdash p$,因 p 不在空集 $L(x)$ 中。于是,定义 5.4 关于 $\vee$ 的情形蕴涵 $x \Vdash p \vee \neg p$ 成立,仅当 $x \Vdash \neg p$ 成立。但 $x \Vdash \neg p$ 却不成立,因为存在一个满足 $R(x, y)$ 的世界 y,使得 $y \Vdash p$ 成立(因为 $p \in L(y)$)。KT4 模型中可能世界的可用性与 $\rightarrow$ 和 $\neg$ 的"模态解释"一起破坏了经典逻辑中定理 LEM 的有效性。

现在可以按与模态逻辑相同的方式定义语义推导。然后,可以证明约化的自然演绎系统关于这种语义推导是合理和完备的,但这些证明超出了本书的范围。

5.4   自然演绎

直接用定义验证语义推导 $\Gamma \vDash_L \psi$ 是相当困难的。我们不得不考虑满足 Γ 的全部公式的所有 Kripke 模型以及其中的所有世界。幸运的是,我们有一种实用得多的途径,它分别是第 1 章和第 2 章遇到的自然演绎系统的扩展和改进。回顾我们把自然演绎证明呈现为证明树的线性表示,其中涉及控制假设或量词的作用范围的证明矩形框。证明矩形框中有公式和/或其他框。有些规则用于指示如何构造证明。矩形框用假设打开;当一个矩形框根据一个规则关闭时,我们说其假设被解除。公式可以重复并引进矩形框,但不可以带出矩形框。每个公式的右边必须有某些依据:依据可以是一个规则名称,或者是"假设",或者是证明规则副本的一个实例;例如,见例 1.9 和例 1.11。

对模态逻辑,自然演绎以一种非常相似的方式进行。主要区别是引进了一种新型证明框,用虚线画出。关于连接词 □ 的规则需要这种框。虚线框与实线框的作用完全不同。如我们在第 1 章看到的,进入一个实线证明框意味着做一个假设。进入一个虚线框意味着在一个任意可达世界中进行推理。如果在一个证明的任意地方有 □ϕ,就可以打开一个虚线框,并将 ϕ 放入其中。然后,可以对 ϕ 进行推理获得(例如 ψ)。现在我们可从虚线框中出来,因为已经在一个任意可达世界中证明了 ψ,可以在虚线框外面的世界中推导出 □ψ。

于是,将公式带进虚线框和将公式拿出虚线框的规则如下:

- 只要在一个证明中出现 □ϕ,ϕ 就可以放入随后的虚线框中。
- 只要在一个虚线框的末端出现 ψ,□ψ 就可以置于那个虚线框之后。

这样,我们添加了两个规则,□引入和□消去:

在模态逻辑里,自然演绎证明既包含实线框又包含虚线框,并且可以任意嵌套。注意,关于◇并没有显式规则,在证明中◇必须写成 $\neg \Box \neg$。

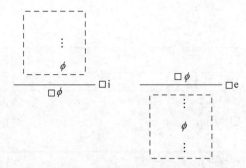

KT45 的附加规则　规则□i 和□e 足以抓住模态逻辑 K 的语义推导本质。如果想通过证明抓住更强的模态逻辑（例如 KT45）语义推导的本质，就需要额外的规则。在 KT45 的情形，这些额外的加强表述为关于公理 T，4 和 5 的规则模式：

$$\frac{\Box\,\phi}{\phi}\,T \qquad \frac{\Box\,\phi}{\Box\Box\,\phi}\,4 \qquad \frac{\neg\,\Box\,\phi}{\Box\neg\Box\,\phi}\,5$$

规则 4 和 5 的一个等价的替换是放宽公式进出虚线框的规则。因为规则 4 允许我们进入双层框，换种方式看，它允许将以□开头的公式移入虚线框。类似地，公理 5 所起的作用是允许将以¬□开头的公式移入虚线框。因为 5 是一个模式，ϕ 和 $\neg\neg\,\phi$ 在基本模态逻辑中是等价的，所以在不改变表达能力和公理意义的情况下，可将所有 ϕ 用 $\neg\,\phi$ 取代。

定义 5.20　设 $\mathcal{L}$ 是公式模式的集合。我们说 $\Gamma\vdash_\mathcal{L}\psi$ 是有效的，如果在用 $\mathcal{L}$ 中公理和 Γ 中前提扩展后的基本模态逻辑的自然演绎系统中，则 ψ 有证明。

例 5.21　证明下列矢列是有效的：

1. $\vdash_\text{K}\Box\,p\wedge\Box\,q\to\Box(p\wedge q)$。

1	$\Box\,p\wedge\Box\,q$	假设
2	$\Box\,p$	$\wedge\,e_1\,1$
3	$\Box\,q$	$\wedge\,e_2\,1$
4	p	$\Box\,e\,2$
5	q	$\Box\,e\,3$
6	$p\wedge q$	$\wedge\,i\,4,\,5$
7	$\Box(p\wedge q)$	$\Box\,i\,4\text{-}6$
8	$\Box\,p\wedge\Box\,q\to\Box(p\wedge q)$	$\to i\,1\text{-}7$

2. $\vdash_\text{KT45}p\to\Box\diamond p$。

1	p	假设
2	$\Box\neg\,p$	假设
3	$\neg\,p$	T 2
4	$\bot$	$\neg\,e\,1,\,3$
5	$\neg\Box\neg\,p$	$\neg\,i\,2\text{-}4$
6	$\Box\neg\Box\neg\,p$	对第 5 行用公理 5
7	$p\to\Box\neg\Box\neg\,p$	$\to i\,1\text{-}6$

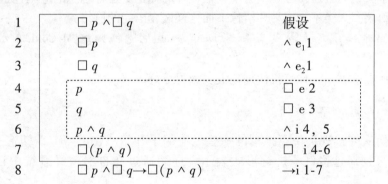

3. ⊢$_{KT45}$ □◇□p→□p。

1	□¬□¬□p	假设
2	¬□¬□p	□e 1
3	¬□p	假设
4	□¬□p	对第 3 行用公理 5
5	⊥	¬e 4, 2
6	¬¬□p	¬i 3-5
7	□p	¬¬e 6
8	p	T 7
9	□p	□i 2-8
10	□¬□¬□p→□p	→i 1-9

5.5 多代理系统中的知识推理

在多代理系统(multi-agent system)中，不同代理有关于世界的不同知识。一个代理可能需要对自己关于世界的知识进行推理；也可能需要对其他代理关于世界的知识进行推理。例如，在交易场合，卖车者必须考虑买者对该汽车的价值知道些什么。买者也一定会考虑卖者知道买者对价值知道些什么等。

知识推理(Reasoning about knowledge)指的是这样的思想：一组中的代理不仅考虑关于世界的事实，而且还要考虑本组中其他代理的知识。这种思想的应用包括博弈、经济学、密码学与协议。人类不太容易理清像下面这样嵌套语句的脉络：

Dean 不知道尼克松是否知道 Dean 知道尼克松知道 McCord 在水门的办公室窃听 O'Brien。

然而在这方面，计算机代理比人类做得更好。

5.5.1 一些例子

我们从多代理环境下推理的一些经典例子开始。在下一节，塑造一种模态逻辑，允许通过矢列对这些例子进行形式表示，进而通过在自然演绎系统中证明之而解决了这些问题。

智者谜题   有三位智者，其公共知识——为每个人所知，并且每个人都知道其他人知道的，等等——有三顶红帽子和两顶白帽子。国王给每个智者头上戴一顶帽子，他们看不到自己的帽子。然后轮流问每个人是否知道他们头上帽子的颜色。假设第一个人说不知道，那么第二个人说他也不知道。

由此，第三个人一定知道自己帽子的颜色。这是为什么？第三个人的帽子是什么颜色？

为了回答这些问题，我们列举存在的七种可能：它们是

R R R
R R W   W R R
R W R   W R W
R W W   W W R

RWW 指如下情形：第一、第二和第三人分别有红色、白色和白色帽子。第八种可能 WWW 被排除，因为只有两顶白帽子。

现在从第二人和第三人的观点考虑。当他们听第一人所讲后，可以排除真实情境是 RWW 的可能性。如果是这种情况，那么第一个人看见另两个人戴着白帽子并且他知道只有两顶白帽子，就会推断出他自己的帽子一定是红色的。由于他说不知道，所以真实的情形不会是 RWW。注意，为了实施这个推理，第二人和第三人必须是聪明的，并且他们也一定知道第一人是聪明和诚实的。在这个难题中，假设人的诚实、智慧和洞察力是公共知识——为每人所知，并且知道为每人所知，等等。

当第三人听到第二人所讲后，他可以排除真实情形是 WRW 的可能性。原因是类似的：如果是这种情形，第二人会知道他自己的帽子是红的，但他没有说。此外，当听见第二人的答案后，第三人也可以排除 RRW 的情形，原因是：如果第二人已经看见第一人戴红帽子且第三人戴白帽子，他会知道一定是 RWW 或 RRW；但他从第一个人的回答知道不可能是 RWW，因此他推断出是 RRW 的情形，故他戴的是一顶红帽子。但他没有得出这个结论，所以，第三人由推理得到不能是 RRW 的情形。

听了第一人和第二人所讲后，第三人已排除了 RWW、WRW 和 RRW；只剩下 RRR、RWR、WRR 和 WWR。在所有这些情形中，他都戴一顶红帽子，所以他推断自己一定戴着红帽子。

注意到人们从听其他人讲话中学到很多东西。我们再次强调以下假设的重要性：就其知识状态而言他们讲真话，而且有足够的洞察力和才智能得出正确的结论。事实上，三个人都诚实、有洞察力并且聪明还不够；还必须彼此知道如此，在后面的例子里，这个事实也是已知的，等等。因此，我们假设所有这些都是公共知识。

泥孩谜题　这是智者谜题的众多变异之一，差别在于问题是并行而不是顺序提出的。有一大群孩子在花园里玩。无须说，他们的洞察力、诚实和智慧是公共知识。一定数量的孩子，如 $k \geqslant 1$ 个，他们的前额黏了泥。每个孩子都能看见别人前额上的泥，但看不见自己前额上的泥。若 $k > 1$，则每个孩子都能看见另一个前额有泥的孩子，故每个人都知道这一群人中至少有一个黏泥了。考虑下面两个情境：

情境 1. 父亲反复问这个问题："你们其中有人知道自己额头上是否有泥吗？"第一次他们都回答"不知道"。但不像在智者例子中那样，他们从别人回答"不"中没有得知任何信息，所以他们对父亲的反复提问继续回答"不"。

情境 2. 父亲首先宣布他们中的至少一个人黏上泥了——这是他们都已经知道的；然后，像前面一样，他反复问他们："你们其中有人知道自己额头上是否有泥吗？"第一次他们都回答"不知道"。事实上，他们对同一问题的前 $k-1$ 次重复都回答为"不知道"。但在第 k 次，那些前额黏泥的孩子会回答"是"。

乍一看，这令人相当迷惑，两种情况的差别仅仅是在第二种情况中父亲宣布了他们已经知道的一些事情。就此推断孩子们从这一宣布中什么也没学到是错误的。尽管每个人都知道宣布的内容，但父亲说出后，它就成了他们中的公共知识，所以现在他们都知道别人也知道它，等等。这是两种情境间的关键不同。

为了理解情境 2，考虑 k 的几个特例。

$k = 1$，即只有一个孩子黏泥。那个孩子立即能回答"是"，因为他已经听到了父亲的话并且没有看见任何其他黏泥的孩子。

$k = 2$，比如只有孩子 Ramon 和 Candy 黏泥。第一次每个人都回答"不"。现在 Ramon 考虑：既然 Candy 第一次回答"不"，她一定看到有人黏泥。好了，我能看见的唯一黏泥的是 Candy，所以如果她能看见某个其他人黏泥，那一定是我。所以 Ramon 第二次回答"是"。Candy 可对 Ramon 做对称推理，并且在第二次也回答"是"。

$k = 3$，比如仅有三个孩子 Alice、Bob 和 Charlie 黏泥。在前两次每个人都回答"不"。但现在 Alice 想：如果只有 Bob 和 Charlie 黏泥，他们在第二次会回答"是"；上面对 $k = 2$ 时做了论证。所以一定有第三个人黏泥。由于我只能看见 Bob 和 Charlie 黏泥，所以第三个人一定是我。因此，第三次 Alice 回答"是"。由对称性的原因，Bob 和 Charlie 也是如此。

对 k 的其他情况类似。

为看出在父亲宣布孩子中的一个黏泥之前，它不是公共知识，再考虑 $k = 2$，Ramon 和 Candy 黏泥的情况。当然，Ramon 和 Candy 都知道某人黏泥——他们彼此看得见。但是，例如，Ramon 不知道 Candy 知道某人黏泥。就 Ramon 所知，Candy 可能是唯一的脏孩子，因此看不到其他脏孩子。

5.5.2   模态逻辑 KT45^n

现在我们推广在 5.3.4 节中给出的模态逻辑 KT45。它不只有一个 $\Box$，而是有很多，代理的固定集合 $A = \{1, 2, \cdots, n\}$ 中的每个代理 i，都对应有一个连接词。将这些模态连接词写为 K_i(对每个代理 $i \in A$)；K 是为了强调应用于*知识*。假设原子公式的一个集 p, q, r, $\cdots$。公式 $K_i p$ 意味着代理 i 知道 p。于是，$K_1 p \wedge K_1 \neg K_2 K_1 p$ 的含义为代理 1 知道 p，但知道代理 2 不知道他知道。

我们还有模态连接词 E_G，这里 G 是 A 的任意子集。公式 $E_G p$ 指组 G 中的每个代理都知道 p。如果 $G = \{1, 2, \cdots, n\}$，那么 $E_G p$ 等价于 $K_1 p \wedge K_2 p \wedge \cdots \wedge K_n p$。假定连接词的绑定优先级与 5.2.1 节所示类似。

约定 5.22   如果把每个模态词 K_i、E_G 和 C_G 看作 $\Box$，KT45^n 的绑定优先级与基本模态逻辑相同。

人们可能认为 ϕ 不能比每个人都知道它再被更广泛地知道了，但事实并非如此。例如，每个人都知道 ϕ，但他们可能不知道他们全知道它。如果假定 ϕ 为一个秘密，可能你和你的朋友都知道它，但你的朋友不知道你知道它，并且你也不知道你的朋友知道它。于是，$E_G E_G \phi$ 是比 $E_G \phi$ 更强的知识状态，而 $E_G E_G E_G \phi$ 还要强。我们说 ϕ 是 G 中的公共知识，记为 $C_G \phi$，如果每个人都知道 ϕ，而且每个人都知道每个人知道它；而且每个人都知道每个人知道每个人知道它；等等。因此，我们可以将 $C_G \phi$ 看作一个无限合取

$$E_G \phi \wedge E_G E_G \phi \wedge E_G E_G E_G \phi \wedge \cdots$$

然而，因为我们的逻辑只能有限合取，不能把 C_G 归结为逻辑中已有的东西。因此，我们必须通过其语义来表达 C_G 的无限方面，把它作为一个附加的模态连接词保留。最后，$D_G \phi$ 意味着 ϕ 的知识在组 G 中是分布式的；尽管 G 中可能没人知道它，但如果将他们集合到一起，并且将分布于其间的关于 ϕ 的信息组合起来，他们可以得到它。

定义 5.23   多模态逻辑 KT45^n 中的公式 ϕ 由如下语法定义：

$$\phi ::= \bot \mid \top \mid p \mid (\neg \phi) \mid (\phi \wedge \phi) \mid (\phi \vee \phi) \mid (\phi \rightarrow \phi) \mid (\phi \leftrightarrow \phi) \mid$$
$$(K_i \phi) \mid (E_G \phi) \mid (C_G \phi) \mid (D_G \phi)$$

其中 p 是任意原子公式，$i \in A$ 且 $G \subseteq A$。如果参考 E_A 和 C_A 和 D_A，简单地去掉下标写为 E，

C 和 D。

比较这个定义与定义 5.1。代之 □，有若干个模态词 K_i，并且对每个 $G \subseteq \mathcal{A}$，有 E_G，C_G 和 D_G。实际上很快就会看到，所有这些连接词对 ∧ 满足分配律，而对 ∨ 不满足，将此与 5.2 节关于等价的讨论比较，所有这些连接词都可以被视为"似矩形"而不是"似菱形"。在这种语言中，这些连接词的"似菱形"对应不明显出现，但当然可以用否定来得到，即 ¬ K_i ¬，¬ C_G ¬ 等等。

定义 5.24　具有 n 个代理的集合 $\mathcal{A}$ 的多模态逻辑 KT45^n 的一个模型 $\mathcal{M} = (W, (R_i)_{i \in \mathcal{A}}, L)$ 由三项内容确定：

1. 可能世界的集合 W；
2. 对每个 $i \in \mathcal{A}$，有 W 上的等价关系 $R_i (R_i \subseteq W \times W)$，称为可达关系；
3. 一个标记函数 $L: W \rightarrow \mathcal{P}(\texttt{Atoms})$。

将此与定义 5.3 做比较。区别在于：代替只有一个可达关系，现在有一族，$\mathcal{A}$ 中的每个代理都有一个；而且假设可达关系是等价关系。

我们在 KT45^n 的 Kripke 模型图示中探讨 R_i 的这些性质。例如，KT45^3 的一个世界集合为 $\{x_1, x_2, x_3, x_4, x_5, x_6\}$ 的模型如图 5-9 所示。各世界间的关联必须用可达关系的名称标记，因为我们有若干个关系。例如，x_1 和 x_2 通过 R_1 相关，而 x_4 和 x_5 既通过 R_1 又通过 R_2 相关。我们不再要求在连线上标出箭头。因为我们知道这些关系是对称的，所以关联是双向的。此外，这些关系还是自反的，因此对所有关系，所有世界上都应该有如图 5-8 中 x_4 上那样的回路。我们可以从图中省略掉这些回路，因为我们不必区分哪些世界是自相关的，哪些不是。

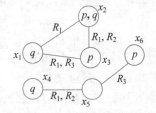

图 5-9　一个 KT45^n 模型（对于 $n=3$）

定义 5.25　取 KT45^n 的一个模型 $\mathcal{M} = (W, (R_i)_{i \in \mathcal{A}}, L)$ 和一个世界 $x \in W$。我们对 ϕ 进行结构归纳，通过满足关系 $x \Vdash \phi$ 来定义公式 ϕ 在世界 x 中何时为真：

$x \Vdash p$ 当且仅当 $p \in L(x)$

$x \Vdash \neg \phi$ 当且仅当 $x \nVdash \phi$

$x \Vdash \phi \wedge \psi$ 当且仅当 $x \Vdash \phi$ 且 $x \Vdash \psi$

$x \Vdash \phi \vee \psi$ 当且仅当 $x \Vdash \phi$ 或 $x \Vdash \psi$

$x \Vdash \phi \rightarrow \psi$ 当且仅当只要 $x \Vdash \phi$，就有 $x \Vdash \phi$

$x \Vdash K_i \psi$ 当且仅当对每个 $y \in W$，$R_i(x, y)$ 蕴涵 $y \Vdash \psi$

$x \Vdash E_G \psi$ 当且仅当对每个 $i \in G$，$x \Vdash K_i \psi$

$x \Vdash C_G \psi$ 当且仅当对每个 $k \geq 1$，有 $x \Vdash E_G^k \psi$，其中 E_G^k 意为 $E_G E_G \cdots E_G$——k 次

$x \Vdash D_G \psi$ 当且仅当对每个 $y \in W$，只要对所有 $i \in G$，有 $R_i(x, y)$，就有 $y \Vdash \psi$。

同样，如果要强调模型 $\mathcal{M}$，则写 $\mathcal{M}, x \Vdash \phi$。

将此定义与定义 5.4 做比较。布尔联结词的情形与基本模态逻辑相同。每个 K_i 的作为像一个 □，但要参照它自己的可达关系 R_i。像前面讲过的，没有 ◇ 的等价，但我们可把它们重现为 ¬ K_i ¬。连接词 E_G 由 K_i 来定义，而 C_G 由 E_G 来定义。

对具有单个可达关系的基本模态逻辑的许多结果在这种具有多个可达关系的更一般框架下也成立。总结如下：

- 模态逻辑 KT45^n 的标架 $\mathcal{F} = (W, (R_i)_{i \in \mathcal{A}})$ 是世界的集合 W, 对每个 $i \in \mathcal{A}$, W 上的等价关系 R_i。
- 称 KT45^n 的标架 $\mathcal{F} = (W, (R_i)_{i \in \mathcal{A}})$ 使 ϕ 有效, 如果对每个标记函数 $L: W \to \mathcal{P}(\text{Atoms})$ 和每个 $w \in W$, 我们有 $\mathcal{M}, w \Vdash \phi$ 成立, 其中 $\mathcal{M} = (W, (R_i)_{i \in \mathcal{A}}, L)$。此时, 我们说 $\mathcal{F} \vDash \phi$ 成立。

下述定理对于回答涉及 E 和 C 的公式的问题是有用的。设 $\mathcal{M} = (W, (R_i)_{i \in \mathcal{A}}, L)$ 是 KT45^n 的一个模型, 且 $x, y \in W$。我们说 y 从 x 出发是 k 步 G 可达的, 如果有 $w_1, w_2, \cdots, w_{k-1} \in W$ 及 G 中的 $i_1, i_2, \cdots, i_k$, 使得

$$x R_{i_1} w_1 R_{i_2} w_2 \cdots R_{i_{k-1}} w_{k-1} R_{i_k} y$$

含义为 $R_{i_1}(x, w_1), R_{i_2}(w_1, w_2), \cdots, R_{i_k}(w_k, y)$。我们也说 y 从 x 是 G 可达的, 如果存在某个 k, 使得它是 k 步 G 可达的。

定理 5.26

1. $x \Vdash E_G^k \phi$ 当且仅当对所有从 x 出发 k 步 G 可达的 y, 有 $y \Vdash \phi$。
2. $x \Vdash C_G \phi$ 当且仅当对所有从 x 出发 G 可达的 y, 有 $y \Vdash \phi$。

证明

1. 首先, 假设对所有从 x 出发 k 步 G 可达到的 y, 有 $y \Vdash \phi$。我们将证明 $x \Vdash E_G^k \phi$ 成立。只需证明对任何 $i_1, i_2, \cdots, i_k \in G$, $x \Vdash K_{i_1} K_{i_2} \cdots K_{i_k} \phi$ 就够了。任取 $i_1, i_2, \cdots, i_k \in G$ 及任意的 $w_1, w_2, \cdots, w_{k-1}$ 和 y, 使得存在一条形如 $x R_{i_1} w_1 R_{i_2} w_2 \cdots R_{i_{k-1}} w_{k-1} R_{i_k} y$ 的路径。因为 y 是从 x 出发在 k 步 G 可达的, 据假设有 $y \Vdash \phi$, 所以 $x \Vdash K_{i_1} K_{i_2} \cdots K_{i_k} \phi$, 这正是我们所要证的。

反之, 假设 $x \Vdash E_G^k \phi$ 成立, 且 y 是从 x 出发在 k 步 G 可达的。我们必须证明 $y \Vdash \phi$ 成立。由 G 可达性, 可以取 $i_1, i_2, \cdots, i_k$, 因为 $x \Vdash E_G^k \phi$ 蕴涵 $x \Vdash K_{i_1} K_{i_2} \cdots K_{i_k} \phi$, 故我们有 $y \Vdash \phi$。

2. 这个论证是类似的。

KT45^n 中的一些有效公式 公式 K 对连接词 K_i, E_G, C_G 和 D_G 成立, 即我们有相应的公式模式:

$$K_i \phi \wedge K_i(\phi \to \psi) \to K_i \psi$$
$$E_G \phi \wedge E_G(\phi \to \psi) \to E_G \psi$$
$$C_G \phi \wedge C_G(\phi \to \psi) \to C_G \psi$$
$$D_G \phi \wedge D_G(\phi \to \psi) \to D_G \psi$$

这意味着这些不同"层次"的知识在逻辑推理下封闭的。例如, 如果某些事实是公共知识, 且某个其他事实可由它们逻辑地推导, 那么该事实也是公共知识。

E, C 和 D 是"似矩形"的连接词, 它们对一些可达关系来全称量词化。也就是说, 可以由关系 R_i 来定义关系 R_{E_G}, R_{D_G} 和 R_{C_G} 如下:

$$R_{E_G}(x, y) \text{ 当且仅当 } \quad \text{对某个 } i \in G, R_i(x, y)$$
$$R_{D_G}(x, y) \text{ 当且仅当 } \quad \text{对所有 } i \in G, R_i(x, y)$$
$$R_{C_G}(x, y) \text{ 当且仅当 } \quad \text{对每个 } k \geq 1, R_{E_G}^k(x, y)$$

从此得到 E_G, D_G 和 C_G 分别关于可达关系 R_{E_G}, R_{D_G} 和 R_{C_G} 满足 K 公式。

其他有效公式的情况如何呢? 因为假设关系 R_i 是等价关系, 可以得到定理 5.13 和表 5-12 的多模态类比, 即在 KT45^n 中, 对每个代理 i, 下列公式是有效的:

$$K_i \phi \to K_i K_i \phi \qquad \text{肯定内省}$$
$$\neg K_i \phi \to K_i \neg K_i \phi \qquad \text{否定内省}$$
$$K_i \phi \to \phi \qquad \text{真}$$

这些公式对 D_G 也成立，因为 R_{DG} 也是等价关系，但这些并不能自动推广到关于 E_G 和 C_G。例如，$E_G\phi \rightarrow E_GE_G\phi$ 不是有效的。如果它是有效的，它将蕴涵公共知识仅是人所共知的公共知识。模式 $\neg E_G\phi \rightarrow E_G\neg E_G\phi$ 也不是有效的。这些公式不真的原因可以归结为 R_{EG} 不必是等价关系的事实，即使每个 R_i 都是等价关系。然而，只要 $G \neq \varnothing$，R_{E_G} 是自反的，因此 $E_G\phi \rightarrow \phi$ 是有效的。若 $G = \varnothing$，则 $E_G\phi$ 成立，即使 ϕ 是假的。

因为 R_{C_G} 是等价关系，上面的公式 T、4 和 5 关于 C_G 确实是成立的，尽管第三个公式仍需要条件 $G \neq \varnothing$。

5.5.3　KT45^n 的自然演绎

KT45 证明系统容易扩展到 KT45^n；但为了简化，我们省略了涉及连接词 D 的部分。

1. 现在对不同的模态连接词，虚线框以不同的"风格"出现；我们在虚线框的左上角标出模态词。
2. 公理 T，4 和 5 可用于任何 K_i，而公理 4 和 5 可用于 C_G，但不能用于 E_G，见 5.5.2 节的讨论。
3. 用规则 CE，可以对任意 k，由 $C_G\phi$ 推导出 $E_G^k\phi$；或者通过使用规则 CK，对任意代理 i_1，i_2，$\cdots$，$i_{k \in G}$，直接推出 $K_{i_1}K_{i_2}\cdots K_{i_k}\phi$。严格地讲，这些规则是此类规则的整个集合，对 k 和 i_1，i_2，$\cdots$，i_k 的每个选择都对应一个规则，但我们把它们的全部分别参考为 CE 和 CK。
4. 运用规则 EK_i，对任意 $i \in G$，可以由 $E_G\phi$ 推导出 $K_i\phi$。由 $\bigwedge_{i \in G} K_i$，利用规则 KE 可以推导出 $E_G\phi$。注意证明规则 EK_i 像一个广义的合取-消去规则，而 KE 则像合取-引入规则。

图 5-10 总结了 KT45^n 的证明规则。像以前一样，可以把规则 $K4$ 和 $K5$ 与 $C4$ 和 $C5$ 看作是放宽后的关于将公式移入或移出虚线证明框的规则。因为规则 $K4$ 允许重复 K_i，我们可以换个思路将其理解为：允许将以 K_i 开始的公式移入 K_i 虚线框。类似地，规则 $C5$ 的效果是允许将以 $\neg C_G$ 开始的公式移入 C_G 虚线框。

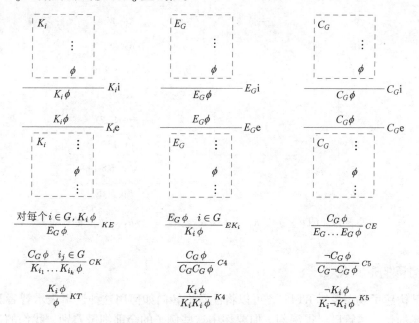

图 5-10　KT45^n 的自然演绎规则

对虚线框的一种直观理解是：其内的公式是所考虑代理所知道的。当打开一个 K_i 虚线框时，你在考虑代理 i 知道些什么。相当直观的是，一个通常的公式 ϕ 不能被带进这样一个虚线框，因为仅有 ϕ 为真并不意味着代理 i 知道它。特别地，如果规则的前提之一处于你正在工作的虚线框之外，你就不能使用规则 $\neg\, i$。

观察前提中 $C\phi$ 的力量：无论矩形框嵌套有多深，通过运用规则 CK 和 $K_i\mathrm{e}$，都可以将 ϕ 带入任何虚线框内。另一方面，规则 $E^k\phi$ 保证 ϕ 可以带入嵌套次数 $\leqslant k$ 的任何虚线框内。将此与定理 5.26 作比较。

例 5.27 我们证明矢列[⊖] $C(p\vee q)$，$K_1(K_2p\vee K_2\neg p)$，$K_1\neg K_2q\vdash K_1p$ 在模态逻辑 $\mathrm{KT45}^n$ 中是有效的。其含义是：如果 $p\vee q$ 是公共知识，并且代理 1 知道代理 2 知道是否为 p，还知道代理 2 不知道 q 为真，那么代理 1 知道 p 为真。一个证明参见图 5-11。在第 12 行，我们由 $\neg p$ 和 $p\vee q$ 推导出 q。与其证明命题逻辑中的全部推导（那不是这里关注的焦点），我们宁愿写"prop"来概括命题逻辑中推导的论据。

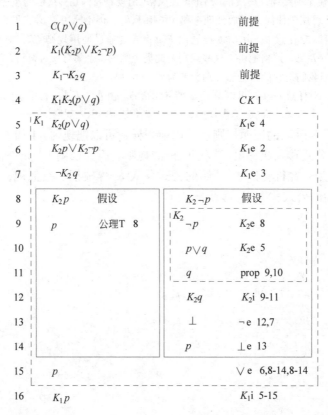

图 5-11 $C(p\vee q)$，$K_1(K_2p\vee K_2\neg p)$，$K_1\neg K_2q\vdash K_1p$ 的证明

5.5.4 例子的形式化

我们已构建了模态逻辑 $\mathrm{KT45}^n$，可以将注意力转向如何用这种逻辑表示智者难题和泥孩难题。遗憾的是，尽管已经很深刻，但要切中这些例子的全部细微差别，我们的逻辑还显得太简单。虽然有连接词表示不同代理所拥有知识的不同项目，但它没有时态方面的词，所以

⊖ 如无特殊说明，本节中我们将 $\vdash_{\mathrm{KT45}n}$ 简写为 $\vdash$。

不能直接贴切地表示代理知识随时间推进而变化。我们通过考虑在固定时间内的若干个"快照"（snapshot）来克服这一局限性。

　　智者谜题　回顾有三个，其公共知识是有三顶红帽子和两顶白帽子。国王给每个智者头上戴一顶帽子，并依次问他们是否知道自己头上帽子的颜色（他们不能看到自己头上的帽子）。假设第一人说他不知道；然后第二人说他不知道。我们想证明，无论帽子如何分配，现在第三个人都知道他的帽子是红色的。

　　设 p_i 为第 i 人戴一顶红帽子，故 $\neg p_i$ 意味着第 i 人戴一顶白帽子。设 Γ 是下列公式集合

$$\{C(p_1 \lor p_2 \lor p_3),$$
$$C(p_1 \to K_2 p_1), C(\neg p_1 \to K_2 \neg p_1),$$
$$C(p_1 \to K_3 p_1), C(\neg p_1 \to K_3 \neg p_1),$$
$$C(p_2 \to K_1 p_2), C(\neg p_2 \to K_1 \neg p_2),$$
$$C(p_2 \to K_3 p_2), C(\neg p_2 \to K_3 \neg p_2),$$
$$C(p_3 \to K_1 p_3), C(\neg p_3 \to K_1 \neg p_3),$$
$$C(p_3 \to K_2 p_3), C(\neg p_3 \to K_2 \neg p_3)\}$$

这对应于初始设置，公共知识是有一顶帽子一定是红的，并且每人都能看见别人帽子的颜色。

　　第一人声称不知道他帽子的颜色，相当于公式

$$C(\neg K_1 p_1 \land \neg K_1 \neg p_1)$$

第二人的情形是类似的。

　　形式化智者问题的朴素尝试可能会像这样进行：我们不过要证明

$$\Gamma, \quad C(\neg K_1 p_1 \land \neg K_1 \neg p_1), \quad C(\neg K_2 p_2 \land \neg K_2 \neg p_2) \vdash K_3 p_3$$

即：如果 Γ 为真，且前两个人已经做了声明，那么第三个人知道他的帽子是红色的。然而，这并未抓住在两个声明之间时间推移的事实。在第一人声明后，事实 $C\neg K_1 p_1$ 为真并不意味着在接下来的某个声明之后它为真。例如，如果某人宣布 p_1，则 Cp_1 变为真。

　　这样形式化不正确的原因是：尽管知识随时间增长，但缺乏知识却不随时间增长。如果我知道 ϕ，那么（假定 ϕ 不改变）在下一个时间点我将知道它；但如果我不知道 ϕ，那么可能在下一个时间点我的确知道它，因为我可以获取更多的知识。

　　为了正确地形式化智者问题，需要将其分为两个推导，对应每个声明都有一个。当第一人声明他不知道他帽子的颜色时，某个肯定公式 ϕ 变为公共知识。我们的非形式推理解释了所有的人随后都可以排除 RWW 的情形，在已知 $p_1 \lor p_2 \lor p_3$ 下，这使得 $p_2 \lor p_3$ 成为他们的公共知识。于是，ϕ 就是 $p_2 \lor p_3$，我们需证明推导：

　　推导 1. Γ, $C(\neg K_1 p_1 \land \neg K_1 \neg p_1) \vdash C(p_2 \lor p_3)$

这个矢列的一个证明可在图 5-12 中找到。

　　因为 $p_2 \lor p_3$ 是一个肯定公式，它随时间保持不变，并且可用于与第二个声明作合取来证明所需要的结论：

　　推导 2. Γ, $C(p_2 \lor p_3)$, $C(\neg K_2 p_2 \land \neg K_2 \neg p_2) \vdash K_3 p_3$

　　这个方法需要一些细心的思考：已知一个否定信息的声明，诸如有人宣称他不知道他帽

子是什么颜色，我们需要看由此可推导出什么样的肯定知识公式，而且这样的新知识必须足以为下一轮求解难题能取得更多的进展。

只要所有参与证明规则都记录下来了，像图 5-12 中 11～16 行那样的常规证明片段可以缩减成一步。得到的更简短表示如图 5-13 所示。

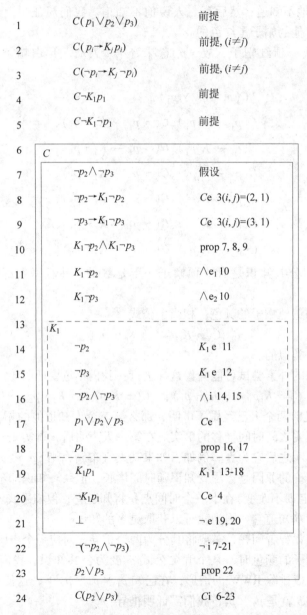

1	$C(p_1 \vee p_2 \vee p_3)$	前提
2	$C(p_i \rightarrow K_j p_i)$	前提, $(i \neq j)$
3	$C(\neg p_i \rightarrow K_j \neg p_i)$	前提, $(i \neq j)$
4	$C \neg K_1 p_1$	前提
5	$C \neg K_1 \neg p_1$	前提
6	C	
7	$\neg p_2 \wedge \neg p_3$	假设
8	$\neg p_2 \rightarrow K_1 \neg p_2$	Ce 3$(i, j)=(2, 1)$
9	$\neg p_3 \rightarrow K_1 \neg p_3$	Ce 3$(i, j)=(3, 1)$
10	$K_1 \neg p_2 \wedge K_1 \neg p_3$	prop 7, 8, 9
11	$K_1 \neg p_2$	$\wedge e_1$ 10
12	$K_1 \neg p_3$	$\wedge e_2$ 10
13	K_1	
14	$\neg p_2$	$K_1 e$ 11
15	$\neg p_3$	$K_1 e$ 12
16	$\neg p_2 \wedge \neg p_3$	$\wedge i$ 14, 15
17	$p_1 \vee p_2 \vee p_3$	Ce 1
18	p_1	prop 16, 17
19	$K_1 p_1$	$K_1 i$ 13-18
20	$\neg K_1 p_1$	Ce 4
21	$\perp$	$\neg e$ 19, 20
22	$\neg(\neg p_2 \wedge \neg p_3)$	$\neg i$ 7-21
23	$p_2 \vee p_3$	prop 22
24	$C(p_2 \vee p_3)$	Ci 6-23

图 5-12   关于智者难题的矢列"推导 1"的证明

在图 5-12 中，注意第 2 行和第 5 行的前提并没有使用。第 2 行和第 3 行的前提对给定值 i 和 j，$i \neq j$，代表任意公式；这解释了第 8 行的推导。在图 5-14 中，再次注意到第 1 行和第 5 行的前提没有用到。还注意到公理 T 与 CK 的合取允许由任何 $C\phi$ 推导出 ϕ，尽管我们必须把它分成两个分离的步骤(在第 16 行和 17 行)。实际实现可能允许混合规则，从而这些推理压缩成一步。

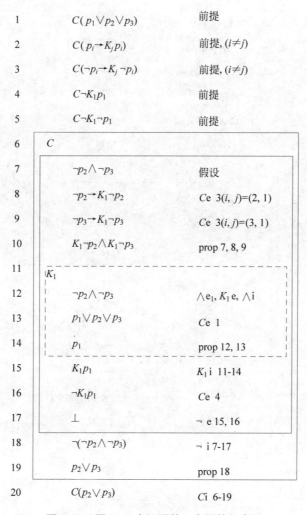

1	$C(p_1 \lor p_2 \lor p_3)$	前提
2	$C(p_i \to K_j p_i)$	前提, $(i \ne j)$
3	$C(\neg p_i \to K_j \neg p_i)$	前提, $(i \ne j)$
4	$C \neg K_1 p_1$	前提
5	$C \neg K_1 \neg p_1$	前提
6	C	
7	$\neg p_2 \land \neg p_3$	假设
8	$\neg p_2 \to K_1 \neg p_2$	$Ce\ 3(i, j)=(2, 1)$
9	$\neg p_3 \to K_1 \neg p_3$	$Ce\ 3(i, j)=(3, 1)$
10	$K_1 \neg p_2 \land K_1 \neg p_3$	prop 7, 8, 9
11	K_1	
12	$\neg p_2 \land \neg p_3$	$\land e_1, K_1 e, \land i$
13	$p_1 \lor p_2 \lor p_3$	$Ce\ 1$
14	p_1	prop 12, 13
15	$K_1 p_1$	$K_1 i\ 11\text{-}14$
16	$\neg K_1 p_1$	$Ce\ 4$
17	$\bot$	$\neg e\ 15, 16$
18	$\neg(\neg p_2 \land \neg p_3)$	$\neg i\ 7\text{-}17$
19	$p_2 \lor p_3$	prop 18
20	$C(p_2 \lor p_3)$	$Ci\ 6\text{-}19$

图 5-13   图 5-12 中证明的一个更简短表示

泥孩谜题   假设有 n 个孩子，p_i 表示第 i 个孩子的前额上有泥。我们考虑情景 2，父亲宣布孩子中的一个沾泥了。与智者的情形相似，公共知识是每个孩子可以看见其他孩子，因此他知道其他人的额头上是否沾泥。于是，我们有 $C(p_1 \to K_2 p_1)$，这是说公共知识是：如果孩子 1 有泥，那么孩子 2 知道这一点，并且 $C(\neg p_1 \to K_2 \neg p_1)$ 也如此。设 Γ 是公式集：

$$C(p_1 \lor p_2 \lor \cdots \lor p_n)$$

$$\bigwedge_{i \ne j} C(p_i \to K_j p_i)$$

$$\bigwedge_{i \ne j} C(\neg p_i \to K_j \neg p_i)$$

注意 $\bigwedge_{i \ne j} \psi_{(i,j)}$ 是所有公式 $\psi_{(i,j)}$ 的有限合取的缩写，其中 i 不同于 j。设 G 是孩子的任意集合，需要如下形式的公式

$$\alpha_G \stackrel{\text{def}}{=} \bigwedge_{i \in G} p_i \land \bigwedge_{i \notin G} \neg p_i$$

公式 α_c 恰好叙述了 G 中的孩子前额沾了泥。

1	$C(p_1 \lor p_2 \lor p_3)$	前提
2	$C(p_i \to K_j p_i)$	前提, $(i \neq j)$
3	$C(\neg p_i \to K_j \neg p_i)$	前提, $(i \neq j)$
4	$C \neg K_2 p_2$	前提
5	$C \neg K_2 \neg p_2$	前提
6	$C(p_2 \lor p_3)$	前提
7	K_3	
8	$\neg p_3$	假设
9	$\neg p_3 \to K_2 \neg p_3$	$CK\ 3(i,\ j)=(3,\ 2)$
10	$K_2 \neg p_3$	$\to$e 9,8
11	K_2	
12	$\neg p_3$	K_2e, 10
13	$p_2 \lor p_3$	Ce 6
14	p_2	prop 12, 13
15	$K_2 p_2$	K_2i 11-14
16	$K_i \neg K_2 p_2$	$CK\ 4$, 对每个 i
17	$\neg K_2 p_2$	$KT\ 16$
18	$\perp$	$\neg$e 15,17
19	p_3	PBC 8-18
20	$K_3 p_3$	K_3i 7-19

图 5-14   关于智者难题的矢列"推导 2"的证明

假设 $k=1$，即一个孩子前额上沾泥。证明孩子知道他就是那个沾泥的。我们证明下列推导。

推导 1. Γ，$\alpha_{\{i\}} \vdash K_i p_i$。

这是说，若实际情况只有一个称为 i 的孩子沾泥，则那个孩子将知道这一点。我们的证明与直觉遵循相同的思路：i 看到没有其他孩子有泥，但知道至少有一个孩子有泥，所以知道前额沾泥的孩子一定是他自己。该证明在图 5-15 给出。

注意，注释"对每个 $j \neq i$"意味着对任何这样的 j 提供该论证。于是，可以形成隐含在第 10 行推断中的所有这些推断的合取。

如果不只一个孩子沾泥怎么办？此时，在第一次并行轮回中，孩子们都宣称他们不知道他们是否沾泥，对应于公式

$$A \stackrel{\mathrm{def}}{=} C(\neg K_1 p_1 \land \neg K_1 \neg p_1) \land \cdots \land C(\neg K_n p_n \land \neg K_n \neg p_n)$$

在智者的例子中我们已看到将与前提 Γ 一道宣称 A 是危险的，因为 A 为真，有关于孩子们的知识的否定断言，不能保证其真值随时间保持不变。所以，我们寻求某个肯定公式表示孩

子们由听到的宣称所学到的东西。就像在智者的例子中，这个公式隐含在 5.5.1 节中关于泥孩难题的非形式化推理中：如果公共知识是至少有 k 个孩子沾泥，那么在形为 A 的一次声明后，公共知识是至少有 $k+1$ 个孩子沾泥。

1	$\neg p_1 \wedge \neg p_2 \wedge \cdots \wedge p_i \wedge \cdots \wedge \neg p_n$	$\alpha_{\{i\}}$
2	$C(p_1 \vee \cdots \vee p_n)$	在 Γ 中
3	$\neg p_j$	$\wedge$e 1, 对每个 $j \neq i$
4	$\neg p_j \rightarrow K_i \neg p_j$	在 Γ 中, 对每个 $j \neq i$
5	$K_i \neg p_j$	$\rightarrow$e 4,3, 对每个 $j \neq i$
6	$K_i(p_1 \vee \cdots \vee p_n)$	CK 2
7	K_i	
8	$p_1 \vee \cdots \vee p_n$	K_ie 6
9	$\neg p_j$	K_ie 5, 对每个 $j \neq i$
10	p_i	Prop 9,8
11	$K_i p_i$	K_ii

图 5-15　对泥孩谜题矢列 "推导 1" 的证明

因此，在第一次声明 A 后，前提的集合是

$$\Gamma, \bigwedge_{1 \leq i \leq n} C \neg \alpha_{\{i\}}$$

这是 Γ 加上沾泥孩子的集合不是单点集这个公共知识。

在第二次声明 A 后，前提集合变为

$$\Gamma, \bigwedge_{1 \leq i \leq n} C \neg \alpha_{\{i\}}, \bigwedge_{i \neq j} C \neg \alpha_{\{i,j\}}$$

我们可以将其写为

$$\Gamma, \bigwedge_{|G| \leq 2} C \neg \alpha_G$$

请尝试仔细地理解记号：

α_G 　　　　沾泥孩子的集合恰好是集合 G

$\neg \alpha_G$ 　　　沾泥孩子的集合是某个其他异于 G 的集合

$\bigwedge_{|G| \leq k} \neg \alpha_G$ 　沾泥孩子的集合元素个数大于 k。

对应于第二轮的推导是：

$$\Gamma, C(\bigwedge_{|G| \leq 2} \neg \alpha_G), \alpha_H \vdash \bigwedge_{i \in H} K_i p_i, \quad 其中 |H| = 3$$

对应第 k 轮的推导是：

推导 2. $\Gamma, C(\bigwedge_{|G| \leq k} \neg \alpha_G), \alpha_H \vdash \bigwedge_{i \in H} K_i p_i$, 其中 $|H| = k+1$。

请尝试仔细地理解这个矢列所说的内容。"如果 Γ 中的所有内容都是真的，且公共知识是沾泥孩子集合的元素个数不小于等于 k，假如实际上是 $k+1$ 个元素，那么这 $k+1$ 个孩子中的每一个都能推断出他们沾泥了"。注意这与早些时候在文中给出的直觉描述是吻合的。

为证明推导2，任取 $i \in H$。只要证明

$$\Gamma, \quad C(\bigwedge_{|G| \leq k} \neg \; \alpha_G), \alpha_H \vdash K_i \, p_i$$

有效就足够了，因为 $\wedge i$ 对所有 i 值的反复使用给出推导2的一个证明。设 G 是 $H - \{i\}$，证明 $\Gamma, \; C(\neg \; \alpha_G), \; \alpha_H \vdash K_i p_i$ 的有效性如图5-16所示。请研究这个证明的每个细节，理解它是如何遵循5.5.1节所采取的非形式化证明步骤的。

图5-16中证明的第14行顺序地运用 $\wedge i$ 的若干个实例，这是合法步骤，因为对各自集合中的"每个"元素，11~13 行中的公式已经得到证明。

1	α_H	前提
2	$C \neg \alpha_G$	前提, 因为 $|G| \leq k$
3	p_j	$\wedge$ e 1, 对每个 $j \in G$
4	$\neg p_k$	$\wedge$ e 1, 对每个 $k \notin H$
5	$p_j \rightarrow K_i p_j$	对每个 $j \in G$ 在 Γ 中
6	$K_i p_j$	$\rightarrow$ e 5, 4, 对每个 $j \in G$
7	$\neg p_k \rightarrow K_i \neg p_k$	对每个 $k \notin H$ 在 Γ 中
8	$K_i \neg p_k$	$\rightarrow$ e 7, 4, 对每个 $k \notin H$
9	$K_i \neg \alpha_G$	CK 2
10	K_i	
11	p_j	K_i e 6 ($j \in G$)
12	$\neg p_k$	K_i e 8 ($k \notin H$)
13	$\neg p_i$	假设
14	α_G	$\wedge$ i 11, 12, 13
15	$\neg \alpha_G$	K_i e 9
16	$\perp$	$\neg$ e 14, 15
17	$\neg \neg p_i$	$\neg$ i 13-16
18	p_i	$\neg \neg$ e 17
19	$K_i p_i$	K_i i 10-18

图5-16 $\Gamma, \; C(\neg \; \alpha_G), \; \alpha_H \vdash K_i p_i$ 的证明，用于证明泥孩谜题的"推导2"

5.6 习题

练习5.1

1. 思考一下当今带有动态通信和网络拓扑的高度分布式计算环境。提出几种适用于这种环境陈述的真值模式。

2. 设 M 是一阶逻辑的模型，ϕ 遍历一阶逻辑公式。讨论在什么意义下，形如"公式 ϕ 在模型

$\mathcal{M}$中为真"的陈述表达了一种真值模式。

练习 5.2

1. 考虑图 5-5 描述的 Kripke 模型 $\mathcal{M}$。
   （a）判定下列各式是否成立：
       i. $a \Vdash p$
       ii. $a \Vdash \square \neg q$
       *iii. $a \Vdash q$
       *iv. $a \Vdash \square \square q$
       v. $a \Vdash \lozenge p$
       *vi. $a \Vdash \square \lozenge \neg q$
       vii. $c \Vdash \lozenge \top$
       viii. $d \Vdash \lozenge \top$
       ix. $d \Vdash \square \square q$
       *x. $c \Vdash \square \bot$
       xi. $b \Vdash \square \bot$
       xii. $a \Vdash \lozenge \lozenge (p \wedge q) \wedge \lozenge \top$
   （b）为下列各式找到一个满足它的世界：
       i. $\square \neg p \wedge \square \square \neg p$
       ii. $\lozenge q \wedge \neg \square q$
       *iii. $\lozenge p \vee \lozenge q$
       *iv. $\lozenge (p \vee \lozenge q)$
       v. $\square p \vee \square \neg p$
       vi. $\square (p \vee \neg p)$
   （c）对前一个题目的每个公式，找一个不满足该公式的世界。

2. 找出一个 Kripke 模型 $\mathcal{M}$ 和公式模式，它在 $\mathcal{M}$ 中不满足但在 $\mathcal{M}$ 中有真的实例。

3. 考虑 Kripke 模型 $\mathcal{M} = (W, R, L)$，其中 $W = \{a, b, c, d, e\}$，$R = \{(a, c), (a, e),$ $(b, a), (b, c), (d, e), (e, a)\}$，且 $L(a) = \{p\}$，$L(b) = \{p, q\}$，$L(c) = \{p, q\}$，$L(d) = \{q\}$ 且 $L(e) = \varnothing$。
   （a）画出 $\mathcal{M}$ 的图。
   （b）研究练习 5.2 的 1（b）中哪些公式有满足它的世界。

4. （a）为判断 $p \rightarrow \square \lozenge q$ 在一个模型中是否真，你必须做些什么？
     *（b）找出使上述公式在其为真的模型以及在其为假的模型。

5. 对下列每对公式，能否找到可区分它们（即一个为真一个为假）的模型和世界？此时，你要证明它们不能互相导出。如果你做不到，可能意味着这对公式是等价的。验证你的答案。
   （a）$\square p$ 和 $\square \square p$
   （b）$\square \neg p$ 和 $\neg \lozenge p$
   （c）$\square (p \wedge q)$ 和 $\square p \wedge \square q$
     *（d）$\lozenge (p \wedge q)$ 和 $\lozenge p \wedge \lozenge q$

(e) $\Box(p \lor q)$和$\Box p \lor \Box q$

*(f) $\Diamond(p \lor q)$和$\Diamond p \lor \Diamond q$

(g) $\Box(p \to q)$和$\Box p \to \Box q$

(h) $\Diamond \top$和$\top$

(i) $\Box \top$和$\top$

(j) $\Diamond \bot$和$\bot$

6. 证明基本模态逻辑的下列公式是有效的：

*(a) $\Box(\phi \land \psi) \leftrightarrow (\Box \phi \land \Box \psi)$

(b) $\Diamond(\phi \lor \psi) \leftrightarrow (\Diamond \phi \lor \Diamond \psi)$

*(c) $\Box \bot \leftrightarrow \top$

(d) $\Diamond \bot \leftrightarrow \bot$

(e) $\Diamond \top \to (\Box \phi \to \Diamond \phi)$

7. 考察定义 5.4。我们曾经通过对 ϕ 进行结构归纳来定义 $x \Vdash \phi$。这真正确吗？注意第二个关系 $x \nVdash \phi$ 的隐式定义。为什么这个定义仍然是正确的，在什么意义上它仍依赖于结构归纳？

练习 5.3

1. 对于表 5-2 中 $\Box$ 的哪种解释，下列公式是有效的？

*(a) $(\phi \to \Box \phi) \to (\phi \to \Diamond \phi)$

(b) $(\Box \phi \to (\phi \land \Box\Box \phi \land \Diamond \phi)) \to ((\Box \phi \to (\phi \land \Box\Box \phi)) \land ((\Diamond \phi \to \Box \Diamond \phi))$

2. 动态逻辑：设 P 在第 4 章中的核心语言程序上遍历。对所有这样的程序 P，考虑一种模态逻辑，其模态算子是 $\langle P \rangle$ 和 $[P]$。如定义 4.3，关于存储 l 为这样的公式赋值。关系 $l \Vdash \langle P \rangle \phi$ 成立，当且仅当程序 P 有某个执行开始于存储 l 且终止于满足 ϕ 的一个存储。

*(a) 已知 $\neg \langle P \rangle \neg$ 等于 $[P]$，说明 $[P]$ 的意义。

(b) 称 ϕ 是有效的当且仅当它在所有适当的存储 l 下成立。用这种模态逻辑，将霍尔三元组的完全正确性叙述为有效性问题。

3. 对下列所有二元关系 R，判断 5.3.2 节从自反性到完全性的哪些属性适用于 R，其中 $R(x, y)$ 表示：

*(a) x 严格小于 y，其中 x 和 y 遍历 $n \geq 1$ 的全体自然数。

(b) x 整除 y，其中 x 和 y 遍历整数。例如，5 整除 15，而 7 不能整除 15。

(c) x 是 y 的兄弟。

*(d) 存在正实数 a 和 b，使得 x 等于 $a \cdot y + b$，其中 x 和 y 遍历实数。

*4. 证明事实 5.16。

5. 通过对公式 (5-1) 进行结构归纳，证明例 5.12 第 2 条所做的非形式论断。

6. 证明定理 5.17。对否定和模态算子序列的长度运用数学归纳法。注意：这要求你对最顶层的算子，而不是对否定或模态，进行情形分析。

7. 对 R 是自反或传递的情形，证明定理 5.14。

8. 找出一个 Kripke 模型，其中的所有世界都满足 $\neg p \lor q$，但至少有一个世界不满足 $\neg q \lor p$；即证明模式 $\neg \phi \lor \psi$ 不满足。

9. 下面你会发现命题逻辑矢列 $\Gamma \vdash \phi$ 的列表。不使用规则 PBC，LEM 和 $\neg\neg$ e，是否能证明它们。如果不能，那么尝试构造一个直觉主义命题逻辑的模型 $M = (W, R, L)$，使得其一个世界满足 Γ 中的所有公式，但不满足 ϕ。在假定合理性的前提下，这保证所考虑的矢列在直觉主义命题逻辑中没有证明。

*(a) $\vdash (p \rightarrow q) \vee (q \rightarrow r)$

(b) 证明规则 MT：$p \rightarrow q, \neg q \vdash \neg p$

(c) $\neg p \vee q \vdash p \rightarrow q$

(d) $p \rightarrow q \vdash \neg p \vee q$

(e) 证明规则 $\neg \neg$ e：$\neg \neg p \vdash p$

*(f) 证明规则 $\neg \neg$ i：$p \vdash \neg \neg p$。

10. 证明没有 $\neg \neg$ e，LEM 和 PBC 规则的命题逻辑自然演绎规则关于直觉主义命题逻辑的可能世界语义是可靠的。这表明排除规则不能由其余规则导出，为什么？

11. 将 $\square \phi$ 解释为"代理 Q 相信 ϕ"，解释下列公式模式的含义：

(a) $\square \phi \rightarrow \lozenge \phi$

*(b) $\square \phi \vee \square \neg \phi$

(c) $\square (\phi \rightarrow \psi) \wedge \square \phi \rightarrow \square \psi$。

12. 在表 5-2 的第 2 行采用了未来不包括当前的约定。若采用未来包含当前这一更通用约定，该行中的哪些公式模式被满足？

13. 考虑表 5-4 中的性质。若将 $\square$ 读作如下情形，我们接受哪些性质？

*(a) 知识

(b) 信念

*(c) "将来总如此吗？"

14. 找出一个自反、传递，但非对称的标架。通过提供一个适当的标记函数并选择一个否决 $p \rightarrow \square \lozenge p$ 的世界，证明你的标架不会使公式 $p \rightarrow \square \lozenge p$ 有效。在你的标架中，能否找到一个满足 $p \rightarrow \square \lozenge p$ 的标记函数和世界？

15. 举出两个欧几里得标架的例子，即：其可达关系是欧几里得的以及两个非欧几里得标架的例子。直观地解释为什么 $\lozenge p \rightarrow \square \lozenge p$ 在前两者中成立，而在后两者中不成立。

16. 对下列每个公式，找出与之对应的 R 的性质。

(a) $\phi \rightarrow \square \phi$

*(b) $\square \bot$

*(c) $\lozenge \square \phi \rightarrow \square \lozenge \phi$。

*17. 找出一个公式，其对应性质是稠密性：对满足 $R(x, z)$ 的所有 $x, z \in W$，存在 $y \in W$，使得 $R(x, y)$ 且 $R(y, z)$。

18. 模态逻辑 KD45 用于建模信念，关于公理格式 D，4 和 5 见表 5-4。

(a) 解释其与 KT45 的区别。

(b) 证明 $\vDash_{KD45} \square p \rightarrow \lozenge p$ 是有效的。用知识与信念的术语讲，此公式有何意义？

(c) 解释为什么顺序性条件与信念相关。

19. 回顾定义 5.7。对一种模态逻辑 L，你如何定义 $\equiv_L$？

练习 5.4

1. 为基本模态逻辑 K 的下列矢列，寻找自然演绎证明。

*(a) $\vdash_K \square (p \rightarrow q) \vdash \square p \rightarrow \square q$

(b) $\vdash_K \Box(p{\to}q) \vdash \Diamond p {\to} \Diamond q$

*(c) $\vdash_K \vdash \Box(p{\to}q) \wedge \Box(q{\to}r) {\to} \Box(p{\to}r)$

(d) $\vdash_K \Box(p \wedge q) \vdash \Box p \wedge \Box q$

(e) $\vdash_K \vdash \Diamond \top {\to} (\Box p {\to} \Diamond p)$

*(f) $\vdash_K \Diamond(p{\to}q) \vdash \Box p {\to} \Diamond q$

(g) $\vdash_K \Diamond(p \vee q) \vdash \Diamond p \vee \Diamond q$。

2. 为模态逻辑 KT45 中的下列公式找出自然演绎证明。

   (a) $p {\to} \Box \Diamond p$

   (b) $\Box \Diamond p \leftrightarrow \Diamond p$

*(c) $\Diamond \Box p \leftrightarrow \Box p$

   (d) $\Box(\Box p {\to} \Box q) \vee \Box(\Box q {\to} \Box p)$

   (e) $\Box(\Diamond p {\to} q) \leftrightarrow \Box(p {\to} \Box q)$。

3. 研究前一个练习中你所给出的证明，看这些公式模式中是否在基本模态逻辑中有效。仔细审视这些证明在哪里和如何使用公理 T，4 和 5，看是否能找到一个反例，即一个 Kripke 模型和一个世界，它不满足该公式。

4. 提供一个论证概要：证明基本模态逻辑的自然演绎规则关于 Kripke 结构的语义 $x \Vdash \phi$ 是合理的。

练习 5.5

1. 这个练习是关于智者迷题的。说明你的结论。

   (a) 每个人都被问到："你知道你帽子的颜色吗?"假设第一人说"不"，而第二人说"是"。给定这个信息，结合公共知识，能否推断出他帽子的颜色？

   (b) 我们能否预测第三人将回答"是"还是"否"？

   (c) 若第三人是盲人会什么样？若第一人是盲人呢？

2. 这个练习是关于泥孩迷题的。假设 $k=4$，即孩子 a，b，c 和 d 的前额上有泥。解释为什么在父亲宣布之前，某人前额上有泥不是公共知识。

3. 为下列叙述写出公式：

   (a) 代理 1 知道 p。

   (b) 代理 1 知道 p 或 q。

*(c) 代理 1 知道 p 或代理 1 知道 q。

   (d) 代理 1 知道是否 p。

   (e) 代理 1 不知道是否 p 或 q。

   (f) 代理 1 知道是否代理 2 知道 p。

*(g) 代理 1 知道是否代理 2 知道是否 p。

   (h) 没有人知道 p。

   (i) 不是每个人都知道是否 p。

   (j) 每个知道 p 的人都知道 q。

*(k) 某些人知道 p 但不知道 q。

   (l) 每个人都知道某个人知道 p。

4. 判定下列哪些公式在图 5-9 的 Kripke 模型中成立，并给出理由：

   （a）$x_1 \Vdash K_1 p$

   （b）$x_3 \Vdash K_1(p \vee q)$

   （c）$x_1 \Vdash K_2 q$

 *（d）$x_3 \Vdash E(p \vee q)$

   （e）$x_1 \Vdash Cq$

   （f）$x_1 \Vdash D_{\{1,3\}} p$

   （g）$x_1 \Vdash D_{\{1,2\}} p$

   （h）$x_6 \Vdash E \neg q$

 *（i）$x_6 \Vdash C \neg q$

   （j）$x_6 \Vdash C_{\{3\}} \neg q$。

5. 对下列每个公式，通过找出一个带有不满足该公式的世界的 Kripke 模型，证明它不是有效的。

   （a）$E_G \phi \rightarrow E_G E_G \phi$

   （b）$\neg E_G \phi \rightarrow E_G \neg E_G \phi$。

   解释为什么这两个 Kripke 模型表明两个等价关系的并不一定是等价关系。

*6. 解释为什么 $C_G \phi \rightarrow C_G C_G \phi$ 和 $\neg C_G \phi \rightarrow C_G \neg C_G \phi$ 是有效的。

7. 证明定理 5.26 的第二部分。

8. 回顾 3.7 节。是否能在可能世界的幂集上指定一个单调函数，用于计算满足 $C_G \phi$ 的世界集合？这是一个最小不动点，还是最大不动点？还是固定点？

9. 使用命题逻辑的自然演绎规则判断下列仅注释有"prop"的证明步骤。

   （a）图 5-11 的第 11 行。

   （b）图 5-12 中证明的第 10、18 和 23 行。当然这要求三个独立的证明。

   （c）图 5-14 中证明的第 14 行。

   （d）图 5-15 中证明的第 10 行。

10. 使用 KT45^n 的自然演绎规则，证明下列有效性：

   （a）$K_i(p \wedge q) \leftrightarrow K_i p \wedge K_i q$

   （b）$C(p \wedge q) \leftrightarrow Cp \wedge Cq$

 *（c）$K_i Cp \leftrightarrow Cp$

   （d）$C K_i p \leftrightarrow Cp$

 *（e）$\neg \phi \rightarrow K_i \neg K_i \phi$。

   用知识的术语解释这个公式的含义。你相信它吗？

   （f）$\neg \phi \rightarrow K_1 K_2 \neg K_2 K_1 \phi$

 *（g）$\neg K_1 \neg K_1 \phi \leftrightarrow K_1 \phi$。

11. 为智者问题的简化版本做出自然演绎证明：有两个智者，如常，他们能看见彼此的帽子，但看不到自己的。公共知识是仅有可用的一项白色帽子和两顶红色帽子。因此，至少一人戴红色帽子。第一人告诉第二人说他不知道他戴的是哪种颜色的帽子。第二人说："啊哈，那我一定戴的是红色帽子。"

   （a）非形式地给出第二个人结论的理由。

   （b）设 p_1，p_2 分别表示第 1，2 人戴一顶红色帽子。因此 $\neg p_1$ 和 $\neg p_2$（分别）意味着他们戴的是白色帽子。使用问题的描述，非形式地给出下列前提的理由：

    i. $K_2 K_1 (p_1 \vee p_2)$

    ii. $K_2 (\neg p_2 \rightarrow K_1 \neg p_2)$

    iii. $K_2 \neg K_1 p_1$。

（c）使用自然演绎，由这些前提证明 $K_2 p_2$。

（d）通过显示一个模型/世界，它满足前两个前提，但不满足结论，说明第三个前提是本质的。

（e）现在是否能轻易地回答诸如"若第 2 人是盲人，他仍能说出答案吗?"和"若第 1 人是盲人，第 2 人仍能说出答案吗?"这样的问题吗?

12. 回顾我们关于肯定知识公式和否定知识公式的非形式讨论。给出这些概念的形式定义。

5.7　文献注释

对模态逻辑的第一个系统的处理是由 C. I. Lewis 在 20 世纪 50 年代做出的。可能世界的处理方法是由 S. Kripke 发明的，大大简化了模态逻辑，现在与模态逻辑几乎是同义词。讨论模态逻辑的书籍包括[Che80，Gol87，Pop94]，在这些书中可以找到丰富的参考文献。所有这些书都讨论了模态逻辑证明演算的可靠性和完备性。它们还研究哪些模态逻辑具备有限模型性质：若一个矢列没有证明，则存在一个有限模型说明这一点。不是所有的模态逻辑都具有这个性质，这对于可判定性是非常重要的。直觉主义命题逻辑有有限模型性质，生成这样的有限模型的一个动画（称作 PORGI）从 A. Stoughton 的网站⊖上可以得到。

使用模态逻辑进行推理知识的思想归功于 J. Hintikka。将模态逻辑应用于多代理系统的大量工作出现在[FHMV95]和[MvdH95]中，这些文献中还包含作者们的其他工作。本章中的许多例子取自这个文献（其中一些归功于其他人），尽管我们对其处理是原创的。

本章中提出的模态逻辑的自然演绎证明系统基于[Fit93]中的思想。

模态逻辑 KT4（更精确地说，是其没有否定的片段）作为一种函数式程序设计语言中阶段计算的类型系统的一个应用可在[DP96]中找到。

应该强调我们有意使我们的框架是"经典的"，论文[Sim94]对于直觉主义模态逻辑的讨论是个好的来源，它也包含基本一阶模态逻辑的适当介绍。

⊖　www. cis. ksu. edu/ ~ allen/ porgi. html。

二叉判定图

6.1 布尔函数的表示

对很多硬件和软件系统，比如同步和异步电路、反应式系统及有限态程序，布尔函数是一种重要的形式描述机制。为进行推理，在计算机中表示这些系统需要布尔函数的有效表示。本章我们将考察一种表示，详细描述第 3 章所讨论的系统是怎样用这种表示来进行验证的。

定义 6.1 布尔变量 x 是一个取值为 0 和 1 的变量。用 x_1，x_2，$\cdots$ 和 x，y，z，$\cdots$ 记布尔变量。定义集合 $\{0，1\}$ 上的下列函数：

- $\overline{0} \stackrel{\text{def}}{=} 1$ 和 $\overline{1} \stackrel{\text{def}}{=} 0$；
- 若 x 和 y 取值 1，则 $x \cdot y \stackrel{\text{def}}{=} 1$；否则 $x \cdot y \stackrel{\text{def}}{=} 0$；
- 若 x 和 y 取值 0，则 $x+y \stackrel{\text{def}}{=} 0$；否则 $x+y \stackrel{\text{def}}{=} 1$；
- 若 x 和 y 恰有一个等于 1，则 $x \oplus y \stackrel{\text{def}}{=} 1$。

n 个参量的布尔函数 f 是从 $\{0，1\}^n$ 到 $\{0，1\}$ 的函数。用 $f(x_1，x_2，\cdots，x_n)$ 或 $f(V)$ 指出，f 的语法表示只依赖于 V 中的布尔变量。

注意 $\cdot$、$+$ 和 $\oplus$ 是带有两个参量的布尔函数，而 $^-$ 是一个参数的布尔函数。二元函数 $\cdot$、$+$ 和 $\oplus$ 写成中缀记号，而不用前缀，即我们写 $x+y$，而不是 $+(x，y)$ 等。

例 6.2 利用上面的四个函数，可以定义其他布尔函数，例如：

(1) $f(x，y) \stackrel{\text{def}}{=} x \cdot (y+\bar{x})$

(2) $g(x，y) \stackrel{\text{def}}{=} x \cdot y + (1 \oplus \bar{x})$

(3) $h(x，y，z) \stackrel{\text{def}}{=} x+y \cdot (x \oplus \bar{y})$

(4) $k(\ ) \stackrel{\text{def}}{=} 1 \oplus (0 \cdot \overline{1})$。

6.1.1 命题公式和真值表

命题公式和真值表是布尔函数的两种不同表示。在命题公式中，用 $\wedge$，$\vee$，$\neg$，$\top$ 和 $\bot$ 分别表示 $\cdot$，$+$，$^-$，1 和 0。

布尔函数可以用非常明显的方式通过真值表表示。例如函数 $f(x，y) \stackrel{\text{def}}{=} \overline{x+y}$ 用真值表表示为如下的左边所示：

x	y	$f(x，y)$		p	q	ϕ
1	1	0		T	T	F
0	1	0		F	T	F
1	0	0		T	F	F
0	0	1		F	F	T

在右边，用第 1 章的记号显示了相同的真值表。具有这个真值表的一个公式是 $\neg(p \vee q)$。本章

中，只要方便，我们混合使用布尔公式和命题逻辑公式这两种记号体系。你应该能够很容易地将表达式从一种记号转化为另一种记号，反之亦然。

作为布尔函数的表示，命题公式和真值表有不同的优势与劣势。真值表在空间方面非常低效：如果想用含有 100 个变量的布尔函数建模一个串联电路的功能（一个很小的芯片能轻易需要这么多变量），那么真值表需要 2^{100}（大于 10^{30}）行。整个宇宙中也没有足够的存储空间（文章或论文）用来记录 2^{100} 个长度为 100 的不同位向量的信息。尽管真值表空间效率低下，但其运算相对简单。一旦计算出真值表，很容易看出它所表示的布尔函数是不是可满足的：只需要看真值表的最后一列中是否有 1。

比较两个真值表是否表示相同的布尔函数看起来也很容易：假定两个表的取值次序相同，只需验证它们是恒同的。尽管这些运算看起来简单，但它们是计算难解的，因为真值表的行数关于变量个数是指数增长的。如果将函数表示为真值表，检验一个有 n 个原子的函数的可满足性需要 2^n 阶次运算。因此：用真值表表示验证可满足性和等价性是极其低效的。

用命题公式表示布尔函数要稍好一些。命题公式经常能给出布尔函数的非常紧凑及有效的表示。有 100 个变量的公式可能只需用约 200~300 个字符。然而，判断任意命题公式是否可满足的是计算机科学中的著名问题，对于这个任务还不知道任何有效的算法，人们甚至很怀疑根本不存在有效算法。类似地，人们还怀疑判断任意两个命题公式 f 和 g 是否表示相同布尔函数也是指数代价的。

直接可以看出如何对这两种表示实施布尔运算·，+，$\oplus$ 和 $^-$。在真值表的情形，需要将运算作用于每一行。例如，给定相同变量集上（且按相同次序）的 f 和 g 的真值表，对每一行的 f 和 g 真值都应用运算 $\oplus$ 就得到 $f \oplus g$ 的真值表。若 f 和 g 的变量集不同，容易通过增加更多变量来填充。在由命题公式表示的情形，·和 $\oplus$ 等运算不过是语法操作。例如，给定表示函数 f 和 g 的命题公式 ϕ 和 ψ，表示 $f \cdot g$ 和 $f \oplus g$ 的公式分别为 $\phi \wedge \psi$ 和 $(\phi \wedge \neg \psi) \vee (\neg \phi \wedge \psi)$。

我们也可以考虑用命题公式的各种子类表示布尔函数，像合取范式和析取范式。在析取范式（DNF，这种形式的公式是文字合取的析取）的情形，表示有时是紧凑的，但在最坏情况可能会很长。然而，检验可满足性是直接的操作，因为只需找到一个析取项不是两个互补文字。遗憾的是，没有类似检测有效性的方法。对两个 DNF 形式的公式进行 + 运算，只需在它们之间插入 $\vee$。实施 · 更复杂些。我们不能简单地在两个公式之间插入 $\wedge$，因为结果一般不是 DNF 形式，因此必须不厌其烦地应用分配律 $\phi \wedge (\psi_1 \vee \psi_2) \equiv (\phi \wedge \psi_1) \vee (\phi \wedge \psi_2)$。计算 DNF 公式的否定代价也很高。DNF 公式 ϕ 可能相当短，而 $\neg \phi$ 的析取范式的长度可能为 ϕ 的长度的指数。

用合取范式表示的情形是对偶的。这些评注的总结在图 6-1 中（目前，请忽略最后一行）。

布尔函数的表示	检验			布尔运算		
	紧凑？	可满足性	有效性	·	+	$^-$
命题公式	经常	难	难	易	易	易
DNF 公式	有时	易	难	难	易	难
CNF 公式	有时	难	易	易	难	难
有序真值表	从不	难	难	难	难	难
简约 OBDD	经常	易	易	一般	一般	易

图 6-1 五种布尔公式表示的效率比较

6.1.2　二叉判定图

二叉判定图(Binary Decision Diagram，BDD)是表示布尔函数的另一种方法。这种图的一个特定的类将为符号模型检测算法提供实现框架。先考虑一种较简单的二叉判定图，称为二叉判定树。这些树的非终止节点用布尔变量 x，y，z，…标识，而终止节点用 0 或 1 标记。每一个非终止节点有两条边：一条虚线的和一条实线的。在图 6-2 中，可以看到一棵这样的二叉判定树，有变量 x 和 y 两层。

定义 6.3　设 T 是一棵有限二叉判定树。按如下方式，T 确定以非终止节点为变量的唯一布尔函数。给定 T 中出现的布尔变量赋值 0 或 1，从 T 的根开始，只要当前节点的变量值为 0，那么沿虚线走；否则沿实线走。函数值就是所到达的终止节点的值。

例如，图 6-2 的二叉判定树表示布尔函数 $f(x, y)$。为求 $f(0, 1)$，从树的根开始。因为 x 的值是 0，沿标记为 x 的节点出发的虚线到达最左边由标记为 y 的节点。因为 y 的值是 1，我们沿由 y 节点出发的实线到达最左边的终止节点 0。于是，$f(0, 1)$ 等于 0。在计算 $f(0, 0)$ 时，我们类似地向下通过树，但现在是沿着两条虚线得到结果 1。你可以看到另外两种可能性以到达标记为 0 的剩下的终止节点结束。于是，这个二叉判定树计算了函数 $f(x, y) \stackrel{\mathrm{def}}{=} \overline{x + y}$。

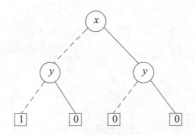

图 6-2　二叉判定树的例子

就尺寸而言，二叉判定树与布尔函数的真值表表示相当接近。若一棵二叉判定树的根是 x 节点，则它有两棵子树(一个代表 x 的值为 0，另一个代表 x 的值为 1)。因此，若 f 依赖于 n 个布尔变量，对应的二叉判定树至少有 $2^{n+1} - 1$ 个节点(参看练习 6.2 的 5)。由于 f 的真值表有 2^n 行，我们看到二叉判定树同样不是布尔函数的更紧凑表示。二叉判定树经常包含一些冗余，我们可以就此进行探索。

由于 0 和 1 是二叉判定树仅有的终止节点，可以用指针仅指向 0 和 1 的一个副本来优化表示。例如，图 6-2 中的二叉判定树可以按这种方法优化，而结果结构描述在图 6-3a 中。注意，我们节省了两个冗余 0 节点的存储空间，但边(指针)仍然和以前一样多。

可以做的第二个优化是去掉树中不需要的决策点。在图 6-3a 中，右边的 y 是不需要的，因为无论它是 0 还是 1，都到达相同的地方。因此，该结构可以进一步化简为图 6-3b 所示的结构。

所有这些结构都是二叉判定图(BDD)的例子。它们比二叉判定树更一般，可共享叶节点意味着它们不是树。作为第三种优化，还允许共享子 BDD。子 BDD 是出现在给定节点下的 BDD 的一部分。例如，在图 6-4 的 BDD 中，两个内部 y 节点起相同的作用，因为它们下面的子 BDD 有相同的结构。因此，可以去掉一个，结果是图 6-5a 中的 BDD。事实上，最左边的 y

节点也可以与中间的合并，然后两者上边的 x 节点成为多余的。将其去掉得到图 6-5b 的 BDD。

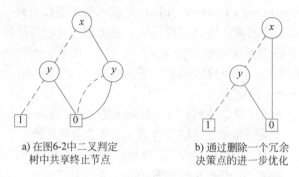

a) 在图6-2中二叉判定　　　b) 通过删除一个冗余
树中共享终止节点　　　　决策点的进一步优化

图 6-3　优化图 6-2 中树的结果

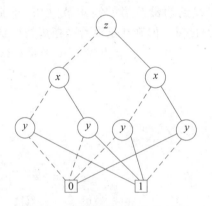

图 6-4　具有重复子 BDD 的 BDD

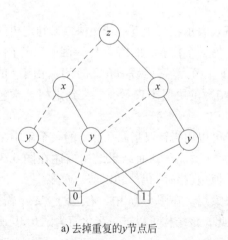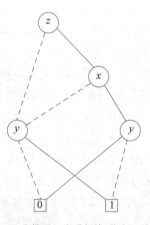

a) 去掉重复的y节点后　　　　b) 去掉另一个重复的y节点，然
后去掉一个冗余的x决策点

图 6-5　图 6-4 的 BDD

概括起来，我们已经看到了将 BDD 化简成更紧凑形式的三种不同方法：

C1. 去掉重复的终止节点。若 BDD 包含不止一个终止 0 节点，则将指向这样的 0 节点的所有边重定向为只指向其中的一个。对标记为 1 的终止节点用相同的方法处理。

C2. 去掉冗余的测试。若节点 n 出发的两条边都指向同一节点 m，则去掉节点 n，将所有进入该节点的边指向 m。

C3. 去掉重复的非终止节点。若 BDD 中两个不同节点 m 和 n 是结构相同的子 BDD 的根，则去掉其中的一个，比如说 m，并将所有进入该节点的边重定向到另一个。

注意 C1 是 C3 的特殊情况。为精确定义 BDD，需要几个辅助概念。

定义 6.4　有向图是一个集合 G 和 G 上的二元关系 $\to$：$\to \subseteq G \times G$。有向图中的环路是该图中的一条有限路径，其开始和终止节点相同，即形如 $v_1 \to v_2 \to \cdots \to v_n \to v_1$ 的路径。不含任何环路的有向图称为有向无环图（directed acyclic gragh，dag）。有向无环图的一个节点如果没有指向该节点的边称为初始的，如果没有从该节点出发的边则该节点称为终止的。

图 3-3 中的有向图有环路，例如环路 $s_0 \to s_1 \to s_0$，故不是有向无环图。若我们将 BDD 中的连接（无论是实线还是虚线）总是向下方向，则本章的 BDD 也是有向图。它们还是无环的，而且有唯一初始节点。优化 C1 ～ C3 保持有向无环图的性质，完全简化的 BDD 恰好有两个终止节点。现在我们正式将 BDD 定义为特定类型的有向无环图：

定义 6.5　二叉判定图是一个具有唯一初始节点的有限无环有向图，其所有终止节点标记为 0 或 1，所有非终止节点用布尔变量标记。每个非终止节点恰好有两条边指向其他节点：一个标记为 0，一个标记为 1（分别用虚线和实线表示）。

一个 BDD 称为简约的，如果优化 C1 ～ C3 不能再应用（即不可能再进一步化简）。

本章看到的所有决策结构（图 6-2 ～图 6-5）都是 BDD，如图 6-6 中的常值函数 B_0，B_1 和函数 B_x。若 B 是 BDD，且 $V = \{x_1, x_2, \cdots, x_n\}$ 是其非终止节点的标记集合，则按照与二叉判定树相同的方式（参看定义 6.3），B 确定了一个布尔函数 $f(V)$：给定 V 中变量赋值 0 和 1，从唯一初始节点开始，计算 f 的值。若其变量取值 0，沿虚线走；否则沿实线走。对每个节点继续直到到达一个终止节点。因为根据定义 BDD 是有限的，最终我们能到达一个标记为 0 或 1 的终止节点。这个标记就是 f 对这个特殊真值赋值的值。

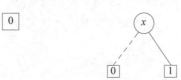

a) B_0 表示常值 0 布尔函数。类似地，BDD B_1 只有一个节点 1，表示常值 1 布尔函数　　b) B_x 表示布尔变量 x

图 6-6　BDD

BDD 的定义并不禁止布尔变量不止一次出现在无环有向图中的路径上。例如，考虑图 6-7 中的 BDD。

然而，这样的表示有些浪费。例如，从最左边的 x 到终止节点 1 的实线连接永远不会用到，因为只有当 x 取 0 值时才会到达那个 x 节点。

多亏有化简规则 C1 ～ C3，BDD 可以经常相当紧凑地表示布尔函数。考虑对表示为 BDD 的函数如何检验可满足性以及实施布尔运算。BDD 表示一个可满足函数，如果从表示该函数的 BDD 的根出发，沿一条相容路径（consistent path）可到达一个 1 终止节点。相容路径是指对每个变量，该路径上从此变量标记的节点出发只能沿实线或虚线(换言之，不能给一个变量同时赋 0 和 1 值)。有效性检验是类似的，不过检验的是通过相容路径不可能到达 0 终止节点。

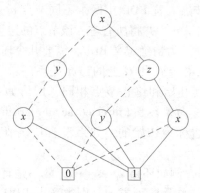

图 6-7   一个 BDD，其中某些布尔变量在一条赋值路径上出现不止一次

通过对 BDD 成分进行"手术"，可以实施运算 · 和 + 。给定表示布尔函数 f 和 g 的 BDD B_f 和 B_g，表示 $f \cdot g$ 的 BDD 可按如下方式得到：取 BDD f，并将其中的所有 1 终止节点用 B_g 代替。为看出这样做的理由，考虑在结果的 BDD 中如何到达一个 1 终止节点。为到达 1，必须同时满足两个 BDD 所提出的要求。类似地，$f + g$ 的 BDD 可以通过将 B_f 中的所有 0 终止节点用 B_g 代替而得到。注意这些操作所产生的 BDD 中，有可能使变量沿路径多次出现。后面在 6.2 节中，我们将看到对 BDD 的 + 和 · 定义，它们不会有这种负面影响。

补运算 ¯ 也是可能的：将 B_f 中所有 0 终止节点用 1 终止节点代替，所有 1 终止节点用 0 终止节点代替，即可得到表示 $\bar{f}$ 的 BDD。图 6-8 显示的是图 6-2 中 BDD 的补。

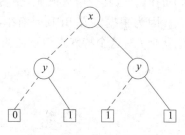

图 6-8   图 6-2 中 BDD 的补

6.1.3   有序 BDD

我们已经看到：由于化简规则 C1 ~ C3 允许信息共享，所以用 BDD 表示布尔函数经常是紧凑的。然而，沿一条路径布尔变量可重复出现的 BDD 看起来相当低效。此外，似乎没有容易的办法检验 BDD 的等价。例如，图 6-7 和图 6-9 的 BDD 表示相同的布尔函数(读者应该能验证这一点)。二者都不能由化简规则 C1 ~ C3 进一步优化。然而，检验它们是否表示相同的布尔函数所需的计算工作量看起来与计算 $f(x, y, z)$ 的整个真值表不相上下。

我们可以按如下方式加以改进：对沿任意路径出现的变量加上次序，然后对所操作的所有 BDD 都坚持相同的次序。

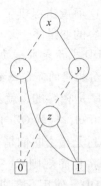

图 6-9　与图 6-7 的 BDD 表示相同布尔函数的 BDD，但变量次序为 $[x, y, z]$

定义 6.6　设 $[x_1, \cdots, x_n]$ 是无重复的有序变量表，B 是一个 BDD，其所有变量都出现在该表的某处。我们说 B 有次序 $[x_1, \cdots, x_n]$，如果 B 的所有变量标记都出现在该表中，且沿 B 中任何路径，对 x_j 跟随 x_i 后边的每次出现，都有 $i < j$。

有序 BDD（OBDD）是带有某些有序变量表的 BDD。

注意：图 6-3a、b 和图 6-9 的 BDD 是有序的（带有序 $[x, y]$）。我们并不坚持表中的每个变量在路径中都用到了。于是，图 6-3 和图 6-9 的 OBDD 具有有序 $[x, y, z]$，而且按照这个次序包含 x, y 和 z 的任何表，例如 $[u, x, y, v, z, w]$ 和 $[x, u, y, z]$ 也都是序。甚至图 6-6 中的 BDD B_0 和 B_1 也是 OBDD，一个合适的序表是空表（没有变量），或者事实上任何序表都可以。图 6-6b 的 BDD B_x 也是 OBDD，包含 x 的任何表都可作为它的序。

图 6-7 的 BDD 不是有序的。为弄明白原因，考虑 x 和 y 的值为 0 时所取的路径。从根节点（一个 x 节点）开始，到达一个 y 节点，然后又到达一个 x 节点。于是，无论怎么选择列表的顺序（记住：不允许重复出现），这条路径都与有序条件冲突。在图 6-10 中可看到非有序 BDD 的另一个例子。此时，我们找不到次序，因为 $(x, y, z) \Rightarrow (0, 0, 0)$ 的意思是 x, y, z 都赋值为 0，这条路径表明 y 必须在列表中的 x 之前出现，而关于 $(x, y, z) \Rightarrow (1, 1, 1)$ 的路径则要求 x 在 y 之前。

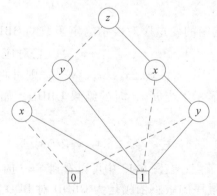

图 6-10　无变量序的 BDD

从 OBDD 的定义得到：沿一条路径的任何变量都不能多次出现。

当对两个 OBDD 进行操作时，通常要求它们有相容的变量序（compatible variable ordering）。B_1 和 B_2 的序称为相容的，如果不存在变量 x 和 y 使得关于 B_1 的序 x 在 y 之前，

而关于 B_2 的序，y 在 x 之前。对序的这项承诺提供了布尔函数作为 OBDD 的唯一表示。例如，图 6-8 和图 6-9 中的 BDD 具有相容的变量序。

定理 6.7 给定函数 f 的简约 OBDD 表示是唯一的。也就是说，设 B 和 B' 是具有相容变量序的两个简约 OBDD。若 B 和 B' 表示相同的布尔函数，则它们有恒同的结构。

换句话说，对 OBDD 来讲，只要序是相容的，就不会再有以前遇到过的两个不同简约 BDD 表示相同布尔函数的情况。由此可知，检验 OBDD 的等价是直接的。检验两个（有相容序的）OBDD 是否表示相同布尔函数不过是检查它们是否有相同结构⊖而已。

上述定理的一个有用结论是：若将化简规则 C1 ~ C3 用于 OBDD，直到不能再化简为止，则保证结果总是相同的简约 OBDD。使用化简规则的次序无关紧要。因此，我们说 OBDD 有一种标准形，即其唯一的简约 OBDD。大多数其他表示（例如合取范式等）没有标准形式。

6.1.2 节中提出的 BDD 运算 · 和 + 对 OBDD 不再有效，因为它们可能引入路径上变量的多次出现。我们很快会引入关于 OBDD 运算的更复杂算法，该算法利用各路径变量的相容序。

OBDD 可以对某些布尔函数类给出紧凑表示，而用其他系统的表示（诸如真值表与合取范式）是指数的。作为一个例子，考虑偶性奇偶函数（even parity function）$f_{\text{even}}(x_1, x_2, \cdots, x_n)$，若偶数个变量 x_i 取值 1，该函数定义为 1；否则定义为 0。用 OBDD 表示这个函数只需要 $2n+1$ 个节点。对 $n=4$ 且序为 $[x_1, x_2, x_3, x_4]$ 时的 OBDD 可在图 6-11 中找到。

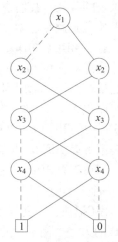

图 6-11　四个位的偶性函数的 OBDD

选定变量序的影响 表示奇偶函数的 OBDD 的大小与选择的变量序无关。这是因为奇偶函数本身与变量顺序无关：交换任何两个变量的值不会改变函数的取值。这样的函数称为对称的。

然而，一般情况下，选定的变量序对表示给定函数的 OBDD 的大小有显著不同。考虑布尔函数 $(x_1 + x_2) \cdot (x_3 + x_4) \cdot \cdots \cdot (x_{2n-1} + x_{2n})$。它对应于一个合取范式形式的命题公式。若我们选择"自然"序 $[x_1, x_2, x_3, x_4, \cdots]$，则可将此函数表示为具有 $2n+2$ 个节点的 OBDD。图 6-12 显示了当 $n=3$ 时的结果 OBDD。如果我们非常遗憾地选择了另一个序

$$[x_1, x_3, \cdots, x_{2n-1}, x_2, x_4, \cdots, x_{2n}]$$

则结果 OBDD 将需要 2^{n+1} 个节点；在图 6-13 中可以看到 $n=3$ 时的 OBDD。

OBDD 的尺寸对特定变量序的敏感依赖是为 OBDD 对 BDD 的所有优势所付出的代价。尽管寻找最佳序本身是计算代价高昂的问题，但仍然有一些好的启发性因素使通常能产生相当好的序。后面在讨论应用时，我们将回到这个话题。

⊖ 在实现中，这相当于检查两个指针是否相等。

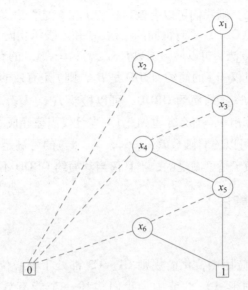

图 6-12 $(x_1 + x_2) \cdot (x_3 + x_4) \cdot (x_5 + x_6)$ 的 OBDD，
变量序为 $[x_1, x_2, x_3, x_4, x_5, x_6]$

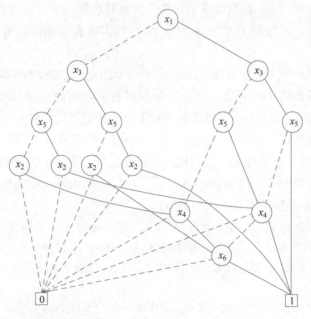

图 6-13 改变次序可能对 OBDD 的尺寸有显著影响：变量序为 $[x_1, x_3, x_5, x_2, x_4, x_6]$ 时，
$(x_1 + x_2) \cdot (x_3 + x_4) \cdot (x_5 + x_6)$ 的 OBDD

标准表示的重要性 与判断两个简约 OBDD 是否同构的有效测试相比，OBDD 合取有标准形的重要性不能过高估计。我们可以进行下列检测：

没有冗余变量。若布尔函数 $f(x_1, x_2, \cdots, x_n)$ 的值不依赖 x_i 的值，则表示 f 的任何简约 OBDD 都不含 x_i 节点。

语义等价检验。若两个函数 $f(x_1, x_2, \cdots, x_n)$ 和 $g(x_1, x_2, \cdots, x_n)$ 分别表示为带有相

容变量序的 OBDD B_f 和 B_g，则我们可以有效地检验 f 和 g 是否语义等价。化简 B_f 和 B_g（如果需要），当且仅当简约的 OBDD 具有恒同的结构，f 和 g 表示相同布尔函数。

有效性检验。按下列方法，可以检验函数 $f(x_1, x_2, \cdots, x_n)$ 的有效性（即 f 总计算出 1）。计算 f 的简约 OBDD。当且仅当 f 的简约 OBDD 是 B_1，则 f 是有效的。

蕴涵检验。通过计算 $f \cdot \bar{g}$ 的简约 OBDD，可以检验 $f(x_1, x_2, \cdots, x_n)$ 是否蕴涵 $g(x_1, x_2, \cdots, x_n)$（即只要 f 计算出 1，那么 g 也如此）。当且仅当蕴涵成立计算结果是 B_0。

可满足性检验。我们可以检验函数 $f(x_1, x_2, \cdots, x_n)$ 的可满足性（至少对其变量赋值 0 和 1，f 可计算出 1）。函数 f 是可满足的，当且仅当其简约 OBDD 不是 B_0。

6.2 简约 OBDD 的算法

6.2.1 算法 reduce

在 OBDD 的任何重要应用中，化简规则 C1 ~ C3 都处于核心位置，因为只要构造一个 BDD，总要把它化成简约形式。本节中，我们描述一个能有效化简有序 BDD 的算法 reduce。

若 B 的序是 $[x_1, x_2, \cdots, x_l]$，则 B 至多有 $l+1$ 层。算法 reduce 按自底向上的方式，从终止节点开始逐层遍历 B。在遍历 B 的过程中，该算法按以下方式为 B 的每个节点 n 指派一个整数标记 $\mathrm{id}(n)$，使得根节点为 m 和 n 的子 OBDD 表示相同的布尔函数，当且仅当 $\mathrm{id}(m)$ 等于 $\mathrm{id}(n)$。

由于 reduce 从终止节点层开始，故它将第一个标记（比如说#0）指派给它所遇到的第一个 0 节点。所有其他终止 0 节点与第一个 0 节点表示相同的函数，因此得到相同的标记（与化简规则 C1 比较）。类似地，1 节点都得到下一个标记，比如#1。

现在我们做归纳假设：reduce 已经为 $> i$ 的一层上的所有节点（即所有终止节点和满足 $j > i$ 的 x_j 节点）都指派了整数标记。我们描述如何处理第 i 层的节点（即 x_i 节点）。

定义 6.8 给定 BDD 中一个非终止节点 n，定义 $\mathrm{lo}(n)$ 为从 n 出发沿虚线所指向的节点。对偶地，$\mathrm{hi}(n)$ 是从 n 出发沿实线所指向的节点。

我们来描述如何做标记。给定一个 x_i 节点 n，有三种方式可得到其标记：

- 若标记 $\mathrm{id}(\mathrm{lo}(n))$ 与 $\mathrm{id}(\mathrm{hi}(n))$ 相同，则令 $\mathrm{id}(n)$ 就是该标记。因为节点 n 处所表示的布尔函数与 $\mathrm{lo}(n)$ 和 $\mathrm{hi}(n)$ 处所表示的是相同的函数。换言之，节点 n 实施了多余的检测，故由化简规则 C2 可以被消除。
- 若另有节点 m 使 m 和 n 有相同的变量 x_i，而且 $\mathrm{id}(\mathrm{lo}(n)) = \mathrm{id}(\mathrm{lo}(m))$，$\mathrm{id}(\mathrm{hi}(n)) = \mathrm{id}(\mathrm{hi}(m))$，则令 $\mathrm{id}(n)$ 是 $\mathrm{id}(m)$。因为节点 n 和 m 计算相同的布尔函数（与化简规则 C3 比较）。
- 否则，令 $\mathrm{id}(n)$ 是下一个未使用的整数标记。

注意，只有最后一种情形创建新标记。考虑图 6-14 左边的 OBDD，每个节点都有一个按刚刚描述的方式得到的整数标记。然后，如 C1 ~ C3 概述的方法自底向上将边重定向而完成算法 reduce。所得到的简约 OBDD 显示在图 6-14 的右边。因为对有向无环图存在自底向上遍历的有效算法，因而 reduce 就 OBDD 节点个数而言是一个有效算法。

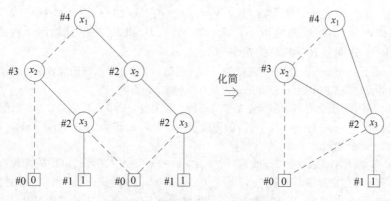

图 6-14　算法 reduce 的示例执行

6.2.2　算法 apply

处于 OBDD 核心的另一程序是算法 apply。它用于实现布尔函数的运算，如 +，·，$\oplus$ 和求补（通过 $f \oplus 1$）。给定布尔函数 f 和 g 的 OBDD B_f 和 B_g，调用 apply(op, B_f, B_g) 计算布尔函数 f op g 的简约 OBDD，其中 op 表示从 $\{0, 1\} \times \{0, 1\}$ 到 $\{0, 1\}$ 的任何函数。

apply 算法背后的直觉相当简单。该算法对两个 OBDD 的结构递归地进行操作：

1. 设 v 是出现在 B_f 或 B_g 中关于序处于最高位置的变量（= 序表的最左边）；
2. 将问题分裂为 v 是 0 及 v 是 1 的两个子问题，然后递归求解；
3. 在叶节点处，直接应用布尔运算 op。

为使之成为一个 OBDD，所得结果通常需要化简。在第 2 步中已经可以"顺便"做一些化简，若两个分支相等（此时返回共同的结果），或者等价的节点已经存在（此时使用这个节点），避免创建新节点。

我们更准确和详细地讲解所有这些过程。

定义 6.9　设 f 是布尔公式，且 x 是变量。

1. 用 $f[0/x]$ 表示将 x 在 f 中的所有出现替换为 0 所得到的布尔公式。公式 $f[1/x]$ 可类似定义。表达式 $f[0/x]$ 和 $f[1/x]$ 称为 f 的限制。

2. 我们说两个布尔公式 f 和 g 是语义等价的，如果它们代表相同的布尔函数（就它们所依赖的布尔变量而言）。此时，记 $f \equiv g$。

例如，若 $f(x, y) \stackrel{\text{def}}{=} x \cdot (y + \bar{x})$，则 $f[0/x](x, y)$ 等于 $0 \cdot (y + \bar{0})$，语义等价于 0。类似地，$f[1/x](x, y)$ 等于 $x \cdot (1 + \bar{x})$，语义等价于 x。

通过函数限制可以将布尔公式分解成更简单的公式，从而允许对布尔公式实施递归。例如，若 x 是 f 中的一个变量，则 f 等价于 $\bar{x} \cdot f[0/x] + x \cdot f[1/x]$。为看到这一点，考虑 $x = 0$ 的情形；该表达式计算出 $f[0/x]$。当 $x = 1$ 时，它计算出 $f[1/x]$。这个观察称为香农展开（Shannon expansion），尽管在 G. Boole 于 1854 年出版的书 "*The Laws of Thought*" 中已经可以找到这个表达式。

引理 6.10（香农展开）　对所有布尔公式 f 和布尔变量 x（即使不出现在 f 中），我们有

$$f \equiv \bar{x} \cdot f[0/x] + x \cdot f[1/x] \tag{6-1}$$

函数 apply 基于 f op g 的香农展开：

$$f \text{ op } g = \bar{x}_i \cdot (f[0/x_i] \text{ op } g[0/x_i]) + x_i \cdot (f[1/x_i] \text{ op } g[1/x_i]) \quad (6\text{-}2)$$

这个结果被用做 apply 的控制结构。算法 apply 从 B_f 和 B_g 的根开始向下构造 OBDD $B_{f \text{op} g}$ 的节点（设 r_f 和 r_g 分别是 B_f 和 B_g 的根节点）：

1. 若 r_f 和 r_g 都是终止节点，分别具有标记 l_f 和 l_g（回忆一下终止节点标记或者是 0 或者是 1），则我们计算值 $l_f \text{ op } l_g$，并设结果 OBDD 为 B_0，如果该值是 0；否则结果为 B_1。

2. 在余下的情况中，至少有一个根节点是非终止的。假定两个根节点都是 x_i 节点，则创建一个 x_i 节点 n，带有一条指向 apply(op, lo(r_f), lo(r_g)) 的虚线和一条指向 apply(op, hi(r_f), hi(r_g)) 的实线。即：在式(6-2)的基础上递归地调用 apply。

3. 若 r_f 是 x_i 节点，但 r_g 是终止节点或是一个满足 $j < i$ 的 x_j 节点，则我们知道 B_g 中没有 x_i 节点，因为两个 OBDD 有相容的布尔变量序。于是，g 与 x_i 无关（$g \equiv g[0/x_i] \equiv g[1/x_i]$）。因此，创建一个 x_i 节点 n，带有一条指向 apply(op, lo(r_f), r_g) 的虚线和一条指向 apply(op, hi(r_f), r_g) 的实线。

4. 对于 r_g 非终止、而 r_f 为终止节点或是满足 $j > i$ 的 x_j 节点的情况，可按照情形 3 对称地处理。

这个过程的结果可能不是简约的，因此，apply 通过对它所构造的 OBDD 调用函数 reduce 结束。apply 的一个例子可在图 6-15 ~ 图 6-17 中看到（其中 op 为 +）。图 6-16 显示了 apply 的递归向下控制结构，而图 6-17 显示最终结果。在这个例子里，apply(+, B_f, B_g) 的结果是 B_f。

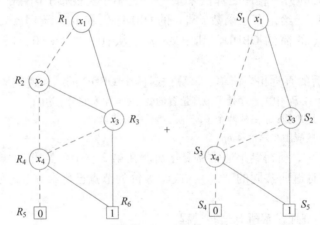

图 6-15   两个参量调用 apply(+, B_f, B_g) 的一个例子

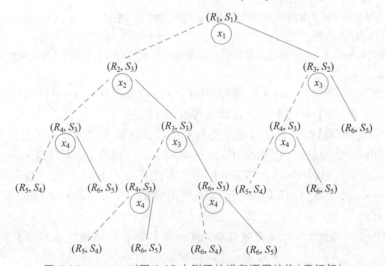

图 6-16   apply 对图 6-15 中例子的递归调用结构（无记忆）

图6-16 表明对 apply 的数次调用对相同的参量出现了几次。若仅计算第一次调用并将结果记忆以备将来调用，可以获得效率上的改善。这种编程技巧称为记忆（memoisation）。除了更有效之外，它还有另一个优势：得到 OBDD 所需要的化简更少。（在本例中，使用记忆消除了对 reduce 最后调用的需要）。不用记忆的话，apply 关于其参量的尺寸是指数的，因为每个非叶节点的调用都会再产生两次调用。使用记忆，对 apply 的调用次数有上界 $2 \cdot |B_f| \cdot |B_g|$，其中 $|B|$ 是 BDD 的尺寸。这是最坏情况下的时间复杂度，实际性能往往比这好得多（见图6-18）。

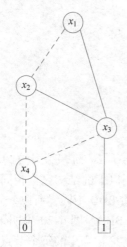

图6-17　$\mathrm{apply}(+, B_f, B_g)$ 的结果，其中 B_f 和 B_g 由图6-15给出

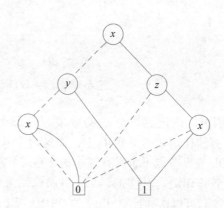

图6-18　一个非仅读一次的 BDD 的例子

6.2.3　算法 restrict

给定表示布尔公式 f 的 OBDD B_f，需要算法 restrict，使得调用 restrict$(0, x, B_f)$ 计算出表示 $f[0/x]$ 的简约 OBDD，使用与 B_f 相同的变量序。restrict$(0, x, B_f)$ 的算法进行如下。对标记为 x 的每个节点 n，进入该节点的边重定向到 lo(n)，并将 n 删掉。然后对得到的 OBDD 调用 reduce。调用 restrict$(1, x, B_f)$ 相似地进行，只需将进入的边重定向到 hi(n) 即可。

6.2.4　算法 exists

布尔函数可以理解为对其参变量值所施加的约束。例如，仅当 x 为 1，或者 y 为 0 且 z 为 1 时，函数 $x + (\bar{y} \cdot z)$ 才计算出 1。这是对 x, y, z 的一种约束。

能够表达出所关注的一个变量子集约束释放（relaxation of the constraint）是有用的。为做到这一点，用 $\exists x.f$ 表示对 x 的约束已被释放的布尔函数 f。形式上讲，$\exists x.f$ 定义为 $f[0/x] + f[1/x]$，即 $\exists x.f$ 为真，如果令 x 是 0 或 1 时，f 为真。已知 $\exists x.f \overset{\text{def}}{=} f[0/x] + f[1/x]$，则 exists 算法可依据算法 apply 和 restrict 实现为

$$\mathrm{apply}(+, \mathrm{restrict}(0, x, B_f), \mathrm{restrict}(1, x, B_f)) \tag{6-3}$$

例如，考虑函数 $f \overset{\text{def}}{=} x_1 \cdot y_1 + x_2 \cdot y_2 + x_3 \cdot y_3$ 的 OBDD B_f，如图6-19所示。图6-20显示了 restrict$(0, x_3, B_f)$ 和 restrict$(1, x_3, B_f)$，以及将 + 作用于它们的结果（此时，

apply 函数恰好返回其第 2 个参量）。

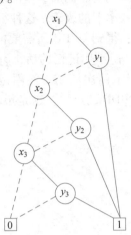

图 6-19 说明 exists 算法的一个 OBDD B_f

我们可以改进这种算法的效率。考虑在式（6-3）的 apply 阶段发生的事情。此时，apply 算法作用在两个 BDD 上，而这两个 BDD 在 x 节点层以下的结构完全相同。因此，返回的 BDD 在 x 节点下也具有该结构。在 x 节点处，两个参量 BDD 不同，所以 apply 算法计算这两个子 BDD 作用 + 的结果，并将该结果作为返回的子 BDD。图 6-20 说明了这个过程。因此，我们可以这样计算 $\exists x.f$ 的 OBDD：取 f 的 OBDD 并将标记为 x 的每个节点用对 + 和其两个分支调用 apply 的结果代替。

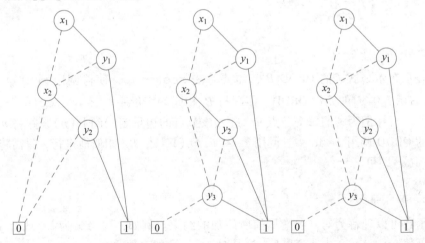

图 6-20　restrict$(0, x_3, B_f)$ 和 restrict$(1, x_3, B_f)$，以及对它们应用 + 的结果

上述过程容易推广到 exists 操作序列的情况。用 $\exists \hat{x}.f$ 表示 $\exists x_1. \exists x_2. \cdots. \exists x_n.f$，此处 $\hat{x}$ 表示 $(x_1, x_2, \cdots, x_n)$。这个布尔函数的 OBDD 由 f 的 OBDD 通过将以 x_i 标记的每个节点用其两个分支的 + 来代替而得到。

图 6-21 显示了用这种方式计算 f、$\exists x_3.f$ 和 $\exists x_2. \exists x_3.f$（它语义等价于 $x_1 \cdot y_1 + y_2 + y_3$）的情形。

布尔量词 $\forall$ 是 $\exists$ 的对偶：

$$\forall x.f \stackrel{\text{def}}{=\!=} f[0/x] \cdot f[1/x]$$

它断言：置 x 为 0 或 1 可使 f 为假。

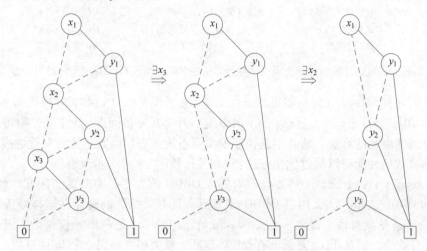

图 6-21　f、$\exists x_3.f$ 和 $\exists x_2.\exists x_3.f$ 的 OBDD

使用本节算法将布尔公式转化为 OBDD 的方法总结在图 6-22 中。

布尔公式 f	OBDD 表示 B_f
0	B_0（图 6-6）
1	B_1（图 6-6）
x	B_x（图 6-6）
$\bar{f}$	交换 B_f 中的 0-节点和 1-节点
$f+g$	apply$(+,\ B_f,\ B_g)$
$f \cdot g$	apply$(\cdot,\ B_f,\ B_g)$
$f \oplus g$	apply$(\oplus,\ B_f,\ B_g)$
$f[1/x]$	restrict$(1,\ x,\ B_f)$
$f[0/x]$	restrict$(0,\ x,\ B_f)$
$\exists x.f$	apply$(+,\ B_{f[0/x]},\ B_{f[1/x]})$
$\forall x.f$	apply$(\cdot,\ B_{f[0/x]},\ B_{f[1/x]})$

图 6-22　给定布尔变量的一个固定全局序，将布尔公式 f 转化为 DBDD B_f

6.2.5　OBDD 的评价

计算 OBDD 的时间复杂度　通过给出关于输入 OBDD 尺寸的运行时间上界，可以度量前一节中算法的复杂度。图 6-23 中的表总结了这些上界（其中一些上界可能需要比本章所述算法更复杂的版本才能得到）。除了嵌套布尔量词外的所有运算关于所参与的 OBDD 尺寸都是有效的。于是，用这种方法建模非常大的系统还是可行的，如果表示系统的 OBDD 增长不太快太大。若我们多少能够控制 OBDD 的大小，例如，通过好的启发因素选择变量序，则这些操作是运算可行的。业已证明，用 OBDD 建模某些类型的系统和网络不会过度增长。

算法	输入 OBDD	输出 OBDD	时间复杂度
reduce	B	简约的 B	$O(\mid B\mid \cdot \log\mid B\mid)$
apply	B_f, B_g(简约的)	$B_{f\,op\,g}$(简约的)	$O(\mid B_f\mid \cdot \mid B_g\mid)$
restrict	B_f(简约的)	$B_{f[0/x]}$ 或 $B_{f[1/x]}$(简约的)	$O(\mid B_f\mid \cdot \log\mid B_f\mid)$
∃	B_f(简约的)	$B_{\exists x_r\, \exists \ldots\, \exists x_s f}$(简约的)	NP 完备的

图 6-23   我们实现的布尔公式算法在最坏情形下关于输入 OBDD 的运行时间上界

高代价的计算操作是嵌套布尔量词 $\exists z_1. \cdots. \exists z_n. f$ 和 $\forall z_1. \cdots. \forall z_n. f.$ 由练习 6.10 的 1，给定 f 的 OBDD，计算 $\exists z_1. \cdots. \exists z_n. f$ 的 OBDD 是一个 NP 完备问题[⊖]。于是，很可能没有可行的最坏时间复杂度的算法。这并不是说建模实际系统的布尔函数不能有效的嵌套布尔量词。我们的算法的性能可以通过优化方法(比如并行技术)来进一步改善。

注意：apply，restrict 等操作只对输入 OBDD 的大小是有效的。因此，如果函数 f 没有紧凑的 OBDD 表示，那么用其 OBDD 计算不会是有效的。的确存在这样令人讨厌的函数。其中一个是整数乘法。设 $b_{n-1}b_{n-2}\cdots b_0$ 和 $a_{n-1}a_{n-2}\cdots a_0$ 是两个 n 位整数，其中 b_{n-1} 和 a_{n-1} 是最高有效位，而 b_0 和 a_0 是最低有效位。这两个整数相乘得到一个 $2n$ 位整数。于是，可以将乘法看为关于 $2n$ 个变量(输入 b 的 n 个位和输入 a 的 n 个位)的 $2n$ 个布尔函数 f_i，f_i 表示乘积的第 i 输出位。来自 R. E. Bryant 的下列否定结果表明 OBDD 不能用于实现整数乘法。

定理 6.11 f_{n-1} 的任何 OBDD 表示至少需要与 1.09^n 成比例的顶点数，即其尺寸关于 n 是指数的。

OBDD 的扩展和变异   OBDD 数据结构有很多变异和扩展。其中很多能够比其对应的 OBDD 更有效地实现某些运算，但看起来没有一个能比 OBDD 更全面。特别地，很多变异都缺乏标准形。因此，它们缺少一个判定两个对象何时代表相同布尔函数的有效算法。

一种变异是除布尔变量外，还允许用二元算子来标记非终止节点。奇偶(parity) OBDD 和 OBDD 一样有变量序且在一条路径中每个变量至多出现一次。但某些非终端节点可以用异或运算子 $\oplus$ 标记。意思是由该节点表示的函数是由其子节点决定的布尔函数的异或运算。奇偶 OBDD 有与 apply，restrict 等类似的算法，性能也相同，但没有标准形。检测等价性不能在固定时间内完成。而确定等价性有一种三次算法，而且有有效的概率检测。OBDD 的另一种变异允许具有明显意义的互补节点。主要缺点仍然是没有标准形。

我们还可以允许非终端节点不标记而且分出两个以上的子分支。这可以理解为不确定分支或者概率分支。通过掷一对骰子来决定继续哪条路径。这种方法可能计算出错误的结果。目的是重复测试以保持(概率)误差小到如我们所需。这种重复概率测试的方法称为概率放大(probablitistic amplification)。遗憾的是，关于概率分支 OBDD 的可满足性问题是 NP 完备的。好消息是，概率分支 OBDD 可以验证整数乘法。

根据特定类布尔函数的需要开发 OBDD 的扩展或变异是当前研究的一个重要领域。

6.3   符号模型检测

20 世纪 90 年代早期，BDD 在模型检测中的应用导致了验证技术的重要突破，因为它们允许待验证的系统具有大得多的状态空间。在本节中，我们详细描述如何用 OBDD 作为基本数据结构来实现第 3 章中提出的模型检测算法。

⊖ 另一个 NP 完备问题是判定命题逻辑公式的可满足性。

图 3-28 所示的伪代码以 CTL 公式 ϕ 作为输入,返回给定模型中满足 ϕ 的状态集合。仔细考察代码会发现,该算法由操作中间状态集合构成。本节中,我们说明如何用 OBDD 存储模型和中间状态集合,以及伪代码所需的操作如何用本章讲过的 OBDD 运算实现。

首先说明状态集以及一些所需的运算如何表示为 OBDD。然后,将这种表示扩展到迁移系统的表示。最后说明余下的所需运算如何实现。

使用 OBDD 的模型检测称为符号模型检测(symbolic model checking)。这个术语强调不是表示单个状态,而是用符号表示状态的集合,即满足待检测公式的状态集合。

6.3.1　表示状态集合的子集

设 S 是一个有限集(暂时忘掉它是状态集)。现在的任务是将 S 的各种子集表示为 OBDD。由于 OBDD 编码布尔函数,所以需要将 S 的元素编码为布尔值。做到这一点的一般方法是为每个 $s \in S$ 赋予唯一布尔值向量 $(v_1, v_2, \cdots, v_n)$,每个 $v_i \in \{0, 1\}$。然后,将子集 T 表示为如下的布尔函数 f_T:如果 $s \in T$,则 f_T 将 $(v_1, v_2, \cdots, v_n)$ 映为 1,否则映为 0。

长度为 n 的布尔向量 $(v_1, v_2, \cdots, v_n)$ 有 2^n 个。因此,应该选择满足 $2^{n-1} < |S| \leqslant 2^n$ 的 n 值,其中 $|S|$ 是 S 中的元素个数。若 $|S|$ 不是 2 的确切幂次,就会有某些向量不对应于 S 中任何元素,只需忽略它们即可。函数 $f_T: \{0, 1\}^n \to \{0, 1\}$ 称为 T 的特征函数。它告诉我们:对每个 $s \in S$,由 $(v_1, v_2, \cdots, v_n)$ 所表示的状态是否在 T 中。

在 S 是迁移系统 $\mathcal{M} = (S, \to, L)$ (见定义 3.4)的状态集合的情形下,有一种将 S 表示为布尔向量的自然选择。标记函数 $L: S \to \mathcal{P}(\text{Atoms})$ (此处 $\mathcal{P}(\text{Atoms})$ 是 Atoms 的子集的集合)给出了编码方式。假定集合 Atoms 上的一个固定序,比如, $x_1, x_2, \cdots, x_n$,然后用向量 $(v_1, v_2, \cdots, v_n)$ 表示 $s \in S$,其中对每个 i,若 $x_i \in L(s)$,则 $v_i = 1$;否则 $v_i = 0$。为确保每个 s 有唯一的布尔向量表示,要求对所有 $s_1, s_2 \in S$,$L(s_1) = L(s_2)$ 蕴涵 $s_1 = s_2$。如果不是这种情况,也许是由于 $2^{|\text{Atoms}|} < |S|$,为确保不同,额外添加一些原子命题(参考 3.3.4 节互斥中 turn 变量的引入)。

从现在起,用其布尔向量 $(v_1, v_2, \cdots, v_n)$ 表示来参考 $s \in S$,其中若 $x_i \in L(s)$,则 v_i 为 1;否则为 0。作为 OBDD,这个状态用布尔函数 $l_1 \cdot l_2 \cdot \cdots \cdot l_n$ 的 OBDD 来表示,其中若 $x_i \in L(S)$,l_i 为 x_i,否则为 $\bar{x}_i$。状态集合 $\{s_1, s_2, \cdots, s_m\}$ 由布尔函数

$$(l_{11} \cdot l_{12} \cdot \cdots \cdot l_{1n}) + (l_{21} \cdot l_{22} \cdot \cdots \cdot l_{2n}) + \cdots + (l_{m1} \cdot l_{m2} \cdot \cdots \cdot l_{mn})$$

的 OBDD 表示,其中 $l_{i1} \cdot l_{i2} \cdot \cdots \cdot l_{in}$ 表示状态 s_i。

使这种表示有意思的关键在于表示状态集的 OBDD 可能相当小。

例 6.12　考虑图 6-24 中的 CTL 模型,已知如下:

$$S \stackrel{\text{def}}{=} \{s_0, s_1, s_2\}$$

$$\to \stackrel{\text{def}}{=} \{(s_0, s_1), (s_1, s_2), (s_2, s_0), (s_2, s_2)\}$$

$$L(s_0) \stackrel{\text{def}}{=} \{x_1\}$$

$$L(s_1) \stackrel{\text{def}}{=} \{x_2\}$$

$$L(s_2) \stackrel{\text{def}}{=} \varnothing$$

注意这个模型具有性质:对所有状态 s_1 和 s_2,$L(s_1) = L(s_2)$ 蕴涵 $s_1 = s_2$,即一个状态由在其处为真的原子公式完全决定。关于序 $[x_1, x_2]$,状态集合可由布尔值和布尔公式表示,

如图 6-25 所示。

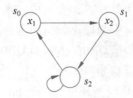

图 6-24   一个简单 CTL 模型(例 6. 12)

状态集合	布尔值表示	布尔函数表示
$\varnothing$		0
$\{s_0\}$	(1, 0)	$x_1 \cdot \bar{x}_2$
$\{s_1\}$	(0, 1)	$\bar{x}_1 \cdot x_2$
$\{s_2\}$	(0, 0)	$\bar{x}_1 \cdot \bar{x}_2$
$\{s_0, s_1\}$	(1, 0), (0, 1)	$x_1 \cdot \bar{x}_2 + \bar{x}_1 \cdot x_2$
$\{s_0, s_2\}$	(1, 0), (0, 0)	$x_1 \cdot \bar{x}_2 + \bar{x}_1 \cdot \bar{x}_2$
$\{s_1, s_2\}$	(0, 1), (0, 0)	$\bar{x}_1 \cdot x_2 + \bar{x}_1 \cdot \bar{x}_2$
S	(1, 0), (0, 1), (0, 0)	$x_1 \cdot \bar{x}_2 + \bar{x}_1 \cdot x_2 + \bar{x}_1 \cdot \bar{x}_2$

图 6-25   图 6-24 中模型的状态子集的表示

注意,向量(1, 1)和对应的函数 $x_1 \cdot x_2$ 未使用。因此,在 S 的子集表示中,可以随意地包含或不包含它。为了优化 OBDD 的尺寸,可以选择包含它还是不包含它。例如,子集 $\{s_0, s_1\}$ 用布尔函数 $x_1 + x_2$ 表示更好些,因为它的 OBDD 比 $x_1 \cdot \bar{x}_2 + \bar{x}_1 \cdot x_2$ 更小(见图 6-26)。

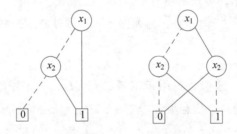

图 6-26   集合 $\{s_0, s_1\}$ 的两个 OBDD(例 6. 12)

为了说明 S 的子集表示为 OBDD 适合 3.6.1 节提出的算法,需要考察该算法中用到的子集运算是如何用已经定义过的 OBDD 的运算来实现的。

- 子集的交、并和补。显然,这些运算可分别表示为布尔函数·、+ 和¯。通过 OBDD 实现·和 + 使用 `apply` 算法(6.2.2 节)。
- 函数

$$\mathrm{pre}_{\exists}(X) = \{s \in S \mid 存在 s', (s \to s' \text{ 且 } s' \in X)\}$$
$$\mathrm{pre}_{\forall}(X) = \{s \mid 对所有 s', (s \to s' \text{ 蕴涵 } s' \in X)\} \tag{6-4}$$

函数 $\mathrm{pre}_{\exists}$(SAT$_{\mathrm{EX}}$ 和 SAT$_{\mathrm{EU}}$ 中的工具)以状态子集 X 作输入并返回可以迁移进 X 中的状态集合。函数 $\mathrm{pre}_{\forall}$(用于 SAT$_{\mathrm{AF}}$)输入集合 X 并返回仅一次就迁移进 X 的状态集合。为了看到如何用 OBDD 实现这些运算,首先需要看迁移关系本身如何表示。

6.3.2 表示迁移关系

模型 $\mathcal{M} = (S, \rightarrow, L)$ 的迁移关系 $\rightarrow$ 是 $S \times S$ 的子集。我们已经看到：通过考虑一个二进制编码的特征函数，一个给定有限集的子集可以表示为 OBDD。

像 S 的子集情况一样，这种二进制编码自然由标记函数 L 给出。因为 $\rightarrow$ 是 $S \times S$ 的子集，需要布尔向量的两个副本。于是，关联 $s \rightarrow s'$ 用布尔向量对 $((v_1, v_2, \cdots, v_n), (v_1', v_2', \cdots, v_n'))$ 表示，其中若 $p_i \in L(s)$，则 v_i 为 1。否则为 0。类似地，若 $p_i \in L(s')$，则 v_i' 为 1，否则为 0。作为 OBDD，关联可由布尔函数

$$(l_1 \cdot l_2 \cdot \cdots \cdot l_n) \cdot (l_1' \cdot l_2' \cdot \cdots \cdot l_n')$$

的 OBDD 表示，而关联的集合（例如，整个关系 $\rightarrow$）是这些公式 + 的 OBDD。

例 6.13 为了计算图 6-24 中迁移关系的 OBDD，先将其表示为真值表（见图 6-27a）。最后一列中的每个 1 对应迁移关系中一个关联，每个 0 对应没有关联。通过将最后一列为 1 的行析取得到的布尔函数是

$$f^{\rightarrow} \overset{\text{def}}{=} \bar{x}_1 \cdot \bar{x}_2 \cdot \bar{x}_1' \cdot \bar{x}_2' + \bar{x}_1 \cdot \bar{x}_2 \cdot x_1' \cdot \bar{x}_2' + x_1 \cdot \bar{x}_2 \cdot \bar{x}_1' \cdot x_2' + \bar{x}_1 \cdot x_2 \cdot \bar{x}_1' \cdot \bar{x}_2' \tag{6-5}$$

对 $\rightarrow$ 来讲，通常在 ODBB 变量序中交错使用没有撇和有撇的变量更高效。因此，使用 $[x_1, x_1', x_2, x_2']$ 而不是 $[x_1, x_2, x_1', x_2']$。图 6-27b 显示了具有交错列序重画后的真值表，行用字典序进行了重徘。结果 OBDD 显示在图 6-28 中。

x_1	x_2	x_1'	x_2'	$\rightarrow$		x_1	x_1'	x_2	x_2'	$\rightarrow$
0	0	0	0	1		0	0	0	0	1
0	0	0	1	0		0	0	0	1	0
0	0	1	0	1		0	0	1	0	0
0	0	1	1	0		0	0	1	1	0
0	1	0	0	1		0	1	0	0	1
0	1	0	1	0		0	1	1	0	0
0	1	1	0	0		0	1	1	0	0
0	1	1	1	0		0	1	1	1	1
1	0	0	0	0		1	0	0	0	0
1	0	0	1	1		1	0	0	1	1
1	0	1	0	0		1	0	1	0	0
1	0	1	1	0		1	0	1	1	0
1	1	0	0	0		1	1	0	0	0
1	1	0	1	0		1	1	0	1	0
1	1	1	0	0		1	1	1	0	0
1	1	1	1	0		1	1	1	1	0

a) 表示 $[x_1, x_2, x_1', x_2']$ b) 为变量序 $[x_1, x_1', x_2, x_2']$（行按字典序排列）

图 6-27 图 6-24（见例 6.13）中迁移关系的真值表

6.3.3 实现函数 $\text{pre}_\exists$ 和 $\text{pre}_\forall$

剩下就是说明给定 X 的 OBDD B_X 和迁移关系 $\rightarrow$ 的 OBDD $B_\rightarrow$，如何计算 $\text{pre}_\exists(X)$ 和 $\text{pre}_\forall(X)$ 的 OBDD。首先，我们观察到 $\text{pre}_\forall(X)$ 可以用补和 $\text{pre}_\exists$ 表示如下：$\text{pre}_\forall(X) = S -$

$\text{pre}_\exists(S-X)$，用 $S-Y$ 表示不在 Y 中的所有 $s \in S$ 的集合。因此，只需解释如何用 B_X 和 $B_\to$ 计算 $\text{pre}_\exists(X)$ 的 OBDD 即可。式(6-4)建议应该如下进行：

　　1. B_X 中的变量用带撇的版本重新命名，所得到的 OBDD 记为 $B_{X'}$。

　　2. 使用 apply 和 exists 算法(6.2.2 节和 6.2.4 节)计算 $\text{exists}(\hat{x}', \text{apply}(\,\cdot\,, B_\to, B_{X'}))$ 的 OBDD。

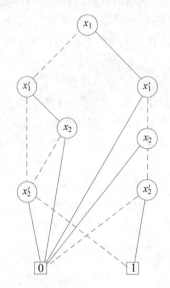

图 6-28　例 6.13 中迁移关系的 OBDD

6.3.4　综合 OBDD

　　例 6.13 用于生成迁移关系 OBDD 的方法是，先计算真值表，然后可以得到一个可能不是完全简化形式的 OBDD。因此需要最后调用 reduce 函数。然而，如果将其运用到具有大量变量的现实的系统上，这个过程是不可接受的，因为真值表的尺寸关于布尔变量的个数是指数关系。因此，将 OBDD 应用于有限系统的关键思想和引人注目之处在于：采用一种像 SMV 的系统描述语言，直接综合 OBDD，无须通过大小为指数关系的中间表示(诸如二叉判定树或真值表)。

　　SMV 允许依据变量的当前值定义变量的下一个值(见 3.3.2 节的代码例子)[⊖]。这可以编译为布尔函数 f_i 的集合(每个变量 x_i 对应一个)，它用所有变量的当前值定义 x_i 的下一个值。为处理非确定赋值(如 3.3.2 节中对 status 的赋值)，我们添加用于建模输入的无约束变量来扩充变量集合。每个 x_i' 都是这个扩充变量集合的确定函数。于是，$x_i' \leftrightarrow f_i$，其中 $f \leftrightarrow g = 1$ 当且仅当 f 和 g 计算相同的值，即它是 $\bar{f} \oplus g$ 的缩写。

　　因此，表示迁移关系的布尔函数形为

$$\prod_{1 \leqslant i \leqslant n} x_i' \leftrightarrow f_i \tag{6-6}$$

其中 $\prod\limits_{1 \leqslant i \leqslant n} g_i$ 是 $g_1 \cdot g_2 \cdot \cdots \cdot g_n$ 的缩写。注意 $\prod$ 的范围只涉及非输入变量。这样，若 u 是一个输

　　⊖　SMV 还允许用后续值定义后续值，即：关键词 next 可以出现在表达式 := 的右边。比如，描述同步是有用的，但此处我们忽略这个特性。

入变量，则该布尔函数不包括任何 $u' \leftrightarrow f_u$。

图 6-22 显示如何由这样一个布尔函数的语法分析树计算简约 OBDD。于是，有可能将 SMV 程序编译成 OBDD，使其规范可以根据函数 SAT（在 OBDD 上解释）的伪代码执行。在 6.4.2 节，将看到这个 OBDD 实现可以扩展到简单公平性限制。

建模顺序电路　作为 OBDD 对验证的另一种运用，我们说明表示电路的 OBDD 如何进行综合。

同步电路（Synchronous circuit）。假设如图 6-29 所示的顺序电路设计。这是一个同步电路（意味着所有状态变量并行地同步更新），其功能可以描述为：它告诉我们在电路的下一状态下寄存器 x_1 和 x_2 的值是什么。编码电路下一可能状态的函数 $f^\rightarrow$ 是

$$(x_1' \leftrightarrow \bar{x}_1) \cdot (x_2' \leftrightarrow x_1 \oplus x_2) \tag{6-7}$$

用图 6-22 所总结的方法，将其转化成 OBDD。

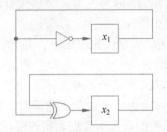

图 6-29　具有两个寄存器的简单同步电路

异步电路（Asynchronous circuits）在逻辑结构上，同步电路的符号编码和 CTL 模型的 $f^\rightarrow$ 编码非常相似。比较式（6-7）和式（6-6）中的编码。在异步电路或 SMV 的过程中，$f^\rightarrow$ 的逻辑结构改变。和以前一样，可以构造函数 f_i，用局部成分（local component）或 SMV 例程 i 编码可能的下一状态。对异步系统，将这些函数组合成全局系统行为主要有两种方法：

- 在同时模型（simultaneous model）中，整体迁移指任何数量的成分都可做局部迁移。这可以建模为：

$$f^\rightarrow \stackrel{\text{def}}{=} \prod_{i=1}^{n} \left((x_i' \leftrightarrow f_i) + (x_i' \leftrightarrow x_i) \right) \tag{6-8}$$

- 在交错模型（interleaving model）中，恰好一个局部成分作局部迁移。所有其他局部成分保持其局部状态：

$$f^\rightarrow \stackrel{\text{def}}{=} \sum_{i=1}^{n} \left((x_i' \leftrightarrow f_i) \cdot \prod_{j \neq i} (x_j' \leftrightarrow x_j) \right) \tag{6-9}$$

观察这些处理中的对偶：同时模型有外积，而交错模型求外部和。后者如果用于 $\exists \hat{x}' \cdot f$（"对某个下一状态"）中，可以进行优化，因为求和对存在量词是分配的。在第 2 章中，这是等价 $\exists x. (\phi \vee \psi) \equiv \exists x. \phi \vee \exists x. \psi$。于是，一步可达的全局状态是局部成分中一步可达的所有状态的"并"。将式（6-8）和式（6-9）与式（6-6）进行比较。

6.4　关系 μ 演算

在 3.7 节中我们看到：计算模型中满足 CTL 公式的状态集合涉及算子的不动点计算。例如，$[[\text{EF}\phi]]$ 是由 $F(X) = [[\phi]] \cup \text{pre}_\exists(X)$ 给出的算子 $F: \mathcal{P}(S) \to \mathcal{P}(S)$ 的最小不动点。

在本节中，引进在布尔公式环境下论及不动点的一种语法。不动点不变量经常出现在所有类型的应用中（例如，第 5 章中的公共知识算子 C_G），因此有一种语法表达这种不变

量的中介语言是有意义的。这种语言还提供了描述这些不变量的交互与依赖的形式机制。很快我们就会看到，出现简单公平性约束的符号模型检测就显现出不变量间的这种更复杂的关系。

6.4.1 语法和语义

定义 6.14 关系 μ 演算的公式由下列语法给出：

$$v ::= x \mid Z$$

$$f ::= 0 \mid 1 \mid v \mid \bar{f} \mid f_1 + f_2 \mid f_1 \cdot f_2 \mid f_1 \oplus f_2 \mid \quad (6\text{-}10)$$

$$\exists x. f \mid \forall x. f \mid \mu Z. f \mid \nu Z. f \mid f[\hat{x} := \hat{x}']$$

其中 x 和 Z 是布尔变量，$\hat{x}$ 是多变量元组。在公式 $\mu Z. f$ 和 $\nu Z. f$ 中，Z 在 f 中的任何出现必须落在偶数个补符号 ‾ 之内。这样的 f 称为关于 Z 是形式单调的。（在练习 6.14 的 7 中，考虑如果不要求形式单调会发生什么情况。）

约定 6.15 式(6-10)中语法的绑定优先级如下：‾ 和 $[\hat{x} := \hat{x}']$ 的优先级最高，其次是 $\exists x$ 和 $\forall y$；再次是 μZ 和 νZ，随后是 $\cdot$。算子 $+$ 和 $\oplus$ 的优先级最低。

符号 μ 和 ν 分别称为最小不动点和最大不动点算子。在公式 $\mu Z. f$ 中，有意思的情况是 f 包含 Z 的出现。此时，f 可以理解成为将 Z 映为 f 的函数。公式 $\mu Z. f$ 试图表达该函数的最小不动点；类似地，$\nu Z. f$ 是该函数的最大不动点。我们将在语义中看到如何做到这一点。

公式 $f[\hat{x} := \hat{x}']$ 表达一个显式替换：强制用 x_i' 的值而不是 x_i 的值来计算 f（还记得带撇的变量指下一状态）。于是，这种语法形式不是用来表达替换的元运算，而自身就是一种显式语法形式。替换将在语义层面而不是语法层面进行。当介绍 $\vDash$ 的语义时，这种区别将会很明显。

f 的赋值 ρ 是对所有变量 v 指派 0 或 1 值。给定赋值 ρ，对公式 f 的结构归纳地定义一个满足关系 $\rho \vDash f$。

定义 6.16 设 ρ 是一个值，v 是一个变量。用 $\rho(v)$ 表示 ρ 给 v 指派的值。定义 $\rho[v \mapsto 0]$ 为将 0 指派给 v，而将所有其他变量 w 指派为 $\rho(w)$ 的更新赋值。对偶地，$\rho[v \mapsto 1]$ 将 1 指派给 v，将所有其他变量 w 指派为 $\rho(w)$。

例如，若 ρ 是用 $(x, y, Z) \Rightarrow (1, 0, 1)$ 所表示的赋值，其含义为 $\rho(x) = 1$，$\rho(y) = 0$，$\rho(Z) = 1$，且对所有其他变量 v，$\rho(v) = 0$。那么，$\rho[x \mapsto 0]$ 表示为 $(x, y, Z) \Rightarrow (0, 0, 1)$，而 $\rho[Z \mapsto 0]$ 表示为 $(x, y, Z) = (1, 0, 0)$。赋值将值指派给所有变量的假设相当数学化，但避免了实现中必须要解决的一些复杂问题（见练习 6.14 的 3）。

更新赋值允许对没有不动点的所有公式定义满足关系：

定义 6.17 对关于赋值 ρ 没有不动点子公式的公式 f，通过结构归纳定义满足关系 $\rho \vDash f$：

- $\rho \nvDash 0$
- $\rho \vDash 1$
- $\rho \vDash v$ 当且仅当 $\rho(v)$ 等于 1
- $\rho \vDash \bar{f}$ 当且仅当 $\rho \nvDash f$
- $\rho \vDash f + g$ 当且仅当 $\rho \vDash f$ 或 $\rho \vDash g$
- $\rho \vDash f \cdot g$ 当且仅当 $\rho \vDash f$ 且 $\rho \vDash g$
- $\rho \vDash f \oplus g$ 当且仅当 $\rho \vDash (f \cdot \bar{g} + \bar{f} \cdot g)$
- $\rho \vDash \exists x. f$ 当且仅当 $\rho[x \mapsto 0] \vDash f$ 或 $\rho[x \mapsto 1] \vDash f$

- $\rho \vDash \forall x. f$ 当且仅当 $\rho[x \mapsto 0] \vDash f$ 且 $\rho[x \mapsto 1] \vDash f$

- $\rho \vDash f[\hat{x} := \hat{x}']$ 当且仅当 $\rho[\hat{x} := \hat{x}'] \vDash f$

其中 $\rho[\hat{x} := \hat{x}']$ 表示赋值：除了将每个 x_i 指派为 $\rho(x_i')$ 以外，其余指派与 ρ 相同。

布尔量词的语义与谓词逻辑量词的语义非常相似。然而，关键差别在于布尔公式只能在固定的值域 $\{0, 1\}$ 上解释，而谓词公式可以在各种各样的有限或无限模型上取值。

例 6.18　假设 ρ 使 $\rho(x_1')$ 等于 0 且 $\rho(x_2')$ 为 1，计算 $\rho \vDash (x_1 + \bar{x}_2)[\hat{x} := \hat{x}']$。当且仅当 $\rho[\hat{x} := \hat{x}'] \vDash (x_1 + \bar{x}_2)$ 时，上式成立。于是，需要 $\rho[\hat{x} := \hat{x}'] \vDash x_1$ 或者 $\rho[\hat{x} := \hat{x}'] \vDash \bar{x}_2$ 成立。现在，$\rho[\hat{x} := \hat{x}'] \vDash x_1$ 不成立，因为这意味着 $\rho(x_1') = 1$。因为 $\rho[\hat{x} := \hat{x}'] \vDash \bar{x}_2$ 蕴涵 $\rho[\hat{x} := \hat{x}'] \nvDash x_2$，且由于 $\rho(x_2')$ 等于 1，我们推出 $\rho[\hat{x} := \hat{x}'] \nvDash \bar{x}_2$。综上，证明 $\rho \nvDash (x_1 + \bar{x}_2)[\hat{x} := \hat{x}']$。

现在将 $\vDash$ 的定义扩展到不动点算子 μ 和 υ 上。它们的语义必须反映出其分别作为最小及最大不动点算子的意义。通过其语法逼近（它展开了 $\mu Z. f$ 的意义）定义 $\mu Z. f$ 的语义：

$$\mu_0 Z. f \overset{\text{def}}{=\!=} 0$$

$$\mu_{m+1} Z. f \overset{\text{def}}{=\!=} f[\mu_m Z. f/Z] \quad (m \geq 0) \tag{6-11}$$

展开是通过元运算 $[g/Z]$ 达到的，将其作用于公式 f 时，Z 在 f 中的所有自由出现都用 g 代替。于是，将 μZ 视为与量词 $\forall x$ 和 $\exists x$ 相似的绑定构造，而 $[g/Z]$ 类似于谓词逻辑中的替换 $[t/x]$。例如，$(x_1 + \exists x_2. (Z \cdot x_2))[\bar{x}_1/Z]$ 是公式 $x_1 + \exists x_2. (\bar{x}_1 \cdot x_2)$，而 $((\mu Z. x_1 + Z) \cdot (x_1 + \exists x_2. (Z \cdot x_2)))[\bar{x}_1/Z]$ 是公式 $(\mu Z. x_1 + Z) \cdot (x_1 + \exists x_2. (\bar{x}_1 \cdot x_2))$。至于这个元运算的形式阐述，见练习 6.14 的 3。

用这些逼近式可以定义：

$$\rho \vDash \mu Z. f \text{ 当且仅当对某个 } m \geq 0, \quad \rho \vDash \mu_m Z. f \tag{6-12}$$

于是，为了确定 $\mu Z. f$ 关于赋值 ρ 为真，必须找到某个 $m \geq 0$，使得 $\rho \vDash \mu_m Z. f$ 成立。一个明智的策略是对最小可能的 m 证明这一点，如果这样的 m 确实能找到。例如，为证明 $\rho \vDash \mu Z. Z$，尝试 $\rho \vDash \mu_0 Z. Z$。这个关系不成立，因为后一个公式是 0。现在 $\mu_1 Z. Z$ 定义为 $Z[\mu_0 Z. Z/Z]$，它还是 $\mu_0 Z. Z$。现在，我们可以用数学归纳法对所有 $m \geq 0$，证明 $\mu_m Z. Z$ 等于 $\mu_0 Z. Z$。由式 (6-12)，这蕴涵 $\rho \vDash \mu Z. Z$。

$\upsilon Z. f$ 的语义与 $\mu Z. f$ 类似。首先，定义一族逼近 $\upsilon_0 Z. f$，$\upsilon_1 Z$，$\cdots$

$$\upsilon_0 Z. f \overset{\text{def}}{=\!=} 1$$

$$\upsilon_{m+1} Z. f \overset{\text{def}}{=\!=} f[\upsilon_m Z. f/Z] \quad (m \geq 0) \tag{6-13}$$

注意这个定义与 $\mu_m Z. f$ 的仅有差别在于第一个逼近定义为 1 而不是 0。

回顾 $EG\phi$ 的最大不动点要求 ϕ 在某个路径的所有状态下都成立。这种不变行为不能用像式 (6-12) 那样用条件来表达，但可以适当地定义为：

$$\rho \vDash \upsilon Z. f \text{ 当且仅当对所有 } m \geq 0, \quad \rho \vDash \upsilon_m Z. f \tag{6-14}$$

上述推理的一个对偶推理表明，无论 ρ 是什么，都有 $\rho \vDash \upsilon Z. f$。

理解式 (6-12) 和式 (6-14) 中定义的非形式的方法是：$\rho \vDash \mu Z. f$ 为假，直到如果能证明它成立。而 $\rho \vDash \upsilon Z. f$ 为真，直到如果能证明它为假。式 (6-11) 或式 (6-13) 中递归的展开编码了时态方面。

为证明这种用于规范说明 $\rho \vDash f$ 的递归方法是良定义的，必须考虑更一般的归纳形式，不仅要追踪 f 的语法分析树的高度，还要追踪语法逼近 $\mu_m Z. g$ 和 $\upsilon_n Z. h$ 的个数，它们的"度"（在这种情况下是 m 和 n），以及它们的"交替"（不动点体内可能包含语法分析树中更高阶递归的自由出现变量）。这可以做，然而我们不在这里详细讨论。

6.4.2 对 CTL 模型及规范说明的编码

给定 CTL 模型 $\mathcal{M} = (S, \rightarrow, L)$，$\mu$ 和 ν 算子允许将 CTL 公式 ϕ 转化为关系 μ 演算的公式 f^ϕ，f^ϕ 表示满足 $s \vDash \phi$ 的状态 $s \in S$ 的集合。由于已经知道如何将状态子集表示为这样的公式，我们可以用纯符号形式处理是否所有初始状态 $s \in I$ 都满足 ϕ 的模型检测问题：

$$\mathcal{M}, I \stackrel{?}{\vDash} \phi \tag{6-15}$$

若 $f^I \cdot \overline{f^\phi}$ 是不可满足的，其中 f^I 是 $I \subseteq S$ 的特征函数，则回答是肯定的。否则，可以从探索 $f^I \cdot \overline{f^\phi}$ 的逻辑结构中抽取纠正模型 $\mathcal{M}$ 的调试信息，使式(6-15)为真。

回顾我们是如何将迁移关系 $\rightarrow$ 表示为布尔公式 $f^\rightarrow$ 的（见 6.3.2 节）。同以前一样，假定状态编码为位向量 $(v_1, v_2, \cdots, v_n)$，使得所有函数 f^ϕ 的自由布尔变量都为向量 $\hat{x}$ 所包含。现在，CTL 公式 ϕ 用关系 μ 演算函数 f^ϕ 的编码可归纳地给出如下：

$$f^x \stackrel{\text{def}}{=} x \quad \text{对于变量 } x$$
$$f^\perp \stackrel{\text{def}}{=} 0$$
$$f^{\neg\phi} \stackrel{\text{def}}{=} \overline{f^\phi}$$
$$f^{\phi\wedge\psi} \stackrel{\text{def}}{=} f^\phi \cdot f^\psi$$
$$f^{\text{EX}\phi} \stackrel{\text{def}}{=} \exists\, \hat{x}'. (f^\rightarrow \cdot f^\phi[\hat{x} := \hat{x}'])$$

需要解释一下关于 EX 的语句。变量 x_i 指当前状态，而 x_i' 指下一状态。CTL 的语义说的是 $s \vDash \text{EX}\phi$ 当且仅当存在某个 s'，满足 $s \rightarrow s'$ 和 $s' \vDash \phi$。该布尔公式编码这个定义，恰好为这种情况时计算出 1。若用 $\hat{x}$ 建模当前状态 s，则 $\hat{x}'$ 建模一个可能的后继状态，如果 $f^\rightarrow$（关于 $(\hat{x}, \hat{x}')$ 的函数）成立。为表达"存在某个后继状态"，使用嵌套布尔量词 $\exists \hat{x}'$。还注意到对 f^ϕ 实施 $[\hat{x} := \hat{x}']$ 的预期效果，因此"迫使" ϕ 在某个后续状态为真$^\ominus$。

EF 语句更复杂，涉及 μ 算子。回顾等价

$$\text{EF}\phi \equiv \phi \wedge \text{EX EF}\phi \tag{6-16}$$

因此，$f^{\text{EF}\phi}$ 必须等价于 $f^\phi + f^{\text{EX EF}\phi}$，这又等价于 $f^\phi + \exists \hat{x}'. (f^\rightarrow \cdot f^{\text{EF}\phi}[\hat{x} := \hat{x}'])$。现在，因为 EF 涉及计算由等价式(6-16)导出的算子的最小不动点，我们得到

$$f^{\text{EF}\phi} \stackrel{\text{def}}{=} \mu Z. (f^\phi + \exists\, \hat{x}'. (f^\rightarrow \cdot Z[\hat{x} := \hat{x}'])) \tag{6-17}$$

注意替换 $Z[\hat{x} := \hat{x}']$ 的含义是使布尔函数 Z 依赖于变量 x_i'，而不是变量 x_i。这是因为 $\rho \vDash Z[\hat{x} := \hat{x}']$ 计算的结果为 $\rho[\hat{x} := \hat{x}'] \vDash Z$，而后一个赋值满足 $\rho[\hat{x} := \hat{x}'](x_i) = \rho(x_i')$。我们使用修改后的赋值 $\rho[\hat{x} := \hat{x}']$ 来计算 Z。

$\ominus$ 练习 6.14 的 6 给你一种感觉：$[\hat{x} := \hat{x}']$ 的语义不干扰 f 内可能的 $\exists \hat{x}'$ 或 $\forall \hat{x}'$ 量词。例如，为了计算 $\rho \vDash (\exists \hat{x}'.$ $f)[\hat{x} := \hat{x}']$，计算 $\rho[\hat{x} := \hat{x}'] \vDash \exists \hat{x}'. f$。如果可以找到某些值 $(v_1, v_2, \cdots, v_n) \in \{0, 1\}^n$ 使得 $\rho[\hat{x} := \hat{x}']$ $[x_1' \mapsto v_1][x_2' \mapsto v_2]\cdots[x_n' \mapsto v_n] \vDash f$ 为真，它为真。注意到结果的环境将所有 x_i' 绑定为 v_i，而所有其他值则根据 $\rho[\hat{x} := \hat{x}']$ 进行绑定；因为后者将 x_i 绑定为 $\rho(x_i')$，这是 x_i' 的"原来"值，这恰好是为了防止意向语义出现变量名冲突所需要的结果。

还记得 OBDD 实现以自底向上的综合公式，故 $\exists \hat{x}'. f$ 的简化 OBDD 不包括任何 x_i' 节点，因为其函数不依赖于这些变量。于是，OBDD 也避免了这种命名冲突问题。

因为 $EF\phi$ 等价于 $E[\top \ U \ \phi]$，可以由此将 $EF\phi$ 的编码推广为

$$f^{E[\phi \ U \ \psi]} \overset{\text{def}}{=} \mu Z. (f^{\psi} + f^{\phi} \cdot \exists \ \hat{x}'. (f^{\rightarrow} \cdot Z[\hat{x} := \hat{x}'])) \tag{6-18}$$

AF 的编码与式(6-17)中 EF 的编码类似，不同的是用"对所有"（布尔量词 $\forall \ \hat{x}'$）替换"对某个"（布尔量词 $\exists \hat{x}'$），并将"合取"$f^{\rightarrow} \cdot Z[\hat{x} := \hat{x}']$ 变成"蕴涵"$\overline{f^{\rightarrow}} + Z[\hat{x} := \hat{x}']$：

$$f^{AF\phi} \overset{\text{def}}{=} \mu Z. (f^{\phi} + \forall \ \hat{x}'. (\overline{f^{\rightarrow}} + Z[\hat{x} := \hat{x}'])) \tag{6-19}$$

注意式(6-12)中 $\mu Z.f$ 的语义如何反应了 AF 联结词想要表达的意思。$f^{AF\phi}$ 的第 m 个逼近（记为 $f_m^{AF\phi}$）表示这样的状态：所有路径在 m 步以内到达 ϕ 状态。

剩下就是编码 EG 了，因为我们为 CTL 的适当片段提供了编码（回顾定理 3.17）。由于 EG 涉及计算最大不动点，使用 v 算子：

$$f^{EG\phi} \overset{\text{def}}{=} v Z. (f^{\phi} \cdot \exists \ \hat{x}'. (f^{\rightarrow}. Z[\hat{x} := \hat{x}'])) \tag{6-20}$$

这的确可以由 EG 的语义逻辑结构得到：我们需要在当前状态下证明 ϕ，然后找到满足 $EG\phi$ 的某个后继状态。关键点在于这个任务永不中止；这恰好是式(6-14)所保证的。

我们来看这些编码对图 6-24 的模型的具体应用。我们想对公式 $EX(x_1 \lor \neg x_2)$ 实施符号模型检测。使用如第 3 章的标记算法，应该验证 $[[EX(x_1 \lor \neg x_2)]] = \{s_1, s_2\}$。我们断言：这个集合可由结果公式 $f^{EX(x_1 \lor \neg x_2)}$ 符号地计算出来。首先，计算表示迁移关系→的公式 $f^{\rightarrow}$：

$$f^{\rightarrow} = (x_1' \leftrightarrow \bar{x}_1 \cdot \bar{x}_2 \cdot u) \cdot (x_2' \leftrightarrow x_1)$$

其中 u 是用于建模非确定性的输入变量（对比 6.3.4 节中迁移关系的形式(6-6)）。于是，得到

$$f^{EX(x_1 \lor \neg x_2)} = \exists x_1' \cdot \exists x_2' \cdot (f^{\rightarrow} \cdot f^{x_1 \lor \neg x_2}[\hat{x} := \hat{x}'])$$

$$= \exists x_1' \cdot \exists x_2' \cdot ((x_1' \leftrightarrow \bar{x}_1 \cdot \bar{x}_2 \cdot u) \cdot (x_2' \leftrightarrow x_1) \cdot (x_1' + \bar{x}_2'))$$

为看出 s_0 是否满足 $EX(x_1 \lor \neg x_2)$，计算 $\rho_0 \models f^{EX(x_1 \lor \neg x_2)}$，其中 $\rho(x_1) = 1$，$\rho(x_2) = 0$（$\rho_0(u)$ 的值无关紧要）。我们发现这并不成立，因此 $s_0 \nvDash EX(x_1 \lor \neg x_2)$。同理，通过证明 $\rho_1 \vDash f^{EX(x_1 \lor \neg x_2)}$，可以验证 $s_1 \vDash EX(x_1 \lor \neg x_2)$；通过证明 $\rho_2 \vDash f^{EX(x_1 \lor \neg x_2)}$ 验证 $s_2 \vDash EX(x_1 \lor \neg x_2)$，其中 ρ_i 是表示状态 s_i 的赋值。

作为第二个例子，对图 6-24 中的模型计算 $f^{AF(\neg x_1 \land \neg x_2)}$。首先，如果对该显式模型应用标记算法，我们注意到所有三个状态$^{\ominus}$都满足 $AF(\neg x_1 \land \neg x_2)$。我们来验证符号编码与这个结果相匹配。由式(6-19)，$f^{AF(\neg x_1 \land \neg x_2)}$ 等于

$$\mu Z. ((\bar{x}_1 \cdot \bar{x}_2) + \forall x_1'. \ \forall x_2'. \ \overline{(x_1' \leftrightarrow \bar{x}_1 \cdot \bar{x}_2 \cdot u) \cdot (x_2' \leftrightarrow x_1)} \cdot Z[\hat{x} := \hat{x}']) \tag{6-21}$$

由式(6-12)，有 $\rho \vDash f^{AF(\neg x_1 \land \neg x_2)}$ 当且仅当对某个 $m \geq 0$，有 $\rho \vDash f_m^{AF(\neg x_1 \land \neg x_2)}$。显然，我们有 $\rho \nvDash f_0^{AF(\neg x_1 \land \neg x_2)}$。现在 $f_1^{AF(\neg x_1 \land \neg x_2)}$ 等于

$$((\bar{x}_1 \cdot \bar{x}_2) + \forall x_1'. \ \forall x_2'. \ \overline{(x_1' \leftrightarrow \bar{x}_1 \cdot \bar{x}_2 \cdot u) \cdot (x_2' \leftrightarrow x_1)} \cdot Z[\hat{x} := \hat{x}'])[0/Z]$$

由于 $[0/Z]$ 是元运算，后一个公式不过是

$$(\bar{x}_1 \cdot \bar{x}_2) + \forall x_1'. \ \forall x_2'. \ \overline{(x_1' \leftrightarrow \bar{x}_1 \cdot \bar{x}_2 \cdot u) \cdot (x_2' \leftrightarrow x_1)} \cdot 0[\hat{x} := \hat{x}']$$

于是，我们需要在 ρ 下计算析取式 $(\bar{x}_1 \cdot \bar{x}_2) + \forall x_1'. \ \forall x_2'. \ \overline{(x_1' \leftrightarrow \bar{x}_1 \cdot \bar{x}_2 \cdot u) \cdot (x_2' \leftrightarrow x_1)} \cdot 0[\hat{x} := \hat{x}']$。特别地，若 $\rho(x_1) = 0$ 且 $\rho(x_2) = 0$，则 $\rho \vDash \bar{x}_1 \cdot \bar{x}_2$，因而 $\rho \vDash (\bar{x}_1 \cdot \bar{x}_2) + \forall x_1'. \ \forall x_2'. \ \overline{(x_1' \leftrightarrow \bar{x}_1 \cdot \bar{x}_2 \cdot u) \cdot (x_2' \leftrightarrow x_1)} \cdot 0[\hat{x} := \hat{x}']$。于是，$s_2 \vDash AF(\neg x_1 \land \neg x_2)$ 成立。

$\ominus$　由于加入了变量 u，所以事实上有六个状态。它们都满足该公式。

相似的推理可以验证式(6-21)中的公式可产生对剩下两个状态的正确编码。作为练习，试验证这个结果。

带有公平性的符号模型验证   在第 3 章中，我们概述了 SMV 如何使用 CTL 及其语义无法完全表达的公平性假设。通过将通常 CTL 语义限制到公平计算路径或公平状态，加入公平性是可以达到目的。形式上，给定 CTL 公式集 $C = \{\psi_1, \psi_2, \cdots, \psi_k\}$，称为公平性约束，对 CTL 公式 ϕ 和所有初始状态 s，要检验 $s \vDash \phi$ 是否成立，满足 C 中附加的公平性约束。因为 $\bot$、$\neg$、EX、EU 和 EG 形成 CTL 联结词的适当集合，我们可以只限于讨论这些算子。显然，对于添加的公平性约束，命题联结词不会改变其意义。因此，只须为第 3 章的公平联结词 $E_C X$，$E_C U$ 和 $E_C G$ 提供符号编码就够了。关键是把公平状态集合符号地表示为如下定义的布尔公式 **fair**：

$$\mathbf{fair} \stackrel{\text{def}}{=} f^{E_C G\top} \tag{6-22}$$

它使用了(仍然待定义的)函数 $f^{E_C G\phi}$，以 $\top$ 作为实例。假定 $f^{E_C G\top}$ 的编码是正确的，我们看到在状态 s 下 **fair** 计算出 1，当且仅当存在一条关于 C 的公平路径开始于 s。我们称这样的 s 为公平状态。

至于 $E_C X$，注意到 $s \vDash E_C X\phi$ 当且仅当存在某个满足 $s \rightarrow s'$ 和 $s' \vDash \phi$ 的下一状态 s'，使得 s' 是公平状态。这立刻导致定义：

$$f^{E_C X\phi} \stackrel{\text{def}}{=} \exists\, \hat{x}'.\, (f^{\rightarrow} \cdot (f^{\phi} \cdot \mathbf{fair})[\hat{x} := \hat{x}']) \tag{6-23}$$

类似地，我们得到

$$f^{E_C[\phi_1 U \phi_2]} \stackrel{\text{def}}{=} \mu Z.\, (f^{\phi_2} \cdot \mathbf{fair} + f^{\phi_1} \cdot \exists\, \hat{x}'.\, (f^{\rightarrow} \cdot Z[\hat{x} := \hat{x}'])) \tag{6-24}$$

剩下的任务就是编码 $f^{E_C G\phi}$。正是这最后一个连接词揭示了实际做公平性检测的复杂性。由于 $f^{E_C G\phi}$ 的编码相当复杂，我们分几步进行。直接在布尔公式的水平有 EX 和 EU 的功能是方便的。例如，若 f 是关于 $\hat{x}$ 的布尔函数，则 $\mathtt{checkEX}(f)$ 编码如下的布尔公式：该公式在向量 $\hat{x}$ 处计算出 1，如果 $\hat{x}$ 有下一状态 $\hat{x}'$ 使 f 计算出 1：

$$\mathtt{checkEX}(f) \stackrel{\text{def}}{=} \exists\, \hat{x}'.\, (f^{\rightarrow} \cdot f[\hat{x} := \hat{x}']) \tag{6-25}$$

于是，$f^{E_C X\phi}$ 等于 $\mathtt{checkEX}(f^{\phi_2} \cdot \mathbf{fair})$。对关于 n 个参量 $\hat{x}$ 的函数 f 和 g，我们按相同的方法进行得到 $\mathtt{checkEU}(f, g)$，它在 $\hat{x}$ 处计算出 1，如果存在一条路径实现 $f\, U\, g$ 模式：

$$\mathtt{checkEU}(f, g) \stackrel{\text{def}}{=} \mu Y.\, g + (f \cdot \mathtt{checkEX}(Y)) \tag{6-26}$$

有了这些准备，我们可以相当容易地编码 $f^{E_C G\phi}$：

$$f^{E_C G\phi} \stackrel{\text{def}}{=} \upsilon Z.\, f^{\phi} \cdot \prod_{i=1}^{k} \mathtt{checkEX}(\mathtt{checkEU}(f^{\phi}, Z \cdot f^{\psi_i}) \cdot \mathbf{fair}) \tag{6-27}$$

注意这个编码在一个最大不动点体内有一个最小不动点($\mathtt{checkEU}$)。这在计算上相当棘手，因为对 $\mathtt{checkEU}$ 的调用作为自由变量包含了外部最大不动点的递归变量 Z，于是这些递归嵌套并互相依赖。递归"轮流地"进行。注意这个编码是如何操作的：为得到一条使 ϕ 全局成立的从 $\hat{x}$ 出发的公平路径，需要 ϕ 在 $\hat{x}$ 处成立，而且对所有公平性约束 ψ_i，还必须有下一状态 $\hat{x}'$，在此处全部性质仍然为真(自由的 Z 所强制的)，且在该路径上，每个公平性约束最终实现。关于 Z 的递归持续地迭代这个推理，因此，若这个函数计算出 1，则存在一条路径，在其上 ϕ 全局成立，且每个 ψ_i 无限多次为真。

6.5 习题

练习6.1

1. 写出例6.2中布尔公式的真值表。在表中可以随意使用0和1，或者F与T。例6.2的 (4)的布尔公式计算出什么样的真值表？

2. ⊕是异或函数：若 x 和 y 的值不同，则 $x \oplus y \stackrel{\text{def}}{=} 1$；否则 $x \oplus y \stackrel{\text{def}}{=} 0$。用命题逻辑表达这个函数，即找出公式 ϕ，与⊕有相同的真值表。

*3. 用 · ，+ ，⁻，0和1写出布尔公式 $f(x, y)$，使 f 与 $p \to q$ 有相同的真值表。

4. 为定义6.1中基于运算的布尔公式的语法写出 BNF。

练习6.2

*1. 假定交换图6-2的二叉判定树中所有实线和虚线。写出结果二叉判定树的真值表，并为其找到公式。

*2. 考虑下列真值表：

p	q	r	ϕ
T	T	T	T
T	T	F	F
T	F	T	F
T	F	F	F
F	T	T	T
F	T	F	F
F	F	T	T
F	F	F	F

画出表示由此真值表所指定的布尔函数的二叉判定树。

3. 考虑图6-2，现在根是一个 y 节点，其两个后继是 x 节点。为这个图指定的布尔函数构造二叉判定树。

4. 考虑由下列真值表所给出的布尔函数：

x	y	z	$f(x, y, z)$
1	1	1	0
1	1	0	1
1	0	1	0
1	0	0	1
0	1	1	0
0	1	0	0
0	0	1	0
0	0	0	1

(a) 为 $f(x, y, z)$ 构造一棵二叉判定树，使根是一个 x 节点，随后是 y 节点，再后是 z 节点。

(b) 为 $f(x, y, z)$ 构造另一棵二叉判定树，现在根是一个 z 节点，随后是 y 节点，再后是 z 节点。

5. 设 T 是 n 个布尔变量的布尔函数 $f(x_1, x_2, \cdots, x_n)$ 的一棵二叉判定树。假定向下遍历树 T 的任何路径时，每个变量恰好出现一次。用数学归纳法证明 T 有 $2^{n+1} - 1$ 个节点。

练习 6.3

*1. 解释为什么对 BDD B 的所有化简 C1 ~ C3 所产生的结果 BDD 仍然表示与 B 相同的函数。

2. 考虑图 6-7 中的 BDD。

   *(a) 确定由这个 BDD 所表示的布尔函数 $f(x, y, z)$ 的真值表。

   (b) 为该函数找一个 BDD，使得沿任何路径变量都不多次出现。

3. 设 f 是由图 6-3b 的 BDD 所表示的函数。再用图 6-6 说明的 BDD B_0，B_1 和 B_x，找出下列函数的 BDD 表示：

   (a) $f \cdot x$

   (b) $x + f$

   (c) $\overline{f \cdot 0}$

   (d) $f \cdot 1$

练习 6.4

1. 图 6-9 显示了一个序为 $[x, y, z]$ 的 BDD。

   *(a) 找出序为 $[z, y, x]$ 的等价简约 BDD。（提示：先找序为 $[z, y, x]$ 的判定树，然后用 C1 ~ C3 化简。）

   (b) 对变量序 $[y, z, x]$ 进行相同的构造过程。得到的简约 BDD 与序为 $[x, y, z]$ 和 $[z, y, x]$ 时的简约 BDD 有更多节点还是更少节点？

2. 考虑图 6-4 ~ 图 6-10 中的 BDD。确定其中哪些是 OBDD。如果找到一个 OBDD，需要指定一个能够证明有序的无重复出现变量的布尔变量表。

3. 考虑下列布尔公式。关于序 $[x, y, z]$ 计算它们唯一的简约 OBDD。建议先计算二叉判定树，然后实施冗余消除。

   (a) $f(x, y) \stackrel{\text{def}}{=} x \cdot y$

   *(b) $f(x, y) \stackrel{\text{def}}{=} x + y$

   (c) $f(x, y) \stackrel{\text{def}}{=} x \oplus y$

   *(d) $f(x, y, z) \stackrel{\text{def}}{=} (x \oplus y) \cdot (\bar{x} + z)$

4. 回顾第 1 章导出联结词 $\phi \leftrightarrow \psi$ 的含义：对所有赋值，ϕ 为真当且仅当 ψ 为真。

   (a) 使用基本运算 $\cdot$，$+$，$\oplus$，和 $^-$ 为布尔公式定义这个算子。

   (b) 使用序 $[y, x]$ 画出公式 $g(x, y) \stackrel{\text{def}}{=} x \leftrightarrow y$ 的简约 OBDD。

5. 考虑上一节末尾引进的偶性函数。

   (a) 定义奇性函数 $f_{\text{odd}}(x_1, x_2, \cdots, x_n)$。

   (b) 对 $n = 5$ 和序 $[x_3, x_5, x_1, x_4, x_2]$，画出奇性函数的 OBDD。若改变序，这个 OBDD 的总体结构会变吗？

   (c) 证明 $f_{\text{even}}(x_1, x_2, \cdots, x_n)$ 和 $\overline{f_{\text{odd}}(x_1, x_2, \cdots, x_n)}$ 表示相同的布尔函数。

6. 利用定理 6.7 证明：若应用化简规则 C1 ~ C3 直到不能化简为止，结果与使用的序无关。

练习 6.5

1. 给定布尔公式 $f(x_1, x_2, x_3) \stackrel{\mathrm{def}}{=\!=} x_1 \cdot (x_2 + \bar{x}_3)$。关于下列序计算其简约 OBDD：
   (a) $[x_1, x_2, x_3]$
   (b) $[x_3, x_1, x_2]$
   (c) $[x_3, x_2, x_1]$

2. 按任意序计算 $f(x, y, z) = x \cdot (z + \bar{z}) + \bar{y} \cdot \bar{x}$ 的简约 OBDD。在这个简约 OBDD 中有 z 节点吗？

3. 考虑布尔公式 $f(x, y, z) \stackrel{\mathrm{def}}{=\!=} (\bar{x} + y + \bar{z}) \cdot (x + \bar{y} + z) \cdot (x + y)$。对下列变量序，计算 f 关于该序的(唯一)简约 OBDD B_f。最好先写出关于该序的二叉判定树，然后应用所有可能的化简。
   (a) $[x, y, z]$
   (b) $[y, x, z]$
   (c) $[z, x, y]$
   (d) 找出一种变量序使结果简约 OBDD B_f 有最少的边。即没有其他序使对应的 B_f 有更少的边。(对 x, y, z 有多少种可能的序?)

4. 给定下列真值表：

x	y	z	$f(x, y, z)$
1	1	1	0
1	1	0	1
1	0	1	1
1	0	0	0
0	1	1	0
0	1	0	1
0	0	1	0
0	0	0	1

   关于以下变量序计算简约 OBDD：
   (a) $[x, y, z]$
   (b) $[z, y, x]$
   (c) $[y, z, x]$
   (d) $[x, z, y]$

5. 给定序 $[p, q, r]$，计算 $p \wedge (q \vee r)$ 和 $(p \wedge q) \vee (p \wedge r)$ 的简约 OBDD，并解释为什么它们是恒同的。

*6. 考虑图 6-11 中的 BDD。
   (a) 构造其真值表。
   (b) 计算其合取范式。
   (c) 比较该范式的长度与 BDD 的大小。你的评价是什么？

练习 6.6

1. 对下列 OBDD 执行 reduce：

(a) 关于下列的二叉判定树

   i. $x \oplus y$

   ii. $x \cdot y$

   iii. $x + y$

   iv. $x \leftrightarrow y$

(b) 图 6-2 中的 OBDD。

*(c) 图 6-4 中的 OBDD。

练习 6.7

1. 回顾香农展开式 (6-1)。假定 x 在 f 中根本不出现，为什么式 (6-1) 仍然成立？

2. 设 $f(x, y, z) \stackrel{\text{def}}{=} y + \bar{z} \cdot x + z \cdot \bar{y} + y \cdot x$ 是一个布尔公式。关于以下变量，计算 f 的香农展开：

   (a) x

   (b) y

   (c) z

3. 证明布尔公式 f 和 g 是语义等价的，当且仅当对其变量所有可能的 0 或 1 赋值，布尔公式 $(\bar{f} + g) \cdot (f + \bar{g})$ 都计算出 1。

4. 我们可以使用香农展开形式地定义 BDD 如何确定布尔函数。设 B 是一个 BDD。直觉上显然 B 确定唯一的布尔函数。形式地，对 B 的所有节点 n，（自底向上）归纳地计算函数 f_n：

   — 若 n 是标记为 0 的终止节点，则 f_n 是常值 0 函数。

   — 对偶地，若 n 是终止 1 节点，则 f_n 是常值 1 函数。

   — 若 n 是标记为 x 的非终止节点，则已经定义了布尔函数 $f_{\text{lo}(n)}$ 和 $f_{\text{hi}(n)}$，令 f_n 为 $\bar{x} \cdot f_{\text{lo}(n)} + x \cdot f_{\text{hi}(n)}$。

   若 i 是 B 的初始节点，则 f_i 是 B 所表示的布尔函数。注意可以将该定义用作 B 的一种符号计算，结果产生一个布尔公式。例如，图 6-3b 的 BDD 产生出公式 $\bar{x} \cdot (\bar{y} \cdot 1 + y \cdot 0) + x \cdot 0$。对下列 BDD，计算由这种方法得到的布尔公式：

   (a) 图 6-5b 中的 BDD

   (b) 图 6-6 中的 BDD

   (c) 图 6-11 中的 BDD

*5. 考虑一个三元 (= 有三个参量) 布尔联结词 $f \rightarrow (g, h)$，当 f 为真时它等价于 g；否则等价于 h。

   (a) 使用 $+$，$\cdot$，$\oplus$ 或 $\bar{}$ 中的任何一个定义这个联结词。

   (b) 回忆练习 6.7 的 4。使用上述三元算子将 f_n 写为 $f_{\text{lo}(n)}$，$f_{\text{hi}(n)}$ 和其标记 x 的表达式。

   (c) 用数学归纳法 (对什么使用?) 证明，若 f_n 的根是一个 x 节点，则 f_n 不依赖于在假定的序中位于 x 之前的任何 y。

6. 解释为什么 apply(op, B_f, B_g) 产生一个与 B_f 和 B_g 有相容序的 OBDD，其中 B_f 和 B_g 有相容的序。

7. 解释为什么 apply 的四种控制结构穷尽了所有情形，即在其执行中再没有其他可能的情形了。

8. 考虑图 6-30 中简约的 OBDD B_f 和 B_g。为了计算 f op g 的简约 OBDD，需要：

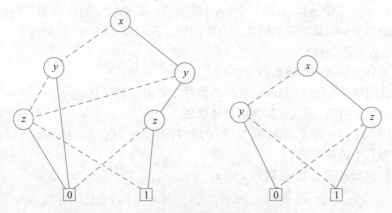

图 6-30　简约的 OBDD B_f 和 B_g（见练习）

—如图 6-16 所示，构造能显示 apply(op, B_f, B_g)递归下降结构的树；

—使用该树模拟 apply(op, B_f, B_g)；

—如果需要，化简所得到的 OBDD。

关于以下运算"op"，对图 6-30 的 OBDD 实施这些步骤：

（a）+

（b）⊕

（c）·

9. 设 B_f 是图 6-11 所示的 OBDD。计算 apply($\oplus$, B_f, B_1)，化简结果 OBDD。如果每一步都正确，得到的 OBDD 将与图 6-11 中 0 节点与 1 节点互换得到的 OBDD 同构。

*10. 考虑图 6-31 中的 OBDD B_c，它表示在比较图 6-30 中表示的布尔函数 f 和 g 时的"不关心"条件。这意味着对除了使 c 为真以外的所有变量值比较 f 和 g 是否相等（即我们"不关心" c 何时为真）。

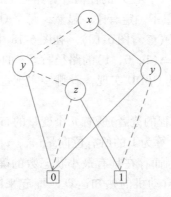

图 6-31　表示图 6-30 中 OBDD 等价检验的"不关心"条件的简约 OBDD B_c

（a）证明布尔公式 $(\bar{f} \oplus g) + c$ 是有效的（总计算出 1），当且仅当对于使 c 计算为 0 的所有值，f 和 g 等价。

（b）按练习 6.7 的 8 中的三个步骤，由 f, g 和 c 的 OBDD 计算 $(\bar{f} \oplus g) + c$ 的简约 OBDD。

对 apply 的哪个调用必须先进行？

11. 我们称 $v \in \{0, 1\}$ 是运算 op 的一个（左）控制值，如果对 x 的所有值，v op $x = 1$，或者 v op $x = 0$。如果 v 既是左控制值又是右控制值，我们说 v 是一个控制值。

   (a) 定义右控制值的概念。

   (b) 给出具有控制值的运算的例子。

   (c) 非形式地描述一下，当 op 带有控制值时，如何能够优化 apply。

   (d) 若 op 只有左控制值或右控制值，还能做优化吗？

12. 我们证明了 apply 的最坏时间复杂度是 $O(|B_f| \cdot |B_g|)$。证明这个上界是坚固的（hard），即它不能被改进：

   (a) 考虑积和形式表达的函数 $f(x_1, x_2, \cdots, x_{2n+2m}) \stackrel{\text{def}}{=} x_1 \cdot x_{n+m+1} + \cdots + x_n \cdot x_{2n+m}$ 和 $g(x_1, x_2, \cdots, x_{2n+2m}) \stackrel{\text{def}}{=} x_{n+1} \cdot x_{2n+m+1} + \cdots + x_{n+m} \cdot x_{2n+2m}$。计算 $f + g$ 的积和形式。

   (b) 选择序 $[x_1, x_2, \cdots, x_{2n+2m}]$，证明 OBDD B_f 和 B_g 分别有 2^{n+1} 和 2^{m+1} 条边。

   (c) 使用 (a) 部分的结果得到结论：B_{f+g} 有 2^{n+m+1} 条边，即 $0.5 \cdot |B_f| \cdot |B_g|$。

练习 6.8

1. 设 f 是图 6-5b 中的简约 OBDD，计算下列限制的简约 OBDD：

   (a) $f[0/x]$

  *(b) $f[1/x]$

   (c) $f[1/y]$

  *(d) $f[0/z]$

*2. 假定我们有意修改算法 restrict，使其能对一般合成 $f[g/x]$ 计算简约 OBDD。

   (a) 推广方程 (6-1)，以反映运算 $[g/x]$ 的直观意义。

   (b) 直接计算这个合成，OBDD 的哪些事实会产生问题？

   (c) 在至今为止讨论过的算法都已知的条件下，如何计算这个合成？

3. 我们定义 read-1-BDD 是 BDD B，在 B 的任何计算路径上每个布尔变量至多出现一次。特别地，read-1-BDD 的布尔变量不一定有序。显然，每个 OBDD 都是 read-1-BDD；但每个 read-1-BDD 不一定都是 OBDD（参看图 6-10）。在图 6-18 中，我们看到一个 BDD，它不是 read-1-BDD。关于 $(x, y, z) \Rightarrow (1, 0, 1)$ 的路径"读" x 的值两次。

   用批判的眼光评估布尔公式的 OBDD 实现，看哪些实现也可以用于 read-1-BDD。哪些实现方面会产生问题？

4. （本题适合上过有限自动机课程的读者）所有 n 个变量的布尔函数 f 可以视为 $\{0, 1\}^n$ 的一个子集 L_f，定义为所有使 f 计算为 1 的所有位向量 $(v_1, v_2, \cdots, v_n)$ 的集合。由于这是一个有限集，L_f 是正则语言，因而存在具有最小状态数的确定性有限自动机接受 L_f。你能将 OBDD 的一些运算与有限自动机的熟知运算匹配起来吗？这种对应的密切程度如何？（你可能要考虑非简约的 OBDD。）

5. (a) 证明每个 n 元布尔函数可以表示为下列语法的布尔公式：

$$f ::= 0 \mid x \mid \bar{f} \mid f_1 + f_2$$

   (b) 为什么这还蕴涵每个这样的函数都可以按任何变量序表示为简约 OBDD？

6. 对 n 用数学归纳法，证明恰好有 $2^{(2^n)}$ 个不同的 n 元布尔函数。

练习 6.9

1. 使用 exists 算法计算下列公式的 OBDD：

   （a）$\exists x_3.f$，图 6-11 给出了 f 的 OBDD。

   （b）$\forall y.g$，图 6-9 给出了 g 的 OBDD。

   （c）$\exists x_2.\ \exists x_3.\ x_1 \cdot y_1 + x_2 \cdot y_2 + x_3 \cdot y_3$。

2. 设 f 是依赖于 n 个变量的布尔函数。

   （a）证明：

       i. 公式 $\exists x.f$ 依赖于 f 所依赖的除 x 外的所有变量。

       ii. 若关于赋值 ρ，f 计算为 1，则关于同一个赋值，$\exists x.f$ 也计算为 1。

       iii. 若关于赋值 ρ，$\exists x.f$ 计算为 1，则存在关于 f 的赋值 ρ'，使得对除 x 外的所有变量，ρ' 与 ρ 相同，且在 ρ' 下 f 计算为 1。

   （b）对函数值 0 可以证明上述陈述吗？

3. 设 ϕ 是一个布尔公式。

   *（a）证明 ϕ 是可满足的，当且仅当 $\exists x.\phi$ 是可满足的。

   （b）证明 ϕ 是有效的，当且仅当 $\forall x.\phi$ 是有效的。

   （c）将上述两个事实推广到嵌套量词 $\exists \hat{x}$ 和 $\forall \hat{x}$ 的情形。（对受量词约束的变量个数用数学归纳法。）

   ———

4. 证明 $\forall \hat{x}.f$ 与 $\exists \hat{x}.\ \bar{f}$ 是语义等价的。对向量 $\hat{x}$ 中参量的个数用归纳法。

练习 6.10

（适合于了解复杂度类的读者）

1. 证明 3SAT 问题可以归结为嵌套存在布尔量词。给定 3SAT 的一个实例，可以将其想象为一个和积形式 $g_1 \cdot g_2 \cdots \cdot g_n$ 的布尔公式 f，其中每个 g_i 形如 $(l_1 + l_2 + l_3)$，而每个 l_j 是布尔变量或布尔变量的补。例如，f 可以是 $(x + \bar{y} + z) \cdot (x_5 + x + \bar{x}_7) \cdot (\bar{x}_2 + z + x) \cdot (x_4 + \bar{x}_2 + \bar{x}_4)$。

   （a）证明你可以用不超过 3 个非终止节点的 OBDD 表示每个函数 g_i，且不依赖序的选择。

   （b）引进 n 个新的布尔变量 $z_1, z_2, \cdots, z_n$。将表达式 $f_1 + f_2 + \cdots + f_n$ 写为 $\sum_{1 \le i \le n} f_i$，将 $f_1 \cdot f_2 \cdots \cdot f_n$ 写为 $\prod_{1 \le i \le n} f_i$。考虑布尔公式 h，定义为

$$\sum_{1 \le i \le n} \left(\bar{g}_i \cdot z_i \cdot \prod_{1 \le j \le i} \bar{z}_j \right) \tag{6-28}$$

选择一个以 $[z_1, z_2, \cdots, z_n, \cdots]$ 开始的任意变量序。画出 h 的 OBDD（只画 $\bar{g}_i$ 的根节点）。

   （c）证明上述 OBDD 至多有 $4n$ 个非终止节点。

   （d）证明 f 是可满足的，当且仅当 $\exists z_1.\ \exists z_2. \cdots.\ \exists z_n.\ h$ 的 OBDD 不等于 B_1。

   （e）解释为什么（d）能说明 3SAT 可归结为嵌套存在量词。

2. 证明：为表示布尔函数的 OBDD 找最优序的问题在 coNP 中。

3. 回顾 $\exists x.f$ 定义为 $f[1/x] + f[0/x]$。由于关于限制和 + 我们有有效算法，因此得到 $\exists z_1. \cdots. \exists z.f$ 的有效算法。于是，P 等于 NP！这个论证有什么错误？

练习 6.11

*1. 考虑图 6-32a 中的 CTL 模型。使用序 $[x_1, x_2]$，画出子集 $\{s_0, s_1\}$ 和 $\{s_0, s_2\}$ 的 OBDD。

2. 考虑图 6-32b 中的 CTL 模型。因为状态数不是 2 的幂，表示任意给定状态集的 OBDD 不止一个。仍使用序 $[x_1, x_2]$，画出子集 $\{s_0, s_1\}$ 和 $\{s_0, s_2\}$ 的所有可能 OBDD。

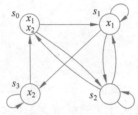 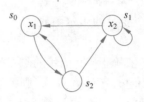

a) 有四个状态的CTL模型　　　　　　b) 有三个状态的CTL模型

图 6-32　CTL 模型

练习 6.12

1. 考虑图 6-32a 中的 CTL 模型。

   （a）为其迁移关系写出真值表，列的次序为 $[x_1, x_1', x_2, x_2']$。最后一列中 1 的个数应该与迁移关系中箭头的个数一样多。此时，表示没有自由，因为状态个数恰好是 2 的幂。

   （b）画出这个迁移关系的 OBDD，使用变量序 $[x_1, x_1', x_2, x_2']$。

2. 运用 3.6.1 节的算法，对序为 $[x_1, x_2]$ 的 OBDD 进行解释，计算图 6-32b 中 CTL 模型满足下列公式的状态集：

   （a）$\mathrm{AG}(x_1 \vee \neg x_2)$

   （b）$\mathrm{E}[x_2 \ \mathrm{U} \ x_1]$

   显示按这种方式计算的 OBDD。

3. 解释为什么 exists($\hat{x}'$, apply($\cdot$, $B_\rightarrow$, $B_{X'}$)) 忠实地实现 $\mathrm{pre}_\exists(X)$ 的含义。

练习 6.13

1. （a）模拟图 6-29 中的电路随初始状态 01 的演变。你认为它计算的是什么?

   （b）为这个电路写出明确的 CTL 模型 $(S, \rightarrow, L)$。

2. 考虑图 6-33 中的顺序同步电路。

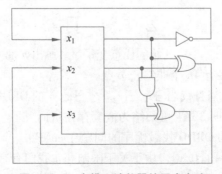

图 6-33　一个模 8 计数器的同步电路

(a) 对 $i = 1$，2，3，构造函数 f_i。

(b) 编码函数 $f^\rightarrow$。

(c) 回顾第 2 章，若 x 在 ψ 中不是自由的，则 $(\exists x. \phi) \wedge \psi$ 语义等价于 $\exists x. (\phi \wedge \psi)$。

    i. 为什么在布尔公式的框架下这也是真的？

    ii. 使用这个定律将把 $f^\rightarrow$ 中的量词 $\exists$ 尽可能向内推。在检测同步电路时，这经常是一个有用的优化方法。

3. 考虑 2 位比较器的布尔公式：

$$f(x_1, x_2, y_1, y_2) \stackrel{\text{def}}{=} (x_1 \leftrightarrow y_1) \cdot (x_2 \leftrightarrow y_2)$$

(a) 关于序 $[x_1, y_1, x_2, y_2]$，画出它的 OBDD。

(b) 关于序 $[x_1, x_2, y_1, y_2]$，画出它的 OBDD，并将其与上一个进行比较。

4. (a) 你能用式 (6-6) 编码图 6-24 中的迁移关系 $\rightarrow$ 吗？

(b) 你能用方程 (6-9) 做到这一点吗？

(c) 用方程 (6-8) 如何呢？

练习 6.14

1. 设 ρ 是使 $(x, y, z) \Rightarrow (0, 1, 1)$ 的赋值。对下列布尔公式，计算 $\rho \vDash f$ 是否成立：

(a) $x \cdot (y + \bar{z} \cdot (y \oplus z))$

(b) $\exists x. (y \cdot (x + z + \bar{y}) + x \cdot \bar{y})$

(c) $\forall x. (y \cdot (x + z + \bar{y}) + x \cdot \bar{y})$

(d) $\exists z. (x \cdot \bar{z} + \forall x. ((y + (x + \bar{x}) \cdot z)))$

*(e) $\forall x. (y + \bar{z})$

*2. 用式 (6-14) 及关系 μ 演算公式的满足关系的定义，证明对所有赋值 ρ，$\rho \vDash vZ. Z$。此时，f 等于 Z，你需要对 $m \geq 0$ 用数学归纳法证明式 (6-14)。

3. 判定关系 μ 演算的 $\vDash$ 和 $\nvDash$ 的实现明显不能表示将所有变量（即无限多个变量）都指派语义值 0 或 1 的赋值。于是，将 $\vDash$ 作为对 (ρ, f) 之间的关系是有意义的，其中 ρ 只对 f 的所有自由变量赋语义值。

(a) 假设 vZ 和 μZ，$\exists x$，$\forall x$ 以及 $[\hat{x} := \hat{x}']$ 都是类似于谓词逻辑中量词的绑定构造。形式地定义关系 μ 演算公式 f 的自由变量的集合。（提示：你应该通过对 f 的结构归纳来定义。还有，在 $f[\hat{x} := \hat{x}']$ 中，哪些变量被约束？）

(b) 回顾 2.2.4 节讨论过的 ϕ 中的 t 关于 x 自由的概念。定义"g 关于 f 中的 Z 是自由的"应该意味着什么，并且找出一个例子，使 g 关于 f 中的 Z 不是自由的。

(c) 非形式地解释为什么可以确定 $\rho \vDash f$ 是否成立，只要 ρ 将 f 中的所有自由变量都赋以 0 或 1。解释为什么这个答案与 ρ 在 f 中约束变量上的值无关。为什么这个事实与实现框架相关？

4. 设 ρ 是使 $(x, x', y, y') \Rightarrow (0, 1, 1, 1)$ 的赋值。对下面公式 f，确定 $\rho \vDash f$ 是否成立（我们记得 $f \leftrightarrow g$ 是 $\bar{f} \oplus g$ 的缩写，意思是 f 计算为 1 当且仅当 g 计算为 1）：

(a) $\exists x. (x' \leftrightarrow (\bar{y} + y' \cdot x))$

(b) $\forall x. (x' \leftrightarrow (\bar{y} + y' \cdot x))$

(c) $\exists x'. (x' \leftrightarrow (\bar{y} + y' \cdot x))$

    (d) $\forall x'. (x' \leftrightarrow (\bar{y} + y' \cdot x))$

5. 设 ρ 是满足 $\rho(x_1') = 1$，$\rho(x_2') = 0$ 的一个赋值。对下列公式，确定 $\rho \vDash f$ 是否成立：

    (a) $\bar{x}_1 [\hat{x} := \hat{x}']$

    (b) $(x_1 + \bar{x}_2)[\hat{x} := \hat{x}']$

    (c) $(\bar{x}_1 \cdot \bar{x}_2)[\hat{x} := \hat{x}']$

6. 计算 $\rho \vDash (\exists x_1. (x_1 + \bar{x}_2))[\hat{x} := \hat{x}']$，并解释在这个过程中赋值 ρ 是如何变化的。特别地，$[\hat{x} := \hat{x}']$ 用 x_i' 代替了 x_i，但为什么这不会影响绑定量词 $\exists x_1$？

7. (a) 如何为关系 μ 演算定义语义推导的概念？

    (b) 形式地定义何时关系 μ 演算的两个公式是语义等价的。

练习 6.15

1. 使用图 6-24 的模型，确定 $\rho \vDash f^{\mathrm{EX}(x_1 \vee \neg x_2)}$ 是否成立，其中 ρ 是：

    (a) $(x_1, x_2) \Rightarrow (1, 0)$

    (b) $(x_1, x_2) \Rightarrow (0, 1)$

    (c) $(x_1, x_2) \Rightarrow (0, 0)$。

2. 设 S 是 $\{s_0, s_1\}$，可能的迁移为 $s_0 \rightarrow s_0$，$s_0 \rightarrow s_1$ 和 $s_1 \rightarrow s_0$，且 $L(s_0) = \{x_1\}$，$L(s_1) = \varnothing$。计算布尔函数 $f^{\mathrm{EX}(\mathrm{EX} \neg x_1)}$。

3. 方程(6-17)、方程(6-19)和方程(6-20)定义了 $f^{\mathrm{EF}\phi}$，$f^{\mathrm{AF}\phi}$ 和 $f^{\mathrm{EG}\phi}$。写出定义 $f^{\mathrm{AG}\phi}$ 的一个类似的方程。

4. 通过适当地修改式(6-18)，定义 $f^{\mathrm{AU}\phi}$ 的一个直接编码。

5. 模拟 6.4.2 节中对联结词 AU 的示例性检验：考虑图 6-24 的模型。因为 $[[E[(x_1 \vee x_2) \mathrm{U} (\neg x_1 \wedge \neg x_2)]]]$ 等于整个状态集 $\{s_0, s_1, s_2\}$，对 $f^{\mathrm{E}[x_1 \vee x_2 \mathrm{U} \neg x_1 \wedge \neg x_2]}$ 的编码是正确的，若对所有异于 $(1, 1)$ 的位向量它计算为 1。

    (a) 验证你的编码确实是正确的。

    (b) 找一个没有不动点的布尔公式，它语义等价于 $f^{\mathrm{E}[(x_1 \vee x_2) \mathrm{U} (\neg x_1 \wedge \neg x_2)]}$。

6. (a) 使用式(6-20)，就图 6-24 中的模型计算 $f^{\mathrm{EG} \neg x_1}$。

    (b) 证明 $f^{\mathrm{EG} \neg x_1}$ 忠实地建模满足 EG $\neg x_1$ 的所有状态集。

7. 在 6.4 节关系 μ 演算的语法式(6-20)叙述到：在公式 $\mu Z. f$ 和 $\upsilon Z. f$ 中，Z 在 f 中的任何出现必须落在偶数次补运算 $\bar{}$ 中。若去掉这个条件会发生什么？

    (a) 考虑表达式 $\mu Z. \bar{Z}$。我们已经看到，对于赋值 ρ 和关系 μ 演算公式 f 的所有选择，或者 $\rho \vDash f$ 成立，或者 $\rho \nvDash f$ 成立，在这个意义下 ρ 是全关系。但像 $\mu Z. \bar{Z}$ 这样的公式不是形式单调的。设 ρ 是任意赋值。用数学归纳法证明：

       i. 对所有偶数 $m \geq 0$，$\rho \nvDash \mu_m Z. \bar{Z}$

       ii. 对所有奇数 $m \geq 1$，$\rho \vDash \mu_m Z. \bar{Z}$。

       根据式(6-12)，由这两个结论推导 $\rho \vDash \mu Z. \bar{Z}$ 成立。

    (b) 考虑任何环境 ρ。对 m 用数学归纳法(也许还要对 ρ 进行分析)证明：

       若对某个 $m \geq 0$，$\rho \vDash \mu_m Z. \overline{(x_1 + x_2 \cdot \bar{Z})}$，则对所有 $k \geq m$，$\rho \vDash \mu_k Z. \overline{(x_1 + x_2 \cdot \bar{Z})}$。

    (c) 一般地，若 f 关于 Z 是形式单调的，则 $\rho \vDash \mu_m Z. f$ 蕴涵 $\rho \vDash \mu_{m+1} Z. f$。你能为最大不动点算子 υ 叙述一个类似的性质吗？

8. 给定图 6-29 中电路的 CTL 模型。
　 *(a) 编码函数 $f^{EX(x_1 \wedge \neg x_2)}$。
　 (b) 编码函数 $f^{AG(AF \neg x_1 \wedge \neg x_2)}$。
　 *(c) 找出一个语义等价于 $f^{AG(AF \neg x_1 \wedge \neg x_2)}$ 的、没有不动点的布尔公式。

9. 考虑图 6-33 中的顺序同步电路。计算 $\rho \models f^{EXx_2}$，其中 ρ 等于：
　 (a) $(x_1, x_2, x_3) \Rightarrow (1, 0, 1)$
　 (b) $(x_1, x_2, x_3) \Rightarrow (0, 1, 0)$。

10. 通过对 ϕ 做结构归纳，证明：

　 定理 6.19　　给定一个有限 CTL 模型的编码，设 ϕ 是一个适当片段的 CTL 公式。则 $[[\phi]]$ 对应于使 $\rho \models f^{\phi}$ 的赋值 ρ 的集合。

　 可以先证明 $\rho \models f^{\phi}$ 的计算只依赖于 $\rho(x_i)$ 的值，即 ρ 给 x_i' 或 Z 赋什么值无关紧要。

11. 证明上面的定理 6.19 对任意 CTL 公式仍然有效，只要我们将不在那个适当片段中的公式 ϕ 转化为该片段中的语义等价公式 ψ，并定义 f^{ϕ} 为 f^{ψ}。

12. 为 407 页图 6-32b 中的模型导出公式 $f^{AF(\neg x_1 \wedge x_2)}$，并对相应于状态 s_2 的赋值计算该公式，以确定 $s_2 \models AF(\neg x_1, x_2)$ 是否成立。

13. 对 $f^{E[x_1 \vee \neg x_2 U x_1]}$ 重复上一个练习。

14. 回顾第 3 章中两个标记算法的操作方式。我们的符号编码与其中一个或两个相似，还是都不相似？

练习 6.16

1. 考虑方程 (6-22) 和方程 (6-27)。前者用 $f^{E_C G \top}$ 定义了 **fair**，后者对一般的 ϕ 定义了 $f^{E_C G \phi}$。为什么这样做没有问题，即不是循环的？

2. 给定一个固定的 CTL 模型 $M = (S, \rightarrow, L)$，我们已经看到如何对表示满足 $s \models \phi$ 的状态 $s \in S$ 集合的公式 f^{ϕ} 进行编码，ϕ 是一个适当片段的 CTL 公式。
　 (a) 假设该编码不考虑简单公平性约束。对 CTL 公式 ϕ 进行结构归纳证明：
　　 i. f^{ϕ} 的自由变量在 $\hat{x}$ 中，此处后者是编码状态 $s \in S$ 的布尔变量的向量。
　　 ii. f^{ϕ} 的所有不动点子公式是形式单调的。
　 (b) 若 f^{ϕ} 还编码了简单公平性约束，证明这两个断言。

3. 考虑 3.6.1 节的函数 SAT 的伪代码。现在要修改它，使输出结果不是一个集合或 OBDD，而是关系 μ 演算的一个公式。于是，为给出关系 μ 演算的公式，我们完成图 6-22 中的表。例如，$\top$ 的输出是 1，而 $EU\psi$ 的输出是式 (6-18) 给出的对 SAT 的递归调用。你是否需要一个处理最小或最大不动点的独立函数？

4. (a) 为函数 SAT_{rel_mu} 写伪代码，该函数以关系 μ 演算的公式 f 作为输入，并合成一个表示 f 的 OBDD B_f。假定 f 的不动点子表达式的递归体不含外部不动点的递归变量。于是，方程 (6-27) 是不允许的。不动点算子 μ 和 v 需要各自独立的子函数，迭代分别由式 (6-12) 和式 (6-14) 给出的不动点含义。你的一些结论可能需要进一步澄清。例如，你如何处理构造 $[\hat{x} := \hat{x}']$？
　 (b) 解释一下，如果你的代码的输入是公式 (6-27)，会有什么错误？

5. 若 f 是一个有 n 个自由布尔变量的向量 $\hat{x}$ 的公式，则为了计算 $\mu Z. f$ 的迭代含义，可能需要多至 2^n 次递归展开，无论是作为 OBDD 实现，还是如式 (6-12) 那样实施。显然，这是不能接受的。给定 CTL 模型 $\mathcal{M} = (S, \rightarrow, L)$ 和初始状态集 $I \subseteq S$ 的符号编码，我们寻找一个公式，表示由 I 出发，且在 $\mathcal{M}$ 的某个有限计算路径上可达的所有状态。使用式(6-26)中的扩展 Until 算子，我们可以将其表示为 $\mathrm{checkEU}(f^I, \top)$，其中 f^I 是 I 的特征函数。我们可以用称为"迭代平方"的技术"加速"这个迭代过程：

$$\mu Y.\, (f^{\rightarrow} + \exists\, \hat{w}.\, (Y[\hat{x}' := \hat{w}] \cdot Y[\hat{x} := \hat{w}])) \tag{6-29}$$

注意：这个公式依赖于与 $f^{\rightarrow}$ 相同的布尔变量，即对 $(\hat{x}, \hat{x}')$。非形式地解释为：

若对式(6-29)应用 m 次式(6-12)，则这与对 $\mathrm{checkEU}(f^{\rightarrow}, \top)$ 应用该规则 2^m 次有相同的语义"效果"。

于是，我们可以先计算由任意初始状态可达的状态集，然后对这些状态限制模型检测。注意：对初始状态 s，这种归约不会改变 $s \vDash \phi$ 的语义，因此这是一种合理的方法。它有时会改进符号模型检测的性能，但其他时候则使之更差。

6.6　文献注释

有序二叉判定图来自 R. E. Bryant [Bry86]。二叉判定图是由 C. Y. Lee [Lee59] 和 S. B. Akers [Ake78] 引入的。关于这些思想的一个很好的综述请看[Bry92]。OBDD 作为整数乘法模型的限制，以及与 VLSI 设计的有趣联系可参看[Bry91]。关于计算复杂性问题及其与逻辑的密切联系的一般介绍可在[Pap94]中找到。模态 μ 演算是由 D. Kozen[Koz83]发明的；关于这种逻辑及其对规范和验证方面的应用的更多详情请参看[Bra91]。

BDD 在模型检测中的应用是由作者团队 J. R. Burch，E. M. Clarke，K. L. McMillan，D. L. Dill 和 J. Hwang 所提出的[BCM$^+$90，CGL93，McM93]。

参 考 文 献

Ake78. S. B. Akers. Binary decision diagrams. *IEEE Transactions on Computers*, C-27(6) : 509-516, 1978.

AO91. K. R. Apt and E. -R. Olderog. *Verification of Sequential and Concurrent Programs*. Springer-Verlag, 1991.

Bac86. R. C. Backhouse. *Program Construction and Verification*. Prentice Hall, 1986.

BCCZ99. A. Biere, A. Cimatti, E. Clarke, and Y. Zhu. Symbolic model checking without BDDs. In *Proceedings of Tools and Algorithms for the Analysis and Construction of Systems (TACAS'99)*, volume 1579 of *Lecture Notes in Computer Science*, pages 193-207, 1999.

BCM$^+$90. J. R. Burch, J. M. Clarke, K. L. McMillan, D. L. Dill, and J. Hwang. Symbolic model checking: 10^{20} states and beyond. In *IEEE Symposium on Logic in Computer Science*. IEEE Computer Society Press, 1990.

BEKV94. K. Broda, S. Eisenbach, H. Khoshnevisan, and S. Vickers. *Reasoned Programming*. Prentice Hall, 1994.

BJ80. G. Boolos and R. Jeffrey. *Computability and Logic*. Cambridge University Press, 2nd edition, 1980.

Boo54. G. Boole. *An Investigation of the Laws of Thought*. Dover, New York, 1854.

Bra91. J. C. Bradfield. *Verifying Temporal Properties of Systems*. Birkhäuser, Boston, 1991.

Bry86. R. E. Bryant. Graph-based algorithms for boolean function manipulation. *IEEE Transactions on Compilers*, C-35(8), 1986.

Bry91. R. E. Bryant. On the Complexity of VLSI Implementations and Graph Representations of Boolean Functions with Applications to Integer Multiplication. *IEEE Transactions on Computers*, 40 (2): 205-213, February 1991.

Bry92. R. E. Bryant. Symbolic Boolean Manipulation with Ordered Binary- decision Diagrams. *ACM Computing Surveys*, 24(3): 293-318, September 1992.

CE81. E. M. Clarke and E. A. Emerson. Synthesis of synchronization skeletons for branching time temporal logic. In D. Kozen, editor, *Logic of Programs Workshop*, number 131 in LNCS. Springer Verlag, 1981.

CGL93. E. Clarke, O. Grumberg, and D. Long. Verification tools for finite-state concurrent systems. In *A Decade of Concurrency*, number 803 in Lecture Notes in Computer Science, pages 124-175. Springer Verlag, 1993.

CGL94. E. M. Clarke, O. Grumberg, and D. E. Long. Model checking and abstraction. *ACM Transactions on Programming Languages and Systems*, 16(5): 1512-1542, September 1994.

CGP99. E. M. Clarke, O. Grumberg, and D. A. Peled. *Model Checking*. MIT Press, 1999.

Che80. B. F. Chellas. *Modal Logic - an Introduction*. Cambridge University Press, 1980.

Dam96. D. R. Dams. *Abstract Interpretation and Partition Refinement for Model Checking*. PhD thesis, Institute for Programming Research and Algorithmics. Eindhoven University of Technology, July 1996.

Dij76. E. W. Dijkstra. *A Discipline of Programming*. Prentice Hall, 1976.

DP96. R. Davies and F. Pfenning. A Modal Analysis of Staged Computation. In *23rd Annual A CM Symposium on Principles of ProgrammingLanguages*. ACM Press, January-1996.

EJC03. S. Eisenbach, V. Jurisic, and C. Sadler. Modeling the evolution of NET programs. In *IFIP International Conference on Formal Methods for Open Distributed Systems*, LNCS. Springer Verlag, 2003.

EN94. R. Elmasri and S. B. Navathe. *Fundamentals of Database Systems*. Benjamin/Cummings, 1994.

FHMV95. R. Fagin, J. Y. Halpern, Y. Moses, and M. Y. Vardi. *Reasoning about Knowledge*. MIT Press, Cambridge, 1995.

Fit93. M. Fitting. Basic modal logic. In D. Gabbay, C. Hogger, and J. Robinson, editors, *Handbook of Logic in Artificial Intelligence and Logic Programming*, volume l. Oxford University Press, 1993.

Fit96. M. Fitting. *First- Order Logic and Automated Theorem Proving*. Springer, 2nd edition, 1996.

FSra92. N. Francez. *Program Verification.* Addison-Wesley, 1992.

Fre03. G. Fege. *Grundgesetze der Arithmetik, begriffsschriftlich abgeleitet.* 1903. Volumes I and II (Jena). Gal87. J. H. Gallier. *Logic for Computer Science.* John Wiley, 1987.

Gen69. G. Gentzen. Investigations into logical deduction. In M. E. Szabo, editor, *The Collected Papers of Gerhard Gentzen*, chapter 3, page 68-129. North-Holland Publishing Company, 1969.

Gol87. R. Goldblatt. *Logics of Time and Computation.* CSLI Lecture Notes, 1987.

Gri82. D. Gries. A note on a standard strategy for developing loop invariants and loops. Science *of Computer Programming*, 2: 207-214, 1982.

Ham78. A. G. Hamilton. *Logic for Mathematicians.* Cambridge University Press, 1978.

Hoa69. C. A. R. Hoare. An axiomatic basis for computer programming. *Communications of the ACM*, 12: 576-580, 1969.

Hod77. W. Hodges. *Logic.* Penguin Books, 1977.

Hod83. W. Hodges. Elementary predicate logic. In D. Gabbay and F. Guenthner, editors, *Handbook of Philosophical Logic*, volume l. Dordrecht: D. Reidel, 1983.

Ho19U. G. Holzmann. *Design and Validation of Computer Protocols.* Prentice Hall, 1990.

JSS01. D. Jackson, I. Shlyakhter, and M. Sridharan. A Micromodularity Mechanism. In *Proceedings of the ACM SIGSOFT Conference on the Foundations of Software Engineering/European Software Engineering Conference (FSE/ESEC'01)*, September 2001.

Koz83. D. Kozen. Results on the propositional mu-calculus. *Theoretical Computer Science*, 27: 333-354, 1983.

Lee59. C. Y. Lee. Representation of switching circuits by binary-decision programs. *Bell System Technical Journal*, 38: 985-999, 1959.

Lon83. D. E. Long. *Model Checking, Abstraction, and Compositional Verification.* PhD thesis, School of Computer Science, Carnegie Mellon University, July 1983. Mar01. A. Martin. Adequate sets of temporal connectives in CTL. *Electronic Notes in Theoretical Computer Science* 52(1), 2001.

McM93. K. L. McMillan. *Symbolic Model Checking. Kluwer* Academic Publishers, 1993.

MP91. Z. Manna and A. Pnueli. *The Temporal Logic of Reactive and Concurrent Systems: Specification.* Springer-Verlag, 1991.

MP95. Z. Manna and A. Pnueli. *Temporal Verification of Reactive Systems: Safety.* Springer-Verlag, 1995.

MvdH95. J. -J. Ch. Meyer and W. van der Hoek. *Epistemic Logic for AI and Computer Science*, volume 41 of *Cambridge Tracts in Theoretical Computer Science.* Cambridge University Press, 1995.

Pap94. C. H. Papadimitriou. *Computational Complexity.* Addison Wesley, 1994.

Pau91. L. C. Paulson. *ML for the Working Programmer.* Cambridge University Press, 1991.

Pnu81. A. Pnueli. A temporal logic of programs. *Theoretical Computer Science*, 13: 45-60, 1981. Pop94. S. Popkorn. *First Steps in Modal Logic.* Cambridge University Press, 1994.

Pra65. D. Prawitz. *Natural Deduction: A Proof-Theoretical Study.* Almqvist & Wiksell, 1965.

QS81. J. P. Quielle and J. Sifakis. Specification and verification of concurrent systems in CESAR. In *Proceedings of the Fifth International Symposium on Programming*, 1981.

Ros97. A. W. Roscoe. *The Theory and Practice of Concurrency. Prentice* Hall, 1997.

SA91. V. Sperschneider and G. Antoniou. *Logic, A Foundation for Computer Science.* Addison Wesley, 1991. Sch92. U. Schoening. *Logik für Informatiker.* B. I. Wissenschaftsverlag, 1992.

Sch94. D. A. Schmidt. *The Structure of Typed Programming Languages.* Foundations of Computing. The MIT Press, 1994.

Sim94. A. K. Simpson. *The Proof Theory and Semantics of Intuitionistic Modal Logic.* PhD thesis, The University of Edinburgh, Department of Computer Science, 1994.

SS90. G. Stålmarck and M. sAflund. Modeling and verifying systems and software in propositional logic. In B. K. Daniels, editor, *Safety of Computer Control Systems (SAFECOMP'90)*, pages 31- 36. Pergamon Press, 1990.

Tay98. R. G. Taylor. *Models of Computation, and Formal Languages.* Oxford University Press, 1998.

Ten91. R. D. Tennent. *Semantics of Programming Languages.* Prentice Hall, 1991.

Tur91. R. Turner. *Constructive Foundations for Functional Languages.* McGraw Hill, 1991.

vD89. D. *van Dalen. Logic and Structure.* Universitext. Springer- Verlag, 3rd edition, 1989.

VW84. M. Y. Vardi and Pierre Wolper. Automata- theoretic techniques for modal logics of programs. In *Proc.* 16*th ACM Symposium on Theory of Computing*, pages 446-456, 1984.

Wei98. M. A. Weiss. *Data Structures and Problem Solving Using Java.* Addison- Wesley, 1998.

永恒的图灵：20位科学家对图灵思想的解构与超越（典藏版）

作者：[英] S. 巴里·库珀（S. Barry Cooper） 安德鲁·霍奇斯（Andrew Hodges） 等　译者：堵丁柱 高晓沨 等

书号：978-7-111-74880-9　定价：119.00元

内容简介：

图灵诞辰百年至今，伟大思想的光芒恒久闪耀。本书云集20位不同方向的顶尖科学家，共同探讨图灵计算思想的滥觞，特别是其对未来的重要影响。这些内容不仅涵盖我们熟知的计算机科学和人工智能领域，还涉及理论生物学等并非广为人知的图灵研究领域，最终形成各具学术锋芒的15章。如果你想追上甚至超越这位谜一般的天才，欢迎阅读本书，重温历史，开启未来。

精彩导读：

◎ 罗宾·甘地是图灵唯一的学生，他们是站在数学金字塔尖的一对师徒。然而在功成名就前，甘地受图灵的影响之深几乎被人遗忘，特别是关于逻辑学和类型论。翻开第2章，重新发现一段科学与传承的历史。

◎ 写就奇书《哥德尔、艾舍尔、巴赫——集异璧之大成》的侯世达，继续着高超的思维博弈。当迟钝呆板的人类遇见顶级机器翻译家，"模仿游戏"究竟是头脑的骗局还是真正的智能？翻开第8章，进入一场十四行诗的文字交锋。

◎ 万物皆计算，生命的算法尤其令人着迷。在计算技术起步之初，图灵就富有预见性地展开了关于生物理论的研究，他提出的"逆向工程"仍然挑战着当代的研究者。翻开第10章，一窥图灵是如何计算生命的。

◎ 量子力学、时间箭头、奇点主义、自由意志、不可克隆定理、奈特不确定性、玻尔兹曼大脑……这些统统融于最神秘的一章中，延续着图灵未竟的思考。翻开第12章，准备好捕捉量子图灵机中的幽灵。

◎ 罗杰·彭罗斯，他的《皇帝新脑》，他的宇宙法则，他的神奇阶梯，他与霍金的时空大辩论，他屡屡拷问现代科学的语出惊人……翻开第15章，看他如何回应图灵，尝试为人类的数学思维建模。